U0488304

水文应急实用技术

◎王俊　主编

中国水利水电出版社
www.waterpub.com.cn

内 容 提 要

本书从保障体系的建立到人员设备的配置，从应急预案的制定到应急演练，从各种应急方案的制定，再到组织实施，从一线监测到后方分析预报等，系统总结了近年来水文应急技术，涉及应急过程的各个阶段、各个环节和前方后方，包括水文应急管理、水文应急监测、堰塞湖应急监测、分洪溃口（溃坝）应急监测、旱情应急监测与分析、水情应急预测预报、水文应急分析计算与调查和突发性水污染事件的应急监测等内容，并附若干应用实例。内容丰富，便于操作，实用性强。

本书可作为水文应急培训教材，也可供水利工程技术人员和高等院校相关专业师生学习参考。

图书在版编目（CIP）数据

水文应急实用技术/王俊主编．—北京：中国水利水电出版社，2011.12（2013.8重印）
ISBN 978-7-5084-9380-0

Ⅰ．①水… Ⅱ．①王… Ⅲ．①水文预报-研究 Ⅳ．①P338

中国版本图书馆CIP数据核字（2011）第281476号

书　　名	水文应急实用技术
作　　者	王俊　主编
出版发行	中国水利水电出版社
	（北京市海淀区玉渊潭南路1号D座　100038）
	网址：www.waterpub.com.cn
	E-mail：sales@waterpub.com.cn
	电话：（010）68367658（发行部）
经　　售	北京科水图书销售中心（零售）
	电话：（010）88383994、63202643、68545874
	全国各地新华书店和相关出版物销售网点
排　　版	中国水利水电出版社微机排版中心
印　　刷	北京市密东印刷有限公司
规　　格	155mm×230mm　16开本　24印张　393千字　4插页
版　　次	2011年12月第1版　2013年8月第2次印刷
印　　数	1501—3000册
定　　价	**78.00**元

凡购买我社图书，如有缺页、倒页、脱页的，本社发行部负责调换

长江委水文人，连续二十六个昼夜奋战在水文监测一线，为争取堰塞湖处置及溃坝河道演进的预测，做出了突出贡献，践行了"献身、负责、求实"的水利行业精神，展示了水利人忠于职守，献身事业，报效国家的风采。舟曲人民不会忘记你们！

陈雷

二〇一〇年八月卅日

陈雷部长为舟曲水文应急监测题词

2008年5月23日，水利部抗震救灾前方领导小组在都江堰（内江）水文站查看灾情

2008年5月30日，突击队员在唐家山上游禹里乡建设治城水位雨量自动监测站

水文应急监测突击队工作现场

汶川抗震救灾现场

舟曲抗震救灾现场

#《水文应急实用技术》编写人员名单

主　　编　王　俊

副 主 编　陈松生　肖　中　段文超

执行主编　陈松生　段文超　肖　中

主要编写人员（按姓氏笔画排序）

叶德旭　吕平毓　李云中　李志亮　李春龙

张国学　张明波　张德兵　肖　中　陈　峰

陈松生　陈春华　陈桂亚　周　明　官学文

郑　静　段文超　段唯鑫　赵文焕　徐高洪

彭万兵　谭　良

序 XU

水文是国民经济建设和社会发展的基础性和公益性事业，在防汛抗旱、水资源开发利用管理、生态与环境保护、水工程规划建设以及电力、环保、交通、航运、铁道、国防等领域中发挥着不可替代的作用，创造了巨大的社会效益和经济效益。特别是在防汛抗旱、抢险救灾等突发性自然灾害和水污染事件的应急处置过程中，水文扮演着侦察兵和突击队的角色，发挥着“耳目”和“参谋”的作用，在一定意义上，水文情报就是“消息树”和“发令枪”。

我国是自然灾害多发的国家。近些年，极端气候、地质灾害和突发性水污染事件频繁发生。水文职工冒着生命危险现场监测，并提供一组组水文情报数据；后方预报人员夜以继日分析预测，成为抗灾减灾科学决策的有力支撑。从 1998 年防御长江、松花江、嫩江特大洪水到 2005 年珠江压咸补淡应急调水，从 2008 年“5·12 汶川特大地震”唐家山堰塞湖排险除险到 2010 年舟曲特大泥石流抢险救灾与白龙江舟曲堰塞河段清淤疏浚，从 2004 年沱江化学污染应急处置到 2005 年松花江特大水污染事件应急处置，没有水文信息的支撑作用，就不可能有应急处置的科学决策和最后胜利。

尤其是在艰苦卓绝的汶川水利抗震救灾中，无论是唐家山等高危堰塞湖排险，还是病险水库处理、水环境监测，水文行业反应迅速，组织有力，措施得当，服务及时，支撑有力；水文职工不畏艰险，连续作战，超常规作业，向水利抗震救灾指挥部提供了大量翔实可靠的数据和有价值的分析报告，为水利抗震救灾的全面胜利作出了突出贡献。温家宝总理在视察唐家山堰塞湖专家组会商现场时说："要安全、科学、迅速地排除堰塞湖的险情，要制定科学的工程除险方案和群众避险方案，水文监测都起着关键性的作用。"温总理还对一线水文职工提出了殷切的期望："这项工作是比较困难的。因为不可测的因素很多。所以希望大家在这个关键时刻，一定要兢兢业业，恪尽职守。因为你们的工作，关系着我们整个除险，关系着群众的安全。"在这场斗争中，水文的行业精神、队伍素质、应急能力、技术水平经受了前所未有的考验，充分展现了"求实、团结、奉献、进取"的水文行业精神，向党和人民交上了一份满意的答卷。

在应对一系列突发性自然灾害和水污染事件中，水文应急技术功不可没，但也暴露出自身的一些问题，如缺乏应急响应的长效机制，应急监测能力不足，应急监测效率不高，应急预测预报水平与决策需要尚有一定距离等，这些都需要在实践中加以探索和提升。令人欣慰的是，长江水利委员会水文局编写了这本《水文应急实用技术》，为水文在应对此类突发性自然灾害和水污染事件中的应急监测与预测预报，提供了一个范本。

长江水利委员会水文局以其雄厚的技术实力、先进的技术装备，在长江流域乃至全国范围重大突发性自然灾害和水污染事件的应急监测与预测预报中，积累了丰富的实战经验，并进行了许多有益的探索。《水文应急实用技术》正是长江水文人智慧的积累、经验的总结、心血的结晶。

本书涵盖了水文应急管理、水文应急监测、堰塞湖应急监测、分洪溃口（溃坝）应急监测、旱情应急监测与分析、水情应急预测预报、水文应急分析计算与调查、突发性水污染事件的应急监测和应用实例等方面的内容，从保障体系建立到人员设备配置，从应急预案制定到应急演练，从各种应急方案制定到组织实施，从一线监测到后方分析预报，涉及应急过程的各个阶段、各个环节和前方后方，理论与实例佐证相结合，内容丰富，便于操作，实用性强，不失为一本极具参考价值的好书。本书的出版发行，对全面提高水文应急监测能力与预测预报水平，进一步强化水文应急技术对防灾减灾科学决策的支撑作用，具有十分重要的意义。

当前，水文事业的发展面临着前所未有的机遇与挑战。一方面，《中华人民共和国水文条例》明确了水文工作的法律地位，理顺了管理体制，完善了投入机制，为水文事业的发展提供了法律保障；另一方面，经济和社会发展对水文提出了更高的要求，全球气候变化对水文提出了新的挑战，水利改革发展赋予水文更加重要的任务。水文行业要以深入贯彻执行《中华人民共和国水文条例》为契机，以科学发展观为指导，积极践行可持续发展治水思路，紧紧围绕民生水利发展，牢固树立“大水文观”，继续强化“以优质的水文水资源信息支撑水资源的可持续利用和经济社会的可持续发展”，不断提高水文应急技术水平，加快实现“行业水文”向“社会水文”的转变，为最大限度地减少灾害损失、保障经济社会发展和人民生命财产安全，作出新的更大的贡献。

本人因工作关系，从 2000 年西藏易贡巨型滑坡堰塞湖应急抢险开始，曾多次与水文应急抢险队协同努力，攻坚克难，见证了水文应急技术的进步与发展。基于自己的实际体会，感同身受地写了以上想法，求证于作者和广大读者，是为序。

刘宁

2011 年 12 月

自序 ZIXU

自然灾害是地球上各种自然变异所引发的灾害。自从有人类历史以来，人们就与不断发生的各种自然灾害进行着不屈的斗争。水文作为国民经济和社会发展的基础性公益事业，在历次抗灾救灾斗争中，积极开展应急监测和预测预报，为政府有关部门提供决策支持，在减少灾害损失、保障人民生命财产安全方面起到了不可替代的作用，产生了巨大的社会效益和经济效益。

作为一位长江水文人，我曾多次参与和指挥了长江流域的水文应急监测和预测预报工作，尤其是1998年的长江防汛和2008年“5·12汶川特大地震”抗震救灾，给我留下难以忘却的记忆，诸多惊心动魄、感人至深的场面至今还时常浮现在我的脑海里。我一方面深深地为一线水文职工不畏艰险、不怕牺牲、不怕疲劳、连续作战的顽强作风所感动，另一方面也为水文应急技术存在的问题和不足而陷入深深的思考。尤其是作为“5·12汶川特大地震”抗震救灾水文专业组第一阶段的组长，这种体会更加深刻。水文应急管理体制不健全，应急预案不够科学、合理，应急监测能力不足等突出问题，导致水文职工付出的巨大努力与获得的效益不相匹配，那一组组水文数据的背后是常人难以想象的艰辛付出。

如何建立和健全适合我国国情的水文应急反应机制，提高水文应急监测能力和预测预报水平，使水文应急工作规范化、制度化、专业化、现代化，保证水文应急工作常备不懈、忙而不乱、紧张有序、便捷高效，最大限度地满足抗灾减灾决策的需要，是我长时间思考的问题。

基于这样一个初衷，我们组织长江水利委员会（以下简称长江委）水文局一些有实战工作经验的同志编写了《水文应急实用技术》，希望能对水文同行有一个参考作用。

水文应急实用技术之所以冠以“应急”二字，就在于它与常规水文技术相比较存在有几点特殊之处：一是监测成果的时效性要求强，水文应急监测必须在事发后的极短时间内开展工作；二是应急监测方案和预报方案的基础条件较差、信息量有限，必须打破常规制定方案；三是水文测验的控制条件和作业环境较差，成果质量和人身安全缺乏保障；四是要求应急监测人员要具备较高的政治素质，乐于奉献，有较好的业务素质，能打硬仗，有较强的身体素质，不怕疲劳；五是所用仪器设备必须自动化程度高、精度高、便于携带；六是水文应急监测因各种各样因素的制约，不能拘泥于规范的规定，在特殊情况下，可以凭经验进行目估、简化或概化处理。

在本书编写过程中，又发生了甘肃舟曲特大泥石流灾害。根据水利部水文局的指示，长江委水文局抽调精兵强将，与甘肃省水文局共同组建了水文应急监测突击队，开展应急监测，为舟曲特大泥石流灾害的除险与白龙江舟曲堰塞河段的清淤疏浚提供了重要的支撑作用，受到了水利部部长陈雷的好评。陈雷部长在水文监测组《水文成果（初稿）》上亲笔题词：“长江委水文人，连续二十三个昼夜奋战在水文监测一线，为夺取堰塞湖处置及淤堵河道清淤疏浚，做出了突出贡献，践行了‘献身、负责、求实’的水利行业精神，展示了水利人忠于职守、献身事业、报效国家的风采。舟曲人民不会忘记你们！”陈部长的题词是对水文应急工作的充分肯定。舟曲特大泥石流灾害发生后的应急监测，进一步说明了开展水文应急技术研究的必要性和紧迫性。

突发性自然灾害和水污染事件的多样性、时间的随机性、地点的特殊性等，都决定了水文应急实用技术不是放之四海而皆准的技术，不能机械地照搬挪用，而是应该结合当时当地的客观条件和实际情况的变化，不断进行补充和完善。同时，随着实践经验的积累丰富和水文技术的不断进步，水文应急技术也应该与时俱进，在实践中不断地探索、完善、创新和提高。

由于编者水平、经历和阅历的局限性，使得对一些问题的认识可能还停留在感性方面，缺乏理性探讨和升华，书中难免有片面和不当之处，敬请读者批评指正。

王俊

2011 年 11 月

前言 QIANYAN

据统计，近几年我国每年突发性事件高达120万起，造成直接损失3000亿元以上，其中由于极端气候、地质灾害和突发性水污染事件造成的危害和损失巨大。在应对一系列突发性自然灾害和水污染事件中，水文职工冒着生命危险在灾情现场监测到的一组组数据，后方预报人员夜以继日进行分析预测的水文情报，成为抗灾减灾科学决策的有力支撑。从1998年特大洪水的防汛抢险到2005年珠江调水压咸补淡应急调水，从2008年“5·12汶川特大地震”唐家山堰塞湖的排险除险到2010年舟曲特大泥石流灾害的除险与白龙江舟曲堰塞河段的清淤疏浚，从2004年的沱江特大水污染事件到2005年的松花江特大水污染事件的应急处置，水文信息对科学决策的支撑作用是无可替代的。尤其是2008年发生“5·12汶川特大地震”后，在唐家山等高危堰塞湖排险、病险水库处理、防止水环境污染等抗击地震次生灾害方面，水文职工不畏艰险，连续作战，超常规作业，向水利抗震救灾指挥部提供了一组组可靠的数据和一份份有价值的分析报告，保障了决策的科学性和及时性。事实证明，水文不仅是防汛抗旱的“耳目”和“参谋”，也是应对突发性自然灾害和水污染事件的侦察兵和突击队。

水文应急技术在为各级政府应对一系列突发性自然灾害和水污染事件提供决策支持的同时，也暴露出自身的一些问题，如缺乏应急响应的长效机制，应急方案不够科学、合理，应急监测能力不足，应急监测效率不高，应急预测预报水平与决策需要尚有一定距离，等等，这些都需要在实践中加以探索和总结。出版《水文应急实用技术》，目的是确保水文部门在应对此类突发性自然灾害和水污染突发事件中，能够迅速响应、临危不乱、高效组织，为水文应急监测和预测预报提供一个范本，从而全面提高水文应急监测能力与预测预报水平，使水文应急技术对防灾减灾科学决策的支撑作用更加有力。

本书共分10章。第1章概述，第2章水文应急管理，第3章水文应急监测，第4章堰塞湖应急监测，第5章分洪溃口（溃坝）应急监测，第6章旱情应急监测与分析，第7章水情应急预测预报，第8章水文应急分析计算与调查，第9章突发性水污染事件的应急监测，第10章应用实例。实例中包括“唐家山堰塞湖排险”水文应急监测、唐家山堰塞湖溃口洪水监测实施方案、“5·12汶川特大地震”绵阳水文突击队工作报告、沱江水污染事件应急监测、西藏易贡巨型滑坡堰塞湖水文抢险应急监测、珠江压咸补淡应急调水等，内容丰富，便于操作，实用性强。

本书编写人员都曾经参加或多次参加过水文应急抢险，积累了丰富的、多情形环境下水文应急工作经验。由衷感谢四川省水文水资源勘测局、珠江水利委员会水文局、广西壮族自治区水文水资源局、黑龙江省水文局、山东省水文水资源勘测局及有关仪器公司为本书编写提供了资料。水利部水文局领导对本书给予了大力支持并提出了指导性意见和建议，在此一并表示感谢。

鉴于水文应急的复杂性，且尚无可资借鉴之成果，加之时间仓促和水平所限，书中难免存在疏漏之处，敬请读者批评指正。

编者

2011年11月

目　　录

第1章　概　　述

1.1　水文应急的特点及现状

水文作为国民经济建设和社会发展的一项重要的基础性公益事业，不仅是水资源合理开发、高效利用、优化配置、全面节约、有效保护和综合治理的基础支撑，也是应对突发性自然灾害和水污染事件、防灾减灾科学决策的重要支撑。在历次抗灾救灾斗争中，积极开展应急监测和预测预报，为政府有关部门提供决策支持，在减少灾害损失、保障人民生命财产安全方面起到不可替代的作用，产生了巨大的社会效益和经济效益。

1.1.1　水文应急的基本概念

水文应急工作有广义和狭义之分，广义的水文应急工作是指常规和非常规情况下的水文应急工作，而狭义的水文应急工作则是指应对突发事件的非常规状态下的水文应急工作。

常规水文应急，是指既是水文的常规工作，又有应急特点，如遇到大洪水时的高洪应急监测与水情预测预报，遇到特枯年份时的应急调水监测与旱情预测预报。这些虽都是水文的正常工作内容，但在技术要求和工作的方式方法上又有应急的特点。

非常规水文应急，是指完全超出了水文日常工作的范畴，如在应对突发性自然灾害和水污染事件时，为减少灾害损失提供决策支持和施工服务所开展的水文应急监测、水情应急预测预报和水文应急分析与计算。在技术要求和工作的方式方法上，既不同于日常工作，也不同于常规应急，具有独特的应急特性。

本书中的水文应急如无特殊说明则是指非常规应急工作。

1.1.2　水文应急的特点

水文应急主要用于应对突发性自然灾害和水污染事件，任务是为政府决策部门制定抢险减灾方案提供决策依据和技术保障，为工程排险施工单位提供信息服务。因而水文应急存在以下“四性两强”的突出特点。

（1）紧迫性。自然灾害和水污染事件具有突发性特点，事前很少有征兆，也毫无规律可言，难以预测预报，因而造成的灾害和损失往往是巨大的，社会关注度高。处置这类事件的紧迫性十分突出，政府决策部门在启动应急预案时，要求在最短的时间内制定抢险救灾方案，这就需要水文部门以最快的速度提供决策支持。

（2）艰巨性。一方面，堰塞湖、泥石流等突发性灾害自然多发生于偏僻的山区，平时交通不便，通信条件较差，基础资料缺乏，必要的水文监测设施薄弱，遇灾时几乎全损，增加了水文应急监测和水文分析计算与预测预报的难度；另一方面，为了迅速掌握第一手资料，水文应急监测是在灾害仍在发生时进行的，滚木乱石塌方等直接威胁着监测人员的生命安全（图1.1）；水文应急现场监测异常艰巨，唐家山堰塞湖现场水文监测之初，须借助军方直升机方可到达现场（图1.2）。

图1.1　“5·12汶川特大地震”水文突击队员在乱石途中

（3）复杂性。突发性水事件诱因和事发地周围环境的复杂性、政府应急处置的多方位需求，决定了水文应急技术的复杂性。

（4）非常规性。由于事件发生的突然性，决定了水文应急工作的紧迫性、艰巨性和复杂性，使得水文应急技术具有非常规性，因此，制定应急监测和分析预报方案时必须打破常规，监测和预测的精度也不能按常规要求。

图1.2 唐家山堰塞湖堰塞体现场监测

(5) 专业技术的综合性强。水文应急工作不仅需要水文监测提供现场各种特征资料，同时需要水文分析计算提供设计洪水、溃坝洪水，水文预报提供工程排险期间的水情预报。而水文应急工作通常是在突发情况下开展的，因基础信息缺乏，监测环境恶劣，要充分利用现代先进技术（如3S技术等）和通信技术，使其专业技术的综合性较强。

(6) 现场服务的时效性强。灾害发生时，政府希望把损失降到最低，各种处置方案要在最短的时间内制定出来，这就对水文现场服务的时效性提出了较高的要求。作为“突击队”和“侦察兵”，要在尽可能短的时间内提供现场第一手资料；作为“耳目”和“参谋”，要对未来水文情势的发展变化提供准确的预测预报，为科学决策提供强力支撑。

1.1.3 水文应急工作与常规水文工作的差别

水文应急工作与常规水文工作有着很大的不同，主要表现为以下几点。

1. 监测成果的时效性要求不同

常规水文测验的时效性要求不是很高，有充足的时间做准备，哪些方面准备不足还有时间弥补；而水文应急监测因其时效性强，往往要在事发后的极短时间内做好各种准备，必须常备不懈、以备急用，如果准备不足，不仅影响效率和成果质量，甚至影响监测人员的生命安全。这种准备应当是管理体制、响应机制、应急预案、人员配置、技术装备、日常演练、保障机制等多方面的，正所谓“平时多流汗、战时少流血”。

2. 制定监测方案和预报方案的基础条件不同

常规水文监测方案是建立在测验设施完备的前提条件下，而水文应急监测的事发地，可能没有任何测验设施，甚至连最基本的水准点都可能没有或遭到破坏，高程系统需要重新建立；常规水文预报方案和水文分析计算方法是建立在有大量基础信息的基础上，且经过实测资料检验并不断修正完善，而应急预报方案的基础信息量有限，很多要素甚至是空白。

3. 水文测验的控制条件和作业环境不同

常规水文测验地点是按照规范要求经过实地查勘和比较确定，具有较好的测验控制条件和作业环境，成果质量和人身安全有保障；而水文应急监测的地点则往往不具备规范所规定的控制条件，现场未知因素很多，作业环境往往十分恶劣。

4. 对人员素质的要求不同

常规测验，一般的水文职工都能够胜任，但应急监测则要求监测人员必须具备较高的政治素质、良好的身体素质和过硬的业务素质，三者缺一不可。

5. 对仪器设备的要求不同

常规水文测验常规仪器便可以应付，而水文应急监测的时效性要求极强，需要在很短的时间内提交成果，所用仪器设备必须自动化程度高、精度高，且便于携带。

6. 执行标准规范的要求不同

常规水文测验必须严格执行标准规范，而水文应急监测则因各种各样因素的制约，不可能拘泥于规范规定，在特殊情况下，目估、简化和概化处理的成果也具有相当高的参考价值。

1.1.4 我国现阶段水文应急现状

我国水文应急在应对特大洪旱灾害、地震滑坡地质灾害和突发性水污染事件中，为各级政府提供决策支持的同时，也暴露出自身的一些问题和不足，主要表现在以下几个方面。

1. 缺乏应急响应的长效机制

目前，与水文应急工作直接相关的应急响应机制有《国家防汛抗旱应急预案》、《国家突发地质灾害应急预案》、《国家气象灾害应急预案》、《水利部重大水污染事件报告暂行办法》等，但这些都是建立在国家宏观层面上的。水文作为为这些应急预案提供决策服务和技术支撑的一项专业性和技术性都很强的工作，往往是在事件发生时临时出台一些应急预案，缺乏应急响应的长效机制。

2. 缺乏对水文应急技术的研究

缺乏对水文应急技术的研究，临时制定的应急预案没有经过演练，事后又没有深入地进行总结和完善，难免有纸上谈兵之嫌，其科学性、合理性、可操作性和时效性就会大打折扣。

3. 应急监测能力不足、效率不高

没有相对稳定的应急队伍和常备仪器，人员和设备均靠临时拼凑，队员之间工作上配合的默契程度、对设备的熟悉程度都会受到限制；队员平时没有受过应急方面的专业训练，缺乏在恶劣环境下保存自身安全、应对各种复杂局面的技能，导致应急监测的能力不足，效率不高，付出的艰辛与收获的效益不成比例。

4. 基础资料严重缺乏

突发性地质灾害的发生地大多处于水文站网稀少甚至是空白的地区，基础资料严重缺乏，影响了水文分析计算与预测预报成果的精度和时效。

5. 水文应急的地位不明确

应急监测和预测预报的时效性很强，在紧急情况下需要政府提供大力支持和帮助，如交通（交通工具及特别通行证）和通信工具。目前国家应急响应机制中还没有明确水文应急的地位和作用，在实战中缺乏与政府有关部门有效沟通和协调渠道，往往贻误了战机。

1.2　水文应急在历次抗灾斗争中的作用

1.2.1　常规应急为战胜特大洪旱灾害提供水情分析和预测预报

1. 战胜“98 长江大洪水”，“耳目”和“参谋”作用发挥到极致

1998 年的长江流域洪水，峰高量大，持续时间长，为历史罕见。宜昌站主汛期出现 8 次洪峰；汉口站实测最大流量为 71100m^3/s，位居有实测流量记录以来的第二位；长江干流沙市、石首、监利、莲花塘、螺山、武穴、九江等站实测水位均居历史记录第一位，且超警戒水位的持续时间长达 57～96d 之久。

在迎战这场大洪水中，长江流域 15000 多名水文职工，发扬不怕牺牲、顽强拼搏、艰苦奋战、连续作战的精神，日夜坚守在工作岗位上，

开展应急监测，发布水情分析预报，为各级防汛指挥部门提供决策依据。水文部门除了采用传统的人工观测水位和雨量外，还大胆使用了诸如声学多普勒剖面流速仪、微机测流系统、压力式水位计、超声波水位计、水位固态存储仪和自记水位远传仪等一些现代化的水文监测设备和信息传输手段，大大提高了监测效率和信息传输的时效性。

尤其是在 8 月 16 日党中央关于是否动用荆江分洪工程的决策过程中，长江委水文局依靠实时监测的水文信息，准确回答了国家防汛抗旱总指挥部（以下简称国家防总）要求在 1h 之内回答的事关分洪决策的几个重要问题：沙市站的水位不会超过 45.30m；超过 45m 的持续时间只有 22h；超过 45m 的超额洪量有限，只有 2 亿 m^3；分洪与不分洪对下游各站最高水位的影响有限；预见期内的降雨不会加大洪峰。为党中央决定不动用荆江分洪工程，提供了有力的可靠依据和决策支持。仅此一项决策就避免转移人口 53 万人、淹没耕地 54.3 万亩❶，减少直接经济损失 199.4 亿元（依照国际通用的减灾效益特殊实例计算方法，水文的减灾效益达 66.5 亿元之巨）。

水文作为防汛的“耳目”和“参谋”，为战胜这场大水提供了有力的决策支持，实现了“确保长江干堤安全，确保武汉等重要城市安全，确保人民生命财产安全”的目标。时任中共中央总书记、国家主席的江泽民同志，在全国防汛抢险总结表彰大会上指出：“水利、气象、水文等方面的科技工作者夜以继日地工作，发挥了很重要的技术指导作用”，“没有水利、气象、水文等方面取得的技术进步，要夺取这样的胜利是难以想象的。”

正是由于水文工作在战胜“98 长江大洪水”中的突出贡献，才使社会得以了解水文，重视水文，带来了水文事业进入到一个快速发展的历史时期。

2. 珠江调水，以淡压咸，保证珠江口用水安全

20 世纪 90 年代初期，珠江流域连续干旱，珠江三角洲枯季咸潮灾害频繁，咸潮上溯日趋严重。2003 年冬至 2004 年春严重的咸潮灾害给珠江三角洲地区造成巨大的经济损失，引起社会的广泛关注。进入 2004 年，珠江流域的西江、北江、东江汛期降雨分布十分不均匀，枯季前 9～10 月降雨量严重偏少，北江、东江 10 月降雨量较常年同期偏

---

❶ 1 亩＝0.0667hm^2。

少9成以上，西江也较常年同期偏少8成以上。由于流域上游来水锐减，秋末旱情更为严重，珠海咸潮比2003年同期提前15d到来，东江北干流的广州西洲水厂2004年10月底就受到影响，珠江三角洲遭受20年来最严重的咸潮袭击，澳门、珠海、中山和广州等城市的供水安全受到严重威胁，受影响人口超过1000万。

2005年1月，珠江水利委员会开始从西江、北江和东江水系向珠江三角洲应急调水，水文部门及时提供了大量的水文应急监测和预警预报信息，为实施补淡压咸，使主要取水河道咸潮界下移明显，保障了澳门、珠海、中山和广州等城市的供水安全。

3. 解决川渝特大干旱，成效显著

2006年，重庆市、四川省均遭受了百年一遇的特大旱灾，其历时之长、强度之大、范围之广、损失之惨重均属历史罕见。重庆市大部分地区总旱天数超过60d，东北地区超过90d；四川省整个旱期历时半年。重庆市直接经济损失超过80亿元，其中农、林、牧、渔等经济损失超过60亿元，企业减少产值近40亿元，因旱造成820.05万人、748.60万头大牲畜临时饮水困难；四川省农业直接经济损失124.5亿元，林业损失近20亿元，工业损失近70亿元，因旱造成716.85万人、883.71万头牲畜饮水困难。

面对大范围持续性干旱，水文部门加强旱情监测，提供旱情预测预报，各级防汛抗旱部门科学应对，主动抗旱，及时启动预案，统一调度和合理配置水资源，充分发挥水利工程抗旱作用，确保了大旱之年群众饮水安全，最大限度地减少了旱灾损失。四川省按照抗旱预案，科学调度水利工程，协调各方拉水送水，保证了3200多万人和3400多万亩作物的正常用水。

1.2.2　非常规应急为减少灾害损失提供决策支持和施工服务

1. 西藏易贡滑坡体监测，开创堰塞湖水文应急监测先河

2000年4月9日，西藏自治区林芝地区波密县境内发生巨型滑坡，滑坡体自相对高差近3330m的雪峰阳坡经札木弄沟滑下，滑程约8km，堵塞了易贡藏布江。滑坡体长、宽各约2500m，平均厚度60m，最厚处达100m，面积约6km^2，体积约2.8亿～3.0亿m^3。滑坡体体积、规模和滑程居国内之首、世界第三（仅次于加拿大道宁滑坡和意大利瓦伊昂滑坡）。滑坡体80%以上是砂性土，中间挟裹巨型石块。滑坡造成易贡藏布江的7km主河道被堵塞，公路被切断，5000余人被困。被堵塞

的易贡藏布江水位以每天0.5～0.6m的速度上涨，进入汛期（6～8月）涨势将更快。堰塞湖水无下泄通道，预计6月底湖水将上涨至堆积体顶最低高程，拦存湖水将达40亿～60亿m^3。随着堰塞湖水上涨，如不及时处置，将导致上游“两乡三厂（场）”全部被淹，5000余人无家可归，并可能引发新的小型滑坡。堆积体以砂性土和细粒物质为主，所裹块石分散，不能构成有效的支撑，因此，一旦水流漫顶，发生冲刷，将形成堆积体泥石流破坏，还可能铲削下游沟谷陡坡坡积物，引发沿途滑坡体滑动；一旦形成二次泥石流，溃口水流、泥流，将冲击下游的帕隆藏布江乃至雅鲁藏布江区域相当大范围内的道路、桥梁、居民区，给生态环境带来毁灭性灾害。

灾害发生地位于西藏东南腹地，交通、施工条件极差，必须采取因地制宜、科学合理的措施。

根据这场灾害及周边条件分析，西藏易贡抢险救灾总指挥部决定将抢险定位在减灾上。减灾的重点在于滑坡堵江衍生的上游水位上涨淹没及堆积体破口溃决后泥石流和水流对下游产生的危害，所以应尽最大努力减少上游受淹范围和损失，降低溃口下泄水量、流速，将下游损失降到最低程度。为制定科学的处置方案，水利部水文局抽调精兵强将组成水文科技抢险队，开展了堰塞湖应急监测，通过对滑坡泥石流灾害的调查，并利用ADCP进行了易贡湖入湖流量和湖泊断面测量，推算了库容曲线，分析预测湖泊容积变化趋势，得到了大量、精确的实测及分析成果，为西藏易贡滑坡抢险救灾总指挥部提供了可靠的决策依据。在堆积体过水前，西藏易贡抢险救灾总指挥部指挥转移受灾群众6000多人，运送救灾物资200t，对下游地区特别是墨脱县段河道上的桥梁、道路等采取了防范措施，未造成人员死亡，实现了国家防总要求的确保群众生命安全和把损失减少到最低限度的目标。西藏易贡滑坡体监测，开创了堰塞湖水文应急监测的先河。

2. 应对“沱江”重大水污染事件，维护了社会稳定

2004年2～4月，沱江干流水域发生特大水污染事故，给成都、资阳、内江、自贡、泸州等地人们的饮水安全造成了严重威胁，引起沿程居民的极大恐慌，影响了社会的稳定，同时造成工农业生产的巨大经济损失。经农业部长江中上游渔业生态环境监测中心评估，仅天然渔业资源一项经济损失就达1500余万元之巨。由于此次事故造成了恶劣的社会影响和重大的经济损失，责任单位受到了经济处罚，有关责任人被判

处有期徒刑。

在应对此次重大水污染事件中，为掌握沱江水污染的变化趋势及弄清沱江水体进入长江后对长江干流水体质量的影响，长江委水文局下属的上游水环境监测中心立即开展应急监测，在沱江和长江干流沿程增设水质监测断面并加大监测力度，监测频次从未发生事件前的每月1次增加到每日2次，并定期发布监测和预测分析报告，为沿江各地政府及时了解水质情况，采取相应措施，保障沿江人民的身体健康和生命安全，作出了重大贡献。

3. “5·12汶川特大地震”抗震救灾，为堰塞湖排险避险提供有力支持和坚强保障

2008年发生的“5·12汶川特大地震”，是新中国成立以来破坏性最强、波及范围最广、救灾难度最大的一次地震。5月16日，水利部水文局即成立了“抗震救灾水文测报应急工作组”、“水利部抗震救灾前方领导小组水文专业组”、“堰塞湖应急监测水文突击队”及预备队，举全行业之力迅速投入到抗震救灾斗争中。在水文专业组的指导下，四川省水文局编制完成了《2008汶川地震水文监测应急预案》。应急预案包括水文应急测报方案、情报预报应急方案、水质水环境监测应急方案以及水文专业人员生产生活应急保障方案。预案以满足重点监测点基本信息的收集为原则，立足现有设施设备状况下适当添置必要设备，迅速开展水文测报工作，提供抗震救灾所需的基本水文信息，具有较强的针对性、可行性和操作性。

地震在四川省境内形成大大小小上百个堰塞湖，截至5月14日，在成都、绵阳、德阳、广元境内就形成具有一定威胁的堰塞湖34个，其中，极高危级1个（唐家山堰塞湖），高危级6个，中危级11个，低危级16个。

时值汛期，这些堰塞湖如不及时查清并排除，将严重威胁下游人民的生民财产安全。水文专业组会同四川省水文局，根据实际情况和先期现场勘查资料，仅仅利用一个晚上的时间，就紧急制定出了《2008年汶川地震堰塞湖勘测调查手册》，为震区堰塞湖勘测工作提供有力的技术支撑。

地震造成交通瘫痪，堰塞湖的应急监测，大部分路程都是靠徒步行走，近一点的，要耗时2～3h，远一点的，甚至要耗时一整天，还要克服通信不畅、补给不足等困难。尤其是堰塞湖大都处于危险地带，滑坡、滚石、杂木时刻都对突击队员的生命安全造成极大威胁。唐家山堰塞湖监测道路更是十分凶险，突击队员跋涉10h，也无法到达监测现场，只能近距离观测；依靠军方直升机作为交通工具，突击队员先后6次到达堰塞湖坝址，现场监测到指挥部决策急切需要的水文数据。

水文突击队由初建时的6支扩大到16支，自5月16日组建，到6月11日最后1次监测，历时27d，投入的全站仪、GPS定位系统、回声测深仪、电波流速仪、卫星电话、激光测距仪等先进仪器设备106台套。52名突击队员的足迹遍及震区8个县、10多条河流的24个堰塞湖，进行了106次现场测流；同时完成了水利部前方指挥部（以下简称"前指"）交给的病险水库、堤防和河道地形等测量任务。

在唐家山堰塞湖抢险施工进行到关键时刻，水文专业组研究编制了《唐家山堰塞湖溃口洪水监测实施方案》。方案主要包括上游雨量监测、坝前水位监测、堰口泄流下游水文监测。下游水文监测按堰坝1/3溃决、1/2溃决和全溃决制定了相应测流方案和设施设备配置方案。作为水文监测的辅助手段，沿程安装了8个远程视频监控系统，对唐家山堰塞湖坝体及下游几个主要水文控制断面实行24h监控。专家们可以在指挥中心实时收看唐家山堰塞湖坝前、坝后、坝上等现场视频以及北川水文站等其他实时视频信息。这套设备只需几秒钟就能将采集到的唐家山堰塞湖水文数据传回唐家山堰塞湖抢险指挥部，而且每隔15min就能更新一次。这是该设备首次用于大型灾害抢险，也是首次进入实战阶段。唐家山堰塞湖抢险远程视频监控系统的启用既便于有关部门直接、及时地了解唐家山堰塞湖现场情况，也可以在出现紧急情况时，便于后方专家及时进行实时会商，及时制定方案，为唐家山堰塞湖抢险提供有力的技术支撑。

堰塞湖处置方案的制定与实施，不仅要有现场水文监测数据作依据，也需要水文分析计算与水情预测预报成果作支撑。由于震区水文站点稀少，基础资料严重不足，给水文分析计算和预报方案的制定工作带来极大困难。水文部门前后方联动，前方突击队及时把监测到的最新收据传给后方；后方水文计算与预报部门一边收集资料，一边根据现场监测最新数据，不断修正分析成果、修改预报方案，直至基本满意。据统计，水利部水文局从5月16日发布第一期《全国强地震造成堰塞湖水情分析》报告开始，到6月底为止，共刊印《水情汇报》33期、《水情简报》16期、《水情预测预报分析》34期，《气象信息》49期，印制各种图表70期，发送防汛短信2万多条，对7个高危险情等级以上堰塞湖和水库进行了水位预测分析，提供了长达1周预见期的洪水预测分析成果，为水利抗震救灾提供了有力支撑。

水文应急工作为抗震救灾斗争取得全面胜利作出的重大贡献，得到了国家领导人的充分肯定和赞扬。

2008年6月6日，中共中央政治局常委、国务院总理、国务院抗震救灾总指挥部总指挥温家宝来到绵阳唐家山堰塞湖抢险专家组会商现场，亲切看望慰问唐家山堰塞湖抢险专家组全体成员，并与全体专家组成员合影留念。温总理现场发表讲话时指出："要安全、科学、迅速地排除堰塞湖的险情，要制定科学的工程除险方案和群众避险方案，水文监测都起着关键性的作用"。温总理还说：" 这项工作是比较困难的。因为，不可测的因素很多。所以希望大家在这个关键时刻，一定要兢兢业业，恪尽职守。因为你们的工作，关系着我们整个除险，关系着群众的安全。"

2008年6月11日，国务院抗震救灾总指挥部水利组组长、水利部部长、水利部抗震救灾指挥部总指挥陈雷在绵阳唐家山堰塞湖应急抢险水情测报中心亲切看望已圆满完成任务即将返回的水文突击队员。他指出，在唐家山等堰塞湖的应急处置中，水文突击队员冲锋在前，舍生忘死，及时测报，提供了大量第一手信息，为排险工作提供了有力支持和坚强保障。

4. 实施西藏墨脱山体滑坡水文应急监测，为抢险排险奠定了良好基础

2008年12月22日，西藏墨脱县发生山体滑坡，形成的堰塞湖位于墨脱县甘德乡，雅鲁藏布江下游中段的干流上，堰塞湖集水面积222088km^2。堰塞湖在墨脱县上游直线距离42km，距林芝地区八一镇直线距离94km，距雅鲁藏布江出国境处（巴昔卡）直线距离183km。

据墨脱县水利局提供的资料分析，滑坡体上游受影响乡村1个，人口364人。下游受影响县城1个，乡村15个，人口6085人。下游受影响水电站1座，桥梁2座。现正值该地区的雨季。一旦出现溃口，溃口洪水将严重威胁下游人民的生命财产安全；当山体继续滑坡、堰塞湖水位抬升，溃口洪水的危害性将更加严重。

水利部水文局组建了应急测报领导小组，并抽调参加过易贡滑坡监测和汶川特大地震水文应急监测的精兵强将组成应急监测小组，克服测验难度大，技术要求高，道路通行危险，运输的设备器材多等重重困难，完善了2个水文站的自动监测设施，新建了3个水文站，实现了水

位、雨量的实时卫星传输，对上游5条主要支流的流量实测，并建立了滑坡体应急影像传输系统，分别传输至西藏水文局和林芝水文勘测大队。对该地区以后发生此类滑坡的抢险、监测、排险工作打下了良好的基础。

5. 开展青海玉树地震水质应急监测，有力保障了震区人民的安全生活用水

2010年4月14日，青海玉树发生了7.1级地震。长江委水文局下属的长江上游水环境监测中心根据上级指示，立刻行动起来，一方面准备应急监测仪器设备和药品试剂，另一方面检修应急监测车的发电机和备用电瓶，确保一旦接到指令，能立刻开发。4月17日15：00时，在接到长江委水文局的指示后，长江上游水环境监测中心的应急监测车（移动实验室）驶出重庆，昼夜兼程，赶赴灾区执行水环境应急监测任务。除了停车就餐外，不眠不休，监测车经历了1700多km的长途山路奔波，到达青海省西宁市集结待命。根据抗震救灾指挥部的指示，长江上游水环境监测中心和青海省水文局共同组成了应急监测小组，负责对灾区4个集中供水点进行持续监测，同时组建灾区简易实验室，并由长江上游水环境监测中心技术人员负责对青海省水文局水质监测人员进行技能培训。从4月16～25日，水质应急监测组对结古镇及其周边八个乡镇供水水源进行水质应急巡测工作，巡测方式为：①调查询问水源水在地震前后感官有无变化。②基本水质参数检测，主要为硝酸盐氮、氨氮、氟化物、六价铬、铁、化学需氧量、水温、溶解氧、电导率和pH值等参数。③生物发光综合毒性检验。

玉树抗震救灾期间，水质应急巡测小组共完成了65个主要供水水源的应急巡测任务，基本完成了玉树灾区的结古镇及周边8个乡镇的应急水质巡测，共监测了85个样品，为震区人民安全生活用水提供了有力保障。

1.3 加强水文应急技术研究的必要性

加强水文应急技术研究，提高应急监测能力和预测预报水平，为国家防灾减灾提供更加有力的信息支撑和决策支持，是水文工作迫切解决的重要课题之一，其必要性主要体现在以下几个方面。

1.3.1 服务现实社会的需要

目前，极端气候导致洪旱灾害频频发生，突发性地质灾害和水污染

事件也呈逐年上升趋势。另外，经济和社会的高速发展，致使每一次灾害和事件所造成的损失都十分惨重，国家防灾减灾面临的压力越来越大。水文作为国民经济和社会发展的重要基础性公益事业，不仅要当好防汛抗旱的“耳目”和“参谋”，还要在应对突发性自然灾害和重大水污染事件中担当起“侦察兵”和“突击队”的角色，为国家防灾减灾提供更加有力的信息支撑和决策支持。因此，加强水文应急技术研究是服务现实社会的需要。

1.3.2 落实“大水文观”的需要

随着《中华人民共和国水文条例》的深入贯彻落实，水文信息支撑水资源的可持续利用和经济社会的可持续发展的作用更加显著，水文面临的任务也更加繁重。2009年，水利部部长陈雷在全国水文工作会议上明确提出了“大水文观”的发展思路。水文要树立“大水文观”，立足水利，面向全社会服务，实现从“行业水文”向“社会水文”的转变，就理所当然地承担起更多的社会责任，为推进水利和经济社会又好又快发展，提供更加有力的支撑和保障。因此，加强水文应急技术研究，是落实“大水文观”的需要。

1.3.3 水文应急技术自身发展的需要

由于水文应急技术主要用于应对突发性自然灾害和水污染事件，服务对象是政府决策部门和排险施工单位，而这类事件往往存在着突发性、局部性、非常规性的特点，带来了水文应急现场监测工作的艰巨性，要求水文提供服务的专业技术的综合性强、现场服务的时效性强，与常规水文技术相比，存在着诸多特殊性。但我国现阶段水文应急技术水平难以满足决策部门的需要，因此，加强水文应急技术研究，提高水文应急技术水平和效率，是水文应急技术自身发展的需要。

1.4 水文应急的主要内容

水文应急的突出特点体现在“应急”二字上，主要包括以下内容。

1.4.1 水文应急管理

水文应急管理是保障水文应急工作效率、最大限度地发挥水文应急工作效益的基础，其核心内容可以归纳为“五个一”，即“一套完善的管理体系，一个科学的应急预案，一支精干的应急队伍，一套现代化的应急设备，一个有力的保障机制”。

1.4.2　水文应急监测

水文应急监测的主要任务是：当突发性自然灾害和水污染事件发生时，及时为各级政府制定与实施防灾减灾方案提供现场基本信息，保障决策的科学性，最大限度地减少灾害损失。水文应急监测的对象及范围，归纳起来主要包括分洪与溃口应急监测、堰塞湖应急监测、泥石流应急监测、旱情应急监测、突发性水污染事件应急监测等。

1.4.3　水文应急分析与计算

水文应急分析计算主要包括：工程地点处河流的设计流量；设计流量过程；水库（堰塞湖）水体突然泄放时的初瞬流态、坝址最大下泄量、溃坝洪水过程线，溃坝洪水向下游演进过程；堰塞湖的调洪计算；分蓄洪工程的进出口门、河道过流能力，分蓄洪区的容蓄量；防洪控制点的水位流量关系。

1.4.4　水情应急预测预报

水情应急预测预报包括旱情预测预报和特殊水情预测预报。

旱情预测预报是指为解决特大干旱实施应急调水而开展的应急预测预报，是应急调水方案制定与实施的重要支撑和决策依据，目前采用的主要方法有气候模型、数理统计、各种概念性模型等。

特殊水情预测预报是指应对分洪/溃口、堰塞湖、水污染等事件的应急预测预报。

1.4.5　突发性水污染事件的应急监测

突发性水污染事件具有“突发性”、“不可预见性”和“社会影响极大”等显著特点，一旦发生就会危及人民的生活与健康，造成巨大的经济损失和严重的社会影响，如何提高对突发性水体污染事件处理处置的应急监测能力，研究其处理、监测技术，最大限度地减小对环境和人生的危害，是水环境监测和水环境保护领域一项非常重要的工作。

水质应急监测的主要工作内容包括制定应急监测方案、开展应急监测、进行资料整理及监测报告编制。

第2章　水文应急管理

2.1　水文应急管理体系

2.1.1　水文应急管理概念

与应急管理相关的概念主要有“突发事件”、“紧急事件”和“危机事件”。这3个概念既有联系又有区别。其一致性表现都是指“突然发生并危及公众生命财产、社会秩序和公共安全，需要政府采取应对措施加以处理的公共事件”。但在使用上，突发事件更强调于事件的突然性、偶然性；紧急事件更侧重于强调处置事件的时间性、紧迫性；危机事件更侧重于强调事件的规模和影响程度。

应急管理是对应于特大、重大事故灾害的危险问题提出的。应急管理是指政府及其他公共机构在突发事件的事前预防、事发应对、事中处置和善后管理过程中，通过建立必要的应对机制，采取一系列必要措施，保障公众生命财产安全，促进社会和谐健康发展的有关活动。

应急管理主要针对非常态而言，即出现的影响公众生命财产、社会秩序和公共安全，需要政府采取应对措施加以处理的公共事件在时间上表现为突然发生、偶然发生，特点为非常态，在这种情况下，需要解决如何防范和应对各种风险，以避免演化为突发公共事件和危机的一项管理。应急管理着重于管理手段，是管理公共危机和安全的主要手段。

水文应急管理是指当某一地域（或区域）突然发生危及公众生命财产、社会秩序和公共安全，与水文部门的工作内容相关的公共事件，水文部门及时深入到现场，通过水文工作向领导机关（管理层）的决策指挥提供水文基本信息，领导机关（管理层）采取应对措施加以处理，使得国家、社会和人民的损失减小到最低程度。在上述过程中，水文部门所做的工作及其管理手段，就可称之为水文应急管理。

水文应急管理强调事件的突然性、偶然性，更侧重于强调处置事件的时间性、紧迫性，因为水体中的水文要素（如污染物浓度）会随着时间的变化发生非常明显的变化，如2004年的沱江水污染事件和2005年松花江水污染事件。同时，水文应急管理也强调事件的规模和影响程度，如2008年“5·12汶川特大地震”中对唐家山堰塞湖相关水文数据的收集，领导机关（管理层）根据水文应急收集的水文基本资料及水文基本信息而作出的决策，强调了事件的规模和影响程度。

2.1.2 水文应急管理体系要素

从现代应急管理理论和各国实践看，一个完整的水文应急管理体系应由两部分内容组成：一是有覆盖危机前、危机中和危机后的完整应急管理过程和工作内容，有比较健全的法制保证；二是有责任明确、统一指挥、分工协作的应急管理体制和机制。

水文应急管理体系包括水文应急预案、水文应急管理体制、水文应急管理机制和水文应急管理法制（以下简称“一案三制”），“一案三制”共同构成水文应急管理体系不可分割的重要组成部分，4个核心要素之间相互作用、互为补充，共同构成一个复杂的系统。

（1）水文应急管理预案属于微观层次的实际执行，它以操作为主体，以演练为主要内容，解决的是如何化应急管理为常规管理的问题，主要是要通过模拟演练来提高应急管理实战水平。水文应急管理预案具有使能性，相当于系统中通过模拟实验得出的紧急应对方案，如对各种水文应急事件响应的行动方案，主要是通过日常的模拟演练来不断加强系统应对真实场景的性能。

（2）水文应急管理体制属于宏观层次的战略决策，相当于系统中的“硬件”，具有先决性和基础性。水文应急管理体制以权力为核心，以组织结构为主要内容，解决的是应急管理的组织结构、权限划分和隶属关系问题。

（3）水文应急管理机制是介于宏观与微观之间的战术决策，以运作为核心，以工作流程为主要内容，解决的是水文应急管理的动力和活力问题。水文应急管理机制相当于系统中的“软件”。通过软件的作用，机制能让体制按照既定的工作流程正常运转起来，从而发挥积极功效。

（4）水文应急管理法制属于规范层次，具有程序性，它以程序为核心，以法律保障和制度规范为主要内容，解决的是水文应急管理的依据和规范问题。水文应急管理法制类似系统中的各种强制性规范、程序及系统使用、管理、运行的各项规定和指南（如对机器的安全、操作，以及对机器操作程序、人员综合素质、教育培训、奖惩等方面的指导性及约束性规定），好的制度应确保战略执行到位。

2.2 水文应急预案

水文应急预案是预先制定的水文应急行动方案及预先做出的科学而有效的计划和安排。是根据国家、地方法律、法规和各项规章制度，综合水文专业、本单位的历史经验、实践积累以及当时当地特殊的地域、政治、民族、民俗等实际情况，针对各种与水有关的突发事件类型而事先制订的一套能切实迅速、有效、有序解决问题的行动计划或方案。

水文应急预案是水文应急管理的龙头，是水文应急管理的重要基础，具有应急规划、纲领和指南的作用，是应急理念的载体。从本质上看，制定预案实际是把非常态实践中的隐性的常态因素显性化，也就是对历史经验中带有规律性的做法进行总结、概括和提炼，形成有约束力制度性条文。应急预案的主要功能是以确定性应对不确定性，针对最坏的情况做最好的打算，化不确定性的突发事件为确定性的常规事件，转应急管理为常规管理。启动和执行预案，就是将制度化的内在规定性转为实践中的外化的确定性。

水文应急预案要明确回答事前、事发、事中、事后谁来做，怎样做，何时做，以什么资源做，要在水文应急实践中不断完善和改进。按垂直管理的要求，从水利部水文局到流域水文局、省水文局到地市水文局和基层水文站不能有断层，水文测验、预报、计算各部门之间的应急预案要做好衔接，不能出现空档；要加强应急预案演练，针对演练和应急实践中暴露出来的问题，及时修订和完善。

2.2.1 水文应急预案类型

一般地，水文应急预案有以下类型。

（1）水文应急行动指南或检查表。水文应急行动指南或检查表是针对已辨识的危险制定应采取的、特定的应急行动方案。指南简要描述水文应急行动必须遵从的基本程序，如发生情况向谁报告，报告什么信息，采取哪些应急措施。如在小范围内发生的水污染事件，就适用采取水文应急行动指南或检查表等应急预案，其主要起到提示作用。对相关人员要进行培训，有时将这种预案作为其他类型应急预案的补充。

（2）水文应急响应预案。针对现场每项设施和场所可能发生的事故情况，编制的水文应急响应预案。水文应急响应预案要包括所有可能的危险状况，明确有关人员在紧急状况下的职责。这类预案仅说明处理紧急事务的必需的行动，不包括事前要求（如培训、演练等）和事后措施。

(3) 水文互助应急预案。各级水文部门在灾害应急处理中为共享资源、相互帮助而制定的水文应急预案。如“5·12汶川特大地震”时对水文数据的共享，在相同的水文数据情况下，水利部水文局、长江委水文局、四川省水文局所做的水情预报需要会商后再向社会、公众提供。

(4) 水文应急管理预案。水文应急管理预案是综合性的事故应急预案，这类预案详细描述事故前、事故过程中和事故后何人做何事，什么时候做，如何做。这类预案要明确制定每一项职责的具体实施程序。

2.2.2 水文应急预案的编制程序

编制水文应急预案的主要作用和功效是“防患于未然”，以确定性应对不确定性，化不确定性的突发事件为确定性的常规事件，转应急管理为常规管理。水文应急预案的可操作性是基础，可操作性是检验水文应急管理工作发挥作用的试金石。为此，在编制水文应急预案前应做好风险分析、应急资源调查和整合工作，明确权责关系，建立健全预案科学评价体系等，建设一套多层次、多领域、动态管理的应急预案体系，努力使水文应急预案成为预防与应急相结合、常态和非常态相结合的预案体系。

水文应急预案的编制一般可以分为5个步骤，即组建水文应急预案编制队伍、开展危险与应急能力分析、编制水文应急预案、评审与发布水文应急预案、实施水文应急预案。

1. 组建水文应急预案编制队伍

水文应急预案从编制、维护到实施都应该有各级各部门的广泛参与，在预案实际编制工作中往往会由编制组执笔，但是在编制过程中或编制完成之后，要征求各参与单位、部门的意见。

2. 开展危险与应急能力分析

(1) 法律法规分析。分析国家法律、地方政府法规与规章，如《中华人民共和国水法》，环境保护法律、法规，应急管理规定等。

(2) 风险分析。通常应考虑以下因素。

1) 历史情况。历史上曾经出现过的类似于本应急预案的一些情况。

2) 地理因素。应急处置地所处地理位置，如河流情况、邻近洪水区域，地震断裂带和堰塞坝等。

3) 技术问题。采用什么样的技术方法和技术手段去完成水文应急管理任务。

4）人的因素。根据可以预见的任务，针对专业需要，考虑人员的组成。人的失误可能是因为下列原因造成的：培训不足，业务素质较差工作没有连续性，粗心大意，错误操作，疲劳等。

5）物理因素。考虑设施建设的物理条件，如发生自然灾害后水文设施的恢复、重建。

（3）应急能力分析。对每一紧急情况应考虑以下问题。

1）所需要的资源与能力是否配备齐全。

2）外部资源能否在需要时及时到位。

3）是否还有其他可以优先利用的资源。

3. 编制水文应急预案

根据与水有关的突发事件可能出现的情况，确定水文应急工作的内容，按照一定的格式和方法编制水文应急预案。

4. 评审与发布水文应急预案

水文应急预案编制完成后，应组织专家对预案进行评审，以保证预案的完整性、科学性及合理性，经专家评审后的预案就可以向社会及公众发布。

5. 实施水文应急预案

水文应急预案实施前，为保证水文应急预案的可操作性，编制单位应组织对水文应急预案的演练，通过演练，进一步完善和修改水文应急预案的内容，以保证水文应急预案实施的成功。

2.2.3　水文应急预案的主要内容

一般地，水文应急预案应包括以下主要内容，各单位可根据与水有关的突发事件出现情况，以及政府和领导对水文应急工作的可能需求等内容，参照执行。

（1）总则。说明编制预案的目的、工作原则、编制依据、适用范围等。

（2）组织指挥体系及职责。明确各组织机构的职责、权利和义务，以水文应急突发事故应急响应全过程为主线，明确事件发生、报警、响应、结束、善后处理处置等环节的主管部门与协作部门；以应急准备及保障机构为支线，明确各参与单位、部门的职责。

（3）预警和预防机制。包括水文信息的采集、传输与发布，根据水情变化趋势所作出的预警预防行动，预警支持系统等。

（4）应急响应。包括分级响应程序，原则上按一般、较大、重大、特别重大四级启动相应预案，信息共享和处理，通信，指挥和协调，应急人员的安全防护，调查分析、检测与后果评估，宣传报道，应急结束等要素。

（5）后期处置。包括工作报告和经验教训总结及改进建议。

（6）保障措施。包括通信与信息保障，应急支援与装备保障，技术储备与保障，宣传、培训和演习，监督检查等。

（7）附则。包括有关术语、定义，应急预案管理与更新，奖励与责任，制定与解释部门，预案实施或生效时间等。

（8）附录。包括相关的应急预案，各种规范化格式文本，相关机构和人员通讯录等。

2.2.4 编制水文应急预案应注意的问题

编制水文应急预案，应注意以下问题。

（1）围绕大局。确保为政府及领导的决策提供基本水文信息，在一些特定的地域，还要保证水文资料收集的连续性。

（2）突出重点。对可能影响到社会、人民的安全等关键环节的水文信息的收集作出具体安排。

（3）量力而行。要区别轻重缓急，把有限的人力、物力、财力用到最急需、最关键的地方。

（4）厉行节约。要处理好整合利用各种资源的关系，防止重复建设、资源浪费。

（5）明确责任。只有责、权、利分明，才能保证水文应急预案的实施。

2.3 水文应急管理体制

水文应急管理体制是建立水文应急响应机制和水文应急预案体系的依托和载体，水文应急管理体制是指组织模式和主体相互权力关系的正式制度建构，是水文部门为完成法定的应对公共危机的任务而建立起来的具有确定功能的应急管理组织结构和行政职能。

健全分级负责、条块结合、属地为主的应急管理体制始终是水文应急管理体制建设的目标。健全水文应急管理体制必须有强有力的应急管理组织体系作保障，水文应急管理体制的建立健全有利于为与水有关的突发事件应对工作提供强有力的组织保证。

结合实践的需要，水文应急管理体制应向着分级响应、条块结合、属地为主的综合化方向发展，逐步实现水文应急管理系统的全面整合，并在运行机制和法制保障得到加强的同时，提高水文应急管理体系的综合化、信息化、专业化和现代化水平。

构建统一指挥、反应灵敏、协调有序、运转高效的水文应急管理体制思路对于实践具有重大的指导意义。水文应急管理体制规定水利部水文局、流域水文局、省水文局各自的法律地位、相互间的权力分配关系及其组织形式等，主要包括应急管理的领导指挥机构、专项应急指挥机构、日常办事机构、工作机构、地方机构及专家组等不同层次。

2.3.1　水文应急管理体制的构建

为了使水文应急管理体制提高行政效率、降低行政成本、最大限度地减小各类与水有关的突发事件和危机事件带来的冲击和损失的目标，提出构建水文应急管理体制的思路。

1. 水文应急管理体制的基本思路

水文应急管理体系建设过程和水文应急管理工作实践中所出现的各种矛盾和问题，归根结底是水文应急管理体制的问题。水文应急管理体制是一个由横向和纵向等多种关系构成的错综复杂的整体。从横向看，它涉及不同部门、不同地区之间的关系，部门之间、地方之间存在不同的利益诉求；从纵向看，它是一个包括水利部水文局、流域机构水文局及省（自治区、直辖市）水文局的多层次结构。“条条”和“块块”间的关系不顺，使得重复建设、资源内耗现象与条块分割、相互独立、互不管辖现行并存，这成为水文应急管理工作中经常出现的现象。当前，在水文应急管理体系建设过程中，遵循的是技术优先的原则，重点关注的是应急管理工作的技术可行性或技术有效性。究其根本，应急管理并非一个单一的、表象的技术问题，它更是一个多维的、内在的体制问题和管理问题。因此，必须首先把体制的可行性和有效性作为考虑问题的出发点。

2. 水文应急管理的领导指挥机构

水文应急管理工作涉及面广、协调性高、系统性强，加强领导非常关键。水利部水文局为水文应急管理的领导指挥机构，为水文应急管理的综合协调机构，负责水文应急管理工作的组织、协调、指挥。为此成立长期的水文应急管理工作领导小组，水利部水文局为组长单位，长江委水文局、黄河水利委员会（以下简称黄委会）水文局为副组长单位，其他流域水文局、省水文局为成员单位。

3. 水文应急管理的工作机构

中国地域辽阔，为了使水文应急管理体系高效率运转，应自上而下地逐步建立和完善各级水文部门的应急管理机构，水利部水文局可以依托长江委水文局、黄委会水文局组建中国水文应急管理南、北队伍，长江委水文局、黄委会水文局成为水文应急管理工作的前方指挥领导小组，为水文应急管理的专项应急指挥机构，条件成熟时，逐渐扩大到其他流域水文局、部分省水文局也成为水文应急管理的专项应急指挥机构。流域水文局、各省水文局组建水文应急监测突击队、水文应急设备保障组、后勤保障组、宣传报道组、后方协调组等，为水文应急管理的地方机构，当某一地域出现与水有关的突发性事件时，按照条块结合、属地为主的原则开展工作，即以突发性事件发生地所在的省水文局为主，长江委水文局、黄委会水文局提供技术支撑，在水利部水文局的领导下开展水文应急管理工作。

在水文应急管理的工作机构中，要强化水文应急管理工作责任。一要强化责任意识。水文应急管理工作任务责任重大，相关部门不能有丝毫的懈怠，要善于处理难题、应对复杂局面，要勇于负责，敢于决策。二要明确和落实责任主体。按照“立足现实、充实加强、细化职责、重在建设”的方针，明确流域水文机构、地方水文机构、水文应急监测突击队等的工作职责和工作内容，并有强有力的措施保证各级水文应急机构的正常运行。

4. 水文应急管理专家组

在水文应急管理工作中，充分发挥水文各专业专家的作用是水文应急管理工作的重点，水文应急管理工作面对的与水有关的突发性事件，可能关系到国家、人民的财产及生命安全，专家在水文应急管理工作所起作用非常巨大，政府（领导层）的决策需要专家们的结论及观点，专家还可以在一定程度上起到稳定民心的作用，为此，需构建全国性的水文应急管理专家库，一旦发生水文应急事件，可在专家库里根据现实需要组建水文应急专家组，即刻赶赴现场，这点特别重要。

2.3.2 水文应急管理工作模式

按照应急管理体制构建的思路，结合“5·12 汶川特大地震”、“8·7甘肃舟曲特大泥石流灾害”的水文应急管理工作的经验、教训，提出水文应急管理工作的一般模式，见图 2.1。

当发生与水有关的突发性事件，需要开展水文应急管理工作时，通常，水利部与突发事件所在地的省政府联合成立“水利部、××省指挥部××地前方指挥部”，其下设水文工作组。

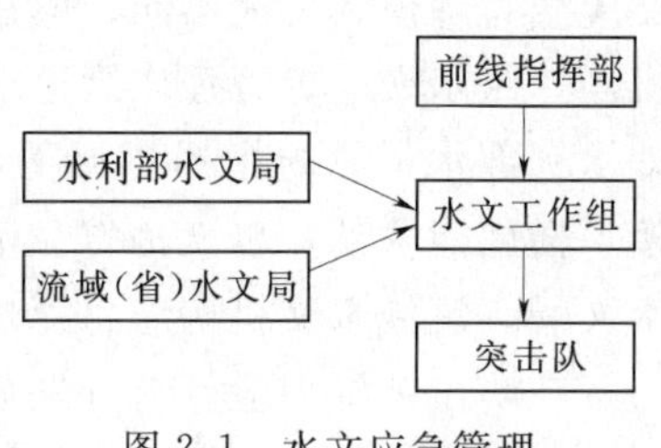

图 2.1 水文应急管理工作的一般模式

水文工作组由水利部水文局及事件发生地的流域机构水文局或省级水文局领导和专家组成，全面负责应急抢险期间水文测报工作的组织、管理和指挥，统筹人、财、物等资源的合理配置，联系水利部水文局、流域水文局后方单位，最大限度地发挥水利部、流域机构和地方水文的整体优势和综合实力。

水文工作组下设水文应急监测突击队。根据抢险救灾的需要，一次可能有若干支水文应急监测突击队，如“5·12 汶川特大地震”对灾区各地堰塞湖的监测的水文应急监测突击队达 16 支。一个水文应急监测突击队也可以由若干个测验小组构成，如在舟曲特大泥石流灾害的堰塞河段的水文应急监测工作中，就分上、中、下断面测验组及机动组。通常一个工作小组为 3～5 人。水文应急监测突击队所收集的资料，需及时地分析、整理后提交给水文资料集成、信息发布组，水文资料集成、信息发布组在收到资料后，经对成果进行合理性分析后提交给“前指”或者“前指”下的专家组、综合协调组。

2.4 水文应急管理机制

水文应急管理机制是指突发事件发生、发展和变化全过程中各种制度化、程序化的应急管理方法与措施。从实质内涵来看，水文应急管理机制是一组以相关法律、法规和部门规章为依据的水文部门应急管理工作流程。

从外在形式来看，应急管理机制体现了应急管理的各项具体职能。从工作重心来看，应急管理机制侧重在突发事件事前、事发、事中和事后整个过程中，各部门如何更好地组织和协调各方面的资源和能力来有效防范与处置突发事件。应急管理机制以应急管理的全过程为主线，涵盖事前、事发、事中和事后各个时间段。

(1) 统一指挥、协同作战机制。统一指挥、协同作战成为水文应急管理机制建设中的重点。针对不同的与水有关的突发性事件，采用的水文应急管理模式可能不同，但建立统一指挥、协同作战的水文应急管理机制，是水文应急管理体制追求的目标，其关键是在一个核心枢纽机构即水利部水文局的指挥协调下，流域水文机构和省水文机构纵向能对接，横向能联动，也就是省、市水文机构的水文应急管理系统与水利部水文局、流域水文机构应急管理系统的联动。

在防汛抗洪中应该充分发挥技术人员的专长，实现优化调度，提高防汛抗洪指挥的科学性、准确性、可行性。评价工程的抗洪能力、制定调度方案等技术问题。因此需要建立前后方联动机制。前方水文专业技术人员一种方式是防汛抢险专家组的水文专业代表，另一种为防汛抢险指挥部水文专家顾问形式，而后方主要作为技术支持。

作为专家成员和涉及防汛抢险的有关人员应了解掌握汛情，包括水雨情、工情、灾情。了解所在河道的堤防、水库、闸坝等防洪工程的运用和防守情况；熟悉所辖地区的防汛基本资料和主要防洪工程的防御洪水方案和调度计划。

1）有关基础性工作。包括洪水预报方案、了解方案的有效性和可靠程度。

洪水调度规程及方案的主要内容包括：水库设计洪水标准及下游防洪标准；水库防洪特征水位（汛期分期防洪限制水位、防洪高水位、设计洪水位、校核洪水位）；水库调洪规则（包括调洪方式、泄洪判别条件）等。

有关技术资料主要包括：流域自然地理和社会经济情况、水文气象资料、规划设计资料、水库运行资料等。

2）前后方协作方式。水文应急分析计算与预报，前后方协作是确保分析计算与预报成果可靠实用的重要基础。一般来讲，应急救灾期间，前方专业技术人员少，计算条件和资料条件较差，只能对洪水流量和水位等进行一般的简单概化性质的估算，其精度只能满足决策者概念性的灾害评估和工程措施方案选择等定性要求。因此当对前方水文分析成果提出更高要求时，就必需要采取前后方协同配合的方式来解决这一难题。

前后方协同配合方式，一般为前方应急专业技术人员根据救灾处置现场相关工程措施等对水文数据的具体需求，一方面对相关测量人员提出现场水文应急测量要求，另一方面对后方提出明确的水文分析成果要求，后方则以强大的专业技术力量为后盾，及时组织相关人员开展分析和计算，并将分析成果及时地发送到前方。

随着前方工程的不断进展、水文测验数据的不断更新，后方水文分析计算组也应适时调整相关分析计算参数，对成果进行修正。当情况复杂，资料条件又受限制时，水文分析计算成果存大较大任意性时，后方还应召集经验丰富的专家进行会商，以确保分析计算成果的可靠性。长江委水文局在“5·12”汶川大地震的唐家山堰塞湖应急处理和2010年8月舟曲泥石流灾害应急处理过程中，均是采取前后方协作的方式，确保了水文分析计算成果的可靠性，为前方工程处置措施提供了有力支撑，也为水文应急分析的前后方协作方式积累了宝贵的经验。

（2）常态与非常态的有机结合和灵活转换机制。水文应急管理工作纳入各级水文部门管理职责，职能在常态和非常态间灵活转换。在水文应急管理运行中，考虑运作模式的低成本高效率，注重常态与非常态的有机结合和灵活转换。在常态下，水文应急管理机构的职能包括负责制定应急管理规划、进行应急物资及装备储备，加强对风险的监测和预防，组织应急管理人才培训、开展应急演习等；在危机状态下，职能主要是制定应对方案，协调各相关部门、机构的应急处置等。

（3）建立教育培训、预警、快速反应相结合的综合管理机制。定期或不定期地广泛开展水文应急知识宣传教育，增强水文职工的水文应急工作意识和自救能力；加强对水文应急监测突击队的水文应急工作演习；采取分级负责的原则，除水利部水文局组织水文应急知识培训外，流域水文机构及省、市地方水文机构组织对所辖范围内水文职工水文应急抢险工作的统一培训。水文应急监测突击队队员业务素质及技术水平的提高，有利于提高水文应急抢险工作的快速反应能力。

（4）应急保障机制。建立人财物等资源清单，明确资源的征用、调用、发放、跟踪等程序，规范管理应急资源在常态和非常态下的分类与分布、生产和储备、监控与储备预警、运输与配送等，实现对应急资源供给和需求的综合协调和优化配置。在开展水文应急管理工作时，作业单位必须配置必要的水文应急监测仪器设备，同时工作人员配置统一的水文应急抢险服装；“前指”需要提供水文应急工作的交通保障，使得水文应急工作具有交通优先权利，确保水文应急工作人员及时地到现场开展水文应急工作。

（5）监测与预警机制。在发生与水有关的突发性事件时，水文应急工作人员及时地到现场开展水文应急管理工作，根据水文监测成果、水文预测预报成果及水文分析计算成果，及时为政府的决策提供技术支撑，进而向社会、应急处置施工单位及公众预警，减少可能对国家、单位、人民造成的损失。

（6）信息报告与通报机制。按照信息先行的要求，建立统一的与水有关的突发事件信息系统，有效整合现有的信息资源，拓宽信息报送渠道，规范信息传递方式，做好信息备份，实现上下左右互联互通和信息的及时交流。水文信息需在水文专业组、“前指”、应急处置施工单位间流转，确保水文信息的畅通，并形成水文专业组与“前指”、其他相关单位的互动。

（7）互动机制。水文应急管理是一项涉及范围很广的工作，光靠少数人的努力，要把工作做到位是不可能的。在应急管理的参与主体方面，要提倡主体多元化和应对网络化，强调在水文应急管理全过程中建立水利部水文局、流域水文机构、地方水文机构之间互相交流、协商合作的互动机制。在开展水文应急工作的现场、由于人力资源、技术设备等有限，水文专业组（前方）需要与水利部水文局、流域水文局、省水文局的相关职能部门（后方）进行互动，对部分技术问题，需要后方提供技术支撑。

（8）服务于决策机制。水文应急管理的所有工作，都要为“前指”的决策服务，为此，一方面，水文专业组要努力做好与“前指”的沟通工作，确保“前指”下达任务的执行；另一方面，水文专业组在不断总结水文专业的应急管理基础上，还要努力学习和借鉴其他专业的应急管理体系，特别是那些需要水文应急工作提供技术支撑的专业的应急管理体系，只有知道服务对象的需求时，水文部门才能最大限度地发挥积极作用，也才能最大限度地服务于“前指”的决策。

（9）工作协调机制。开展水文应急监测工作方案前，还要对各种关系进行协调，主要包括不同单位、不同部门、不同专业之间及同专业之间开展工作的配合、沟通、协调及管理，尽可能地了解相关单位对水文应急监测工作的需求情况，开展水文应急工作需要“前指”或者其他单位需要做的协助工作等。

（10）经验总结机制。水文应急管理工作完成后，需要对本次的水文应急管理工作进行总结，从技术方面、组织管理方面总结出成功的经验及做得不够的地方，供以后类似应急管理工作的参考。

总之，水文应急抢险工作是复杂多变的，因此水文应急管理机制也应在实践中在不断完善。

2.5　水文应急管理法制

法律手段是应对突发公共事件最重要的手段。水文应急管理法制建设，就是依法开展水文应急管理工作，努力使与水有关的突发公共事件的应急处置走向规范化、制度化和法制化轨道。

水文应急管理法制是指在与水有关的突发事件引起的公共紧急情况下如何处理水利部水文局、流域水文局及省水文局之间、水文工作组和“前指”、“前指”所辖其他工作组之间的各种社会关系的法律规范和原则的总和。

水文应急管理法制是水文部门在非常规状态下开展工作的基础，是实施水文应急管理行为的依据，也是国家法律体系和法律学科体系的重要组成部分。水文应急管理法制的主要任务，是明确紧急状态下的特殊行政程序的规范，对紧急状态下行政越权和滥用权力进行监督并对权利救济作出具体规定，从而使水文应急管理逐步走向规范化、制度化和法制化的轨道。

目前，中国的水文应急管理法制尚处于研究阶段，原有立法提供的法制资源严重不足，导致水文应急工作反应速度较慢、信息不畅、协调不力、低效无序、无法可依，需要在以后的水文应急管理工作中，在深入总结水文职工实践经验的基础上，制定各级各类水文应急预案，形成水文应急管理体制、机制，并且最终上升为一系列的法律、法规和规章，使与水有关的突发事件应对工作基本上做到有章可循、有法可依。

2.6　水文应急管理“一案三制”的区别与联系

通过对水文应急预案和水文应急管理体制、机制和法制等概念的阐述不难发现，“一案三制”是基于 4 个维度的综合体系，它们具有不同的内涵属性和功能特征。其中，水文应急管理体制是基础，水文应急管理机制是关键，水文应急管理法制是保障，水文应急管理预案是前提，它们共同构成了水文应急管理体系不可分割的核心要素。作为水文应急管理体系的 4 个子系统，“一案三制”共同作用于水文应急管理的各个层面。

“一案三制”是一个密不可分的有机整体，共同构成了水文应急管理体系的基本框架。虽然“一案三制”共同作用于水文应急管理体系建设的各个层面，但在特定时空条件下，它们仍然具有一定优先和层次关系。同时，“一案三制”也并非一成不变的，它们处在动态演进的变化过程中、具有动态发展的特征。因此，随着时代的发展和环境的变化，水文应急管理体制、机制、法制和应急预案都具有进化的趋势和调适的过程，并表现出错综复杂的关系。

完备的水文应急管理体系应包含主体、方法、制度、前提等4个要素。首先，水文应急管理体系要有实现既定目标的主体，这个主体可以是组织，也可以是个人。任何组织目标以及各项制度最终都需要靠组织及其成员来制定、管理和实施。若组织没有专门部门或专人负责，各部门互相推诿，则组织目标只是挂在墙上摆样子，落实不到位。其次，要有有效的方法和流程来开展工作，实现各种政策、目标等。有效的方法来源于实践，并经过归纳、总结、提高，使水文应急管理机制起到指导、规范日常工作的作用。第三，要有法律规范和制度保障，确保执行到位。水文应急管理是不确定性条件下的行为，因此在日常做好规范和程序非常重要。没有制度保障的工作方法，即使再有效也可能因为个人的偏好而被废弃。第四，要科学制定预案并结合预案进行培训演练，提高实际操作水平。水文应急管理体系必须在模拟场景中经过多次实践检验，才能不断提高其作用和功效。由此可见，“一案三制”4个要素有机互动，共同促进水文应急管理良性运作、持续发展。

从“一案三制”的表现形态看，部分是有形的，部分是无形的。具体而言，水文应急管理体制、法制和应急预案是具体的、有形的、显在的，体现为一系列组织机构、团体以及所制定的法律、政策、规则、章程、规定等，具有清晰可见、真实完整、具体准确等特征。应急管理机制是应急管理各种要素相互作用构成的有机互动关系，具有模糊不清、抽象迷离、潜在无形等特征，体现为通过系统内部组成要素按照一定方式的相互作用实现其特定功能和结果的诸多运行过程，具有模糊性、隐含性和难感知等特征。应急管理体制和机制对应急管理法制（包括法律法规和具体制度规范）和应急预案具有制约作用，同时，应急管理法制和应急预案建设又对应急管理体制和机制的巩固与发展起着积极的促进作用。

总之，水文应急管理体系建设首先要解决的是水文应急管理体制问题，在此基础上完善水文应急管理工作流程，制定相关工作制度，推动水文应急管理工作循序渐进地稳步向前发展。这需要从更基础、更根本的层面入手，进一步充分整合各级各类水文应急管理组织机构以及其他应急资源，理顺不同部门、不同地区之间与社会之间在水文应急管理方面各自的法律地位、相互间的权力分配关系及其组织形式等，明确不同部门的责、权、利，在此基础上建立健全水文应急管理组织领导体制、指挥体系和主要的工作机制，并通过预案演练和实战演练，推动水文应急管理体制迈上常态化、规范化、制度化的轨道，从而为水文应急管理工作奠定坚实的体制基础。

2.7 水文应急队伍建设

水文应急的各项任务最终是由人来完成的，再完善的体制、再科学的预案，没有一支高素质的人来执行，就会成为一纸空文。因此说，水文应急队伍建设，直接关系到水文应急工作的成败。水文应急队伍主要包括专家组和现场应急监测突击队，他们的职责不同，但目标是一致的，就是为政府决策当好“耳目”和“参谋”，为获取现场水文信息充当“侦察兵”和“突击队”。选拔好、建设好这两支队伍，是做好水文应急工作，为政府防灾减灾科学决策和施工部门排险除险提供优质服务的关键所在。

2.7.1 专家组

在水文应急管理工作中，充分发挥水文各专业专家的作用是水文应急管理工作的重点，水文应急管理工作面对的与水有关的突发性事件，可能关系到国家、人民的财产及生命安全，一方面，专家在水文应急管理工作所起作用非常巨大，政府（领导层）的决策需要专家们通过精心的工作所得到的结论及观点；另一方面，专家还可以在一定程度上起到稳定民心的作用，为此，成立全国性的水文应急管理专家组特别重要。

1. 专家的选拔

在水文应急管理工作中，水利部水文局、流域水文局、省水文局根据需要，可以建立不同层次的水文应急管理专家库，一般来说，水利部水文局的水文应急管理专家可以是流域水文局、省水文局的专家，反之则不然。

水文应急管理专家在政治上应和党中央、政府保持高度一致，服从单位领导的统一安排和调度；在水文应急管理工作中，专家要认真履行职责，根据抢险救灾现场的实际情况，结合本专业特点，运用丰富的理论知识和实践经验解决实际抢险救灾工作中的难题，对相关工作要有先导性、预见性和指导性；作为水文应急管理专家，自身要勤于学习，善于学习，做合格、优秀的专家，将专家的作用发挥到极致。

2. 专家的作用

完成一项工作大致有三种人：一种是知其然不知其所以然，完全按照上级的指挥干工作；另一种是摸着石头过河，根据自己的工作经验，想当然地干；第三种是有明确理论指导，目标明确，措施得力，主动积极干。很显然，专家是属于第三类，专家的作用主要体现在以下几点。

（1）专家能梳理零散工作，使水文应急管理工作更加系统化。一般地，专家在水文测验、水文预报、水文分析计算等方面有深厚的专业知识积累，通过参加一些水文应急抢险工作或者阅读相关资料，可以把水文应急管理工作已经存在、但是较零散的工作，进行系统化的梳理提升，而一般技术人员缺乏提炼总结专业知识的能力。通过把实践中成功的经验进行总结提升，形成体系再去指导水文应急管理工作，就能使一般技术人员知其然又知其所以然开展工作，从而达到事倍功半的目的。

（2）借助专家优势，找到针对性、实用性强的技术方案。通常，专家对自己领域的许多方面都有所涉猎，在解决复杂问题时，不会局限于一种方法。由于专家拥有丰富的认知工作，广泛的理论背景，创新的思维视角，从而能够有效地把看似复杂的问题简单化，找到与特定问题和实际情况相结合，又能够站在一定高度的技术解决方案。

（3）专家在一定程度上可起到稳定民心的作用。在发生与水有关的突发性事件时，在灾难面前，普通百姓容易恐慌，不排除部分社会上的不稳定分子制造谣言，以讹传讹，这样对社会秩序的稳定极为不利。此时需要专家出面对相关问题进行解释，让人民对存在的一些问题有科学的认识，从而维护社会的稳定。在唐家山堰塞湖的除险处置过程中，时任水利部总工的刘宁通过媒体向全国通报唐家山堰塞湖排险处置情况、存在的问题及解决方案，稳定了受灾群众的情绪，安抚了受灾群众的民心，而刘宁总工所通报的情况正是来自于“前指”专家组的会商成果。

（4）专家应成为培训师，以提高水文应急管理工作的整体水平。专家的思维方式，工作方法可以通过培训的方式传授给从事水文应急管理工作的技术人员，而技术人员的一些经验也成为专家进行工作总结的素材，专家和技术人员通过学习、探讨和交流，互相能够拓宽思维方式，不断提升自身的能力和水平。

2.7.2 水文应急监测突击队

水文应急监测突击队是水文应急管理体系队伍建设的基础，是实施水文应急抢险的主力军。

1. 突击队员的选拔

水利部水文局、流域及省级水文局应当分别建立水文应急监测突击队员人才库。突击队员的质量直接关系到水文应急工作的效率和水平。作为一名合格的水文应急监测突击队员，必须具备较高的政治素质、良好的身体素质和过硬的业务素质，三者缺一不可。既要有奉献精神，不怕困难、不畏艰辛，又要有能在恶劣的工作环境下连续作战的坚强体魄，同时还要有扎实的专业理论知识及丰富的实际工作经验，能够准确判断、果断处理现场遇到的各种复杂多变的情况。作为一名合格的水文应急监测突击队员，仅有饱满的工作热情而没有过硬的业务本领，不能对现场情况作出准确的判断，不能从容果断正确地应对复杂多变的情况，就难以保证监测和分析成果的准确和及时，伪数据或错误的数据比没有数据危害更大，轻则影响水文应急服务的质量和时效性，需要花费人力和时间重新进行核准，重则有可能造成决策的重大失误，造成无法弥补的损失。

2. 岗位分类

从与水有关的突发事件看，水文应急工作主要体现在水文监测、水文预测预报及水文分析计算。水文监测取得突发事件中的水文基础资料及水文基本信息，水文预测预报及水文分析计算是在取得的水文基础资料及水文基本信息的基础上，分析确定水情未来的可能趋势及与水量有关的信息，为政府的决策提供有力的技术支撑。

各类型的水文应急监测突击队明确工作职责，明确主攻方向，有利于与水有关的突发事件出现时反应快速、上下联动、横向配合、运转高效。对应急抢险突击队的岗位进行分类设置管理，能突出日常培养训练重点，能有效组织应急预案的实施，全面完成应急抢险任务。

3. 分级建设

水文应急监测突击队遵循三级组建，分级管理，在不同应急预案级别的突发事件出现时，进行分级响应和启动相应的预案，即水利部水文局、流域水文局、省水文局分别组建水文应急监测突击队，根据出现的突发事件的情况，决定由哪一级的水文应急监测突击队响应。水文应急监测突击队实行分级管理，有利于各级财政专项资金的投入，保证水文应急队伍技术装备、技术训练和抢险测报所需要的经费开支；同时有利于按照分级响应、条块结合、属地为主的原则予以实施。

水利部水文局重点建设专家组，专家组成员由全国具有水文应急丰富经验的技术人员组成，流域水文局可以建设专家组、水文应急监测突击队，省局重点建设水文应急监测突击队，也可以建设专家组。

从实践工作来看，在2008年“5·12汶川特大地震”中，水利部紧急从部水文局、流域水文局和省水文局抽调技术骨干，迅速组建水文应急监测突击队，奔赴灾区开展水文应急测报工作。各类型堰塞湖的应急监测及水文信息的获得，为政府的决策及时提供了宝贵的水文基础资料，水文应急效能明显。

4. 应急培训和演练

水文应急培训与演练的指导思想应以加强基础、突出重点、边练边战、逐步提高为原则。着眼于水文职工队伍长远建设发展及水文应急抢险工作的需要，通过对水文应急工作人员进行分项培训、岗位练兵、模拟演习、技能比武等途径，着力提高应急抢险人员的综合素质。

(1) 分项培训。分项培训要联系本单位实际，根据不同专业、不同岗位的特点，制订培训计划，建立多元化的培训课程体系。对各级领导干部要通过不定期举行短训班或专题研讨班的形式进行培训；要对各级水文应急管理机构负责人和从事应急管理的干部进行培训。水文应急抢险涉及水文监测、水文预报、水文计算等多个专业，以水文监测为例，要取得与水有关的突发性事件相关的水文基本信息，可能涉及水位、降水、流量、流速等多个水文要素信息，由此涉及GPS、激光全站仪、红外测距仪、回声测深仪、电波流速仪等各种测量设备及测量仪器。为使水文应急工作人员在应急抢险中发挥作用，就需要分项目、有计划地安排培训。通过系统的学习，使水文应急工作人员全面掌握水文应急监测的基本规定和要求，熟练掌握仪器设备的基本原理和使用方法，达到“招之即来，来之能战，战则必胜”。

(2) 岗位练兵。水文应急抢险工作要求又准又快，这就需要水文应急工作人员平时按照各岗位的要求苦练基本功。刻苦训练是造就精兵强将的唯一途径，熟能生巧，功到自然成。各级单位要为水文应急工作人员的岗位练兵创造条件，有组织、有计划地进行换岗培训，为水文应急工作人员合理安排一定的时间，让他们有足够的精力投入到应急抢险岗位练兵活动中，为他们刻苦训练创造良好的环境和条件。

（3）模拟演习。水文应急抢险工作是有严格组织、严格纪律同时又有一定风险的集体战斗。模拟演习时要精心组织，注重实效，不走过场。每个环节都要实施到位，指挥机构、应急抢险工作人员和后勤保障全方位参与。每个工作人员必须服从命令、听从统一指挥，自上而下应做到指挥有力、协同作战、密切配合。要达到预期效果，只有坚持从实战出发，采取模拟演习的方式来进行培养和检验。一方面通过应急抢险模拟演习，可以提高水文应急工作人员配合协调能力，感受应急抢险紧张节奏，适应应急抢险实战氛围，检验应急抢险的效能和水平；另一方面通过应急抢险模拟演习，不断总结经验教训，及时发现问题，修改完善水文应急抢险方案。真正达到落实预案、磨合机制、锻炼队伍的目的。

（4）技能比武。水文职工的技能比武竞赛，为提高水文职工的业务水平、业务技能，推动水文岗位技能的整体水平提升，发挥了重要的作用。各级单位可以有目的、有意识地把水文应急抢险工作的内容纳入到水文职工的技能比武竞赛中，通过层层选拔和技能比武竞赛，促进水文职工应急抢险技能稳步提高。

2.8　水文应急监测主要设备及交通工具

2.8.1　水文应急监测主要设备

水文应急监测是在特殊环境条件下的水文观测，其仪器设备将经受各种不利因素的制约，对仪器设备提出了更高的要求。

根据水文应急监测的特点，应立足于成熟的先进仪器设备、先进的技术手段，以收集、传输、发布水文资料。经过调研和大量的仪器设备技术指标分析，确定在水文应急监测中使用以下主要仪器设备。

（1）免棱镜全站仪。选用成熟的无人立尺测量技术配以高精度的激光全站仪，可安全地监测到堰塞坝前或者河流中的水位，也可对洪痕进行测量。

（2）双星差分 GPS。当发生自然灾害之后，当地的高程、坐标系统都发生了较大变化，在测区建立相对统一的高程系统和水准系统，配备高精度的 GPS。

（3）走航式 ADCP。这是水文应急监测中流量测验最主要的方法。ADCP 利用声波的多普勒频移效应测量水体的流速，具有不扰动流场、测验历时短、测速范围大、测验数据量大、风险小的特点。仪器装在船上，可以测量一根垂线的流速分布，横跨断面可测得经过处多根垂线的流速分布，得到全断面数据。

(4) 电波流速仪。当含沙量较大时，ADCP的使用受到限制，电波流速仪测量水面流速，通过水面流速系数的换算，借用之前实测的断面测量成果，达到测量河流流量的目的，该仪器采用无接触测流，不受含沙量、漂浮物影响，具有操作安全、测量时间短、速度快等优点。

(5) 超声测深仪。在堰塞湖库区和水文临时监测站点，使用常规仪器测深受到很大限制的情况下，采用超声测深仪可直接进行库区测深，直接把仪器放在水面上，使探头向下发射接收的方式测量水深，具有操作安全、测量时间短、速度快等优点。

(6) 激光测距仪。在堰塞河段，采用激光测距仪可直接测量库区宽度，该仪器不受含沙量、漂浮物影响，具有操作安全，测量精度高、速度快等优点。

其他水文应急监测常用的器具有：测深杆、塑料泡沫（用于小浮标测流）、冲锋舟、卷尺、手持GPS、手持ADV、对讲机、照明设备、交通车、数码相机、笔记本电脑等，水文应急监测突击队在开展水文应急工作时可灵活选用。

2.8.2 交通工具

2.8.2.1 陆上交通工具

1. 越野车

为满足应急抢险特殊要求，所配置的车辆必须能深入水文应急监测实施的核心区域，因此，交通工具须配置越野性能优良的四驱车，基本参数如下。

(1) 基本性能。

驱动方式：全时四驱4WD；

乘员人数（含司机）：8人。

(2) 车身结构。

车门数：5；

车身型式：两厢；

车顶型式：硬顶；

天窗型式：单天窗；

天窗开合方式：电动。

(3) 外部尺寸。

长：5170mm；

宽：1970mm；

高：1945mm；

轴距：2850mm；

前轮距：1640mm；

后轮距：1635mm；

最小离地间隙：210mm。

(4) 发动机与其他。

排量：4664mL；

最大功率：202kW/5400rpm；

最高车速：200km/h；

转向系统：齿轮齿条式、液压助力；

变速器型式：五挡手自一体。

2. 水文应急监测指挥车

水文应急监测指挥车遵循“机动灵活、安全可靠、高效实用、节能环保、舒适便捷”的设计要求，在奔驰客车基础上，结合监测指挥车的现状和实际防汛需求，将现代巡测技术、雨水情信息系统、水质监测技术、通信技术、网络技术、微电子技术、机械传动、车载供配电技术、视频监控、照明、移动办公会议等各种技术有机结合，采用多手段、多路由的通信网络，充分利用微波、无线专网、公网等通信设施，设计集成水文应急监测指挥车，见图 2.2。

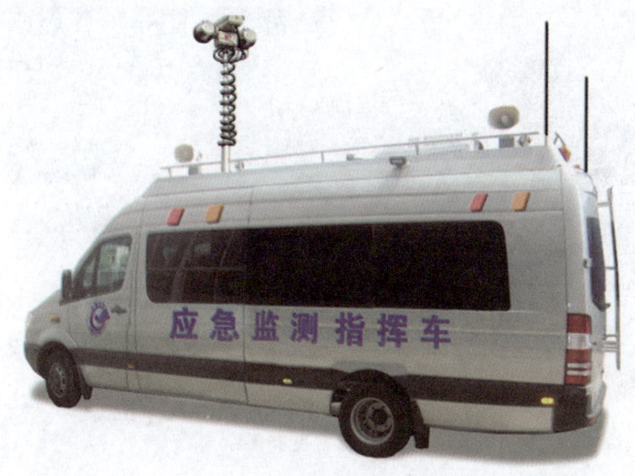

图 2.2　水文应急监测指挥车

(1) 布局。

1) 内部。应急监测车内部设计成3个区域:驾驶区、会议区和设备区。

会议区主要具备会商功能、现场监控、指挥、通信功能。设备区主要安装巡测绞车,可根据需要存放配备ADCP、便携式测流设备、水质监测分析仪器,见图2.3。

2) 外部。车辆外部改装包括车顶平台、一体气象雨量站、车顶升降杆、车顶照明、车顶摄像监控、车下支撑腿等系统。整车外观基本保持原车结构,表面整洁无外露螺栓、铆钉等,见图2.4。

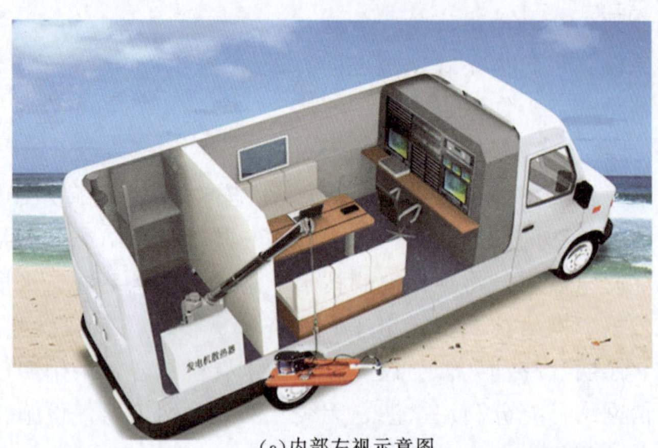

(a)内部左视示意图

(b)内部右视示意图

图2.3 水文应急监测指挥车内部示意图

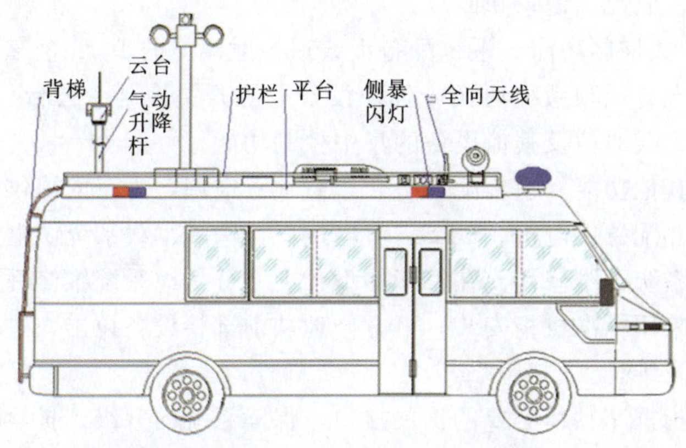

图 2.4 水文应急监测指挥车外部示意图

(2) 功能。车辆可以现场监测雨量、流速、水位、流量参数，可进行水质分析，数据可通过无线方式迅速传至指挥中心，为领导总揽全局、果断决策、正确指挥防汛提供直观信息。系统具有如下功能。

1) 巡测功能。系统配备仪研中心自主研发的全电动水文巡测绞车。

2) 雨量监测功能。监测车配备一体式气象雨量站，可直接与水文信息采集仪、计算机连接，实现高精度数据自动采集与传输。

3) 水质监测功能。系统配备便携式水质分析仪器，解决因突发事件造成的水质污染。

4) 通信功能。系统配备无线通信系统，通过现场集群通信网络实现指挥和调度；通过车载集群电台与手持对讲机组网通信。

5) 无线视频传输功能。系统配备一套 3G 无线视频传输设备，通过无线公网把实时动态图像发送到指挥中心，并配备一套单兵无线移动视频传输设备，可在指挥车上接收第一现场采集的视频、音频。

6) 无线上网功能。系统配备一个 GSM 无线数据终端，可连接到公网，发送、接收传真，并配备一台安装无线路由器的工控机，实现各测站与指挥中心的雨水情数据传输。

7) 视频监控、强光照明、广播系统功能。利用车顶前后摄像、强泛光照明、天线升降系统和车内摄像，实现全方位的监控和提供夜间照明。

8) 可视化指挥功能。系统配置硬盘录像、音视频矩阵、VGA 矩阵、大屏幕液晶电视、监视器等，对现场摄取的各种数据、图像和语音进行切换、监控、记录和回放。

9）中央控制功能。系统配备无线遥控触摸屏的 PLC 全车集成控制系统，实现音视频系统切换、各种设备电源开关控制、云台、升降杆、支撑腿、无线通信及其他设备的集中控制功能。

10）其他功能。系统配置一套车载顶置空调，为车内提供良好的工作环境，并配备发电机、UPS、市电接口，保障车载系统供电要求。

11）系统可维修性。在整车的设计上充分考虑系统维修性。所有的主要设备采用标准机柜安装，可方便地从前部将设备拉出，进行单个设备的检查及维护。

监测指挥车预留必要的扩展接口，保障系统的升级、扩容。

2.8.2.2 水上交通工具

1. 水文应急监测艇

水文应急水上交通主要是冲锋舟。橡皮艇为其中易于携带的一种，但在锐利尖物环境可能扎破存在安全隐患，目前广西水文局研制的可拆卸三叠冲锋舟（图 2.5），解决了刚性冲锋舟的携带问题。

其基本参数如下。

总长：3.90m；

总宽：1.17m；

型宽：1.15m；

型深：0.40m；

吃水：0.18m（满载 3 人）；

动力：汽油船层挂机，额定功率为 15 马力[1]；

折叠式：三节；

设计航速：35km/h。

2. 遥控船

(1) 构造与配置。遥控式水文勘探船专门用于搭载声学多普勒测流仪，满足原有配套测量船的全部功能，可实现水文流量、流速、水下地形、水面环境视频的同步无线遥测，见图 2.6。

全套系统结合无线电遥控技术、数据遥测技术、软件系统集成技术于一体，操控方便，易于携带，可用于水库、湖泊、河流等水体的水文勘测及数据采集，特别是水文应急中堰塞湖测量中使用。

[1] 1 马力＝735.499W

(a)水文应急监测艇外观

(b)水文应急监测艇构成

(c)水文应急监测艇实战

图 2.5 水文应急监测艇

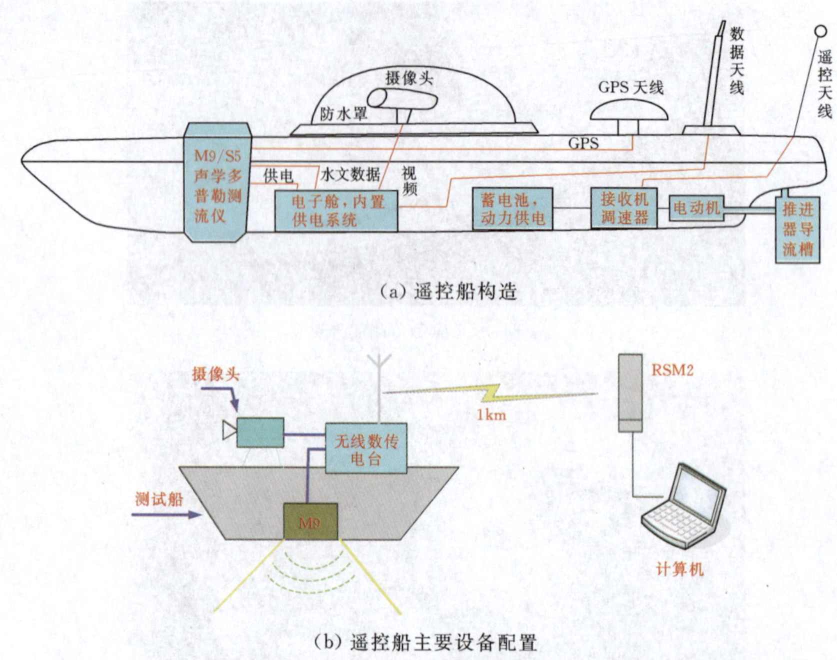

(a) 遥控船构造

(b) 遥控船主要设备配置

图 2.6　遥控船示意图

相对于原有对拉式测船需要人员在两岸操作，遥控式水文勘测船只需测量人员在某一岸边实施布放和操控，特别适合在没有桥梁或过河设备的环境下，简单、快速地获取相关水文参数。

遥控式水文勘测船自带云台摄像机，结合船体无线数据传输设备独有高带宽的特性，可实时回传水面环境的视频信息，通过软件的控制，摄像头的采集方向可以随时调控，实现“全方位”的视频信息采集。

同时，即时的视频显示更便于测量人员在远距离掌握船体的姿态，了解水面障碍物及过往船只的信息，有利于测量工作的安全、正常进行。

(2) 功能。

1) 在三维坐标系中，根据水深（垂直波束）、位置信息（GPS），实时展现水下三维立体地貌。

2) 地貌信息可视化，鼠标放到相应位置，实时显示水深和流速信息。

3）水下地貌文件的编辑转换功能（如有相关根据需要，立体图转换成平面等高线地形图）。

4）摄像头云台方向控制功能。

5）实时外景图像回传功能（可选择图像保存到计算机硬盘的功能）。

（3）船体规格。

材质：玻璃钢；

尺寸：144cm（长）×40cm（宽）×22cm（高）；

重量：8.8kg（船体）＋4.8kg（电池）；

载重：20kg；

航速：2m/s（最大）；

航行时间：1.5h（正常使用）；

遥控距离：500m（推荐最大距离）；

可控动作：前进、后退、左转、右转。

（4）无线数据电台规格。

频率范围：2.412～2.462MHz；

带宽：20Mbit/s；

设备功耗低：6W；

工作温度范围宽：－40～85℃；

传输距离：1.5km；

数据安全、稳定；加密方式高，链路稳定。

（5）摄像头规格（可根据具体需要更换）。遥控摄像头见图2.7。

摄像头技术参数：1/3SONY CCD，420线；2.5倍同步聚焦镜头；红外功能（可选配）；全封闭防水设计。

云台规格：水平360°连续旋转；垂直90°旋转。

（6）GPS主要指标。GPS见图2.8。

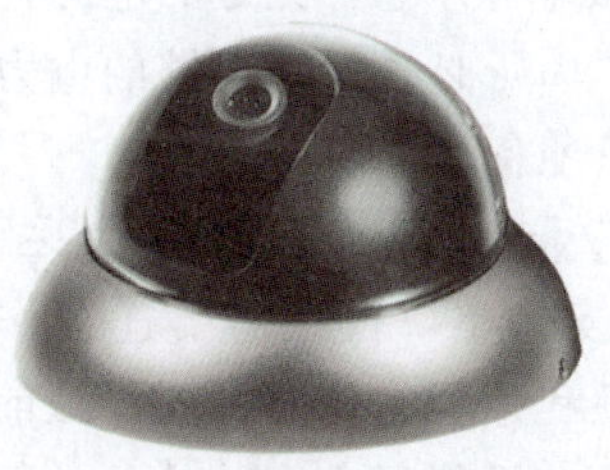

图2.7 摄像头

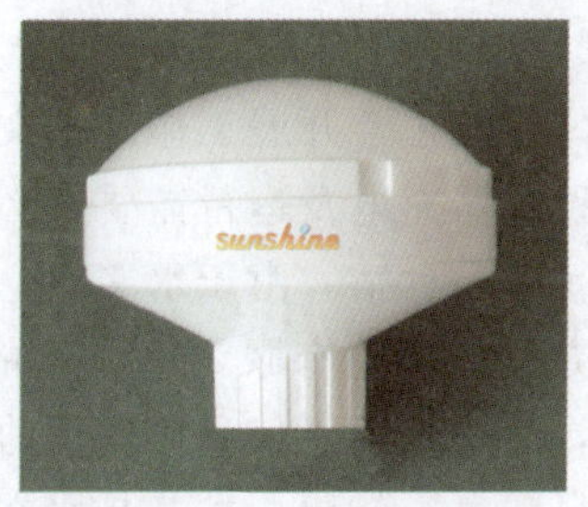

图2.8 GPS天线

数据更新率：1～20Hz；

波特率：4800～57600（可选）；

数据结构：8－N－1；

数据格式：NMEA－0183格式；

定位精度：亚米级；

数据接口：DB9（散线可选）；

工作温度：－30～70℃；

相对湿度：100％；

外形设计：全封闭防水设计。

2.9 水文应急保障机制

如前所述，水文应急技术主要用于应对突发性自然灾害和水污染事件，任务是为政府决策部门制定抢险减灾方案提供决策依据和技术保障，为工程排险施工单位提供信息服务，存在着“四性两强”的显著特点，即“突发性、局部性、非常规性、现场监测的艰巨性和专业技术的综合性强、现场服务的时效性强”，因而决定了水文应急工作是一场硬仗。建立和完善水文应急工作的保障机制，是保证水文应急工作能够顺利开展并满足政府决策需要的基础。

水文应急保障机制应包括组织保障、人才保障、设备保障以及后勤保障、交通及通信保障、经费保障、前后方联动等。前3项内容前面已经阐述，本节不再赘述，仅就后几项内容分述如下。

2.9.1 后勤保障

兵法云：“兵马未动粮草先行。”说明后勤保障在战争中的重要作用，水文应急工作也不例外。

水文应急后勤保障主要包括以下内容。

（1）电力。现代水文及通信设备都离不开电，充足的电源，才能保证仪器能正常开展工作。水文应急工作场所必须保障足够的电力，以备各种仪器充电及运行需要，必要时可以配备移动电源。

（2）食宿。由于水文应急工作的特殊性，不可能开展大兵团作战，前方人员人数有限，不大可能进行轮换休整，往往需要连续作战。因此，后勤保障不仅是要保证前方能够顺利开展工作，更要保证前方工作人员的身心健康。尤其是水文突击队，在极其艰难困苦的条件下开展工作，体力消耗极大，安排好他们的食宿问题，使之能够及时恢复体力，不仅是开展工作的需要，也体现组织的关怀，有条件时可以像野战部队一样配备移动餐车。

（3）医疗。水文应急工作场所往往条件恶劣，极易产生疾病，而且常常会发生意外情况，必须配备常用的医疗器械和药品，以保障工作人员的身体健康。

2.9.2　交通保障

现代化的交通及通信条件是保障水文现场服务时效性的前提，包括必要的交通工具和进入工作场所的特别通行证。

水文突击队现场监测的场所往往是在交通不便的地点，受到地震、滑坡等的破坏，交通更加艰难，而且水文突击队员还要身负沉重的仪器设备，没有交通工具做保障，很难完成任务。如唐家山堰塞湖监测，如不是借助军方的直升机，突击队员根本无法到达现场；没有现场监测的那一组组水文数据，要顺利实现堰塞湖的排险除险，根本是不可能的。因此，在非常情况下，前方指挥部和有关部门应当优先解决水文突击队员的交通工具，必要时还需要军方给予大力支持。

当灾害发生时，出于各种各样的原因，政府会在灾区设置一些禁区，而有些禁区是水文应急监测必到的工作场所。因此，前方指挥部应当给水文突击队颁发禁区特别通行证。

2.9.3　通信保障

水文应急现场监测的数据是靠现代化的通信设备传输到有关决策部门和前方指挥部的。水文应急工作人员，尤其是深入现场监测的突击队员，应当配置大容量、待机时间长的手机；在通信信号不能覆盖的盲区，还应当配置卫星电话，确保现场监测的数据能尽快传输到有关部门和人员。

当发生自然灾害（如地震、火灾、洪水等）和突发事件对常规通信设施的破坏时，会直接影响到正常的通信。因此，水文应急监测建立应急系统通信保障是提高应对突发事件和紧急情况处置能力的有力手段，十分必要。

1. 应急通信保障的特点

（1）通信时间不确定。应急通信不是经常发生，因此系统应能合理调配转发器资源，尽量减少未通信时转发器的使用，以降低运行成本。

（2）发生地点不确定。需要应急通信的地点多数没有可用网络，且多数情况下地形复杂多变，因此应急通信系统应在移动和便携上有良好的适应性。

(3) 通信容量较大。应急通信虽然不常发生，但在发生时往往容量需求较大，以话音、高清图像等实时性业务为主，因此选用的系统通信能力应该较强。

(4) 实时性要求高。应急通信时间紧任务急，时间就是生命，需要在较短时间内建设起灵活易用的通信网络。另外，视频通信也对实时性提出了要求。

(5) 同时在线通信站点少。这是由于各大流域同时发生灾情的概率比较小所致。

(6) 可靠性高。应急通信要求有很高的可靠性要求，因此应急通信设备必须稳定、可靠、耐用，高等级 QoS 保证。

2. 应急通信保障的组成

(1) 现场信息、上级决策支持信息和异地会商信息的通信保障。

采用新一代水利卫星（通信卫星）实现现场与上级之间的数据、图片、图像、声音信息的双向传递，具体有：现场信息向上级部门的信息报送；从上级部门获取的决策支持信息；现场指挥部与上级指挥部的异地会商相关信息。

新一代水利卫星通信平台拥有 27.2MHz 卫星资源，其中，Ku 波段有 22.2MHz，采用亚洲 5 号卫星；C 波段有 5MHz，采用亚太 6 号卫星。在水文应急状态下应配置“水利卫星应急通信小站”；基于应急通信的信息量大、实时性高、图像传输质量高、组网灵活、管理方便、高 QoS 保证等特点，同时，考虑如果采用星形组网两跳工作，其带宽将被双倍占用。为满足现场与本地决策机构之间话音、数据、视频通信的实时性要求，水利应急卫星通信采用网状网结构。主站根据需要可同步接收，并可存储于主站视频服务器，同时其他单位可通过 SDH 专网进行视频浏览。其网络结构示意图见图 2.9。

应急便携型卫星小站用于应急抢险机动通信，一旦出现险情，可以随时调用到受灾现场，建立现场与后方指挥中心的语音、数据和视频通实时通信，用于抢险救灾指挥调度。

(2) 应急监测自动站通信保障。

1) 北斗卫星系统。采用北斗卫星为主信道，保证应急监测自动站的信息报送；采用 GSM - SMS/GPRS（CDMA - SMS/CDMA1X）超短波信道作为备用信道，以提高应急监测自动站的信息报送的可靠性，见图 2.10。

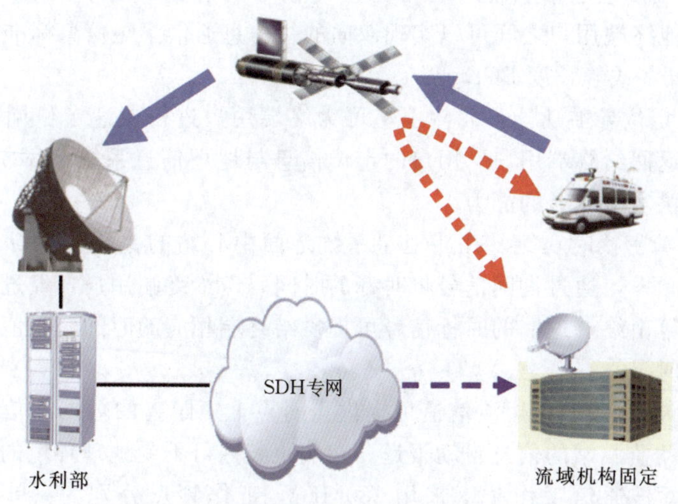

图 2.9　水利卫星应急通信系统结构示意图

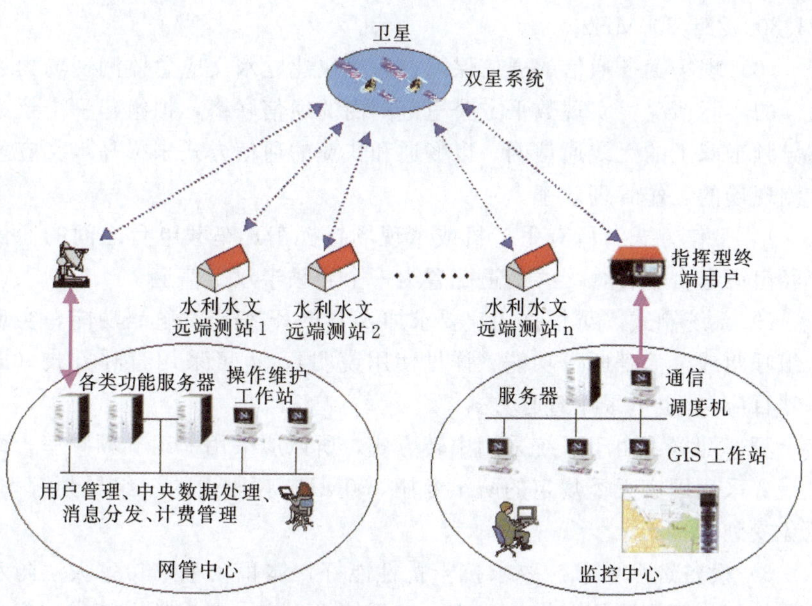

图 2.10　应急监测自动站北斗卫星系统

提供的基本业务功能为短信息通信功能、定位信息功能、精密授时功能和GPS差分信息等功能。

a. 短信息通信功能。北斗卫星终端用户与陆地网络固定/移动用户、其他终端用户之间可以实现双向的短信息通信。短信息标准长度为120个汉字或等长度BCD码。

b. 定位导航功能。北斗卫星可为终端用户进行快速定位同时将位置信息返回给终端用户。用户的定位信息与地理信息系统（GIS）可为用户提供实时导航的能力。

c. 精密授时功能。北斗卫星系统地面中心站的铯钟产生标准时间和标准频率，通过询问信号将时标的时间码送给终端用户，经过地面中心站计算由终端返回的时标信号可提供给终端相应的时间修正值以达到精密授时。

2）超短波。超短波信道可提供点对点，短距离的数据通信，实现现场自动监测站的信息自动报送；在短距离内可不受地理环境的影响。

超短波通信工作频率采用230MHz，工作频点分别为：单频组网228.425MHz、228.575MHz、228.600MHz、228.800MHz；双频组网：231.050/224.050MHz、231.250/234.250MHz、231.725/234.725MHz、231.800/224.800MHz。

（3）现场勤务通信的通信保障。为尽快建立水文应急监测现场勤务通信的实际情况，实现数平方公里范围内的通信联络，拟组建一个超短波异频半双工的无线通信网，以畅通和快捷的通信方式来提高水文应急监测现场的工作管理效率。

1）工作方式。所有手持机或（现场指挥车）车载电台之间的通信都经由中继台中转，无线信道配置为一个异频半双工信道。

2）系统制式。可根据用户要求加入DTMF编码及解码功能，实现分组呼叫或全面呼叫等功能（详见使用说明），也可采用直呼方式（即一呼百应）；也可采用直呼方式。

频率配置：由于系统采用中转方式，所以应采用一组异频频率，而且最好采用国家无委规定的防汛专用230MHz频段内的一组异频频率，以免受到干扰。

3）设备选型要求。要求抗干扰性能好，体积较小，功率大，防水防震性好，坚固耐用，性价比高；对手持机而言，要求耗电较省，充足电后保证连续工作8h以上。

2.9.4　经费保障

自然灾害和水污染事件的发生具有偶然性，国家没有下拨专用的经费以做备用，目前开展水文应急工作的经费往往是事前单位垫支，事后财政补贴，而大多数水文部门属差额预算单位，经费不足长期困扰着单位的发展，正常的开支还有些困难，根本拿不出太多的经费来垫支；有些事件，单位为开展工作预先垫支了经费，政府后期补贴或长期不到位，或补贴不足，造成了贴钱干工作，在一定程度上产生了不公平。经费的困难往往影响了水文应急工作的效率和效益。因此，国家应当建立水文应急的经费保障机制，在水文应急工作开展之初就下拨前期费用，事后补贴也应及时全额到位。

2.9.5　前后方联动

由于水文应急工作的前方工作条件较差，人力和资源有限，有许多工作无法进行，需要借助后方的大力支援。建立前后方联动机制，前方将现场监测的第一手资料、分析计算成果及前方指挥部的需求，迅速传输给后方，后方则充分利用技术、资源等优势，解答前方的问题，不仅可以大大提高水文应急的工作效率，而且能够保证水文应急的工作质量。

2.9.6　其他

其他方面诸如制作水文标识、统一工作人员服装等。

水文应急工作地点、应急监测地点，应当悬挂或插上印有“中国水文”标识的旗帜或横幅；前线水文工作人员服装统一，并有显著标识，一则便于有关部门识别，有利于开展水文应急管理工作；二则通过宣传水文，让社会更多地了解水文，让人民群众知道水文应急工作是抗灾救灾工作的重要支撑和技术保障，以提高水文的知名度和社会影响力。

第3章 水文应急监测

水文应急监测作为水文应急工作的主要内容之一，是水文应急管理工作的基础，在与水有关的突发事件出现时，通过收集水文基本资料及水文基本信息，为政府及领导的决策提供科学依据和技术支撑。

水文应急监测包括水量和水质两方面内容，因各自相互独立，水质应急监测将在第九章阐述，本章只是针对水量的应急监测。

3.1 水文应急监测特点及工作内容

3.1.1 水文应急监测特点

水文应急监测具有临时、紧急和及时的特征，因其工作环境及工作条件，对水文应急监测工作有一个客观的、正确的、科学的认识，是开展好水文应急监测工作的基础，同时对水文应急监测工作的作用的评价也更为科学。

水文应急监测是水文测验工作的重要内容，但与日常的水文测验工作相比，又有很多的不同。认识和理解其差异，不仅对水文应急监测工作有益，也使得政府及领导的决策更为科学和合理。

水文应急监测通常是在出现与水有关的突发事件时，通过对水体等进行临时、紧急的监测，以及时取得水文基本资料及水文基本信息。与日常的水文测验工作相比，水文应急监测有以下特点。

1. 工作环境不便利

日常水文测验工作开展通常具备完整、可靠的基本设施如水文缆道、水尺、断面桩、断面标点、水文测船等，同时具备可靠的平面、高程系统，而水文应急监测的工作环境没有上述内容的便利条件，即没有基本设施，平面、高程系统需要重新建设和确定等。

2. 测验控制条件较差

开展日常水文测验工作的水文站，通常具有非常好的测站控制条件（断面控制、河槽控制），这使得水文要素容易收集，水位流量关系一般为较稳定的单一关系，测验断面稳定或者测站水文工作人员对测验断面的变化情况了如指掌；而开展水文应急监测工作所在地往往不具备设站条件，测站控制条件和河段控制条件较差，测验断面的变化情况未知，在部分条件恶劣的情况下，断面资料难以采用常规手段准确获取。

3. 测验时机难以把握

日常水文测验工作的开展，受外在的因素影响较小，可以在白天、黑夜的任何时候实施，而水文应急监测工作一般只能在白天实施，同时水文应急监测工作可能因交通条件等的影响，测验时机的把握存在不确定性。

4. 安全作业环境恶劣

日常水文测验工作的安全是可控的，在日常水文测验工作中，只要作业人员遵守操作规则，安全生产是有保障的；而水文应急监测工作可能因工作环境恶劣，作业人员的安全受到严峻挑战，如“5·12汶川特大地震”后，水文应急监测突击队对堰塞湖基本水文信息的收集，就随时面临着余震不断，山体垮塌等风险。

5. 尚无技术标准及技术规范

一般来说，日常水文测验工作都严格执行国家和行业的技术规范及标准，而水文应急监测工作目前尚无技术标准及技术规范。受工作条件及工作环境的限制，考虑水文应急监测工作的风险及安全性，某些时候只能参照国家和行业的技术规范及标准开展水文应急监测工作，对一些水文要素，存在用经验公式或者把情况简化后进行估测、估算的情况，如堤防（坝体）溃口流量的监测和成果的获得。

6. 测验精度要求略宽

水文应急监测工作是在特殊环境、特殊条件及特殊时间开展的水文测验工作，由于时效性、现场性的要求，使得开展水文应急监测工作的一些水文基本设施欠缺，其水文要素的测验精度较日常水文测验工作所得到的水文要素的测验精度低。尽管如此，水文应急监测工作通过对水文要素的变化趋势、水文要素达到的量级、变量大小等进行监测，仍然在政府及领导的决策中发挥重要的作用，能够满足应急处置施工单位对水文信息的精度要求。

3.1.2　水文应急监测工作内容

不同类型的与水有关的突发事件的发生，决定了水文应急监测工作的内容不同。通过对过去与水有关的突发事件发生后，政府及领导对水文信息的需求情况，初步整理总结，主要有以下类型。

1. 分洪、溃口洪水

分洪应急监测包括分洪口上游、下游的流量测验，以确定分洪流量。溃口应急监测包括自然河流、水库、堰塞湖的溃口水文要素监测，监测对象为溃口，主要工作内容有：溃口宽度、溃口水面流速、堤防管涌数量及水流大小，而监测范围可能受地理条件限制。需要指出的是，对堤防溃口的监测，需要事先选定安全的观测位置，水文应急监测方案要考虑到堤防（坝体）半溃、全溃的安全应对措施，确保水文应急监测工作人员的安全。

发生其他类型的水文应急监测对象时，可参照上述的方法，确定水文应急监测的对象及工作内容。

2. 堰塞湖

堰塞湖是由火山熔岩流或地震活动等原因引起山崩滑坡体、泥石流等堵截河谷或河床，河谷、河床被堵塞后贮水，贮水到一定程度便形成堰塞湖。堰塞湖是一种次生灾害，其影响范围较大、影响程度较深。监测对象通常为堰塞坝体及堰塞湖水体，其主要工作内容包括以下几点。

（1）堰塞湖名称、所处河流的河名。

（2）堰塞湖地理位置，坐标（东经、北纬）、山崩滑坡体入河位置的岸别（左岸、右岸或者二者兼具）。

（3）堰塞湖形状及特征：主要包括堰长、堰高、堰宽、堰塞坝体体积。

（4）库前水面到坝顶的高度，堰塞湖局地区域水深。

（5）堰塞湖的入、出库流量及堰塞湖的蓄量等。

（6）监测范围则为堰塞湖上、下游，湖区及堰塞湖上游主要支流的水文要素信息。

3. 突发性水污染事件

当突发性水污染事件发生后，应根据污染源的组成、特性，将影响人类及动物、生物的污染因子纳入为水文应急监测工作的内容，同时沿河流设立临时监测点，特别是对位于城市、城镇及居民聚集地的河段要及时进行水文应急监测，所监测的数据也应及时传递到政府及领导机关，为他们的决策提供科学依据。

突发性水污染事件应急监测工作内容主要包括以下方面。

（1）事件基本情况（时间、地点、过程等）、事件发生原因。

（2）主要污染物及进入水体数量。

（3）事件发生水域水文特性及可能传播情况、污染动态。

（4）应急监测情况（监测布点及位置、监测项目、监测频次、监测结果）。

（5）污染影响范围、造成损失、已采取的措施和效果、处置建议等。

3.2 水文应急监测基本要求

3.2.1 安全生产

水文应急监测工作是一种在非常时期、特殊工作环境及条件下的水文测验，受地理环境及施工影响很大，安全隐患多，风险极大，水文应急监测工作通常面临着安全生产的严峻挑战，因此，水文应急管理自上而下都必须重视安全生产，在开展水文应急监测工作时候，充分注重监测过程中的安全性，确保水文应急监测安全有保障。

水文应急监测工作的安全生产通过狠抓安全措施的落实来保障水文应急监测工作人员的安全，水文工作组进行测前动员，组织水文应急监测突击队学习水文应急监测方案及安全保障实施方案，加强安全生产的宣传教育，全体参与人员必须服从指挥，团结配合，齐心协力。同时，强化安全生产过程控制尤为重要，野外作业过程实行定时汇报制，水文应急监测突击队队长必须每隔一定时间通过适当方式向水文工作组报告作业情况及工作环境、工作条件情况，加强安全检查，每个水文应急监测突击队队长为兼职安全员，作业前注意提醒安全事项，作业中有不安全的行为要及时制止，对有影响安全的苗头，要尽快妥善处理。整个作业过程都有一定的安全保障措施，如在“5·12汶川特大地震”中的水文应急安全管理工作，针对特大地震后余震不断，测量条件及工作环境极为复杂，每个水文应急监测突击队根据实际情况布设2～4人的瞭望岗，对飞石、泥石流等影响测量人员安全的情况进行监视，以保证测量过程中的人员安全，同时水文应急监测突击队队员互相监视，及时发现不安全的苗头，减小安全事故的发生及影响。

3.2.2 质量控制

开展水文应急监测工作的难度及风险极大，其收集的水文资料必须要满足政府及相关领导决策的需要，为此，需要对水文应急监测测验产品进行质量控制，其主要内容包括以下几点。

（1）水文工作组组长为水文应急监测的总负责人，水文工作组其余成员按照分工分别负责技术、安全、通信、后勤保障等工作。

（2）水文应急监测突击队队长负责组织突击队员按照水文工作组的要求完成所负责站点的水文资料的收集、分析，并将成果上报水文工作组。

（3）所有水文应急监测的仪器设备都必须经过严格的检校，检校结果为合格时才能投入使用。

（4）水文应急监测全过程按“三环节”进行质量管理，即事先技术指导、中间对测量资料进行分析、检查和测量成果的专家会商发布。

（5）各水文应急监测突击队队长根据任务和水文应急监测技术方案，制定详细的观测实施细则，进行作业时，坚持现场检查，发现质量问题及时处理，重大问题及时报送水文工作组协调解决。

（6）水文应急监测突击队对实测的各种水文资料须按“三清四随”，经过认真校核和水文应急监测突击队队长的现场审定后方能报水文工作组。

（7）水文应急监测过程控制。水文工作组根据各水文应急监测突击队所报回的测量资料，及时组织专家进行分析、整理，必要时进行专家会商，并将对成果的意见及时反馈到各水文应急监测突击队，使水文应急监测过程得到有效控制，更好地为政府及领导的决策提供技术支撑。

（8）资料的整理、归档。所有的水文应急监测资料，都必须及时地进行整理和归档。

3.3　水文应急监测方案

出现与水有关的突发事件，需要水文部门为政府及领导提供特定时间、特定区域的水文基本信息作为决策的科学依据时，水文部门就必须尽快启动水文应急监测工作，而水文应急监测方案的制定是开展水文应急监测工作的前提和基础。

3.3.1　准备工作

为制定科学、合理及可操作性强的水文应急监测方案，在制定方案前，必须对突发事件发生的情况及对社会、人民的影响特别是水体状态对社会及人民的影响进行深入了解，在此基础上，明确制定水文应急监测方案的目的及意义，研究决定水文应急监测的对象及工作范围，为使所制定的水文应急监测方案具有很强的可操作性，还必须对重点区域、重点河段进行现场查勘。

1. 明确目的及意义

根据突发事件发生后政府及领导对水文信息的需求情况，明确制定水文应急监测方案的目的及意义，该项工作应该贯穿到制定水文应急监测方案过程的始终，以满足政府、社会在紧急状态下对水文信息的需要。监测目的需切合实际，是通过水文应急监测工作可以达到的，而不是假、大、空。对监测意义也应有一个客观的评价，既不要盲目夸大，也不要否定水文应急监测工作所具有的积极意义。

2. 监测对象及工作范围的确定

分清与水有关的突发事件发生后政府及领导对水文信息的需求情况，确定水文应急监测工作的类型、确定监测对象及工作范围，制定水文应急监测的工作内容（见3.1）。一般情况下，根据突发事件的影响范围，水文应急监测工作有一个总的布局，其内容不仅包括监测站点的数量、地理位置，还包括建立信息采集—传输—处理—发布与反馈等4个子系统的水文应急监测系统。

3. 现场查勘

现场查勘是保证水文应急监测可操作性的保证，通过现场查勘，可以进一步了解和掌握水文应急监测工作的环境及条件，便于制定安全措施，也便于检验水文应急监测方案技术路线的正确性，是完善和提高水文应急监测方案质量的重要工作。

现场查勘前，需要确定所查勘的重点区域及重点河段，做好查勘前的准备工作，包括使用的查勘仪器设备、查勘交通路线以及查勘日程安排、查勘工作内容等与水文应急监测方案实施相关的一些工作。

现场查勘为水文应急监测工作的重要内容之一，通常2～4人为一组，由于此时的查勘工作为特殊时期、特殊状态下的工作，作业人员必须特别要注意安全，一般情况下，不得单独一人完成现场查勘任务。现场查勘后，由工作人员现场对水文应急监测方案实施的可操作性进行评估，同时决定完成该重点区域、重点河段需要投入的水文应急监测作业人员数量及水文应急监测设备等。

3.3.2 主要内容

编制水文应急监测方案，首先明确水文应急监测工作是在特定时间、特定工作环境及特定工作条件下开展的一种非常规的工作；其次注重水文应急监测工作的安全性、测验手段、测验技术的先进性，最后强调水文应急监测工作的可操作性。

一般地，水文应急监测方案应包括以下主要内容，各单位可根据与水有关的突发事件出现情况，政府及领导对水文应急工作的可能需求内容，参照执行。

1. 基本情况

概要介绍突发事件发生的情况、影响，国家、社会对水文部门所需求的水文信息内容，水文应急监测的目的、意义等。

2. 监测对象及工作范围

明确监测对象及工作范围，确定水文应急监测工作总的布局，水文应急监测工作的主要内容如水位站、水文站的数量及断面布设位置等。

3. 依据和原则

制定水文应急监测方案的依据通常包括现行的法律、法规，开展水文应急监测工作需要执行或者参照执行的国家、行业技术规范（标准）；原则需要充分体现一致性、安全性、可操作性和先进性。水文应急监测工作作为抢险排灾的一部分，制定水文应急监测方案时，不但要尽可能地考虑技术路线的一致性，还要考虑整个抢险排灾的统一协调和指挥，在抢险排灾的不同阶段，水文应急监测工作需要与抢险排灾的其他工作相一致，自觉地满足国家抢险排灾的需求。安全性则主要是考虑水文应急监测工作作业人员的安全，安全生产是水文应急监测工作的基础，为此，必须有强有力的安全保障措施。可操作性重点考虑水文应急监测方案的顺利实施，所采用的技术路线、测量手段、仪器设备及测量方法必须与工作环境及工作条件相适应。先进性则主要考虑水文应急设备及测量方法，在特别时候、特别工作环境下开展水文应急监测工作，与日常的水文测验工作相比，先进仪器、先进技术的使用显得特别重要，即使这些先进仪器、先进技术还可能存在一些问题。

4. 技术路线

技术路线是制定水文应急监测方案的灵魂，技术路线的主要工作内容为针对不同水文要素的特性，分别确定各水文要素采集的测验手段如仪器设备的选用及配置，测验技术方法，水文信息传输、处理与发布，工作进度等，以及与技术路线相配套的各水文要素采集、传输的操作规程及办法。

5. 实施保障措施

水文应急监测工作是一种非常规的水文测验工作，整个过程必须有坚强的保障措施，才能保证水文应急监测任务的执行。水文应急监测工作的实施保障措施包括组织机构、工作体制、资源配置、安全生产措施等。

组织机构包括实施水文应急监测工作的领导机构、现场作业的水文应急监测工作抢险突击队、管理仪器设备配置的后勤保障组及对外、内的联络小组。

工作体制则明确水文应急监测工作中各组织、单位及作业人员的责任、权利和义务，以及相关工作方式、方法等。

资源配置包括水文应急监测工作的仪器设备配置、各作业单位的人力资源配置及特殊条件下开展水文应急监测工作的工作、生活必需品的配置。

安全措施则是根据水文应急监测工作的作业环境，制定的一系列保证作业人员安全的方案、办法。

6. 成果质量控制

进行成果质量控制，使水文应急监测工作最大限度地满足政府及领导决策的需要。

7. 后期工作

后期工作主要包括水文应急监测任务完成后的水文资料的整理、整编、技术总结，水文应急监测工作的效益评估、水文应急监测工作经验总结等。

8. 附录

附录包括有关术语、定义，水文应急监测方案管理与更新，制定与解释部门，水文应急监测方案实施或生效时间，各种规范化格式文本，相关机构和人员通讯录等。

3.4 水位监测

3.4.1 人工观测

人工观测水位是最基本、最有效的收集水位资料的方法，水尺是必备的、最准确的水位测量设施，是每个水位测量点必需的水位测量设备，是水位测量基准值的来源。观测人员通过观读水尺的读数，在已取得的该水尺零点高程成果的基础上，计算出受测对象的水位。

一个水位测量点的水位约定真值都是依靠人工观读水尺取得的，人工观读水尺取得最基本的水位数据，有些水位点甚至只能依靠人工观读水尺来测量水位。在可能使用自记水位计的情况下，水位校核都要以水尺读数为依据，在一些不能安装自记式水位计的测量点，观读水尺更是唯一测量水位的方法。

水尺分为直立式、斜坡式、矮桩式3种类型。在堰塞湖的水位数据收集中，应用最多的是直立式水尺，在需要收集水位资料的测点，考虑水位可能的变幅，由岸上至水体设置一组（多个）直立式水尺，一般情况下，直立式水尺包括水尺板和靠桩。

水尺板通常由长1.2m，宽约8～10cm的尺面组成，上面有长度刻度，分辨率是1cm。通常由搪瓷板、合成材料或木材制成，需要有一定的强度，不易变形，耐室外气候环境变化、耐水浸。野外自然环境条件下，水尺板的伸缩率应尽可能小。水尺板的刻度应该清晰、醒目。为了便于夜间观察，新型的尺面表层可涂被动发光涂料，在受到光线照射时，比较醒目，便于夜间水位观读。

直立式水尺的水尺板应固定在垂直的靠桩上，靠桩宜做流线型，靠桩可用型钢、铁管或钢筋混凝土等材料做成，或用直径10～20cm的木桩做成。当采用木质靠桩时，表面应作防腐处理。安装时，应将靠桩浇筑在稳固的岩石或水泥护坡上，或直接将靠桩打入，或埋设至河底。

水尺设置的位置必须便于观测人员接近，直接观读水位，并应避开涡流、回流、漂浮物等影响。水位的人工观测要求精确到厘米，1m的水尺刻度误差和因环境引起的伸缩误差应该小于0.5cm。

在一些特殊情况，当堰塞湖泄流或溃口使自动测报设备损毁，无法采用水尺观测水位的时候，可采用免棱镜全站仪在堰塞坝坝顶以上安全地带人工观测水位，利用卫星电话报送水情测报中心。如在2008年“5·12汶川特大地震”唐家山堰塞湖抢险的水文应急监测中，从5月31日开始，就在唐家山堰塞湖左岸制高点一块坚实岩石上采用免棱镜全站仪进行水位观测。

3.4.2 自动监测仪器的选择与使用

在堰塞湖的水位数据的自动收集中，推荐使用压力式水位计。压力式水位计是较早应用的无测井水位计。它通过测量水下某固定点的静水压力，即可测得这点以上的水柱高度，由此获得水位。目前水文上应用的成熟产品之一是直接感压式（投入式）的压阻式压力水位计。

1. 压力式水位计的工作原理

相对于某一个压力传感器所在位置的测点而言，测点相对于水位基面的绝对高程，加上本测点以上实际水深即为水位。测点的静水压强采

用式（3.1）计算

$$P = H\gamma \tag{3.1}$$

式中　P——测点的静水压强，g/cm²；

γ——水体密度，g/cm³；

H——测点水深，即测点至水面的距离，cm。

测点水深用式（3.2）计算

$$H = \frac{P}{\gamma} \tag{3.2}$$

测点水位用式（3.3）计算

$$H_W = H_0 + \frac{P}{\gamma} \tag{3.3}$$

式中　H_W——测点对应的水位，cm；

H_0——测点的绝对高程，cm。

当水体容重已知时，只要用压力传感器或压力变送器精确测量出测点的静水压强值，就可推算出对应的水位值。实际应用时，在水下测得的是水上大气压强与测点静水压强之和，需要自动消除或减去单独测得的大气压强。

2. 压力式水位计的组成

压力式水位计的基本组成部分包括压力传感器、引压管路（也可能包括信号及供电电缆）、岸上仪器、电源等。

压力传感器有多种形式，基本上都应用压阻式压力变送器。压阻式压力水位计的压力传感器直接在水下测量点感测水压，引压管路是一根高质量的工程塑料通气管。在压阻式水位计中，引压管路的作用是将水上大气压引到处于水下测点的压力传感器内，使得压力传感器不受水面大气压力影响而测得正确的静水压力。压阻式压力水位计常使用其专用电缆，其中包括引压管路、信号线缆、电源线。

岸上仪器是压力式水位计的主体，具有测压、控制、压力水位转换、显示等功能。一些压力式水位计本身带有水位数据存储功能，也会留有用以遥测通信的接口，供水位数据存储和遥测用。

压力水位计由水位传感器、通气防水电缆、传输电缆、水位显示器和选配的水位存储记录仪等五部分组成，压力水位计整机图如图 3.1 所示。在仪器上有电源接入、水位数据输出接口、压力传感器接入插座、电源开关等必备接口、按键，还有水位调校、零点水位调准按键。

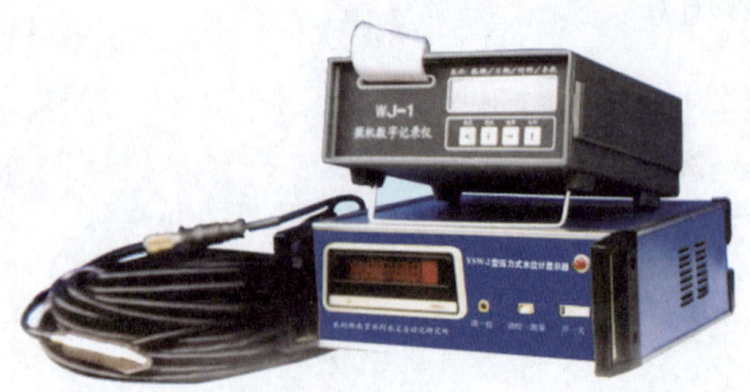

图 3.1 YSW—2 型压力式水位计

3. 压力式水位计的特性

压力式水位计的最大特点就是不需要建水位测井，可以应用于不能建水位测井和不宜建井的水位测点，也适用于一些临时观察水位的地点。它输出的是易于处理的电模拟量，或者数字量，适用于自动化测量和处理。不足之处是水位测量准确度不稳定，影响因素很多，要可靠地达到水位测验准确度要求较为困难。不过，加上定期人为校核能控制误差的漂移，使用很准确的传感器也有提高准确度的可能，但都要增加工作量和费用。传感器长期在水下处于受压工作状态，缩短了压力感应片的工作寿命，这就很难使整个仪器做到长期稳定工作。水下工作电路的水下工作环境也影响了仪器稳定性，但是压力式水位计用于堰塞湖的水文应急测验是较优的方案。

4. 典型产品技术

以 YSW—2 型压力式水位计为例，其具有水位显示和并行 BCD 码输出接口或标准 RS232、RS485 通讯口。可直接和遥测数传仪、MODEM、卫星通讯数据终端、水位固态存储器和计算机相接，完成无测井数据采集任务。配置 MODEM 后可实现无测井水位电话远传。配以定时计时数据记录仪、水位遥测终端作水位长期记录或水位遥测之用。

主要技术指标如下。

(1) 大水位变幅：10m 或 20m。

(2) 精度：2‰变幅±1cm。

(3) 最大静水压力：150%变幅。

(4) 最小分辨值：1mm。

(5) 输出编码方式：并行 BCD 码或标准 RS-232、RS-485 通信接口。

(6) 传输距离：小于2km（压力传感器至仪器本体）。

(7) 记录格式：××时××分××秒，×××m，每日零时记录××年××月××日（接有记录仪时）。

(8) 时钟误差：≤2s/d。

(9) 环境温度：−10～40℃，与传感器接触的水不能结冰。

5. 使用压力式水位计注意事项

压力式水位计主要维护工作是检测调整水位准确度，注意事项有以下6个方面。

(1) 压力水位计的传感器在运输、安装、运行及维修过程中切不可碰撞、跌落、敲击，不可接触腐蚀性液体和气体。

(2) 通气防水电缆在任何情况下都不可承受重压，不可接触锋利物体，严防护层破损。现场安装后，不能有随水流、波浪产生移动的现象。通气电缆和压力传感器连接部位不可承受重拉力。通气管要始终畅通，且不能进水。弯曲通气防水电缆时，必须使拐角处呈圆弧状。

(3) 岸上信号传输电缆不能重压、重拉。它要始终处于地屏蔽内或避雷装置的保护区域内。

(4) 现场运行中要始终注意各部位的防雷。

(5) 寒冷天水面结冰，已置于水面下的压力传感器可正常运行，但此时不要轻易将其提出水面。如果传感器内有水冰冻，会造成传感器芯体损坏。

(6) 温度变化过大（气温变化±20℃，水温变化±10℃）的环境中要及时注意比测，发现误差偏大时也要重新比测，以便及时修正测量成果。

3.5 降水监测

降水数据也是堰塞湖区域所需要收集的重要水文要素之一，通过对堰塞湖区域收集降水数据，可以推算出堰塞湖的入流量及区间产流、汇流。

降水数据依靠降水观测仪器采集。在堰塞湖区域，降水观测仪器主要指观测液体降水的雨量计或者雨量器。一般的降雨观测仪器都使用一定口径（如20cm）的圆形承雨口承接雨水，再经不同方式计测得到降水深度即降雨量。测量雨量时，既要知道时段降雨总量，也要知道降雨过程，还可能要推算或测量降雨强度。因而，要配用降雨量记录器。

3.5.1 雨量器（筒）

1. 结构组成与安装应用

雨量器（筒）是最简单的观测降水量的仪器（以下简称雨量器），它由雨量筒与量杯（量雨筒）组成。雨量筒用来承接降水物，它包括承水器、储水瓶和外筒。我国采用直径为 20cm 的正圆形承水器，其口缘镶有内直外斜刀刃形的铜圈，以防雨滴溅失和筒口变形。承水器有两种：一是带漏斗的承雨器；另一种是不带漏斗的承雨器。外筒内放储水瓶，以收集降水量。量杯为一特制的有刻度的专用量雨筒，量杯有 100 分度，每 1 分度等于雨量筒内水深 0.1mm。

雨量器应安装在地面上，器口高度 0.7m。雨量器离开周围障碍物边缘的距离至少为障碍物顶部与仪器口高差的 2 倍。如果难以避免周围障碍物影响，可以将雨量器安装在高杆上，杆高不超过 4m。

2. 特性

雨量器承雨口的尺寸形状稳定，人工用专用量杯计测水量，故不会产生较大误差。用雨量器人工计测时段雨量，各测量环节可以得到很好的控制，测量值比其他自动雨量计准确，常用它测得的时段雨量值作为最准确的降雨量，与其他安装在同一地点的雨量器进行比测。

影响雨量器测量准确性的因素有：承雨器口径误差，雨水被承雨器和漏斗附着损失影响，量杯制造精度，人工读数操作以及器内已收集雨量的蒸发损失等方面。影响较大的是风的作用。

3.5.2 翻斗式雨量计

目前，我国大多数的水文自动测报系统都使用翻斗式雨量计，长期自记雨量计（固态存储）也应用这种仪器，翻斗式雨量计成为很多站点普遍应用的雨量计。翻斗式雨量计简单、可靠，输出开关信号，很适合雨量站应用。使用翻斗式雨量计都应用固态存储器自动记录，或接入自动化系统，使记录数据能直接进入计算机进行处理，提高了自动化程度，也提高了资料整编的成果质量。

1. 工作原理

翻斗式雨量计由雨量传感器和相应的记录仪器组成。记录仪器可以是纸带记录方式，也可以是固态存储方式。这里只介绍雨量传感器部分，即翻斗雨量传感器，也常被直接称为翻斗式雨量计。

翻斗式雨量计的雨量计量装置是雨量翻斗。由于雨量计量要求不同，在高分辨力、高准确度要求时，可以采用两层翻斗来计量。而通常情况下，只应用一个翻斗。

单翻斗式雨量计工作原理见图3.2。在雨量筒身内有一组翻斗结构进行雨量计量。雨量筒身符合雨量计标准要求，主要是承雨口的直径为ϕ200mm，以及符合一定的高度要求。雨量翻斗是一种机械双稳态机构，由于机械平衡和定位作用，它只能处于两种倾斜状态，如图3.2中实线和虚线位置。降雨由承雨口进入雨量计，通过进水漏斗流入翻斗的某一侧斗内。当流入雨水量到一要求值时，水的重量及其重心位置使得整个翻斗失去原有平衡状态，向一侧翻转。翻斗翻转后，被调节螺钉挡住，停在虚线位置。这时一侧斗内雨水倒出翻斗，另一侧空斗位于进水漏斗下方，承接雨水，继续进行计量。当这一空斗中流入雨水量到一要求值时，翻斗又翻转，这一计量过程连续进行，完成了对连续降雨的计量过程。一般在翻斗安装一永磁磁钢，在固定支架上安装一高灵敏度的干簧管。在翻斗翻转过程中，此磁钢随之运动，在运动过程的中间接近支架上的干簧管，随即离开。使干簧管内的触点产生一次接触断开过程，达到一次翻转产生一个信号的目的。

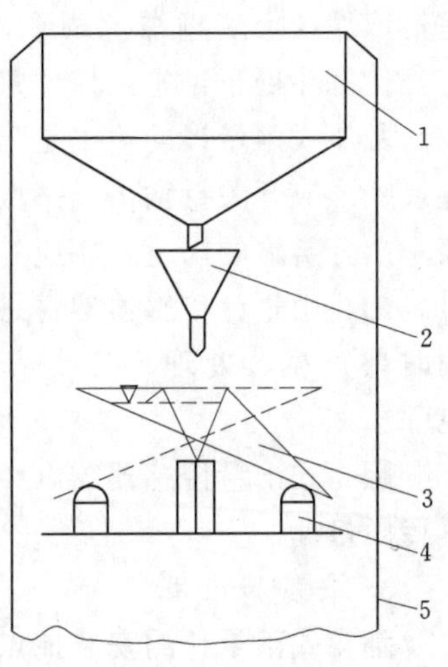

图3.2 单翻斗式雨量计工作原理示意图

1—进水漏斗；2—过度翻斗；3—节流管；4—计量翻斗；5—雨量筒身

2. 结构

翻斗式雨量计由筒身、底座、内部翻斗结构三大部分组成。筒身由具有规定直径、高度的圆形外壳及承雨口组成。筒身和内部结构都安装在底座上，底座支承整个仪器，并可安装在地面基座上。我国目前使用较多的是雨量分辨力为0.2mm、0.5mm、1.0mm的单翻斗雨量传感器。

降水进入筒身上部承雨口，首先经过防虫网，过滤清除污物，然后进入翻斗。翻斗一般由金属或塑料制成，支承在刚玉轴承上。当斗内水量达到规定量时，翻斗即自行翻转。翻斗下方左右各有一个定位螺钉，调节其高度，可改变翻斗倾斜角度，从而改变翻斗每一次的翻转水量。翻斗上部装有磁钢。翻斗在翻转过程中，磁钢与干簧管发生相对运动，从而使干簧管接点状态改变，可作为电信号输出。仪器内部装有圆水泡，依靠3个底脚螺丝调平，可使圆水泡居中，表示仪器已呈水平状态，使翻斗处于正常工作位置。

翻斗式雨量计的输出是干簧管簧片的机械接触通断状态，接出两根连接线形成开关量输出。一次干簧管通断信号代表一次翻斗翻转，就代表一个分辨力的雨量。相应的记录器和数据处理设备接收处理此开关信号。翻斗雨量计传感器本身是无源的，不需电源。但作为整体雨量计使用时要产生、处理、接收信号，记录或传输雨量信号，就必须要有电源。

翻斗式雨量传感器配以相应的雨量显示记录器，组成自记雨量计或远传雨量计。

3. 安装和应用

翻斗式雨量计的安装地点位置要求和一般雨量器（计）相同。安装时特别要注意，利用内部翻斗支架的调平螺丝将圆水泡调平，保证翻斗部件处于水平正常工作状态。

为了保证仪器的运输安全，翻斗可能是单独包装的，或者人为固定住翻斗，以避免翻斗在运输中受损。开箱后，用户需自行安装翻斗，应详细阅读产品说明书后进行安装。安装好的翻斗应翻转灵活，轴向间隙符合要求，翻斗翻转时，应有相应接点通断输出，可用万用表欧姆挡进行检查。

翻斗是直接决定仪器计量精度的关键零件，严禁被油污沾染。

一般仪器在出厂前均进行了人工模拟降水调试，并填写调试记录一份随仪器给用户。为防止仪器在运输过程中定位螺钉的松动，用户可对仪器用人工模拟降水方法进行复核。以4mm/min雨强向仪器注水，接取仪器自身排水量计算误差。若结果不超过仪器测量精度范围的下限，则该仪器可判为合格。否则，需重新进行人工率定。

翻斗式雨量计有两根信号线（单信号输出时）接入遥测终端机。为了避免雷电和干扰影响，也为了安全，除非所需信号线非常短，否则都应该穿入金属管埋地铺设，不能在空中架设。

翻斗式雨量计可以长期自动工作，按照上述方法安装好后，就可自动工作，输出的是机械接触信号，用两根导线接出。如果不是接入专用记录器，所应用的记录显示或数传仪器应保证通过雨量计信号触点（干簧管）的电压、电流符合要求。

4. 特点

翻斗式雨量传感器是雨量自动测量的首选仪器。它具有以下优点。

（1）结构简单，易于使用。翻斗式雨量计是全机械结构产品，工作原理简单直观，很容易理解掌握，方便使用，也便于推广。

（2）性能稳定，满足规范要求。我国的遥测雨量计要求是根据翻斗式雨量计的性能来确定的。而翻斗式雨量计的设计是根据雨量观测要求进行的，所以它的技术性能能满足雨量观测规范和水情自动测报系统对遥测雨量计的要求，翻斗式雨量计只需一些简单的维护，就能较稳定地长期工作。

（3）信号输出简单，适合自动化、数字化处理。它输出的是触点开关状态，很容易被各种自动化设备接收处理，只需两根简单的信号接出线，并能较远距离传输，这个优点是被水情自动测报系统使用的主要原因。

（4）价格低廉，易于维护。

（5）翻斗式雨量计的可靠性较高，如排除风沙、昆虫、尘污的堵塞问题，它们的平均无故障工作时间应能超过两年。

3.5.3　GD50型一体化雨量站

GD50型一体化雨量站（图3.3）可应用于任何需要自动监测降雨量的站点。它本身作为一个小系统可自动采集、存储长达一年的降雨量数据，存储的数据通过蓝牙技术能方便地在现场下载到PDA上。该系统还支持GPRS或GSM通讯方式，可作为雨量遥测站应用于水情遥测系统中。

1. 功能

GD50型一体化雨量站是独立的雨量自动监测站，能够方便地完成长期雨量自动监测，可靠的固态存储功能能为全年降雨量资料搜集提供值得信赖的保证。GPRS或GSM数据传输功能使得该仪器同时具有了遥测站的功能，因此仪器还可以作为水情系统中雨量遥测站应用。

2. 技术特点

（1）外形美观、大方。

（2）材料坚固、耐用。

（3）易于野外安装。

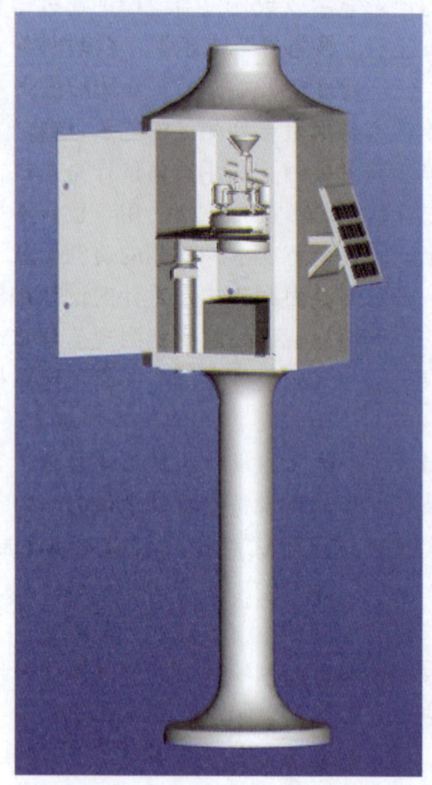

图 3.3　GD50 型一体化雨量站

(4) 集固态存储与遥测站功能于一身。

(5) 集成的一体化设计使单独的雨量监测站建设费用大大降低。

3. 技术指标

(1) 雨量计。

1) 承雨口内径：Φ200＋0.60，外刃口角度 45°。

2) 仪器分辨力：0.5mm (JDZ05—1 型)，0.2mm (JDZ02—1 型)。

3) 降雨强度测量范围：0.01～4mm/min。

4) 翻斗式计量误差：≤±4% (在 0.01～4mm/min 雨强范围)。

(2) 采集仪。

1) 固态存储：5min～1h 存储间隔可设定，5min 间隔可存储多达一年的数据。

2) 数据下载：PDA 现场蓝牙下载。

3）通信接口：RS232。

4）数据远传（选配）：GPRS或GSM。

5）电源：DC12V，太阳能浮充。

（3）应用环境。

1）温度：－10～60℃。

2）湿度：0～100%RH。

（4）适用范围。

适用于任何需要自动采集降雨量的场合。

3.6　流量监测

流量是反映水资源和江河湖库等水体的水量变化的基本资料，是堰塞湖抢险水文应急监测工作中最重要的水文特征值，在堰塞湖抢险的设计、施工、调度管理、减灾，水质监测等诸多方面都需要流量资料。

对堰塞湖的流量监测工作包括入、出湖流量监测，以及堰塞坝渗漏水点和渗漏水量监测，开展堰塞湖的流量监测工作必须在充分考虑作业人员的安全问题的情况下，采用不同的方案收集所需要的流量资料。

3.6.1　测验河段调查与断面布设

在开展堰塞湖的流量监测工作前，应对形成堰塞湖的河段（江段）进行充分的调查，了解形成堰塞湖的河段的基本情况及水流特性，为制定系统、全面的入、出湖流量监测方案打下基础。

测验河段调查与断面布设应包括以下内容。

（1）分布在形成堰塞湖的测验河段上下游的水文站的情况。水文站的情况包括水文站的数量及流量测验的主要方法，发生的自然灾害是否对水文站的基本设施产生影响，水文站是否能满足测流的要求，或者需要做什么样的工作能使受损的水文站恢复流量测验工作。一般地，对堰塞湖的入、出湖流量监测，已有的水文站测验断面及基本设施应为首选方案，这样不仅能够保证流量资料的及时监测，还能充分保证所收集流量资料的成果质量，因为水文站较长系列的水文资料可以为收集的流量资料进行佐证。

（2）形成堰塞湖的测验河段所处河流的区域水文特征、流域自然地理、水流特性等。通过流域水文局、地方省水文局，尽可能地收集所处河流的降水、径流、流量等资料，以制定具体的水文应急监测方案。

（3）实地查勘形成堰塞湖的测验河段，选取有利的测验河段。开展堰塞湖流量监测的测验河段通常应选在石梁、弯道、卡口和人工堰坝等易形成断面控制的上游河段，或选在河槽的底坡、断面形状、糙率等因素比较稳定和易受河槽沿程阻力作用形成河槽控制的河段。河段内无巨大块石阻水，无巨大旋涡、乱流等现象。当断面控制和河槽控制发生在河段的不同地址时，应选择断面控制的河段作为测验河段。在几处具有相同控制特性的河段上，应选择水深较大的窄深河段作为测验河段。测验河段宜顺直、稳定、水流集中，无分流岔流、斜流、回流、死水等现象。堰塞湖出口站的测验河段应选在堰塞坝的下游，避开水流大的波动和异常紊动影响。

（4）布设流量测验断面。流量测验断面应在河岸顺直、等高线走向大致平顺、水流集中的河段中央，测验断面水流平顺，两岸水面无横比降，无旋涡、回流、死水等发生，地形条件便于观测。

（5）实地查勘堰塞坝。对堰塞坝坝体的薄弱端有所了解，制定堰塞坝渗漏水点及渗漏水量监测方案，在充分保证水文应急抢险人员安全的情况下，开展堰塞坝渗漏水点及渗漏水量监测工作，或者使用无线宽带视频系统监测堰塞坝渗漏水点及渗漏水量。

3.6.2　流量资料的收集

1. 堰塞湖河段上下游水文站流量资料的收集

通过对形成堰塞湖的测验河段上下游水文站分布情况的调查，当有现成的水文站存在的时候，就尽可能地利用已有水文站收集流量资料。即使发生的自然灾害对已有的水文站的测验设施有所损毁，也可以在尽快恢复水文测站的基本设施的情况下，开展流量资料的收集工作，对水文站来说，收集流量资料的方法较多，任何一个水文站对流量资料的收集，都有多种方法，即使在自然灾害的影响下，总是有一种方法可以及时收集到流量资料的。同时，已有水文站对测验断面的断面资料、水流特性有充分的了解，大多数水文站的水位—流量关系为单一线，当通过施测流量资料检测到水位流量关系未发生变化时，可以通过监测测验断面的水位，即可推算测验断面的流量。可以说利用现有水文站收集水文应急监测的流量资料是最简便、快捷的方法。

2. 流量监测

在自然灾害形成堰塞湖的测验河段上下游无水文站的情况下收集流量资料也是常常遇见的。在这种情况下，需要在对形成堰塞湖的测验河段进行调查及现场查勘的基础上，制定流量测验方案。

堰塞湖的入、出湖流量监测，是在特殊情况下的水文应急监测，其方法应该满足操作简便、快捷及具有一定精度的要求。

考虑到堰塞湖水文应急监测的特点，推荐使用走航式 ADCP（声学多普勒剖面流速仪）法进行流量监测。

利用声学多普勒原理测量流速的仪器，刚开始时仅应用于管道和海洋，后来逐步应用于水文测验。ADCP 利用声波的多普勒频移效应测量水体的流速，具有不扰动流场、测验历时短、测速范围大、测验数据量大、风险小的特点。水文上应用较多的是声学多普勒剖面流速仪，称为 ADCP，仪器装在船上，可以测量一根垂线的流速分布，横跨断面可测得经过处多根垂线的流速分布，得到全断面数据，称为走航式 ADCP，其测流示意图见图 3.4。

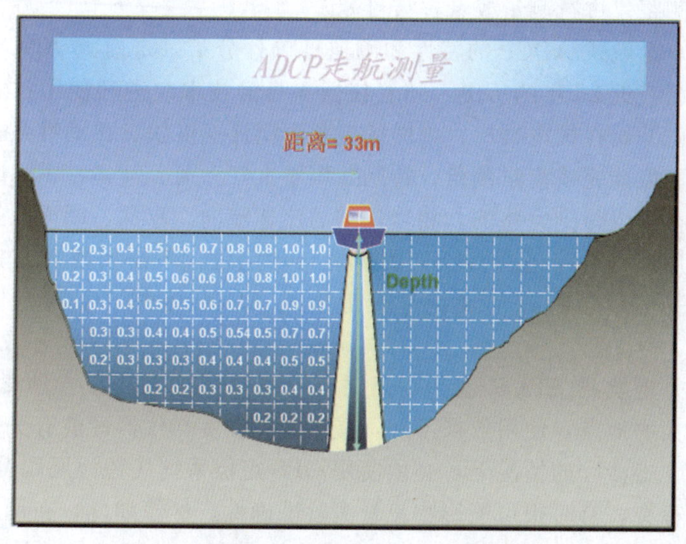

图 3.4　走航式 ADCP 测流示意图

（1）走航式 ADCP 组成。ADCP 仪器主体是一个三声束或四声束换能器，电子部件、磁罗经、倾斜计、温度传感器、底跟踪固件都在此整体结构中。具有用来连接 GPS 定位系统的 GPS 接口、RS232 或 RS422 数据通信接口。一般都用个人计算机（PC 机）或便携机运行专用软件接收处理测得的数据，生成测速测流结果，用通信电缆连接 ADCP 和计算机。

（2）走航式 ADCP 安装。在形成堰塞湖的测验河段使用走航式

ADCP收集流量资料，通常将ADCP安装在大功率的冲锋舟测艇上，仪器在冲锋舟侧或者冲锋舟体下垂直进入水流中，跟随冲锋舟横跨水流测量流速及断面流量。由于使用了冲锋舟作为载体，可以有效避免铁磁性物体对ADCP磁罗经的影响，减少了外磁场干扰对测速准确性的影响。

(3) 走航式ADCP测验方法。使用走航式ADCP实施测量时，测量过程中应严格保持测船沿测流断面匀速行驶，船速尽量小于断面平均流速。一次流量测验包含往返2次共4个流量成果，一个测次流量最终成果应为测量多个单次流量的均值，如果多个航次中的任一次流量与平均值的相对误差大于5%，应补测一个往返，以合理的航次成果计算该次流量成果，直至满足上述条件为止，起始水边和结束水边距离可以采用手持测距仪进行测量或者进行目测。

(4) 走航式ADCP的特性和测速准确性分析。走航式ADCP在国内应用已有近20年的历史，随着仪器本身的技术改进和使用技术的提高，它已开始在国内推广，它的优点是：测流速度快、机动性强，测船横跨断面就能完成流量测量，特别适用于大江大河、河口、洪水时的流量测量；可以得到完整的，相当详细的流速流向、水深、断面数据；不管是应用河底跟踪还是GPS，测船能自动定位，不需要附加其他的定位装置；可用各种渡河设施进行走航式ADCP施测，不需专建测流设备。

但是走航式ADCP也有不足之处，主要体现在：在含沙量较大、流速较大的地点，使用效果不好，受影响的程度与仪器性能有关；在河底存在“走沙”的情况下，必须使用GPS定位系统代替河底跟踪系统；有盲区存在，有时很可能影响流量测验准确性。尽管如此，在形成堰塞湖的测验河段，采用走航式ADCP收集流量资料，仍然是一种较好的方法。

第4章 堰塞湖应急监测

4.1 堰塞湖的形成、特点与危害

4.1.1 堰塞湖的形成

通常堰塞湖的形成有4个步骤：第一步，原有的水系。第二步，原有河道被堵塞物堵住。堵塞物可能是火山熔岩流、地震活动等原因引起的山崩滑坡体、泥石流，也可能是其他外来的物质。第三步，河道被堵塞后，流水聚集并且往四周漫溢。第四步，储水到一定程度便形成堰塞湖。

以唐家山堰塞湖为例介绍堰塞湖的形成。

第一步，原有的水系。

唐家山堰塞湖位于涪江支流湔江上，在北川县城上游约6km处，见图4.1。湔江流域位于四川盆地西北边缘山区地带，系涪江一级支流，控制集水面积4520km^2，主河长173km，流经江油县青莲场附近注入涪江右岸。湔江流至北川境内，山高谷深，相对高差较大，一般海拔高程均在1000～1500m以上，最高峰插旗山4769m，见图4.2。因流域内地形复杂，高差悬殊，气候垂直变化很大。据北川县气象站资料统计，多年平均年降水量1355.4mm，5～10月降水量占全年的91.1%。历年一日最大降水量为323.4mm。6月份一日最大降水量为201.4mm。

图4.1 唐家山堰塞湖

5月下旬至6月上旬平均来水量约7000万m^3。

图4.2 唐家山堰塞坝河谷原貌

第二步，原有河道被堵塞物堵住。

该堰塞坝是由唐家山基岩滑坡堆积形成。从早期右岸地质调查表明：该部位原始地貌为30°左右斜坡地貌，斜坡下部为寒武系清平组长石石英粉砂岩及硅质板岩，岩层倾向左岸，倾角50°～85°，上部分布厚度较厚的坡残积层。由于5·12大地震的作用引起滑坡，使该部位山体整体下滑，堆积于通口河河谷，形成规模巨大的堰塞坝，堵塞通口河，形成堰塞湖。滑坡壁高约600多m，滑床原为光滑的基岩面，现被新的崩塌物覆盖（图4.3）。从堰塞坝物质组成和结构特征分析，其基岩主

图4.3 滑坡壁

要堆积于坝体左岸及右岸下部，上部坡残积碎石土层主要堆积在右岸上部及堰塞坝坝前。该滑坡为典型高速滑坡。

现场调查可见堰塞坝左岸坝头以上自然坡原有植被遭受高速水流和气流的强烈冲击（刷），使其较近部位变为光滑的岩土面，较远部位树干上枝叶和树皮均被剥光（图 4.4）。

图 4.4　高速水流冲击现象

堰塞坝左岸与自然坡接触地带可见滑坡堆积区中的硅质板岩由于强烈冲击作用十分破碎，甚至形成碎屑流。

通过走访当地老乡，了解到该滑坡下滑时间非常短暂，不到 1min 时间下滑 600 多米，由此推算该滑坡下滑速度大于 10m/s，具备高速滑坡的特征。

第三步，河道被堵塞后，流水聚集并且往四周漫溢。

经过测量，堰塞体平面形态近似为长条形，顺河长约 803m，横河宽最大约 611m，顶面宽 150～300m，高 82～124m，平面面积约 30 万 m^2，初估体积约 2037 万 m^3。堰塞体表面地形起伏较大，横河方向大致呈左高右低，左侧最高点高程 793.9m，右侧最高点高程 775m。偏右侧沿顺河方向有一贯通上下游沟槽，沟槽为右弓形，沟槽底宽 20～40m，其挡水前缘最低高程 752.2m。堰塞湖上游集水面积约 3550km^2，最大蓄水量约 3.2 亿 m^3，截至 5 月 21 日，堰塞湖的蓄水量约 7250 万

m^3，水位为 711.0m 高程，与堰塞体挡水前缘最低处的高差约 42.2m，且湖水以每天约 1.5～3m 的速度上涨。

第四步，储水到一定程度便形成堰塞湖。

湖水以每天约 1.5～3m 的速度上涨，到唐家山堰塞湖处置时，库容达到 29339 万 m^3。唐家山堰塞湖库容曲线见图 4.5。

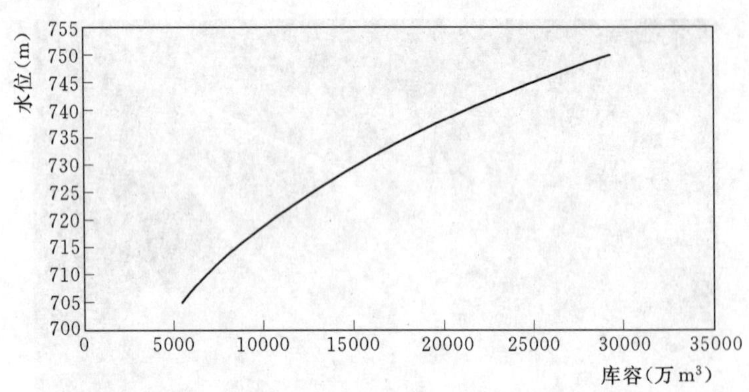

图 4.5 唐家山堰塞湖库容曲线

4.1.2 堰塞湖的特点

堰塞湖是指河流被外来物质堵塞而形成的湖泊。堰：是指较低的挡水建筑物；塞（音 sè）通“僿”，实、堵、填充空隙，用于书面词语中，此处意为“堵塞”。堰塞湖的特点是危害性及大。如唐家山堰塞湖，它是 5·12 地震形成的堰塞湖中堰塞体最高、蓄水量最大、威胁最严重的一个堰塞湖，危险分级评定为“极高危险级”，一旦发生溃决，将对北川县、江油市、涪城区、科学城、游仙区、农科区、三台县 130 多万人口及下游遂宁市的安全构成严重威胁。

4.1.3 堰塞湖的危害及减轻办法

1. 危害

堰塞湖的堵塞物不是固定永远不变的，新的地质平衡未形成前，它们也会受冲刷、侵蚀、溶解、崩塌等等。一旦堵塞物被破坏，湖水便漫溢而出，倾泻而下，形成洪灾，极其危险。灾区形成的堰塞湖一旦决口后果严重。伴随次生灾害的不断，堰塞湖的水位可能会迅速上升，随时可发生重大洪灾。堰塞湖一旦决口会对下游形成洪峰，破坏性不亚于灾害的破坏力。堰塞湖危害见图 4.6。

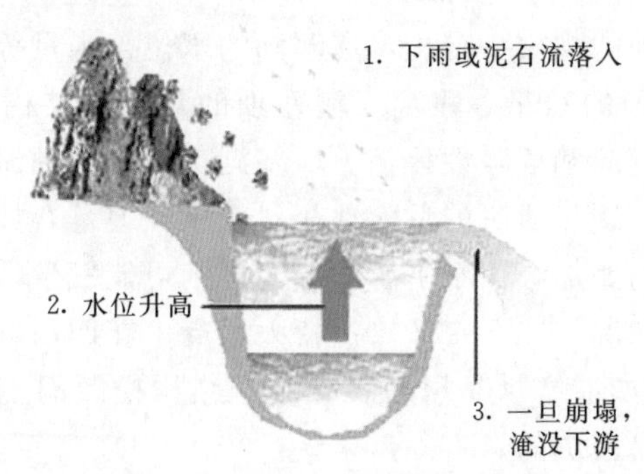

图 4.6　堰塞湖危害示意图

（1）高危性堰塞湖。堰塞湖形成后，河道完全被堵死，导致堰塞湖内水流是只进不出，湖内的蓄水越来越多，而堤坝又不稳固，很有可能在几天后甚至几年后垮塌。这时候巨大的水流和能量被释放出来，其结果就是产生水灾。尤其是地震所造成的连珠式堰塞湖，坝体像多米诺骨牌那样接连垮塌，其破坏程度更是不可估量。汶川大地震中川北县境内湔江河段形成的唐家山、苦竹坝、北川县城附近等的 5 个堰塞湖群，就属于典型的连珠式堰塞湖，一旦出现溃堤，必将造成巨大的灾难损失。

（2）稳态型堰塞湖。堰塞湖形成以后，河道并没有被完全堵死，或者有其他的通道导致河流改道等，使水依然可以流出，这样就在堰塞湖里面水流保持进出的平衡，而同时形成的堤坝比较稳定，那么这样的堰塞湖可以保持很长的时间。一般把这样稳定存在 100 年以上的堰塞湖，成为稳态堰塞湖，这类的堰塞湖一般不会造成什么灾害。

（3）即消即生型堰塞湖。一般指地震时河流被崩塌、滑坡、泥石流等物质阻塞形成的短时堰塞湖，而这种堰塞湖坝体非常不牢固，所以很快就被积累的湖水冲走。这种堰塞湖水量较小，能量较小，所以一般而言危害也并不很大。

有学者做过统计，大概有只有极少量的堰塞湖会一直保持不溃决的状态，形成稳态堰塞湖；而在短期内（10d）发生溃决的堰塞湖也仅仅不到一半的样子。这样也就是说，大部分的堰塞湖都会经历一个积累的过程，最后形成高危堰塞湖，而对人民群众生命财产安全形成巨大的威胁。

2. 堰塞湖危害的减轻办法

首先对堰塞坝的规模、结构，堰塞湖的水位、水量等进行监测，再由专家根据堰塞湖的数量、距离，堰塞坝的规模、结构，堰塞湖的水位、水量等进行判断和危险性评估。堰塞湖一般有两种溃决方式：逐步溃决和瞬时全溃。逐步溃决的危险性相对较小；但是，如果一连串堰塞湖发生逐步溃决的叠加，位于下游的堰塞湖则可能发生瞬时全溃，将出现危险性最大的状况（如5·12汶川特大地震中在四川省德阳市境内形成的堰塞湖群）。如堰塞坝是以粒径较小、结构松散的土石堰塞坝，相对来说是比较容易溃决的。

对于危险性大的堰塞湖，必须以人工挖掘、爆破、冲击、拦截等方式来引流，逐步降低水位，以免造成大的洪灾。唐家山堰塞湖就是采用开挖引流的方式来减轻堰塞湖的危害，见图4.7。

图4.7　唐家山堰塞湖开挖引流

在排险的同时，堰塞湖要及时进行监测和预警，应立即开展对危害严重、情况危急的堰塞湖现场调查评估，进行动态监测，预测堰塞湖溃决时间及泛滥范围，撤离居住在泛滥范围内的受灾群众，安置抢险救援人员的临时驻扎场所，并制定下游危险区的临灾预案。

4.2　应急控制网的建立及实施

4.2.1　应急控制网的用途

形成堰塞湖的地方，可能没有国家高程及平面控制系统，如果有，也可能因自然灾害的发生而受到破坏，因此，根据堰塞湖水文监测的需要，布设、测量堰塞湖测区的控制网显得特别重要。有的堰塞湖指挥部要求要精确坐标，如2009年3月西藏墨脱堰塞湖，当时要求堰塞体的精确坐标、堰塞湖的库容和堰塞体体积，还安装了应急视频监测系统，在北京就能看到堰塞体的情况。

应急控制网的测量方案主要遵循便捷、快速、安全的原则：平面控制测量主要采用GPS静态控制网、导线网、RTK；高程控制测量主要采用水准测量、三角高程测量、RTK、大地水准面精化；控制测量的仪器主要采用GPS、全站仪、电子水准仪进行测量。GPS成为控制测量特别是首级控制的主要手段，包括静态和动态测量，静态主要用于高等级（四等以上平面控制和大地水准面精化）控制测量，随着技术的发展和精度的提高，动态RTK测量广泛用于四等以下平面控制和图根控制测量。全站仪直接进行边、角和三角高程测量，可以完成平面、高程控制测量，电子水准仪直接进行高程控制测量。

水文应急监测的范围一般较小，建立的控制网区域范围也较小，在这个范围内，水准面可视为水平面，不需要将测量成果归算到高斯平面上，而是采用直角坐标，直接在平面上计算坐标；同时，高程异常值是一个常数，水下地形测量可采用免验潮方式，直接得出河底高程。在建立小区域平面控制网时，如有条件，尽量与已建立的国家或城市控制网连测，将国家或城市高级控制点的坐标作为小区域控制网的起算和校核数据。如果测区内或测区周围无高级控制点，或者是不便于联测时，也可建立独立控制网。采用静态GPS控制测量技术，建立无约束网控制网，方便快捷。

水文应急监测的控制测量服务范围包括四等以下平面控制网、平高控制网、高程控制网的建立和控制点加密，其参照的主要技术依据见表4.1。

在堰塞湖形成的区域，在需要开展水文应急监测的堰塞坝坝体及其上下游河段的断面设置水准点、固定断面桩点、临时仪器观测点等，形成水文应急控制网，对其进行平面及高程控制测量。

表 4.1　　控制测量布设层次及精度规定

项　目	平面布设层次和精度要求		高程布设层次和精度要求	
基本（平面/高程）控制	GPSC、D级网 五等控制	五等平面最弱点点位中误差不大于图上0.05mm	三、四等高程	
图根（平面/高程）控制	解析图根 解析图根	最后一级图根点点位中误差不大于图上0.1mm	五等高程	五等高程最弱点高程中误差不大于±$h/20$（m）
测站点（平面/高程）控制	解析测站	测站点点位中误差不大于图上0.2mm	五等一级高程	最后一级高程中误差应不大于±h /10（m）

注　1. 三、四等高程测量按GB/T 12898—2009《国家三、四等水准测量规范》中的有关规定执行。
2. 图根高程可发展解析高程，解析高程中误差不大于h/6，只允许接测测点高程。

4.2.2　技术要求

4.2.2.1　一般要求

充分利用测区已有的控制成果，作为测区的基本控制，应急测量可以采用GPS建立独立控制网，作为测区的基本控制。

增补和加密的控制设测要求如下。

（1）满足控制等级发展原则，由高级向低级逐级和越级扩展，见表4.1。

（2）控制点增补精度要求根据已有控制成果确定，可采用四等（GPS D或E级）、五等、图根点、测站点等精度要求设测。

（3）加密控制点（五等）可埋石，也可采用刻标。

（4）局部小范围基本控制点布设困难时，可布设一级图根点作为河道观测的首级控制。

4.2.2.2　平面控制测量

基本平面控制是测区控制成果，测区首级平面控制网按GPS D级精度要求进行设测，加密控制网平面按Ⅴ导线或GPS E级精度要求进行设测。GPS网相邻点间距应符合表4.2中规定，GPS网图形设计技术要求应符合表4.3中规定，GPS控制测量主要技术要求见表4.4。

表 4.2　　GPS 网相邻点间距规定　　单位：km

项目＼等级	四　等	五　等	
相邻点最小间距	1	0.5	0.2
相邻点平均间距	4	2	1

表 4.3　　GPS 网图形设计技术要求

项　　目	等　级	
	四	五
图形设计总体可靠性（即多余观测值数与总观测值数之比）	≥0.3	≥0.2
重复测量的基线占独立确定的（不相关）基线总数的百分数（%）	≥10	≥10
每条基线边所在的异步环数	≥1	≥1
环线边数（条）	4～5	4～5

表 4.4　　各等级 GPS 控制测量主要技术要求

项　　目		方法＼等级	四	五	
同步观测接收机数量（台）		相对快速	2	2	2
卫星高度角（°）		相对快速	≥15	≥15	≥15
有效观测卫星数（颗）		相对快速	≥4 ≥5	≥4 ≥5	≥4 ≥5
观测时段数（次）		相对	≥2	≥2	≥1
重复设站数（次）		快速	≥2	≥2	≥2
时段长度（′）		相对快速	≥45 ≥15	≥45 ≥15	≥45 ≥15
数据采样间隔（″）		相对快速	10～60		
PDOP		相对快速	<8	<8	<8
天线安置	每次观测时天线相位中心高度矢量量测两次，量测较差（mm）	相对快速	≤3		
	天线对中（或测站对中）每个测站两次或两次以上	相对快速	是		
	天线盘水准器严格居中	相对快速	是		
	天线定向标志线指向正北	相对快速	是		

GPS基线解中距离残差的标准差对于四等点不得大于30mm；对于五等点不得大于50mm。GPS网异步环各坐标分量闭合差应符合式(4.1)的规定，同步环各坐标分量闭合差的限差值为异步环闭合差限差值的一半。各坐标分量闭合差采用式(4.1)计算。

$$\left.\begin{aligned} W_x \leqslant 3\sqrt{n\sigma} \\ W_y \leqslant 3\sqrt{n\sigma} \\ W_z \leqslant 3\sqrt{n\sigma} \end{aligned}\right\} \tag{4.1}$$

式中 W_x、W_y、W_z——x、y、z坐标的分量闭合差，mm；

n——闭合环中的边数，无量纲；

σ——相应级别规定的精度（按平均边长计算），mm。

五等或五等以下平面导线控制测量限差应符合表4.5的规定。

平面图根导线测量应满足表4.6所列的技术要求。

表4.5　电磁波测距导线主要技术要求

等级		导线全长(m)	测角中误差(″)	最多折角数(n)	方位角闭合差(″)	导线全长相对闭合差	点位闭合差(图上mm)	备注
五等		4.0M	±5	20	$10\sqrt{n}$	1/14000		仅选择一种
		2.5M	±10	15	$20\sqrt{n}$	1/10000		
图根	磁导1	1.5M	±20	15	$60\sqrt{n}$		0.3	共发展二次
	磁导2	1.0M	±20	10	$60\sqrt{n}$		0.26	
	磁导T	2.0M	±20	15	$60\sqrt{n}$		0.4	只发展一次

注　1. 表中M为测图比例尺分母；n为实测转折角数。

2. 狭长困难地区导线长度可适当放长，但折角数不得超过表中规定。

表4.6　平面图根导线测量技术要求

等级	路线	气象元素		边长			天顶距		
		时间间隔	取用数据	测距仪等级	测回数		使用的仪器	方法	测回数
					往	返			
五等	单程	每边测量一次	测站端的数据	Ⅰ、Ⅱ	2	—	DJ_2经纬仪	往返测	各二测回
图根(V′)	单程	每边测量一次	测站端的数据	Ⅰ、Ⅱ	2	—	DJ_2经纬仪 DJ_6经纬仪	往返测	各二测回 各四测回

4.2.2.3 高程控制测量

三等高程控制测量采用几何水准方法，四等及以下高程控制可根据测区具体情况，采用相应等级的水准测量或电磁波测距三角高程测量布设。三、四等水准应参照表4.7所列技术指标。

表4.7 三、四水准测量技术要求

测量等级	三等	四等
$M_{\triangle}$	3.0	5.0
M_W	6.0	10.0

五等水准测量和五等电磁波测距三角高程测量、图根电磁波测距三角高程测量的技术规定应符合表4.8的规定。

表4.8 电磁波高程导线测量技术要求

等级	总长（km）	附合或环线闭合差（mm）	垂直角测回数	垂直角较差（″）	指标差较差（″）	对向观测高差较差（mm）	斜距测回数	垂直角取位（″）	
		山区	中丝法					观测	计算
四等	80	$\pm 25\sqrt{L}$	4	5	5	$\pm 45\sqrt{D}$	3	1	0.1
五等	—	$\pm 35\sqrt{L}$	2	7	7	—	2	1	1

注 1. 斜距每测回照准一次，读数三次。
2. L为导线总长，km。
3. D为测站至照准点间的观测水平距离，km。

在测量条件困难的条件下，对五等高程控制，当精度满足要求时，可进行GPS高程拟合测量，其技术要点如下。

（1）GPS拟合高程测量，适合于五等及以下的等级高程测量。

（2）GPS拟合高程测量宜与GPS平面控制测量一起进行。

（3）GPS网应与四等及以上水准点联测，联测的点宜分布在测区的四周或中心，若测区为带状，则联测的点宜分布在测区的两端及中部。

（4）联测的点数宜大于选用模型的未知参数的1.5倍，点间距宜小于10km。

（5）地形高差变化较大的地区，宜增加联测的点数。

（6）GPS的观测技术要求可参照4.2.2，GPS天线高在测前、测后各量1次，取平均值进行计算。

（7）GPS高程拟合计算，应符合以下技术规定。

1）充分利用当地的重力大地水准面模型和参数。

2）对联测的已知高程点进行可靠性检验，提出不合格点。

3）对于地形平坦的小测区可采用平面拟合模型，对于地形起伏较大的大面积测区，宜采用曲面拟合模型。

4）对拟合高程模型进行优化。

5）GPS高程的计算，不宜超出拟合高程模型覆盖的范围。

（8）GPS拟合高程成果应进行检验，检验点数不少于总数的10%且不少于3点，高差检验可采用相应等级的水准测量方法或三角高程测量方法进行，高差较差不大于$30\sqrt{D}$mm（D为检查路线长度，单位为km）。

4.2.2.4　GPS-RTK测量技术

考虑到测区观测条件的特殊性，在满足精度规定的条件下，可采用GPS-RTK进行图根控制测量工作。

1. 基本精度要求

平面测量精度（RMS）中误差采用式（4.2）计算。

$$\sigma=\sqrt{10^2+(10\times10^{-6}\times D)^2} \tag{4.2}$$

式中　D——距离（相对于起算点），km；

σ——中误差（平面测量中误差应不大于±5cm），mm。

高程测量精度（RMS）中误差采用（4.3）式计算。

$$\sigma=\sqrt{20^2+(10\times10^{-6}\times D)^2} \tag{4.3}$$

式中　D——距离（相对于起算点），km；

σ——中误差（高程测量中误差应不大于±3cm），mm。

（流动站数据采集必须是固定解状态，且平面精度HRMS≤5cm，高程精度VRMS≤3cm。）

2. 设计要求

RTK测量的技术设计方案应充分考虑测量目的、精度要求、卫星状况、仪器类型及数量、测区地形及交通等，按照优化设计的原则进行全面考虑，见表4.9。

3. 观测技术要求

（1）基准站设置。基准站和流动站之间能电磁波“准光学通视”。

（2）流动站设置。$PDOP<6$、卫星数大于6。流动站应正确设置

平面、高程中误差的限差，以避免残差较大的观测结果出现。控制测量时置信度应设为 99.9%。

表 4.9　RTK 测量技术要求

测量等级	精度要求	起算点要求	基站与流动站间距（km）	测回数
V_1	最弱点位误差不大于 5cm 最弱边相对中误差不大于 1/20000	四等以上	≤5	≥3
V_2	最弱点位误差不大于 5cm 最弱边相对中误差不大于 1/10000	V_1 以上	≤5	≥3
图根一级平面点	最弱点位误差不大于 5cm 最弱边相对中误差不大于 1/8000	V_2 以上	<10	≥2
图根二级平面点	最弱点位误差不大于 5cm 最弱边相对中误差不大于 1/5000	图根一级点以上	<10	≥2
四等水准测量	$\leqslant \pm 20\sqrt{L}$（mm）	三等水准点以上	<10	≥2
图根水准测量	$\leqslant \pm 30\sqrt{L}$（mm）	四等水准点以上	<10	≥2
地形测量	平面：≤图上 0.5mm 高程：≤1/3 等高距	平面：图根一级点以上 高程：四等水准点以上	<10	≥1

注　测回数是指流动站在完成一次 RTK 测量后，采用不同时段或重新设置基准站进行测量的次数。

（3）数据检核。RTK 测量过程中应有一定数量的检核点。检核点应分布在测区的中部和边缘。无论采用何种方法检核，两次测量成果点位较差均应不大于±5cm。可采用以下方式进行检核。

1）已知点检核。用 RTK 测出已知控制点的坐标进行比较检核。

2）重测比较。每次初始化成功后，先重测 1～2 个已测过的高精度控制点或 RTK 点，待确认无误后才进行 RTK 测量，尤其是控制点较少的区域更应用此方法来检验测量成果。

3）边长比较。RTK 测量成果的反算边长与全站仪实测边长比较检核。

4）角度比较。有 3 个以上连续通视的 RTK 点的反算夹角与全站仪实测角度比较。

5）双基站法。在测区内建立 2 个基准点，每个基准站采用不同的电台频率发送数据，流动站用变频方法有选择性地分别接收每个基准站的改正数据，从而得到2个解算结果。

6）多测回法。多测回测量的两次结果点位及高程较差应在5cm以内，最终成果取平均值。

(4) 坐标参数转换。

1）平面拟合所采用的起算点点数应不少于3个。

2）起算点应能够将整个测区包围并尽可能分布均匀，进行测量时应有一定数量的检测点。

(5) 高程拟合。

1）高程拟合所采用的起算点点数应不少于4个。

2）起算点应能够将整个测区包围并尽可能分布均匀。

3）若高程拟合区域较大，可进行分区拟合的方法，即将整个拟合区域分成若干小区域，利用位于各个区域中的已知点分别进行高程拟合。

4）高程拟合，对单一路线可采用线性拟合。对网形应采用平面拟合和曲面拟合等方式。高程拟合一般不能外推。

5）对已知高等级高程控制点，应进行充分的检核与精度分析。

6）对地形与断面，当精度满足要求时，可采用已知点比较求异常值，再以加权内插的方式进行异常改正，并进行已知点检核与外业设站精度检查。

4.2.3 实施方案

1. 控制测量流程图

控制测量流程见图4.8。

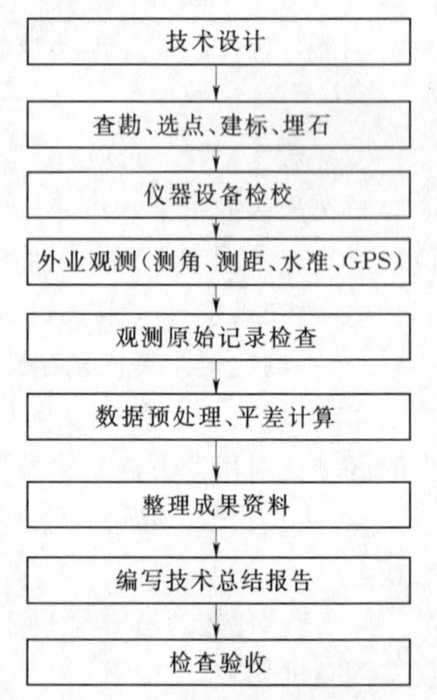

图4.8　控制测量流程图

2. 现场查勘

广泛收集测区及其附近已有的控制测量成果和相关资料，携带收集到的测区地形图、控制展点图、点之记等资料到现场查勘。查勘时主要了解以下内容。

(1) 原有的三角点、导线点、水准点、GPS点的位置，了解觇标、标石和标志的现状及其造标埋石的质量，以便决定有无利用价值。

(2) 原有地形图是否与现有地物、地貌相一致，为控制网图上设计做准备。

(3) 调查测区内交通现状，以便确定合理的高程测量方案，测量时选择适当的交通工具。

(4) 现场踏勘应做好记录，并编写踏勘报告。

3. 技术设计

技术设计是根据应急测量的目的、精度及时效的要求，结合测区自然地理条件的特征，选择最佳布网方案和观测方案，保证在规定期限内多快好省地完成任务。技术设计重点包括测区概况、平面控制、高程控制网的布设方法和测量方法和内业计算等。

4. 埋建测量标志

(1) 选点。选点是把图上设计的点位落实到实地，并根据具体情况进行修改。边角网点选在通视良好、交通方便、地基稳定且能长期保存的地方。视线要避开障碍物。对于能够长期保存、离测区较远的点要考虑到图形结构和便于加密。GPS 网的选点不要求相连的边都通视，但为了使用常规仪器测量时能够后视和检核，每点至少有两个点与它通视。同时要求地势开阔，能够接收到足够的卫星信号。

(2) 建埋标。地形测量的首级控制点和要长期保存的各级控制点有条件的情况下可埋设具有强制归心装置砼标墩或钢架标墩；其它平面控制点可埋设地面标石或地面标志。

4.2.4 测量实施方法

4.2.4.1 GPS 静态控制网测量

1. GPS 测量测前准备

(1) GPS 内存数据容量检查。

(2) 认真了解各 GPS 点所处的环境，运用 GPS 软件预测点的最佳观测时间。

(3) 检查 GPS 的各项设置：静态或动态、高度截止角、数据采样率、天线类型、天线量测方式。

2. 观测

(1) 出发到测点前，认真检查 GPS 主机、电池、电缆、测 GPS 天线的钢尺、记录纸、笔、脚架及对讲机等必备品。

(2) 架站：认真地架好仪器，对中、整平、接好电缆。

(3) 量测天线高：各种 GPS 量测天线的高的方式是不一样的，同一种 GPS 也有几种不同的量测方式，一定要记清楚自己用的是哪种方式；此外 GPS 天线高的量测一般都是量的斜高，不要人为地改为垂直高；要对称量几个方向，然后取平均值。

（4）开始观测时，只需按下电源开关，这时记录好测点名、开机时间、开机时天线高。

（5）观测结束时，先关电源，不要马上拆机，还要再量天线高，以判断观测过程中仪器是否动过。

3. GPS 数据传输

（1）在传输数据前，先查看仪器里每个时段里记录的数据量是否大小相近，将由于开关电源引起的无效记录先删除。

（2）通信参数设置。

（3）传输数据时，先检查软件中的各项设置，查看 GPS 类型、天线类型、天线高的量测方式等是否设置一致。

（4）传输数据时，记录好各数据文件的时段号、点名，以备基线解算后用；输入天线高。

（5）在做好上述工作后，查看高级设置，给定高度截止角、PDOP 值等几个重要设置，即可传输数据。

4. GPS 数据处理

（1）基线向量解算时，可根据不同情况，设置好是解算部分基线还是解算全部基线，软件自动解算。

（2）基线向量解算后，可初步检查一下评判各基线的置信参数，检查同步环、异步环等闭合差，检查不同时段同一条边的较差，查出超限原因，剔除有粗差的基线。

（3）若发现有问题的基线，还可以查看各点接收到的卫星状况及其他有关部因素，以查找原因，确定此基线是否重新解算还是重测。

5. 平差计算

（1）GPS 定位成果属于 WGS－84 大地坐标系，而实用的测量成果是属于国家坐标系或地方坐标系，因此必须解决成果的坐标转换问题。GPS 基线向量网的平差分为 3 种类型：一是无约束平差；二是约束平差；三是联合平差。

（2）目前，对于绝大多数的地区联合平差是解决 GPS 网成果转换的有效手段，也是绝大多数的地区目前唯一行之有效的方法。因此 GPS 网一般要联测 3～5 个已知点。

(3) GPS 基线向量网成果的内精度分析：根据无约束平差成果分析，主要考察基线向量观测值改正数、各点坐标中误差、点位中误差、GPS 基线向量边的方位和边长相对精度，若发现有明显粗差，则要在联合平差前剔除。

(4) 联合平差或约束平差成果的精度分析：主要考察各类观测值的改正数的分布是否有明显粗差，平差坐标、点位误差、转换参数、单位权中误差是否通过统计检验，边长相对精度是否满足设计的精度要求，最终得出成果。

图 4.9　西藏墨脱 GPS 控制网（2009 年测）

图 4.9 为 2009 年西藏墨脱堰塞湖测量所建的 GPS 控制网。图中拉昌 7、拉昌 8 在林芝，距甘德乡（堰塞湖所在地）100 多 km，中间是雪山不可能设跳点过度过去。高程异常只能用林芝的高程异常，最后结果，1954 年北京坐标系的精度是厘米级，1985 国家高程基准精度在 1m 以内。

6. 应用举例

以下应用实例说明 TGO 的操作方法。

(1) 导入静态观测数据（*.dat 或 RINEX）。文件/导入，在测量仪器中导入或是在文件中选 RINEX 文件，见图 4.10。

1) RINEX 文件（*.obs，*.?? o)：导入 GPS 标准数据格式文件。

2) GPS 数据文件（*.dat)：导入 Trimble 接收机静态数据文件。

3) SSF/SSK 文件：导入基线文件。

4) Survey Controler 文件（*.dc)：导入手簿动态采集的文件。

选择了导入 *.dat 数据文件后，DAT Checkin 对话框出现，见图 4.11。

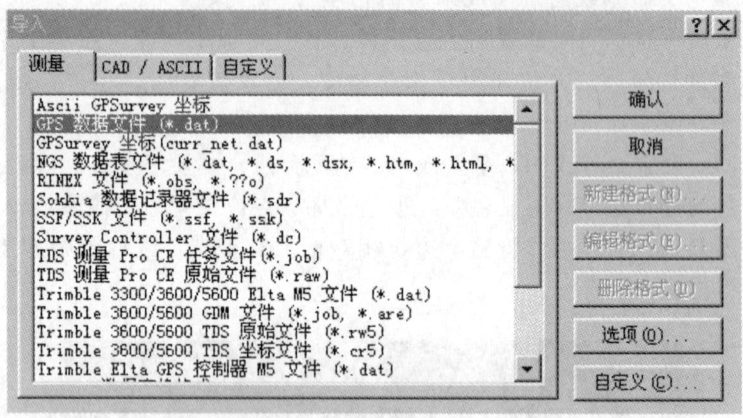

图 4.10　导入原始数据

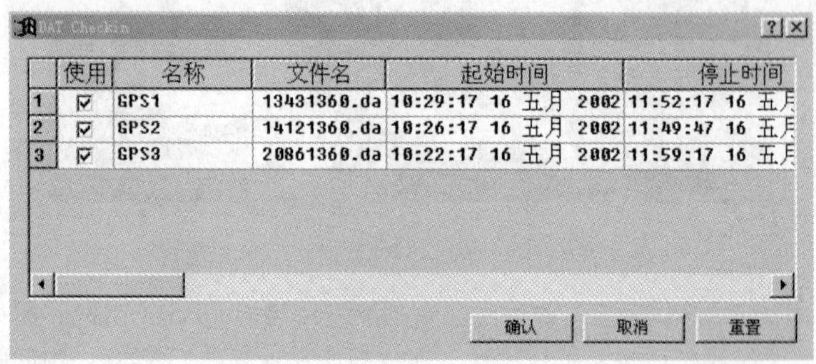

图 4.11　测站数据检查

在使用工具条下选择需要的数据，依据外业记录表，名称中根据文件名输入测站的名称，如果需要高程则要在天线高中输入天线高度；选择相对应的天线类型例如：Zephyr 、Zephyr Geodatics 或 5800 internal (天线背面有标识)，测量方法要选槽口顶部 、槽口底部或护圈的中心(5800 接收机)。

点击确定后，布网的图形显示出来；若显示每个点的名称，点击右键/点标记/名称，见图 4.12。

(2) 处理视图中的 Timeline。如图 4.13 所示，对于一些突起部分使用左键框起后，点击右键禁止使用，不允许此数据参与解算。另外，在观测很短时间就消失的卫星要去掉，刚开始出现的前一部分可去掉。有时由于卫星的颗数较少，可以把一些卫星有条件的保留下来。图 4.14 对

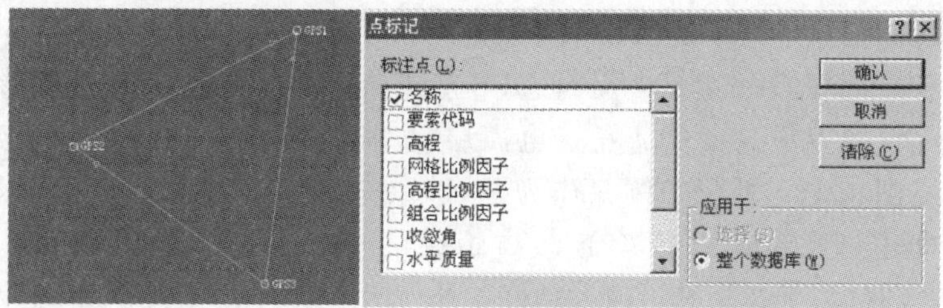

图 4.12　点标记显示测点名

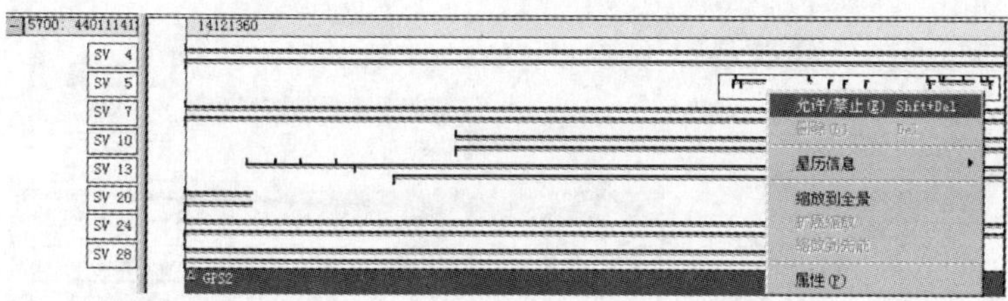

图 4.13　用 Timeline 工具查看卫星观测信息

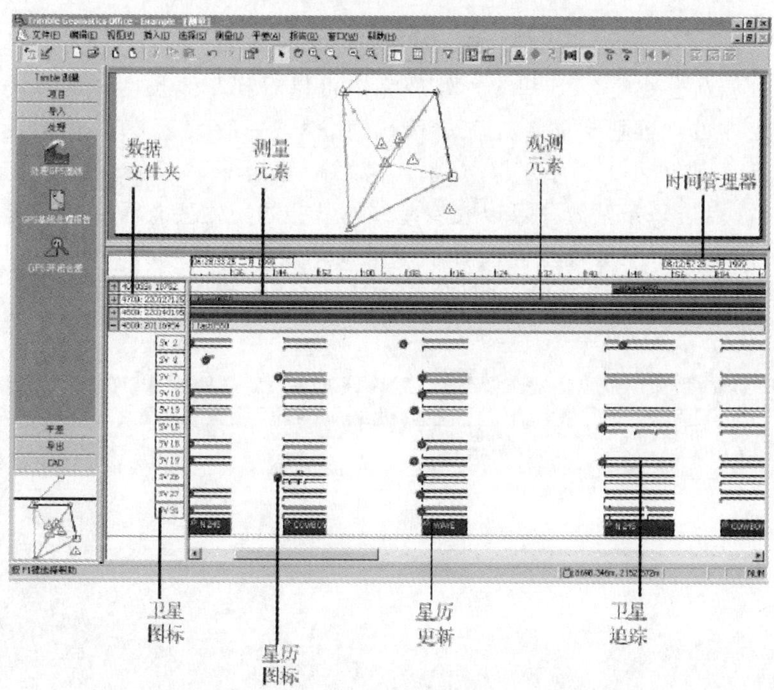

图 4.14　用 Timeline 工具说明卫星观测信息

卫星观测信息进行了说明。

(3) 处理 GPS 基线。处理 GPS 基线前，可以查看 GPS 处理形式，主要是改变卫星高度截止角、电离层模型改正方式、对流层天顶延迟等，见图 4.15。质量控制只作为了解，是基线解算质量的 3 个恒量标准，即比率 (ratio)、参考变量 (reference factor)、均方根 (rms)。比率 *RATIO* 大于 3 为好，越大越好。几何因子 *RDOP* 不大于 5，越小越好。均方根 *RMS* 越小越好。

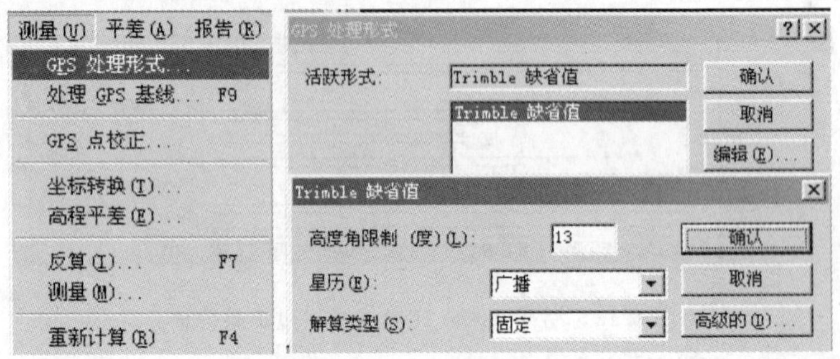

图 4.15 GPS 基线处理形式

1) 点击处理 GPS 基线。处理完毕可以看到基线长度、解算类型（固定才可，否则要重新处理星历）、比率（一般大于 3）、参考变量（小于 5 或更小）、均方根（越小越好）等因子，点击保存，见图 4.16。点击每条基线，可以查看基线解算报告，主要查看未固定基线的公用卫星、卫星残差等。对于卫星残差大的卫星可从 timeline 里将该卫星原始数据有选择性删除。查看 GPS 基线处理追踪总结，见图 4.17。

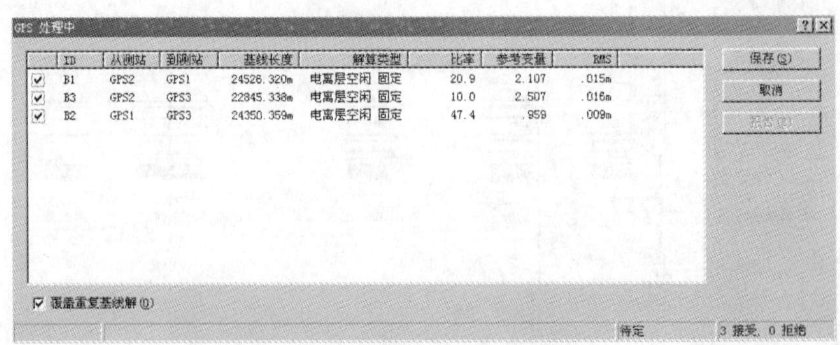

	ID	从测站	到测站	基线长度	解算类型	比率	参考变量	RMS
✓	B1	GPS2	GPS1	24526.320m	电离层空闲 固定	20.9	2.107	.015m
✓	B3	GPS2	GPS3	22845.338m	电离层空闲 固定	10.0	2.507	.016m
✓	B2	GPS1	GPS3	24350.359m	电离层空闲 固定	47.4	.959	.009m

图 4.16 查看 GPS 基线处理结果

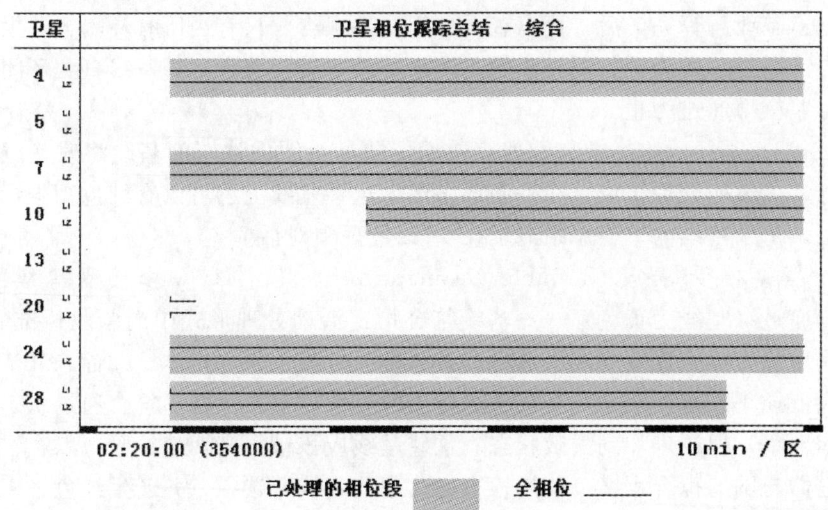

图 4.17　GPS 基线处理追踪总结

注：对于双频 GPS 接收机，当基线长度大于 5km（也可以在 GPS 处理形式中的高级选项中设定此距离）时，软件加入电离层改正，称为电离层空闲。

2）残差分布图。残差部分是对用于基线解算的每颗卫星的残差观测值的几何表示。残差部分显示从每颗卫星接收到的数据的质量，利用该部分来求解中噪声的数量，该部分显示每个测量周期每颗卫星的残差量。卫星噪声可能影响来自其他卫星的数据。图 4.18 中的线应绕零实线居中。解出的中噪声数量显示了相对于零点的距离。

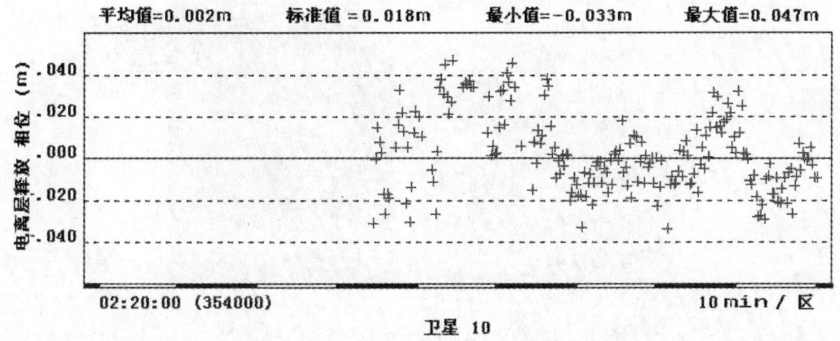

图 4.18　GPS 基线处理残差图（卫星 10 残差图）

残差一般分布相位中线成正弦曲线，若分布比较离散，则说明此颗卫星信号质量差，删除此卫星。

基线解算完毕后，可以查看环闭合差报告。只有当所有环闭合差报告都通过，才能进行下一步的无约束平差，否则重新解算基线直到环闭合差全部通过为止。

3）基线验收标准。处理完成后，测量视图中地图的基线将改变颜色，以表明处理结束。在一条或多条的这些基线上也可以有红色警告标志。每条基线的单行总结显示在GPS处理中对话框。

4）接受等级。Trimble Geomatic office 软件有3个接受等级：①通过（基线为黄色）——基线符合指定活动处理形式中的验收标准。使用检查框为这些基线所选择，并且不产生红色警告标志。②标志（基线上插小红旗）——一个或一个以上的基线质量指示器不符合通过状态标准集，但还未坏到失败状态。这些基线应该被更密切地检验，以查看它们与网的拟合程度。使用检查框为这些基线所选择，并产生红色警告标志。可不重新处理。③失败（基线为红色）——一个或一个以上的基线质量指示器不符合通过或标志状态的标准集。必须重新处理。

（4）GPS网的无约束平差。测量时，应该采集额外数据，以便检查观测值的完整性。当测量有额外观测值（冗余度）时，在产生最终结果之前，可以用它们把固定误差的影响降低到最低程度。

1）首先在基准下选择WGS-84（图4.19），进行无约束平差。

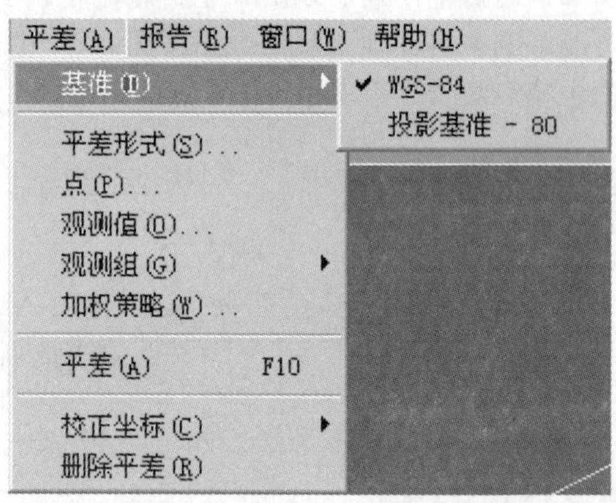

图4.19 GPS网的无约束平差基准选择

2）点击“平差”，软件自动进行平差。因为平差是一个迭代的过程，所以应该平差3～5次，让残差收敛到最小值。

3）平差完毕后，查看网平差报告；在统计总结下显示迭代平差是否通过（图 4.20）。如果不通过，选择加权策略/交替的选项后再进行平差，见图 4.21。

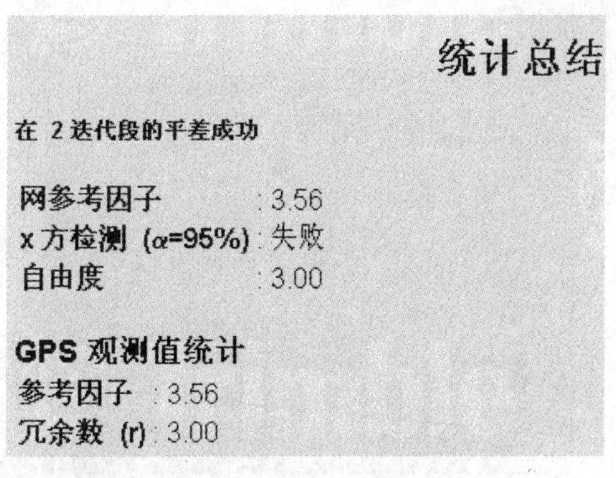

图 4.20　GPS 网的无约束平差精度统计

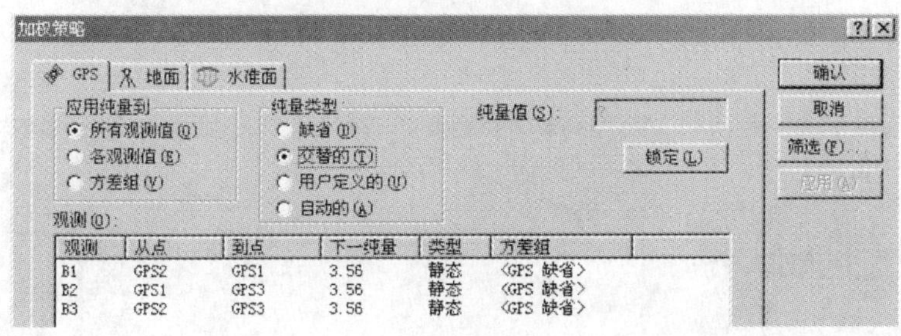

图 4.21　GPS 网的无约束平差中加权策略

4）再次进行平差，直到通过为止，见图 4.22。然后查看网平差报告，查看点位误差分量及边长相对中误差。

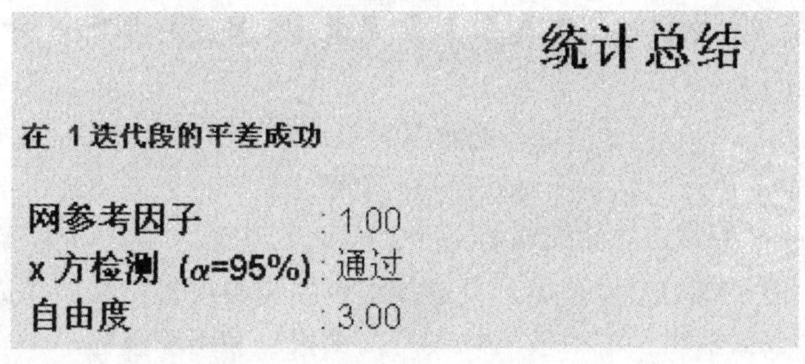

图 4.22　GPS 网的无约束平差精度统计

(5) 网的约束平差。

1) 首先在平差/基准选择当地投影基准（图 4.23），然后点击观测值，加载水准面模型。

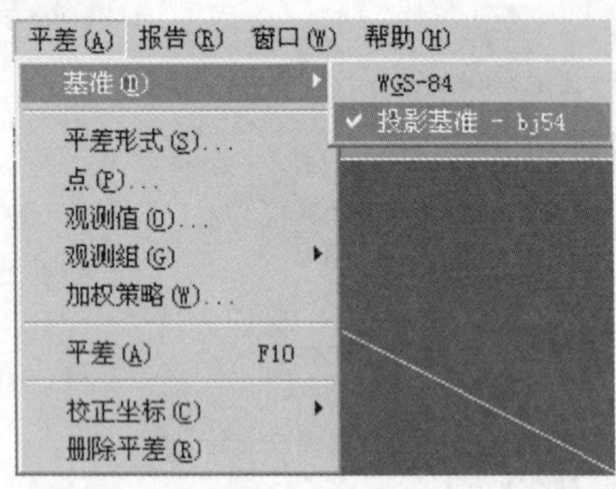

图 4.23 GPS 网的约束平差基准选择

2) 选择水准面后，点击装载，确认，见图 4.24。

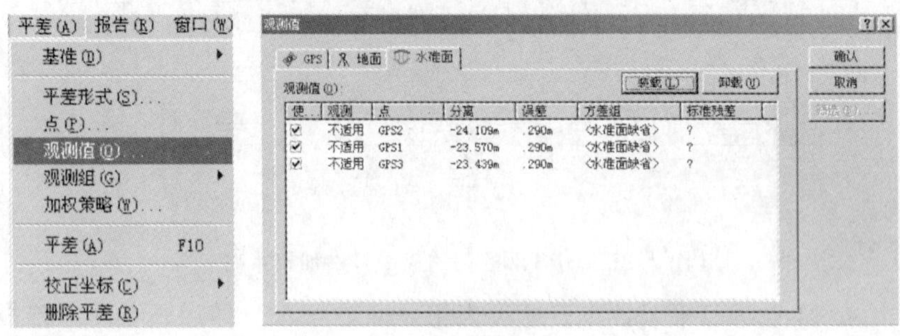

图 4.24 GPS 网的约束平差中加入水准面模型

3) 输入已知点坐标。点击“点”。输入二维或三维坐标。然后点击确认，见图 4.25。

4) 点击“平差”，进行网的约束平差。对于平面坐标，固定至少 2～3 个点，输入已知坐标。而对于高程，则要求更多的已知大地水准点。

5) 进行平差，看结果是否通过，通过报告看未知点坐标及坐标误差分量、边长相对中误差等，可选择编辑器编辑报告，见图 4.26。

(6) 成果输出。成果输出一般有两个报告和两套坐标——环闭合差报告和网的约束平差报告，以及当地坐标和 WGS-84 坐标。

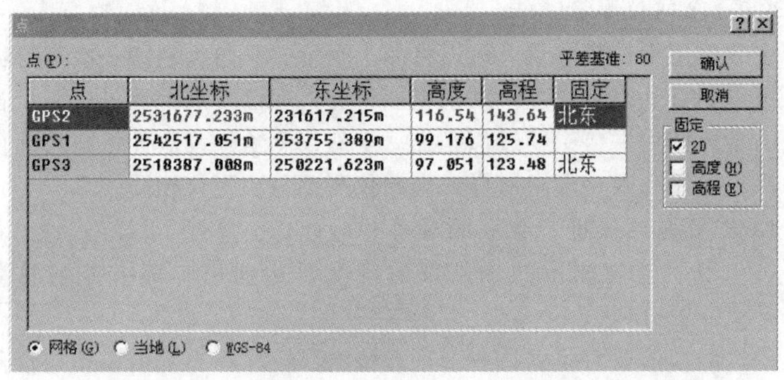

图 4.25 GPS 网的约束平差中加入固定已知点

平差网格坐标

用...报告误差 1.96σ.

点名称	北坐标	纵轴误差	东坐标	横轴误差	高程	高程误差	固定
GPS2	2531677.233m	.000m	231617.215m	.000m	143.647m	.545m	北 东
GPS1	2542514.358m	.088m	253641.303m	.122m	125.728m	.524m	
GPS3	2518387.008m	.000m	250221.623m	.000m	123.501m	.526m	北 东

图 4.26 GPS 网的约束平差后得出成果

输出坐标：选择“导出/自定义”。

其中，当选择“名称，北，东，高程，代码”时输出的是当地坐标；当选择“名称，纬度，经度，高度，代码（WGS-84)”时，输出的是 WGS-84 坐标（见图 4.27)。

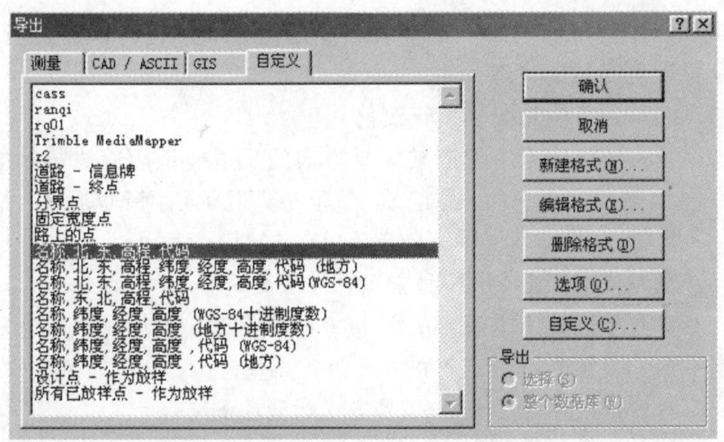

图 4.27 GPS 网的约束平差后得出成果

4.2.4.2 全站仪测量

全站仪用于控制测量，可以将测水平角、立角、斜距一次进行。同时还可以测量平距、高差，用来检核计算，在已知点上还可以测量各观测点的坐标作为平差中的近似坐标。全站仪测角除读数外，与经纬仪测量的操作程序和限差要求一样，全站仪测距与测距仪相同。

1. 使用全站仪进行控制测量工作时的注意事项

(1) 用于控制测量的全站仪的精度要达到相应等级控制测量的要求。

(2) 测量前要对仪器按要求进行检定、校准；出发前要检查仪器电池的电量。

(3) 必须使用与仪器配套的反射棱镜测距。

(4) 在等级控制测量中，不能使用气象、倾斜、常数的自动改正功能，应把这些功能关闭，而在测量数据中人工逐项改正。

(5) 测量前要检查仪器参数和状态设置，如角度、距离、气压、温度的单位，最小显示、测距模式、棱镜常数、水平角和垂直角形式、双轴改正等。可提前设置好仪器，在测量过程中不再改动。

(6) 手工记录以便检核各项限差，内存记录用作对照检查。

2. 使用全站仪进行控制测量的操作步骤

(1) 在测站上安置全站仪，对中、整平（激光对中、电子整平时要先启动仪器），量记仪器高。

(2) 在各镜站上安置棱镜，对中、整平，量记棱镜高，镜面对向测站。

(3) 打开全站仪电源，上下转动望远镜、水平旋转仪器进行初始化，设置为角度测量状态。

(4) 测站、各镜站分别读记测前气压、温度。

(5) 盘左望远镜十字丝照准1号方向的反射棱镜觇牌纵横标志线，水平方向设置为0°0′0″，读记水平角、天顶距，测记斜距、平距、高差。

(6) 盘左依次照准2…N号方向，同法测记。

(7) 盘右望远镜十字丝照准N号方向的反射棱镜觇牌纵横标志线，读记水平角、天顶距，测记斜距、平距、高差。

(8) 盘右依次照准N－1…1号方向，同法测记。

(9) 测站、各镜站分别读记测后气压、温度。

(10) 第(4)项~第(9)项为第一个测回的观测，照准第1号方向，设置水平度盘，同法测完全部测回。

(11) 量测仪器高、棱镜高作为检核。

(12) 检查记录，关闭仪器。本站结束。

3. 控制测量内业计算

(1) 资料准备。

1) 画出平面控制网的示意图，标上真实点名，并标出已知点、已知方向和固定边。

2) 把已知数据、观测等级、测距仪精度等抄记在示意图上。

3) 从水平角观测测站平差数据中抄取每个点各个方向的方向观测值，写在示意图上。

4) 从边长改正计算表中抄取各观测边的改正后的平均边长，写在示意图上每边的中间。

5) 按已知点在前、未知点在后用1、2、…、N的顺序给网点编号。

(2) 平差计算。

1) 按准备好的示意图和数据，以文本格式编写数据文件。不同软件要求的内容、格式不一样，计算人员一定要按照软件使用说明进行编写。

2) 启动平差软件，按程序要求输入数据文件名和结果文件名，自动计算。

3) 根据提示的出错信息，修改数据文件，再启动平差程序计算。这个过程可能要重复多次，直到完成计算。

4) 打开结果文件，检查验算结果和平差结果。

(3) 整理资料。整编平面控制测量的原始记录手簿、测站平差资料、边长改算资料、展点图、点之记、验算资料、精度数据、成果表以及技术设计、技术总结、验收报告。

4.2.4.3 综合导线测量(平面、高程)

导线网是水文应急河道监测的加密控制测量主要方法之一。导线测量的作业包括图上设计、选点、建标、测水平角、测垂直角、测距及检查计算，使用的是测距仪配经纬仪或全站仪，操作具体过程与前面有关测距、测角部分的要求相同。

1. 导线测量注意事项

(1) 导线的边长、两结点间点的个数都必须满足规范要求。

(2) 应在每一个导线点上安置仪器，每一条边都要往返双向观测。

(3) 按相应等级水平角测量的测回数和限差要求测量导线点至前、后两点间的水平角，在结点上大于两个方向。

(4) 按相应等级垂直角测量的测回数和限差要求测量导线相邻两点间的垂直角。

(5) 观测斜距，逐项改正计算平距；直接测量的平距、高差可以用来检核。

(6) 每站应测量温度、气压。

(7) 测前、测后各量 1 次仪器高和觇牌高，2 次互差不得超过 2mm。

2. 计算步骤

(1) 对斜距进行加常数、乘常数改正、气象改正、倾斜改正和投影改正。

(2) 高差计算。采用式 (4.4)、式 (4.5)：

$$h = s\sin\alpha + \frac{1-K}{2R}(s\cos\alpha) \times 2 + i - v \tag{4.4}$$

或

$$h_{12} = \frac{h_1 - h_2}{2} \tag{4.5}$$

式中 s——经温度气压改正后的测量斜距，m；

α——三角高程测量垂直角，(°)；

h——高差，m；

K——大气折光系数，无量纲，一般为 0.13；

i——仪器高，m；

v——镜站高，m；

h_{12}——高差，m。

对向观测高差不符值不大于$\pm 45\sqrt{D}$；附合、闭合线路检测同四等水准。

(3) 平差计算。求出各点的坐标和高程以及点位精度和高程精度。

4.2.4.4 电子水准测量

1. 数字水准仪起始测站设置要求

(1) 依据技术设计和规范要求进行作业设置。主要有：建立作业文件；建立测段名；选择测量模式“aBFFB”(一等、二等)；输入起始点参考高程；输入点号（点名）；输入其他测段信息。

（2）仪器设置：测量的高程单位和记录到内存的单位设置为m；最小显示位设置为0.00001m；日期格式设置为年、月、日；时间格式设置为实时24h制。

（3）测站限差参数设置项目包括视距限差、视线高限差、前后视距差限差、前后视距差累积限差、两次读数高差之差限差。

（4）按仪器说明书进行通信设置。

2. 测站操作程序要求（以奇数站为例）

（1）首先将仪器整平（望远镜绕垂直轴旋转，圆气泡始终位于指标环中央）。

（2）将望远镜对准后视标尺，用垂直丝照准条码中央，精确调焦至条码影像清晰，按测量键。

（3）显示读数后，旋转望远镜照准前标尺条码中央，精确调焦至条码影像清晰，按测量键。

（4）显示读数后，重新照准前视标尺，按测量键。

（5）显示读数后，旋转望远镜照准后视标尺条码中央，精确调焦至条码影像清晰，按测量键。显示测站成果，测站检核合格后迁站。

3. 外业成果的记录、整理及计算

（1）记录方式。

1）水准测量外业记录宜采用电子记录与手簿记录相结合的方式进行。数字水准仪具有自动记录功能，所有观测数据自动实时存储于仪器内；手簿则用于记录其他辅助信息，如项目名、文件名、水准点名及与之对应的电子记录代码、测站数，观测时间、天气、间歇点及与之对应的测站数，以及其他现场信息等。

2）在计算机中，每条水准路线应建立独立的文件夹，文件夹以水准路线名命名。文件夹内新建以日期命名的子文件夹，用以存放当天的原始观测数据。

3）原始观测数据在另一移动硬盘中备份，确保数据安全。

（2）观测记录整理和检查。

1）每天完成外业测量后，应立即导出原始观测数据，存储于计算机内并做好备份。

2）仔细检查观测成果是否满足各项限差要求；核对电子记录与手簿记录内容是否吻合，确保所有现场信息记录正确、完整。

(3) 平差计算。

1) 对观测数据应进行正确性与一致性检核，并对每测段高差施加水准标尺长度误差改正、正常水准面不平行改正、重力异常改正、路线闭合差改正，然后进行整体平差。

2) 选择适宜的平差策略。通常采用测段测站数定权，如果路线中含有跨河水准则采用测段距离定权。

3) 对整网的平差数据应进行正态分布检验、总和检验、正负误差平方和之差检验等多项检验，检验值应符合规范限差要求。

4) 提供详细的平差报告。

4.2.4.5 RTK 测量

此方法能实时得出三维坐标，岸台和流动台必须采用无线电通信，岸台架在已知点上，流动台测量时要固定解，显示器上有平面和高程的精度显示，确定后存储。只要岸台和流动台之间的间距控制在 5km 内，三维坐标的精度都在厘米级。

1. 基准站设置

(1) 选择工作任务。在"文件"菜单下选择"打开任务"，选择任务，见图 4.28。

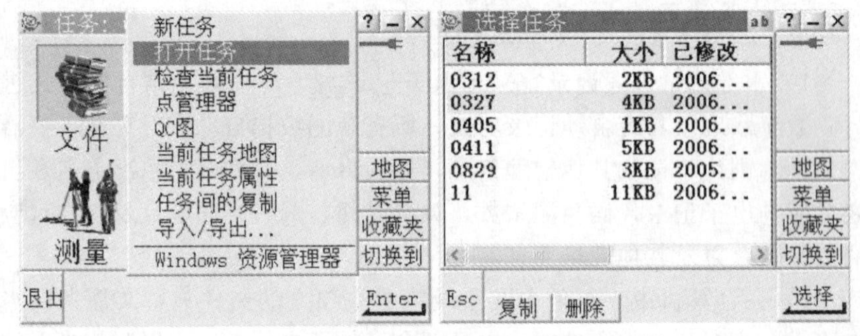

图 4.28 新建任务

(2) 配置蓝牙。点击"配置"菜单下"Bluetooth"，连接到 GPS 接收机选择"无"并接受，见图 4.29。

(3) 配置基准站选项。选择"配置"菜单下"测量形式"，"测量形式"菜单下"RTK"，见图 4.30。

以天宝 R8 为例作为基准站，配置如下。选择配置高度角，见图 4.31。选择配置天线类型，见图 4.32。

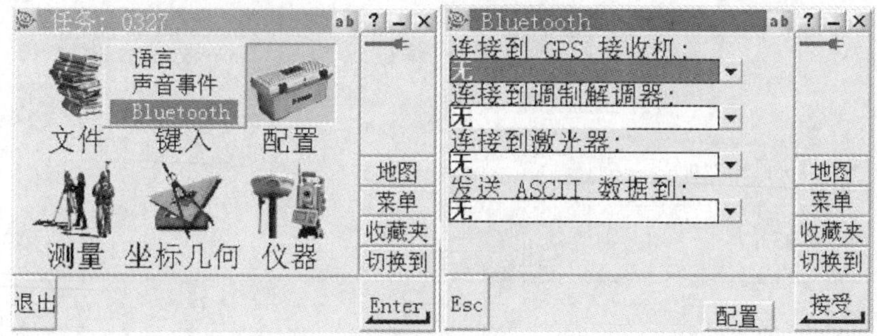

图 4.29　蓝牙连接

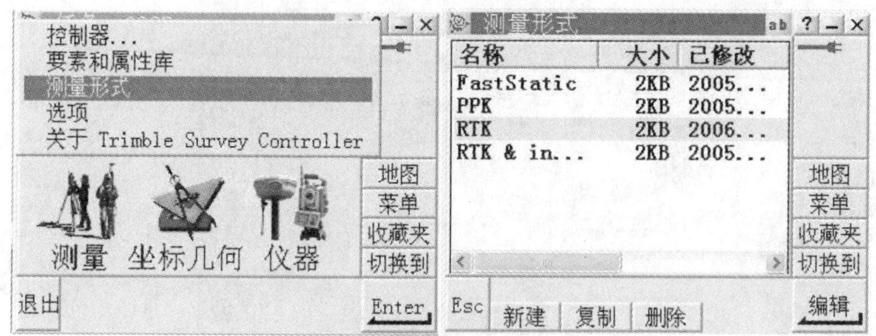

图 4.30　编辑测量形式

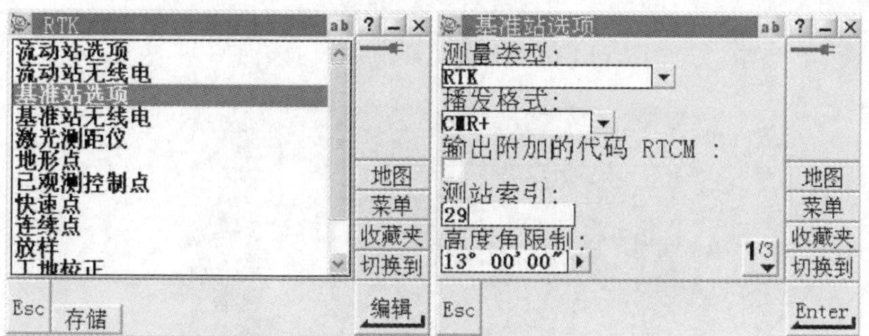

图 4.31　设置基准站

（4）配置基准站无线电。选择“基准站无线电”，类型选择“Trimble PDL450”，接收机断口对应为接收机至电台的端口。5800 为 com1，5700 为 com3。配置电台类型、通信口、波特率，见图 4.33。

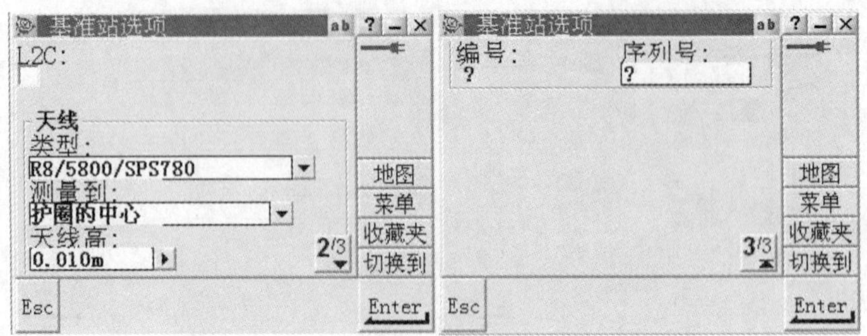

图 4.32 天线类型及天线高量取方法

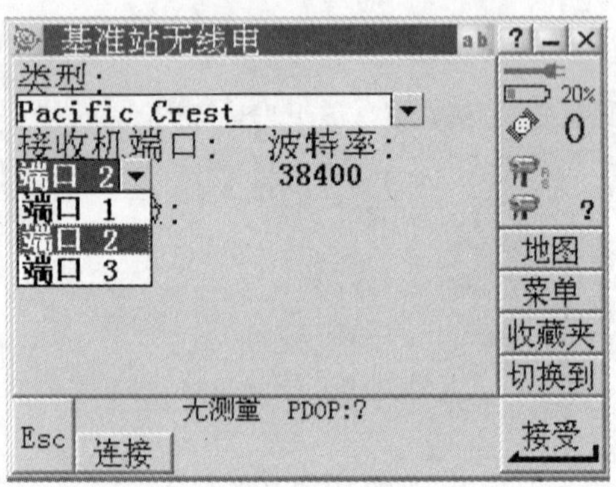

图 4.33 配置电台

1）点击“连接”，出现“连接无线电…”对话框，见图 4.34。

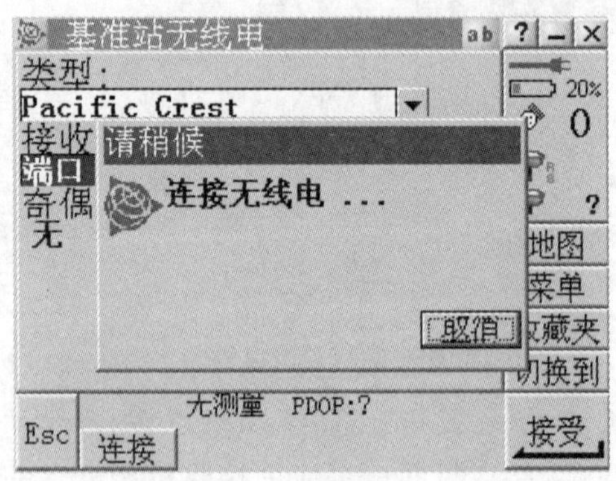

图 4.34 连接电台

2）大约10s左右，自动出现“断开无线电电源”对话框，点击“确定”，见图4.35。

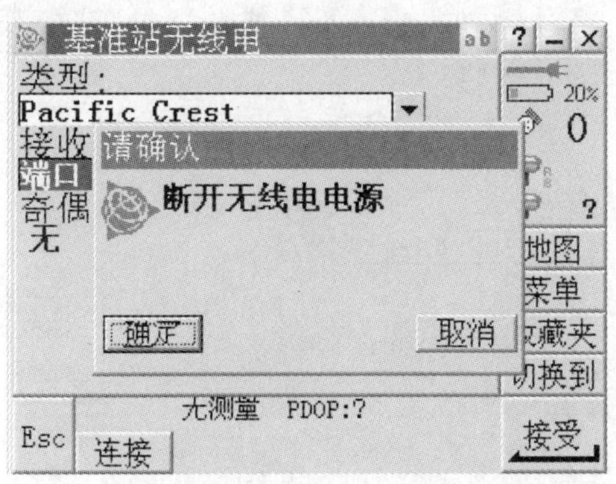

图4.35　连接电台操作

3）出现“连接无线电电源”对话框，这时打开无线电电源开关，见图4.36。

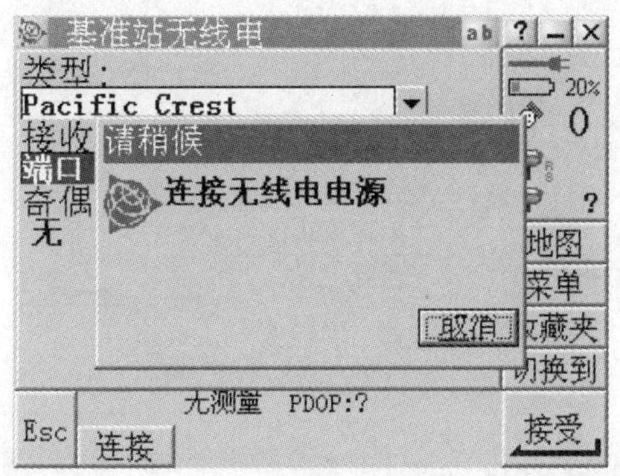

图4.36　连接电台操作

4）出现电台频率选择对话框，见图4.37，点击“接受”确认。

（5）启动基准站接收机。选择“测量”菜单下“启动基准站接收机”。这里要输入本参考台三维坐标和仪器高，见图4.38。

2. 流动站设置

（1）选择工作任务。在“文件”菜单下选择“打开任务”，选择任务。见图4.39。

（2）配置蓝牙。点击“配置”菜单下“Bluetooth”，连接到GPS

接收机选择对应接收机 S/N 号并接受，见图 4.40。

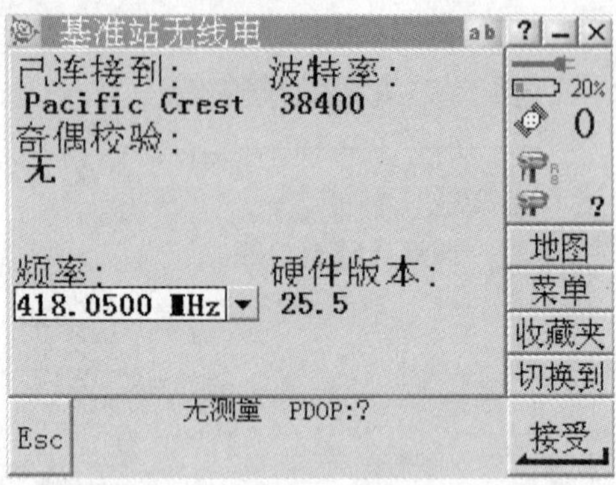

图 4.37　连接电台操作成功

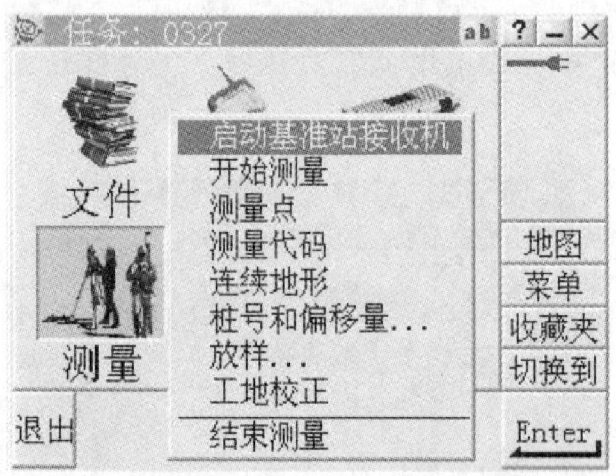

图 4.38　启动基准站

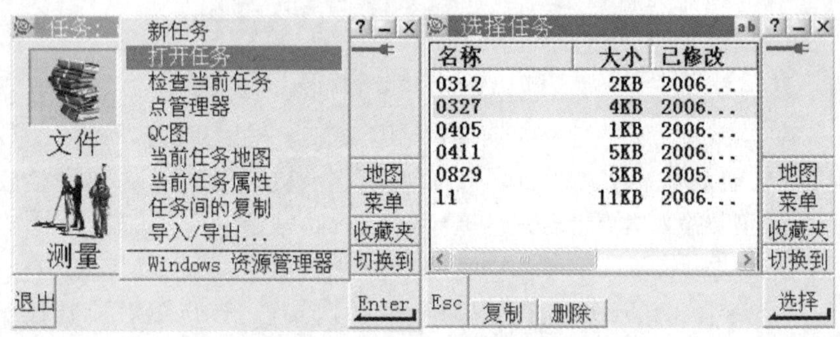

图 4.39　打开或新建任务

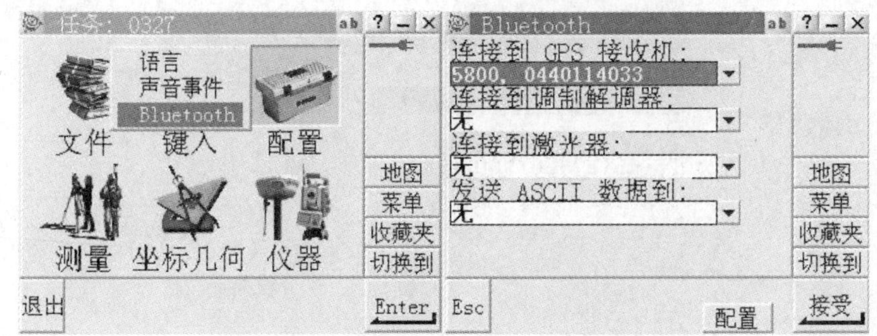

图 4.40 蓝牙连接到接收机

(3) 配置流动站选项。选择“配置”菜单下“测量形式”,“测量形式”菜单下“RTK”,见图 4.41。

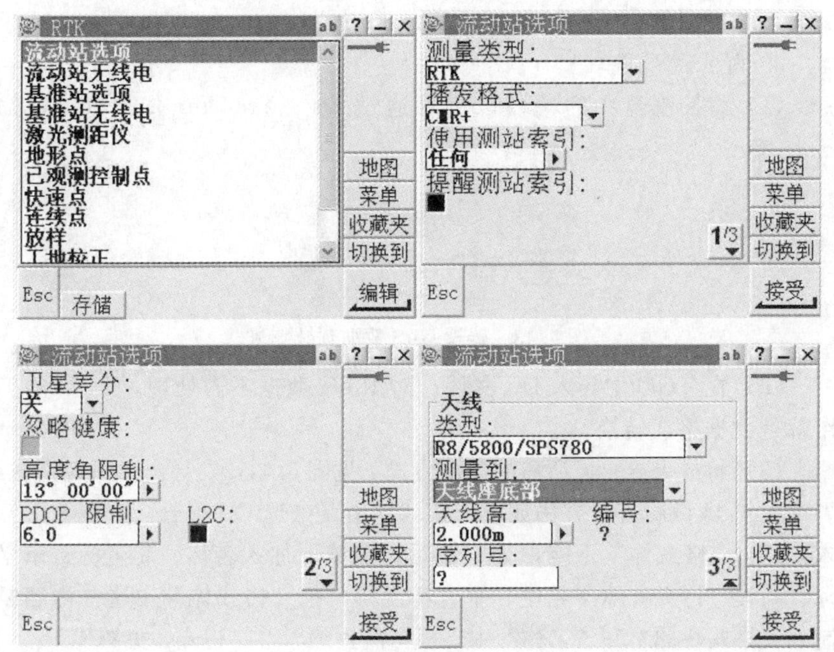

图 4.41 配置流动台

(4) 配置流动站无线电。选择“RTK”菜单下“流动站无线电”,并点击“连接”。

频率选项为 418.05 与基准站一致,无线电发送模式选项为 TT450S

at 9600，见图 4.42。

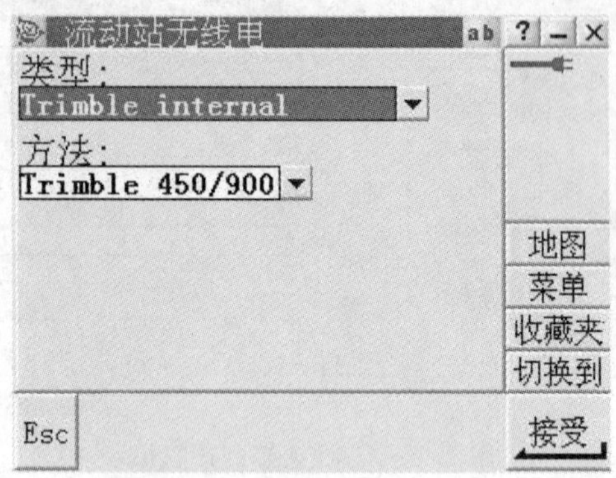

图 4.42　配置流动台无线电

（5）在流动站选择“开始测量”（或“测量点”、“放样”），测出测量结果。

3. 内业成果整理

（1）将控制器中的 *.DC 文件通过 Date Transfer 传入电脑，见图 4.43。

图 4.43　传输 GPS 数据到计算机

（2）在 TGO 中导入 DC 文件。对 RTK 数据不需处理，TGO 的工作就是数据格式转换。

（3）将成果导出成所需的数据格式，见图 4.44，在导出＼新建格式，再按图 4.44 编辑好，方法如下：在“导出”中选 QC 报告，扩展名下输入 CSV，“格式体”下空白处右键后，在域下加入名称、北坐标、东坐标、高程、RMS、水平精度、垂直精度等。把“格式体”中这些内容复制到“格式标题”和“名称”中。根据需要编辑输出格式，见图 4.45。

（4）最后，确定成果输出。输出的内容有名称、北坐标、东坐标、高程、RMS、水平精度、垂直精度等，见图 4.46。

4.2.4.6　PPK 测量

此方法不能实时得出三维坐标，需要后处理，岸台和流动台可以不

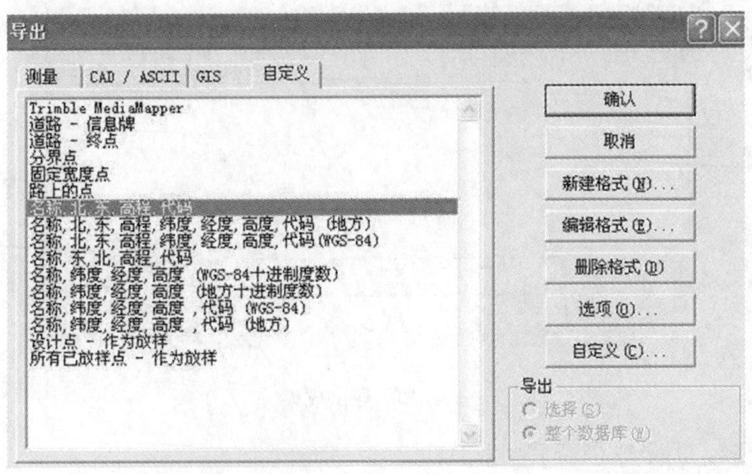

图 4.44　导出成果格式编辑

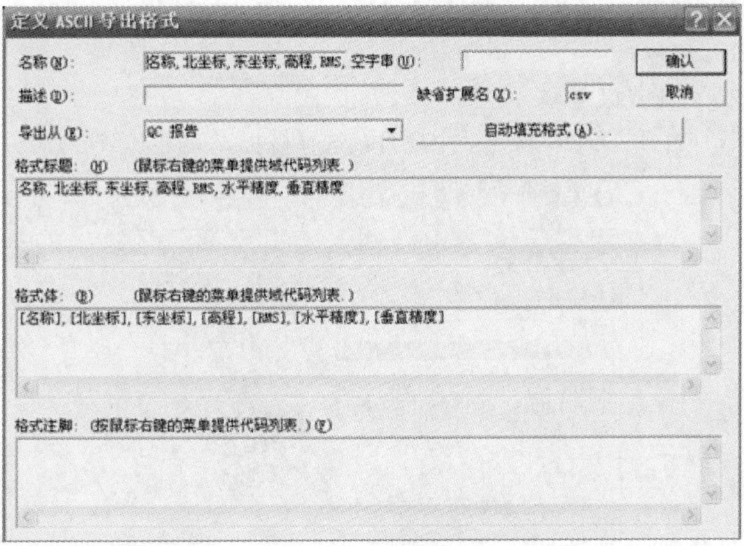

图 4.45　选取导出成果相关信息编辑

要无线电通信，岸台架在已知点上，配置流动站选项：选择“配置”菜单下“测量形式”，“测量形式”菜单下“RTK & INFILL 测量”。

流动台测量时要固定解，显示器上有平面和高程的精度显示，确定后存储。只要岸台和流动台之间控制在 5km 内，三维坐标的精度都在

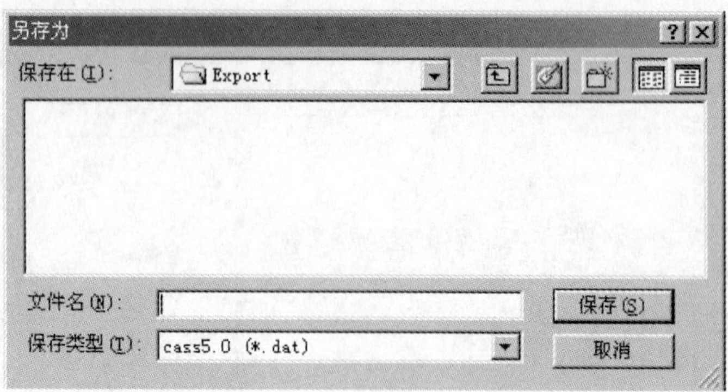

图 4.46　导出成果

厘米级。测量成果需后期解算。

1. 岸台和流动台操作方法

岸台和流动台操作方法同 RTK 的操作方法，就是配置流动站选项要选择“配置”菜单下“测量形式”，“测量形式”菜单下“RTK & INFILL 测量”。

2. 内业成果整理

(1) 打开 TGO，新建一个项目，选择模板，见图 4.47。

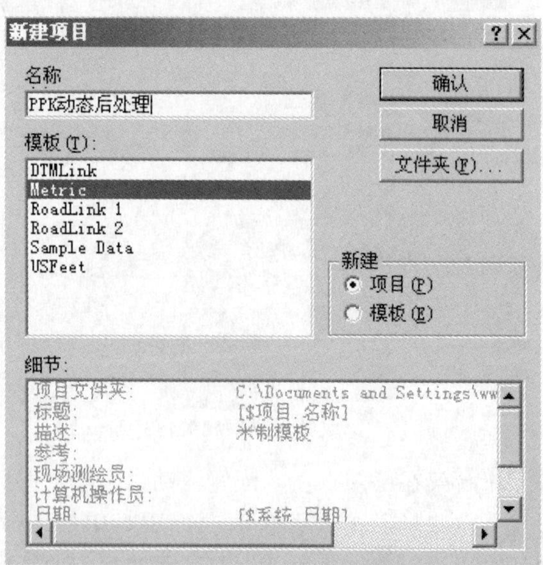

图 4.47　新建项目对话窗口

(2) 进入项目后，从测量控制器导入 DC 文件，见图 4.48。

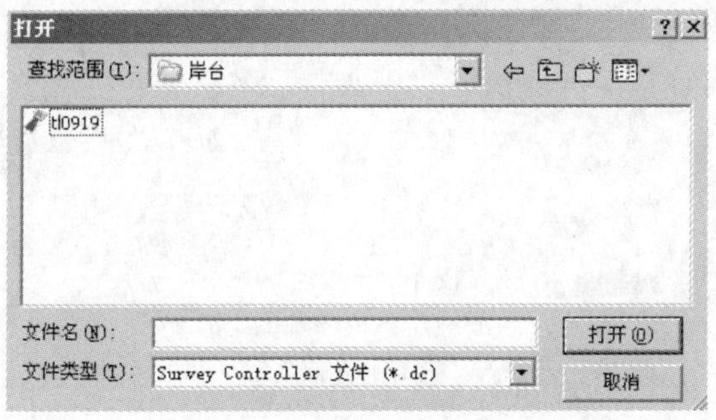

图 4.48　导入测量控制器 DC 文件

(3) 在菜单栏“测量”选项选择 GPS 处理形式，新建动态后处理测量形式并选择高级，见图 4.49。

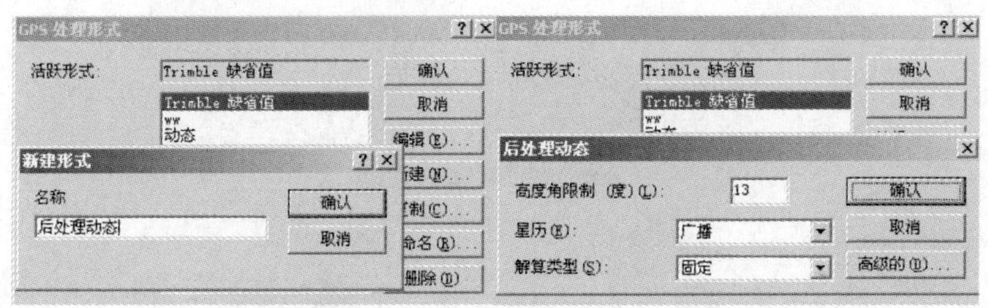

图 4.49　基线处理形式编辑

(4) 编辑“动态”和“质量”选项，见图 4.50、图 4.51。

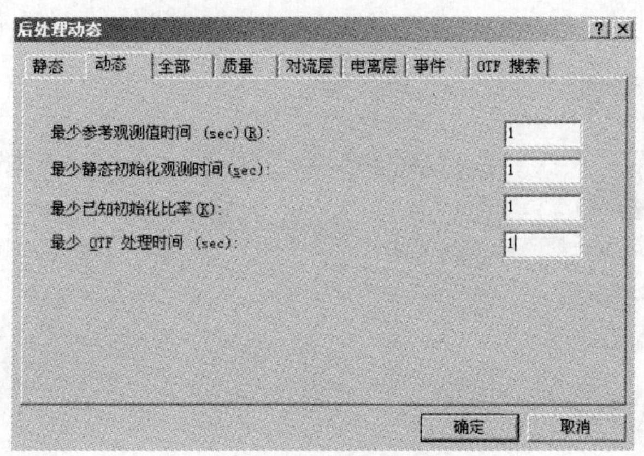

图 4.50　基线处理质量设置

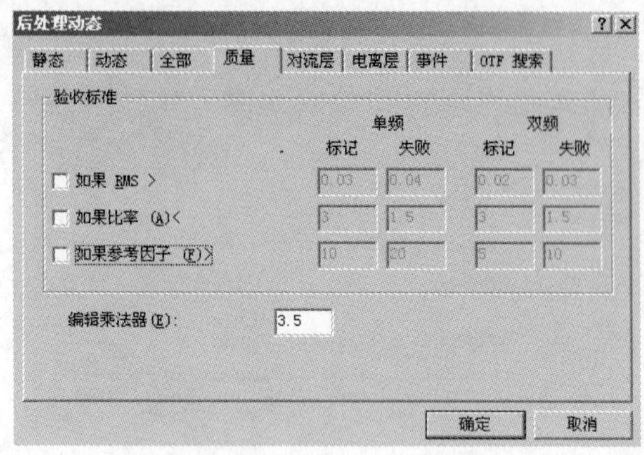

图 4.51 基线处理质量设置

(5) 设定完成后并选择该处理形式，点击“处理 GPS 基线”，见图 4.52。

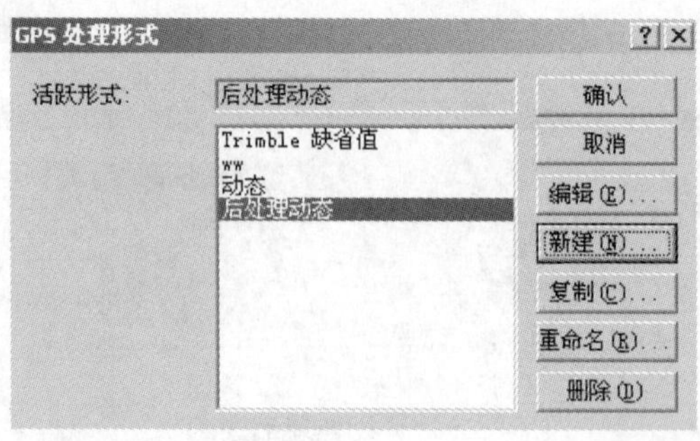

图 4.52 基线处理

最后固定已知点，并进行约束平差，成果输出，见图 4.53。

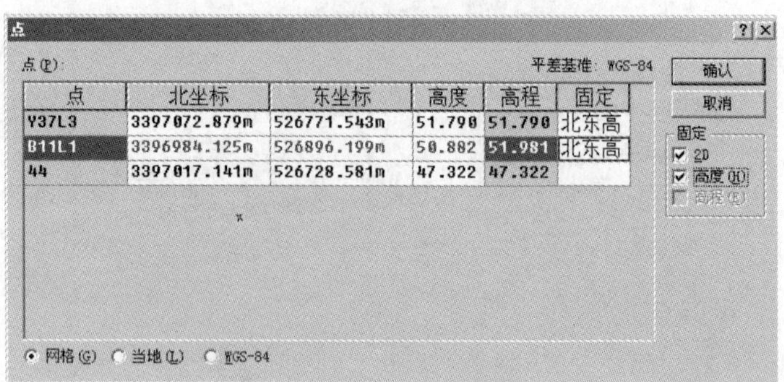

图 4.53 成果输出

4.2.4.7　星站 GPS 测量（三维）

1. 全球性的星站 GPS 简介

有两种星站 GPS，一种是收海事卫星的 star fire 信号的星站 GPS，另一种是收 omni star 信号的星站 GPS，都是收年费的星站 GPS，两种星站 GPS 的精度都是平面为 10cm，高程为 20cm。

2. 全球性的星站 GPS 的具体操作

以收海事卫星的 star fire 信号的星站 GPS 为例。

（1）设置接收机（图 4.54）。

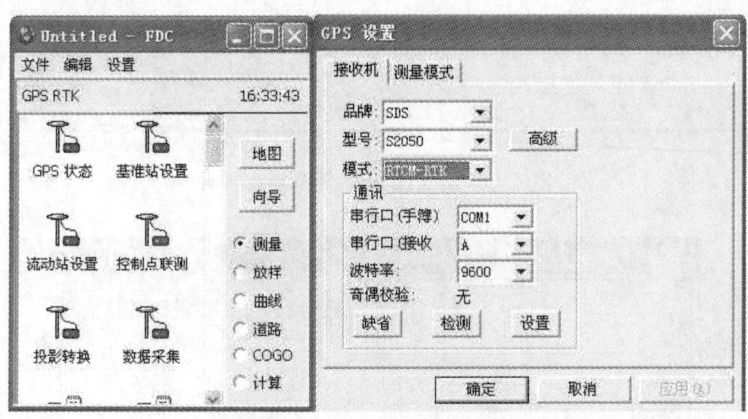

图 4.54　测量模式及电台设置

（2）设置测量模式（图 4.55）。

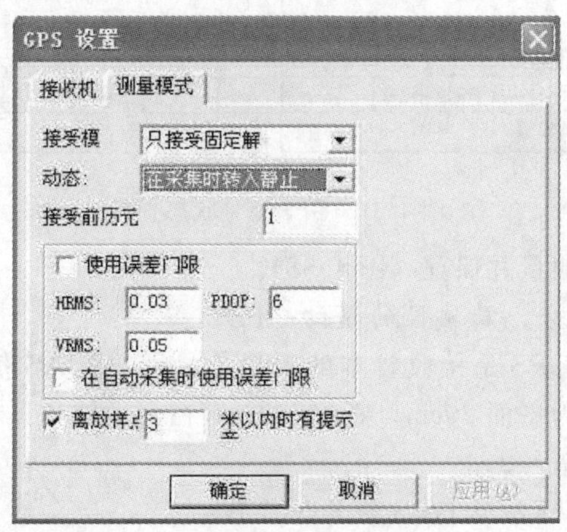

图 4.55　测量模式及中误差设置

(3) 查看测量状态（图 4.56、图 4.57）。

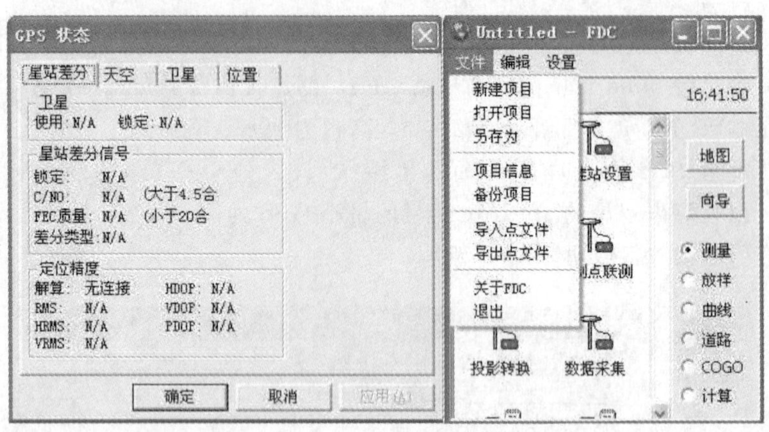

图 4.56 星站差分信号及精度查看

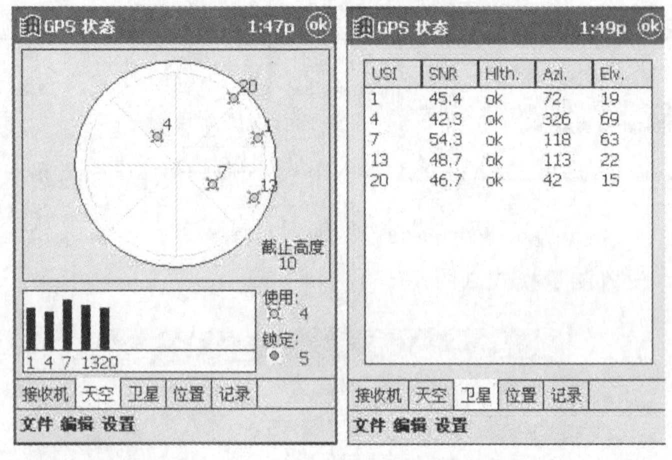

图 4.57 GPS 卫星状态查看

(4) 开始测量并保存（图 4.58）。

3. 广域差分、局域性的星站 GPS

这种星站 GPS 是接收日本的卫星信号——SBAS 信号服务且免收年费。其精度为平面 20cm，高程 30cm。在南半球和日本本土的反面可能收不到差分信号。

4. 局域性的星站 GPS 的具体操作

以 TRIMBLE GEOXT 为例：

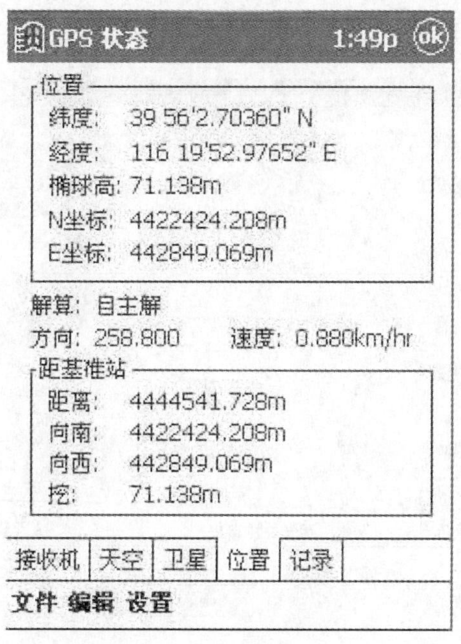

图 4.58　测量并保存

(1) 计算三参数并置入 TRIMBLE GEOXT 仪器中。

1) 打开 TGO，新建项目，选择“METRIC”来制模板（图 4.59）。

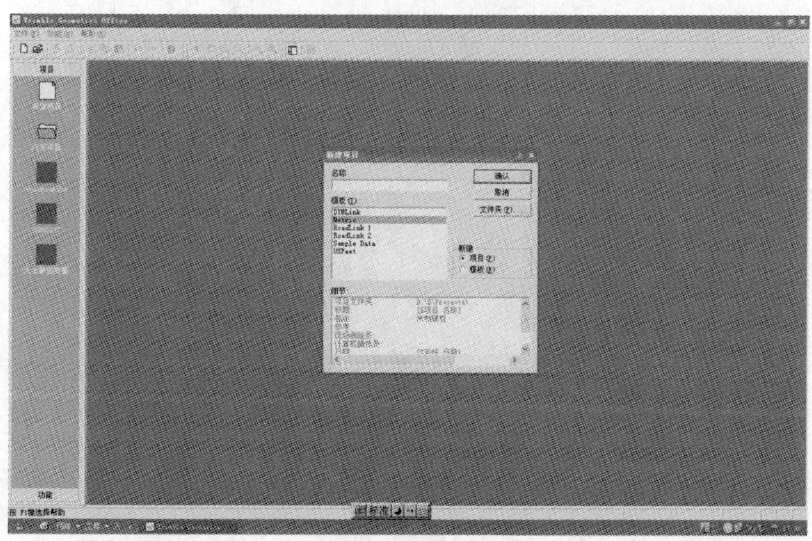

图 4.59　新建项目选用模板

2）改变坐标系统到需要转换的坐标系统（图 4.60）。

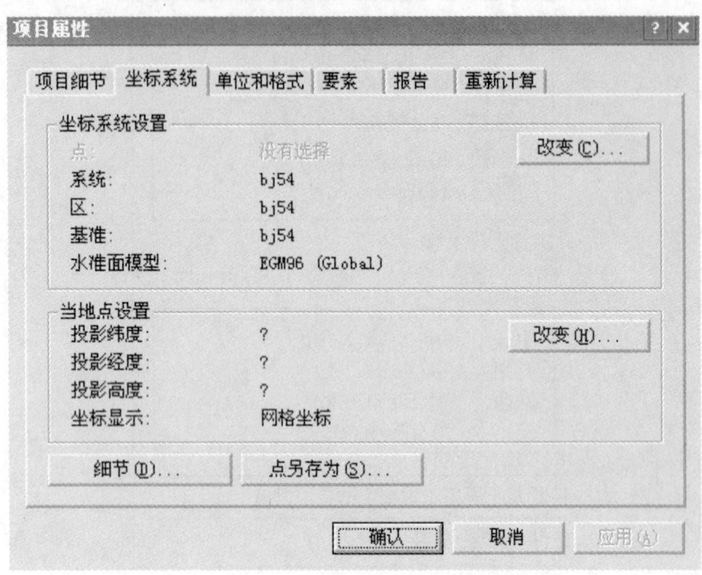

图 4.60　新建地方坐标系

3）点击“测量”菜单“GPS 点校正”（图 4.61）。

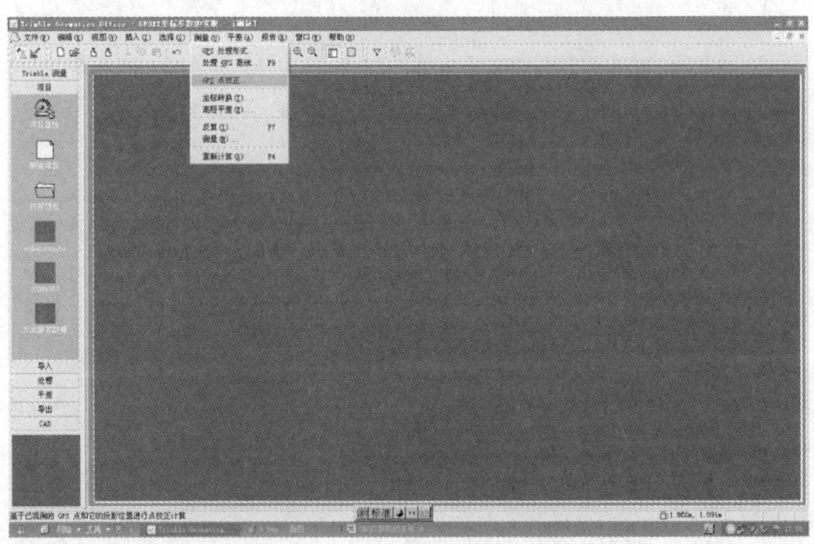

图 4.61　求地方坐标系与 WGS84 的转换关系

4）选择点列表（图 4.62）。

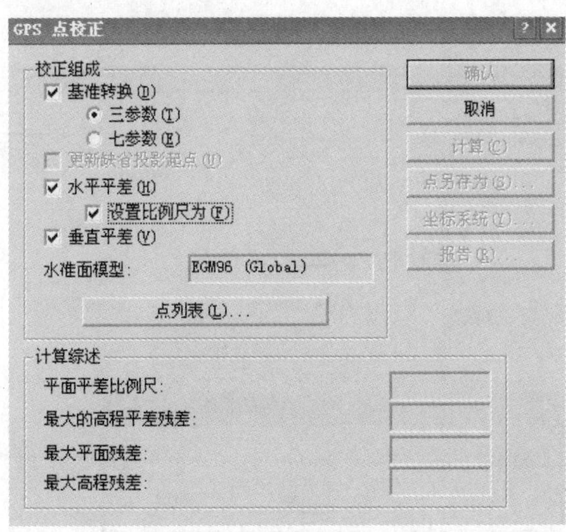

图 4.62　选择参数类型

5）输入点的 WGS84 坐标和网格点坐标（七参数需要 3 个点以上），见图 4.63，确认。

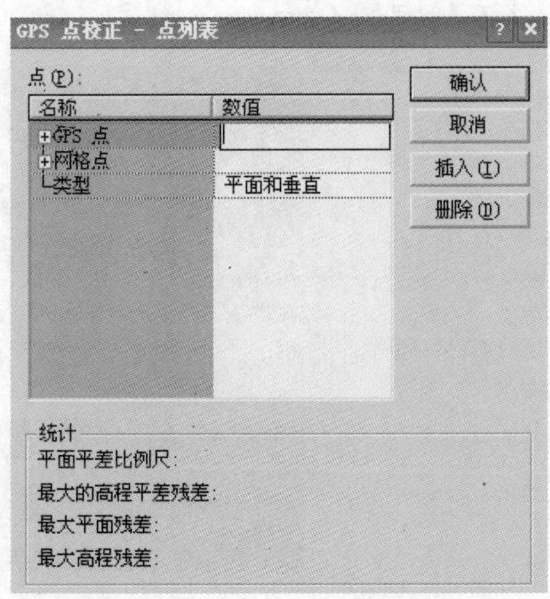

图 4.63　输入点的 WGS84 坐标和网格点坐标

6）点击“计算”，“点另存为”名字为“GEOXT 参数求取”（图 4.64）。

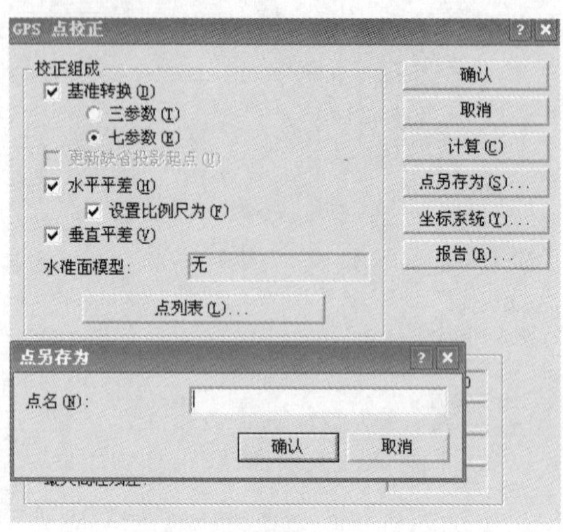

图 4.64　计算并存贮转换关系

以下操作是把以上求出来的转换关系用 TGO 转入到 GPS 接收机上。

7）打开坐标系统管理器“Coordinate System Manager”（图 4.65）。

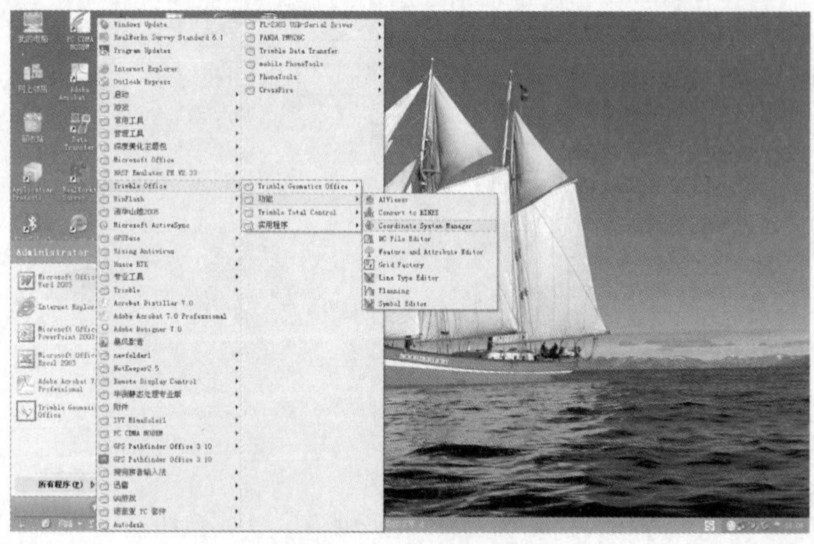

图 4.65　打开坐标系统管理器

8）选中“点”“GEOXT 参数的求取”并选择“文件”中的“输出”——仅用所选记录（图 4.66）。

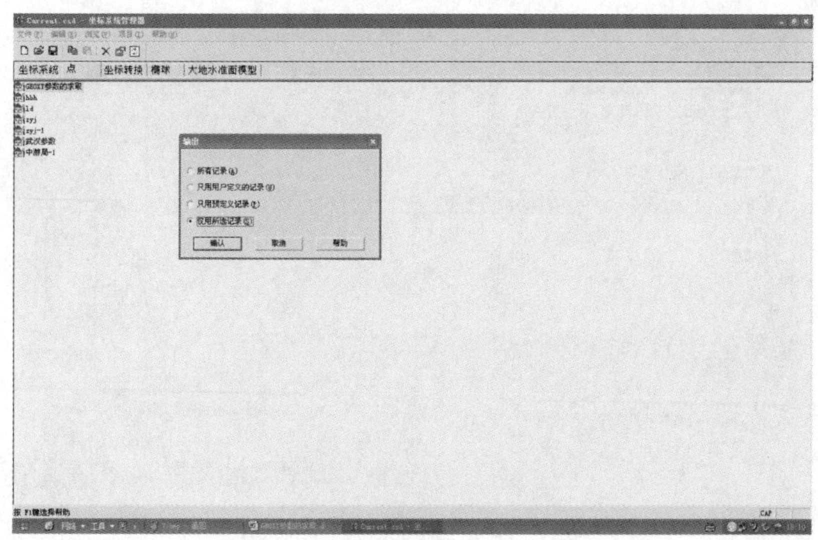

图 4.66　找到转换关系

9）打开“Trimble Data Transfer”，连接 GEOXT 到电脑（图 4.67）。

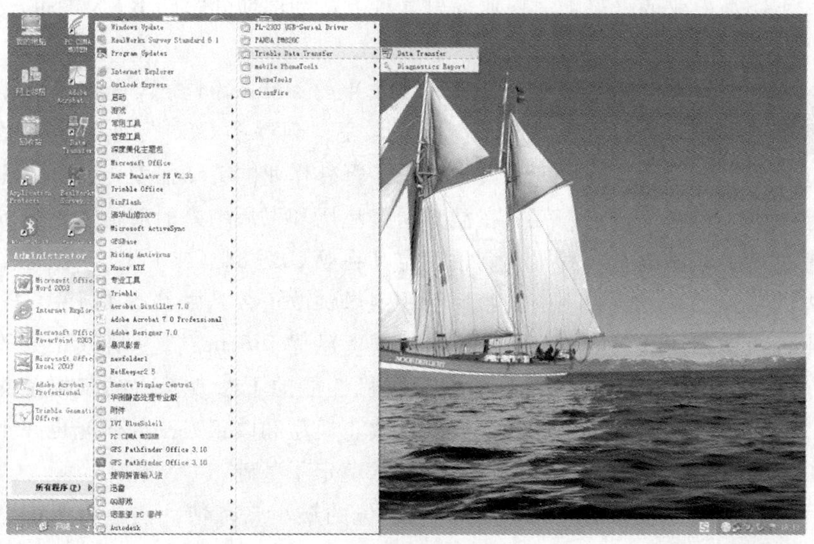

图 4.67　连接 GEOXT 到电脑

10）选择设备，点击“发送”，在“添加”中选择“坐标系统输出文件”即可（图 4.68）。

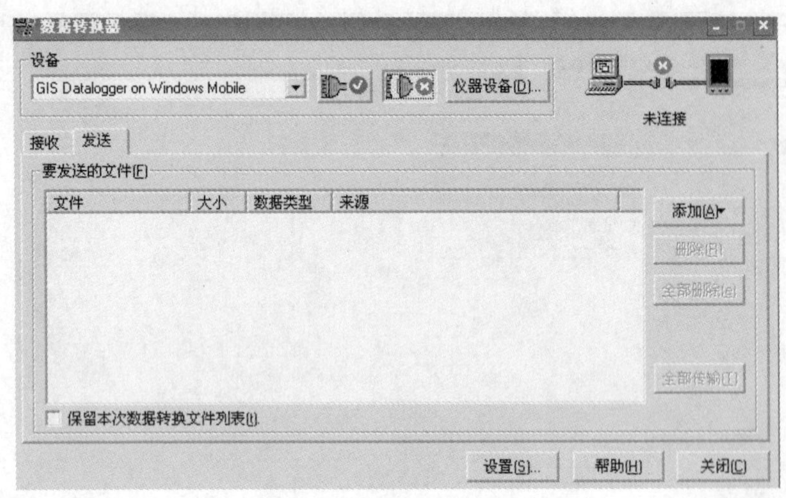

图 4.68　添加到 GEOXT GPS 中

（2）外业测量。测量前找已知点进行比测，在测图误差允许范围内方可进行测量，测量时一定要是固定解。

（3）内业成果整理。内业成果整理方法同前面介绍的 RTK 测量。

4.2.4.8　PPP 测量（三维）

1997 年美国喷气推进实验室（JPL）的 zumbeger 等人提出了非差精密单点定位方法。该技术一经提出，便得到许多 GPS 专业领域学者的重视。这项技术的出现，大大降低了野外作业的劳动强度，减少了作业成本。精密单点定位就是在已知精密星历和卫星中差的前提下，充分考虑各种误差改正，利用单测站确定其在 WGS－84（或 ITRF）坐标系内的坐标。该方法采用的精密星历和卫星钟改正数是由 IGS（国际 GPS 服务机构）所提供的，其精密星历的精度已优于 5cm，卫星钟改正数的精度已达 0.1～0.2ns。并且随着接收机性能的不断改善，载波相位测量的精度也在不断地提高；大气延迟改正模型和改正方法的研究也在不断的深入，这些都为精密单点定位技术奠定了基础。

目前应用较多的 GPS 精密单点定位的最小二乘估计法适合于静态方式，不能很好地描述系统的动态特征，而卡尔曼滤波借助系统的状态转移方程，根据前一时刻的状态估值和当前时刻的观测值，递推估计新的状态估值，更加准确地反映了系统的运动状态。

1. GPS 精密单点定位的卡尔曼滤波模型

卡尔曼滤波技术是一种处理动态定位数据的有效手段，它可以显著地改善动态定位精度。因为它在定位中不仅利用观测值，而且充分利用以前的观测数据，根据线性最小方差原理，求出最优估计，因此，卡尔曼滤波技术在 GPS 动态定位中获得较广泛的应用。

(1) 标准卡尔曼滤波模型。研究动态定位的最优滤波问题时，首先要建立比较准确、合理的运动模型。目前已有多种运动模型。在现实当中，常常无法用精确的数学模型来描述一个物体的运动模型，对 GPS 非差相位动态精密单点定位而言，最常用的动态模型为常速模型或常加速模型。非差精密单点定位的标准卡尔曼滤波模型见式 (4.6)。

$$\begin{cases} X_{k+1} = \Phi_{k+1,k} X_k + \Gamma_k W_k \\ L_{k+1} = H_{k+1} X_{k+1} + \boldsymbol{v}_{k+1} \end{cases} \tag{4.6}$$

$$E\{W_k\} = 0, E\left\{W_k \cdot W_l^T\right\} = Q_k \delta_{kl}$$

$$E\{\boldsymbol{v}_k\} = 0, E\left\{W_k \cdot W_l^T\right\} = R_k \delta_{kl}, E\left\{W_k \cdot W_l^T\right\} = 0$$

式中　k——观测历元时刻；

X_k、X_{k+1}——n 维、$n+1$ 维状态向量；

$\Phi_{k+1,k}$——$n \times n$ 维的一步状态转移矩阵；

Γ_k——$n \times p$ 维动态噪声矩阵；

W_k——p 维系统动态噪声向量；

$\{W_k\}$——零均值白噪声序列；

Q_k——一已知的非负矩阵；

δ_{kl}——克罗尼克 δ 函数；

L_{k+1}——m 维观测向量；

H_{k+1}——$m \times n$ 观测矩阵；

$\boldsymbol{v}_{k+1}$——m 维观测噪声向量；

$\{\boldsymbol{v}_k\}$——与系统动态噪声 $\{W_k\}$ 不相关的零均值白噪声序列；

R_k——一已知的正定阵。

由于标准的卡尔曼滤波方程，除要求动态噪声与观测噪声是零均值、不相关的白噪声序列之外，还要求系统的状态方程与观测方程都是线性的，但在非差相位精密单点定位过程中，系统的物理模型有时需要非线性方程来描述，若要采用标准的卡尔曼滤波方法来估计系统的状态，就需要对非线性的观测方程进行处理。

（2）附加模糊度参数的卡尔曼滤波模型。当初始相位模糊度已知时，采用简化的标准卡尔曼滤波模型进行滤波处理即可得到较高精度的滤波结果。在大多数情况下，初始相位模糊度是未知数的，在这种情况下，将整周模糊度作为状态向量的一部分，与测站坐标、测站速度、接收机钟差及钟差变化率同时估计，称之为附加模糊度参数的滤波模型。伪据观测值作为辅助观测量，和相位观测值一起作为观测值进行估计。附加模糊度参数的滤波模型的状态向量用式（4.7）计算

$$X=[x \quad y \quad z \quad \delta_t \quad \dot{x} \quad \dot{y} \quad \dot{z} \quad \dot{\delta}_t \quad N^1 \quad N^2 \quad K \quad N^N] \tag{4.7}$$

式中 x，y，z，δ_t——测站的三维坐标和接收机钟差；

$\dot{x}$，$\dot{y}$，$\dot{z}$，$\dot{\delta}_t$——测站的三维速度和接收机钟差变化率；

N^1-N^n——n 颗卫星的整周模糊度。

其状态向量的维数变为：$n+8$，除了估计载体的位置、速度、接收机钟差、钟差变化量等 8 个参数外，还要计算 n 颗卫星的初始模糊度值。

模糊度的初始值 $N_{0/0}$ 利用伪距法求得。伪距法是在进行载波相位测量的同时进行伪距测量，将伪距观测值减去载波相位测量的实际观测值后得到。

附加模糊度参数的卡尔曼滤波模型计算流程见图 4.69。

2. 测量与精度

（1）程序设计。程序实现两个功能，即利用消除电离层影响的伪距载波和利用消除电离层影响的载波滤波，其基本算法是一样的，差别仅在于组成卡尔曼滤波时，载波的状态变量随着卫星数而改变，每次进行滤波前要判断是否出现卫星变换更替现象，但伪距的状态变量是固定的，不随卫星的变化而变化。现成的软件有武汉大学测绘学院编的高精度的精密单点定位数据处理软件 TriP。

（2）外业测量。外业测量：到位、测量、结束、存入。

（3）内业成果整理与精度。内业成果整理方法是用武汉大学测绘学院编的高精度的精密单点定位数据处理软件 TriP 进行计算，最后得出

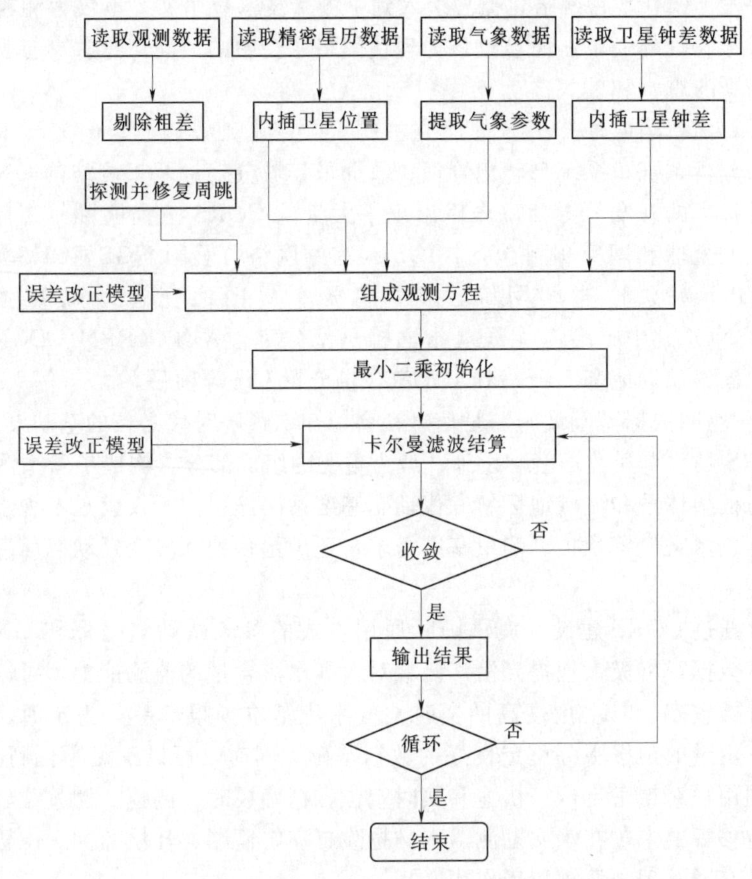

图 4.69　附加模糊度参数的卡尔曼滤波模型

成果，目前精度为平面 10cm，高程 20cm。

4.2.4.9　CORS 测量

1. 原理

连续运行参考站（Continuous Operational Reference Stations，简称 CORS）系统定义为一个或若干个固定的、连续运行的 GPS 参考站，利用现代计算机、数据通信和互联网（LAN/WAN）技术组成的网络，实时地向不同类型、不同需求、不同层次的用户自动地提供经过检验的不同类型的 GPS 观测值（载波相位，伪距）、各种改正数、状态信息以及其他有关 GPS 服务项目的系统。

CORS 是现代 GNSS 的发展热点之一，是空间信息采集的重要技术与手段。CORS将网络化概念引入到了测量技术应用中，不仅为测绘行业带来深刻的变革，而且也将为现代网络社会中的空间信息共享与服务带来新的思维和模式。

目前，国内外CORS的研究主要集中在基础设施建设、大气水汽含量分析系统、系统自动化管理、数据采集域分发、基于网络的GNSS定位技术的开发等方面。先后出现了大量的CORS工程项目，具有代表性的全球和国家项目包括：IGS跟踪站网络、美国NGS CORS、欧洲EPN永久性连续网等。国内主要有中国地壳运动观测网络CMONOC、中国沿海无线电指向标一差分定位系统（RBN－DGPS）和中国气象局地基GPS/MET水汽含量分析系统等项目。

“空间数据基础设施”是信息社会、知识经济时代必备的基础设施。CORS是“空间数据基础设施”最为重要的组成部分，构成了新型测量动态框架体系和流域地区新一代动态基准站网体系。不仅满足各种水文勘测、水文气象预报、测量基准需求，还满足多种环境变迁动态信息监测需求。

通过CORS建设，提供国际通用格式的参考站站点坐标和GNSS测量数据，将极大地提高沿江区域对大气水汽含量的监测能力，可以提供种类较多、时空精度高的实时大气水汽基本预报产品，为定时、定点、定量的预报服务奠定良好的数据基础。同时，可以满足不同行业、不同用户对精密定位、快速和实时定位、精确授时、测速、测方位、测量位移等要求，在水文勘测、水文抢险、灾害监测、环境监测、工程建设及交通管理中发挥积极作用。

2. 操作和精度

首先必须是有CORS的地方才能用，不用架设参考台，只用一台GPS即可作业，具体操作、内业资料整理及精度要求均和前面介绍过的RTK相同。

4.3 坝体监测

堰塞湖的坝体监测主要是对坝体的形状和构成进行监测。

4.3.1 堰塞体的现场查勘（第一阶段）

4.3.1.1 第一阶段查勘的设备清单

堰塞湖处置首先要了解概略的坝体情况，图4.70所示为唐家山堰塞湖堰塞体。基于此，水文突击队员接到命令后立即携带必要设备赶赴现场进行查勘，现场查勘是制定堰塞湖监测方案的基础，应参照表 4.10 的内容事先设计好查勘表。到了现场首先查勘堰塞湖是属于哪一类，一般分为高危性堰塞湖、稳态型堰塞湖和即消即生型堰塞湖；第二，马上确定监测方案，同时测得查勘表的内容；第三，确定的监测方案是为第二阶段准备的，一定要周密，达到第二次到场就能实施的要求。

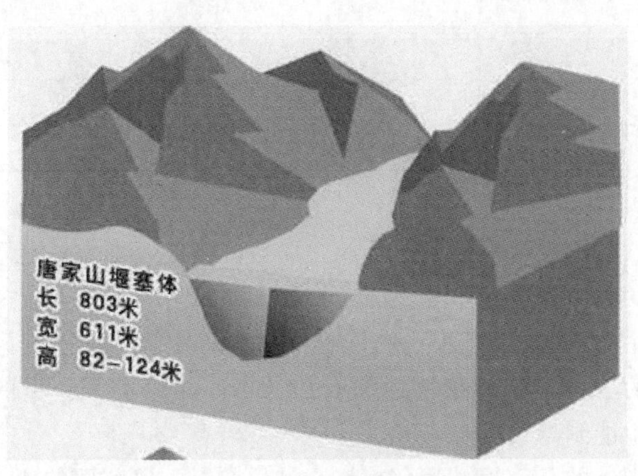

图 4.70　唐家山堰塞体几何尺寸

表 4.10　　第一阶段查勘设备清单

设　备	数量	备　注
越野车	1	到达堰塞湖最近位置
冲锋舟	1	到堰塞湖尾查勘
手持星站 GPS（的差分）	1	精度在 20cm 以内
免棱镜全站仪	1	测坐标、距离、高程
手持测距仪	1	测距离
对讲机	4	测员、司机之间通话

4.3.1.2　第一阶段的查勘内容

第一阶段的查勘内容按表 4.11 要求测取，具体方法按 4.3.1.3 实施。条件许可时，长宽高测多点取平均值。

4.3.1.3　第一阶段查勘的内容和方法

（1）了解堰塞湖名称及所在的地名、水系、河流和交通情况，堰塞体构成的查勘主要是查勘泥、沙、石的比例。

（2）地理坐标采用 Trimble GEO XT GPS 测两个点作为控制点，选

表 4.11　　堰塞湖水文应急现场查勘调查表

仪器：　　　　　　　　　　　　　　　　　　　　天气：

堰塞湖名称	所处位置			地理坐标		距居民点距离		交通通信情况	坝体几何尺寸（取平均）（m）			堰塞体构成
	地名	水系	河流	东经	北纬	上游	下游		长	宽	高	

观测：　　　　记录：　　　　校核：　　　　时间：

择的两个点要牢固可靠，这是为第二阶段准备的基准点，也可作为水位的基准点，具体操作见本章第二节控制测量部分，Trimble GEO XT 实际上是星站 GPS，能收到日本卫星发出的差分信号，精度到米级，若没有当地的三参，就用仪器内原有的三参，相距上千公里的三参也能用，精度也能到米级。

(3) 坝体的几何尺寸用免棱镜全站仪测量，以前面的两个点控制点中的一个作为测站点，另一个控制点作为后视点，配合电子图板，根据堰塞体形状和长宽高的需要测一些散点，在图上算出堰塞体的长宽高。这里可以用棱镜树在后视点上测一下两点的高差，对 Trimble GEO XT GPS 测得的两个控制点的高差进行检校。

4.3.2 堰塞体的坝体监测（第二阶段）

通过第一阶段水文突击队测的堰塞体数据，堰塞湖处置指挥部有了一个概略的了解，再就需要更精确的堰塞体情况，基于这个要求开展工作。第二阶段查勘设备清单见表 4.12。

表 4.12　　第二阶段查勘设备清单

设　备	数量	备　注
越野车	1	到达堰塞湖最近位置
冲锋舟	1	到堰塞湖内
GPS（有差分的）	3	精度在 mm 级
免棱镜全站仪	1	测坐标、距离、高程
EPS 电子图板	1	现场成图
对讲机	4	测员、司机之间通话

4.3.2.1　堰塞湖的控制网建立

首先要建立基准，目前水利系统为了资料的延续性都是采用 1954 年北京坐标系为平面坐标系，1985 国家高程基准为高程系。建立基准一定要和水位监测一致，用 GPS 静态控制网的方法引入 3 个以上 GPS D 级点，然后再用 RTK 在 GPS D 级点的基础上测出多个图根点（测量方法参考 4.2），这时可把第一阶段的两个精度较差的点改正过来。

4.3.2.2　在图根点上测堰塞坝体地形

具体操作如下：全站仪架在一个已知点上，对准另一已知点作后视，并把全站仪和电子图板相连，电子图板操作如下。

1. 建立新工程

（1）第一种方法。每次启动软件时，出现下面的“工程设置”对话框，在此对话框中，按“用模板新建工程”按钮，见图 4.71。

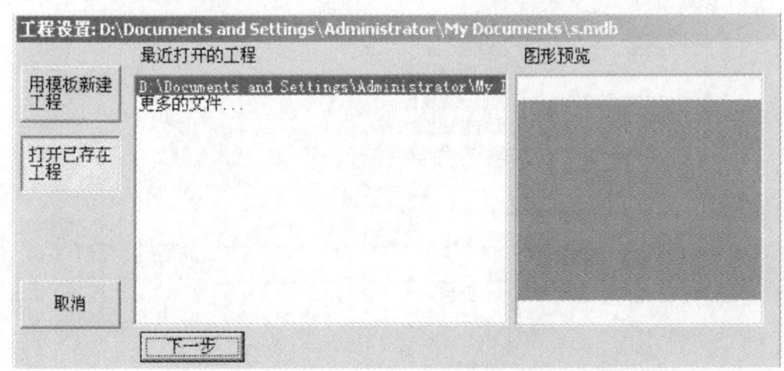

图 4.71　建立新工程对话框

（2）第二种方法。选择文件菜单中的“新建工作区文件”功能或用鼠标单击工具条上的按钮。无论使用哪种方法，“工程设置”对话框均变为图 4.72 所示的情况。

指定模板文件 *.MDT（模板扩展名为 .mdt），可选对话框列表中列出的模板，若没有合适的模板，则用单击列表框中“更多的模板库”选项，再按下一步按钮，选择其他模板，弹出“选择模板文件”对话框，见图 4.73。

可在此对话框中选择相应模板（作为示例，这里选用 GB_500.mdt）后，返回前面的“用模板新建工程”对话框。

注意：模板是作业规范的聚合，包括分层方案、编码方案、符号

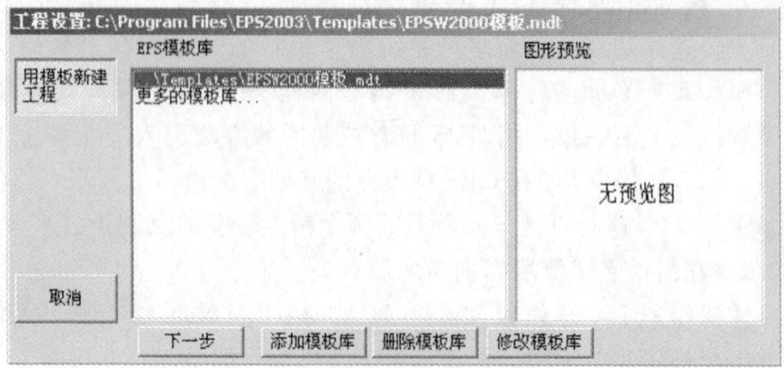

图 4.72 工程设置对话框

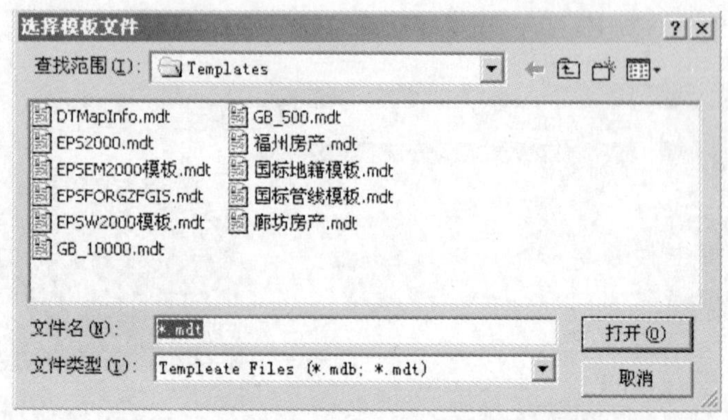

图 4.73 模板选择对话框

库、属性结构系统初始化参数（比例尺、背景色等），新建工程时，必须选择合适的模板库，以便生成符合作业规范要求的成果。模板放置的位置在 EPS 安装目录下的 templates 下。

接着在“工程设置”对话框，按下一步按钮，弹出如下的“指定新工程名”对话框：在查找范围栏中选择路径，在文件名栏中输入工程名 EPSW _ Sample（扩展名 .mdb 由系统自动入），见图 4.74。按打开按钮，即完成新建工程的工作，进入软件的主界面，见图 4.75。

2. 打开工程

打开已建工程，有以下两种操作方法。

（1）第一种方法。每次启动软件时都出现对话框，此时，有以下两种情况。

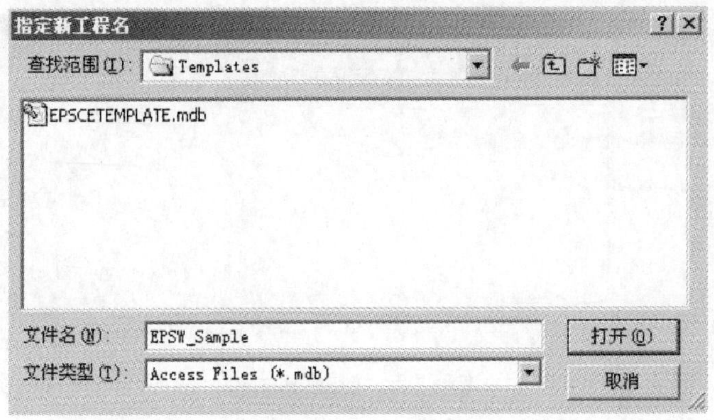

图 4.74　指定新工程名对话框

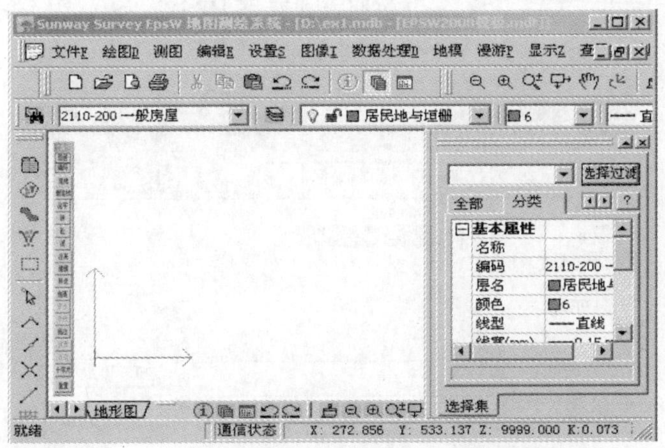

图 4.75　软件主界面

1）在最近打开的工程列表中有需要打开的工程名。在这种情况下，鼠标选择要打开的工程名（选中），再按下一步按钮，即可将此工程打开。

2）在最近打开的工程列表中没有要打开的工程名。在这种情况下，鼠标左键单击“更多的文件”选项，再按“下一步”按钮（或双击“更多的文件”），见图 4.76。

（2）第二种方法。使用“文件”菜单中的“打开工程”功能或用标准工具条按钮。

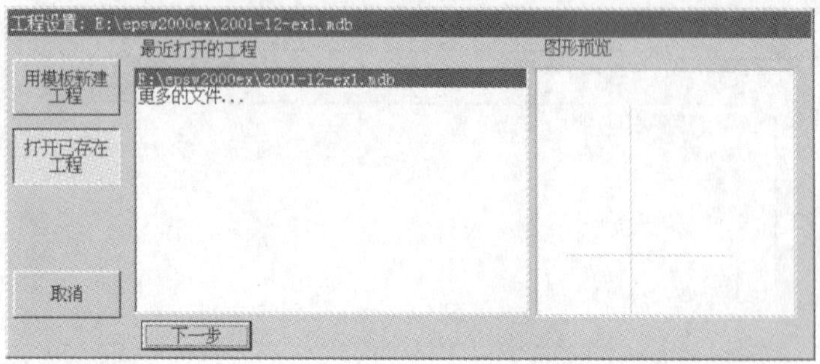

图 4.76　打开已建工程

在第二种方法中选中“打开工程”功能后，或者使用第一种方法中的 2)，选择工程所在路径，选取待打开的工程名（EPSW_Sample.mdb）。单击“打开”按钮（或双击 EPSW_Sample.mdb），见图 4.77。

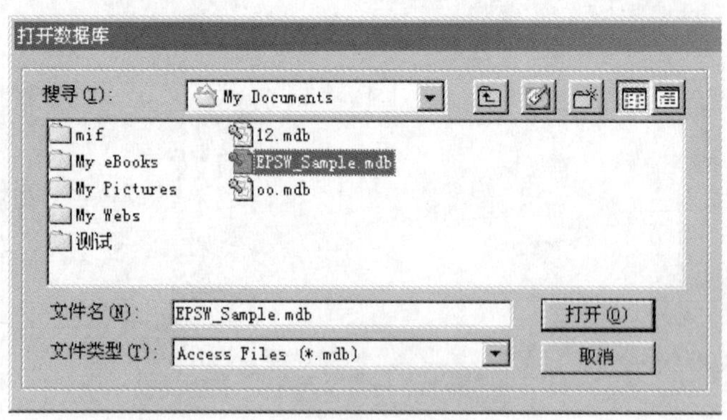

图 4.77　打开数据库

3. 工作区定位

选择“设置”菜单下的“工作区设定”。弹出提示框，可任选其一，见图 4.78。

(1) 指定坐标或图幅号。系统所建立的任何一个工程，其管理范围是无限的。如果新建工程的当前视图区不是工作区（即作业区）所在的位置，就需要使用“工作区概略定位”功能进行工作区的设定。

在工作中心坐标的 X 坐标及 Y 坐标编辑框中输入要选定的工作区中的任意一点，例如 $A(1000,\ 6000)$ 的 X、Y 坐标，然后，按“确定”

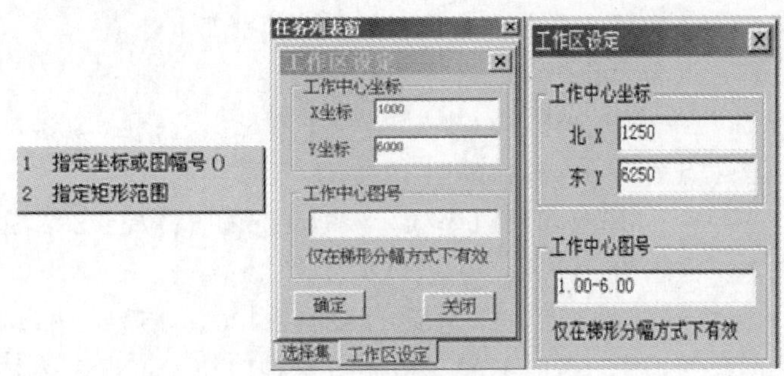

图 4.78　工作区设定

按钮，就可将包含 A 点的区域设定为工作区，且将此工作区移到当前视图区中央。同时，把包含 A 点的那个图幅设定为当前图幅。

按“确定”按钮后，还按所设定的图幅号计算公式计算出每个图幅的图幅号，并把当前图幅的图幅号写入“工作中心图号”编辑框中。最后，按“关闭”按钮，关闭对话框。

对于梯形分幅，只要在“工作中心图号”编辑框中输入要设为当前图幅的那个图幅的图幅号。

(2) 指定矩形范围。此功能的对话框见图 4.79。

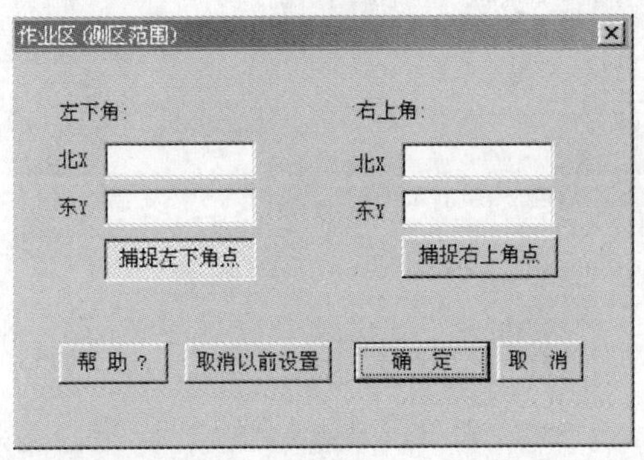

图 4.79　设定矩形范围

在对话框中的坐标 X 及 Y 编辑框中输入作业区的左下角和右上角 X、Y 坐标值，或用鼠标在屏幕上捕捉左下角和右上角，输入后，按“确定”按钮，给定 X、Y 坐标的那一矩形区域就会移到图形编辑区的中心来。

4. 控制点管理

(1) 控制点的录入与管理。

现有 3 个已知点，其坐标及其有关属性分别如下。

第一点：点名为 dx—1，编码 1110；

X(坐标）＝1001.183，Y(坐标）＝6203.856，高程＝203.300。

第二点：点名为 dx—2，编码 1110；

X(坐标）＝1115.448，Y(坐标）＝6480.594，高程＝282.306。

第三点：点名为 dx—3，编码 1110；

X(坐标）＝1481.112，Y(坐标）＝6467.130，高程＝332.000。

1）选择“测图”菜单下的“控制点管理”功能可以录入控制点。该功能的对话框见图 4.80（录入控制点 dx—3）：

2）录入。在输入框中分别输入点名、编码、坐标（X、Y 值）及备注，按“录入”按钮。

注意： 点名不要重复。

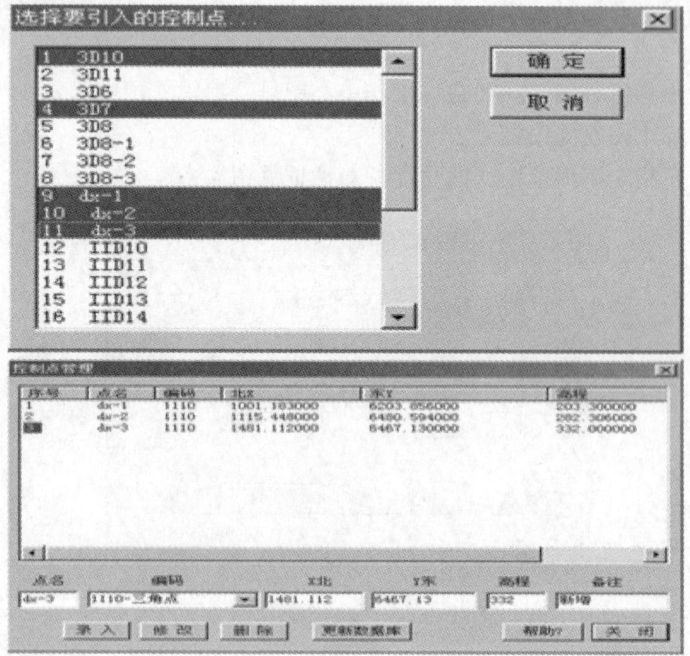

图 4.80　录入测量控制点

3）修改和删除修改：在控制点列表中点击要修改的控制点序号，在输入框中改正，然后按“修改删除”，在控制点列表中点击要删除的控制点序号，按“删除”按钮。

4）完成上述1）或3）步后，应单击“更新数据库”使之操作生效，然后按“关闭”退出。

（2）引入控制点。控制点录入完成后，使用时，可根据需要引入控制点。选择“测图”菜单中的“引入控制点”，从对话框中选择需要的点，单击确定，被选中的控制点会展绘到图形编辑区中，见图4.81。

注意：选择时，可使用Ctrl或Shift进行多选。

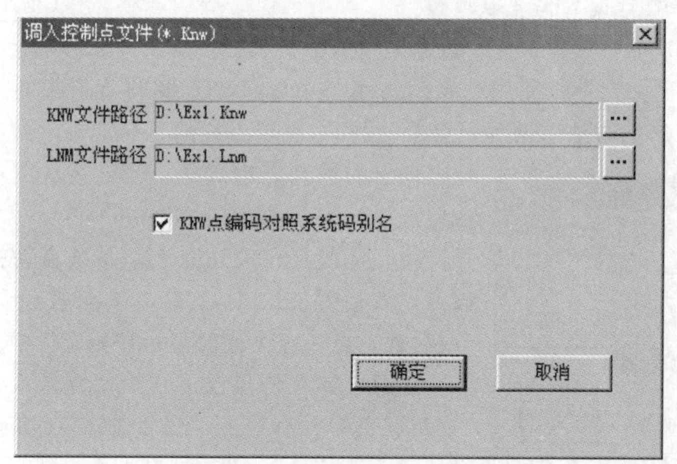

图4.81　引入控制点点文件

（3）外部控制点数据的利用。

该软件可以很方便地利用外部控制点数据，其做法如下。

首先使用“测图”菜单中的“调入控制点数据（Knw）”选项。将控制点文件中的控制点数据调入工程数据模板。

既可直接输入Knw及Lnm文件名，也可使用这两个编辑框右侧的“…”（浏览）按钮来选择文件名（选择操作方法从略）。

确定文件名后，按“确定”按钮，即可将指定文件中的控制点数据调入工程数据模板。

使用时，用“测图”菜单下的“引入控制点”选项引入。

5. 全站仪设置

如图4.82，使用“测图”菜单下的“全站仪设置”选项进行全站仪的设置。

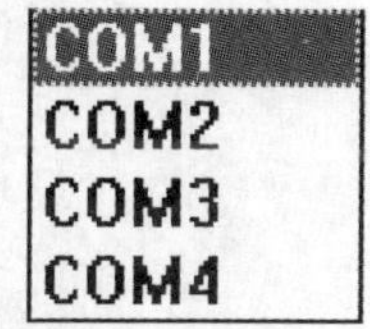

图4.82　设置全站仪及端口

（1）通讯端口。在对话框的最上部设置了“通讯端口”选择框，可调出通讯端口下拉菜单，在计算机中所具备的通讯端口 COM1、COM2、COM3 及 COM4 中任选一个通讯端口。

注意：下述的 ComSay 及视距测量两个选项与通讯端口的选择无关。

(2) 选择全站仪。使用对话框中的编辑 ComSay 功能。根据测量仪器调入已编辑好 *.DAT（全站仪通讯参数）。

6. 测站设置与检核

(1) 测站设置。进行数据采集前都必须把仪器架设到测站上。测站应设在已知点上。使用“测图”菜单中的“设置测站”进行测站设置（图 4.83），方法有两种：①单击测站/后视点栏的下拉箭头，然后从下拉框列出的控制点中选择。②直接从图形编辑区中选择。

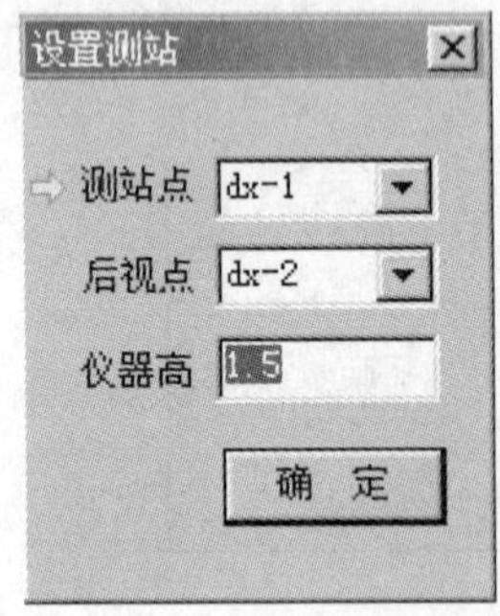

图 4.83　设置测站信息

将光标放置在设站点上，系统自动捕捉到该点，然后单击鼠标左键，该点被设为测站（或后视）点，点名同时显示在相应栏中。

注意：如果该点没进行控制点录入，提示“控制点表中没有该点，是否加入”。在该点上设站，应选“是”，然后根据下面出现提示将该点录入。

(2) 测站检核。在图 4.84 中选择“测图”菜单中的“测站检核”进行测站检核。

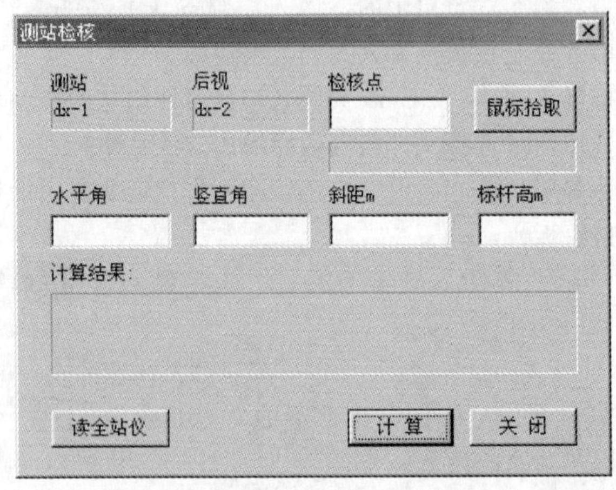

图 4.84　设置测站信息并检核

完成上述操作之后，将全站仪照准后视点，将全站仪放在盘左位置，并将水平度盘的读数置 0。至此，就完成了测站设置及检核的全部操作。

7. 碎部点数据采集

完成设站工作后，可用极坐标测量法对碎部点数据进行采集。极坐标测量法是通过实测距离和方位角度的测量得出碎部点的空间坐标，见图 4.85。

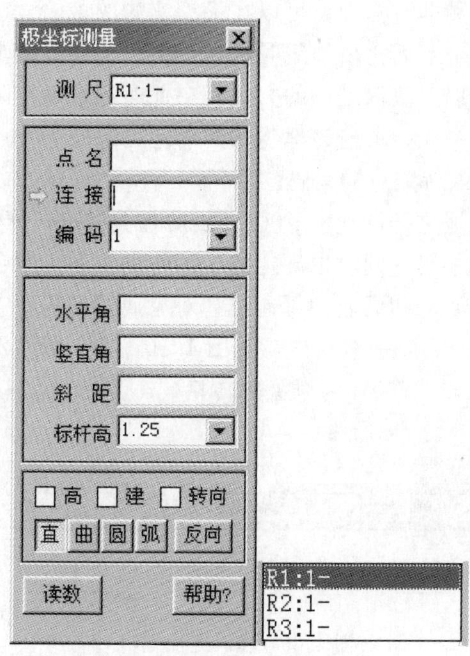

图 4.85　碎部点数据采集

操作步骤如下。

第一步，选择“测图”菜单中的“极坐标测量”。出现极坐标测量对话框。

功能简介即时捕捉：任何时候鼠标靠近一个点位时，该点均显示一个红色标记，表示该点已经被鼠标捕捉到，此时即可将该点加入正在实测的地物，亦可作为新的连接点测尺，支持三根测尺切换（R1、R2、R3），按测尺右侧的三角形按钮，可以调出测尺下拉框，选择测尺，或按 F5 进行切换。

用于输入待测地物的编码，其特点兼容、支持国标 4 位码和 EpsW98 的 3 位码混合输入记忆，支持最近使用过的 20 个编码记忆拾取，鼠标指向地物，单击鼠标左键可以提取地物的编码测点，即读数。按 F1 或“读数”按钮读取全站仪数据或断开通信。

全站仪测量点位出现在屏幕图形编辑区，单击鼠标左键将即时捕捉点加入当前地物，单击鼠标左键将即时捕捉点加入当前地物连接：一个地物完成后输入焦点自动切换到连接输入位置，当输入焦点在连接输入位置时，可以用鼠标在屏幕上自动捕捉，按 F3 可以将即时捕捉点作为新的连接点，若无即时捕捉点可以在最近实测的 10 个点间切换连接。

如果测完几个点后需要连线时，在鼠标单击连线编辑框后，就可以自由连线；除了以上获取编码的方式外，此时还可以在附近地物上用鼠标左键单击，也可以拾取与该地物相同的地物编码。

第二步，输入待测点的编码。

地物编码是地物的一个代名称，如房屋是 2110，路灯是 3521 等。通过指定地物的编码，同时也确定的了地物的层名、颜色、线宽、线型等随码属性。编码的随码属性可通过“对象属性编码”查看。

例如：2110－200 一般房屋，见图 4.86。第一段“2110”为对象的 EPS 编码，第二段“200”为对象的转换码，第三段“一般房屋”为对象的名称。

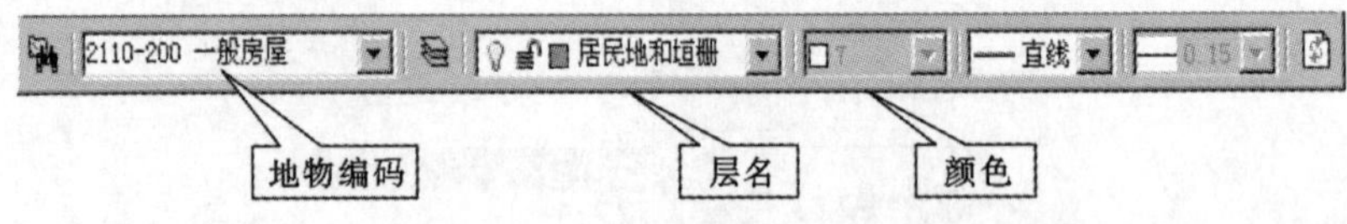

图 4.86　随码属性说明

第三步，在标杆高编辑框中输入标杆高（以 m 为单位）。

第四步，在对话框中确定是否注高、是否参加建模、是不是转点（分别选中或退选对话框下部的 3 个选项，即可确定这 3 个属性）。选择连接线型（直线、曲线……）。

注高：是否标注高程；

建模：是否参加建模；

转点：特殊类地物（如斜坡等）的转折点。

第五步，如果待测点有点名，可在点名编辑框中输入。

第六步，在“连接”编辑框中输入要与待测点相连接的已有测点（也可用左键捕捉）。

以上各项输入完成后，将输入焦点导入水平方角编辑框中，全站仪照准待测点，按 F1 键，测量并读取测量数据（此时，提示“正在通信…”），测量完毕并读取数据后，待测点的各读数进入待测点的 3 个编辑框中。按鼠标右键或回车键确认后，新点就会以可视化的符号出现在图形编辑区中。

本软件支持三根尺测量。将三根尺分别定义为 R1、R2、R3，按测尺右侧的三角形按钮，可以调出测尺下拉框，选择测尺或使用 F5 进行测尺切换，见图 4.87。

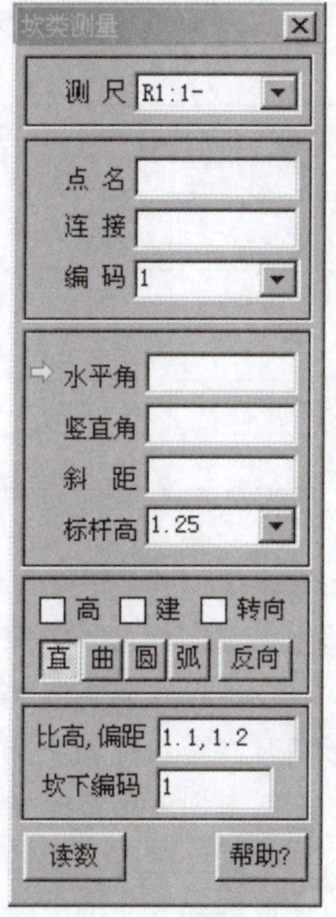

图 4.87　测量菜单

使用三根尺进行极坐标测量的操作方法是：仪器照准 1 尺，选择测尺，测尺信息变为 R*，再按一次 F1 键，则开始测量并读取数据。

图 4.88 为全站仪实地测量工作图。

4.3.2.3　堰塞坝体的体积计算

根据堰塞坝体的地形图填好表 4.13，并用以下两种方法算出堰塞坝体的体积。

（1）通过商业手段或通过应急指挥部依靠当地水利或测绘部门获得堰塞湖出现前的卫星图片、遥感影像、航拍影像及电子地形图，然后根据堰塞湖出现后到现

图 4.88　堰塞湖水文应急监测工作图

表 4.13　　堰塞湖水文应急监测内容表

仪器：　　　　　　　　　　　　　　　　　　　　　　　　天气：

堰塞湖名称	位置	地理坐标	堰塞体几何尺寸					堰塞体左岸坡比	堰塞体右岸坡比	堰塞体下游河流比降	堰前水位距坝顶高差	坝前水面宽
			堰顶宽度	堰底宽度	堰体厚度	平均高度	体积					

观测：　　　　　记录：　　　　　校核：　　　　　时间：

场实测得到的地形图，用南方 CASS 或清华三维 EPS 软件算出堰塞坝体体积。

（2）没有堰塞湖出现前的卫星图片、遥感影像、航拍影像及电子地形图时，需到现场实测堰塞坝体地形图，同时还要测得堰塞坝体的边缘、堰塞坝体两岸的坡度、堰塞坝体下游水面比降。计算堰塞坝体体积时，根据已测得的上述参数，模拟一个堰塞湖出现前的地形图，根据模拟地形图和堰塞湖出现后到现场实测的堰塞坝体地形图，用南方 CASS 或清华三维 EPS 软件，即可算出堰塞坝体体积。

4.4　水体测量

堰塞湖的水体监测主要是对堰塞湖形成的水库形状和库容进行监测。

4.4.1　用 ADCP 测堰塞湖的流速分布和流量

堰塞湖断面选择主要是根据堰塞湖的长度和形状来选取，主要用于计算堰塞湖的库容。

垂线布设应按水文测验有关规范进行，其目的是为了测出流速、渗流、水压及水体对堰塞坝体的冲击程度。一般根据河宽来布设垂线数量，每 30m 左右布设一条，见图 4.89。用流速仪测流速时，水深小于 5m，用 3 点法或 1 点法施测，水深大于 5m，用 5 点法施测。

4.4.2　流速流量的测量方法介绍

4.4.2.1　第一种方法（有船、GPS、ADCP，测深仪）

直接在断面上测一个来回就可以，通过 ADCP 内业处理软件能选出 n 条测线和 n 个测点流速。若当地没有 CORS 系统，GPS 要架设参

图 4.89 垂线布置图

考台。用测深仪测得大断面成果，见图 4.90。

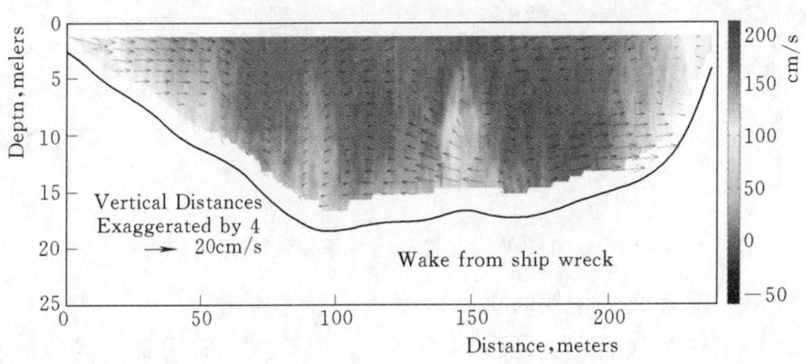

图 4.90 实测流量成果图

具体操作如下：在冲锋舟上安装好 ADCP 探头、外接罗经和 GPS，然后启动 WinRiver 软件，再按以下步骤进行，直到最后成果输出。

数据处理程序 WinRiver 及外业采集介绍如下。

1. WinRiver 的功能

(1) 采集模式 (Acquire)。基本设置、ADCP 参数设定、数据采集、显示。

(2) 回放模式 (Playback)。数据查看、数据处理。

安装后首次运行时注意单位设置的问题，见图 4.91。

2. WinRiver 的参数文件

(1) 配置文件 (*. wrc)。与测量环境相关的 ADCP 参数设置，每一测量地点不尽相同。具体的参数设置都在此文件中。

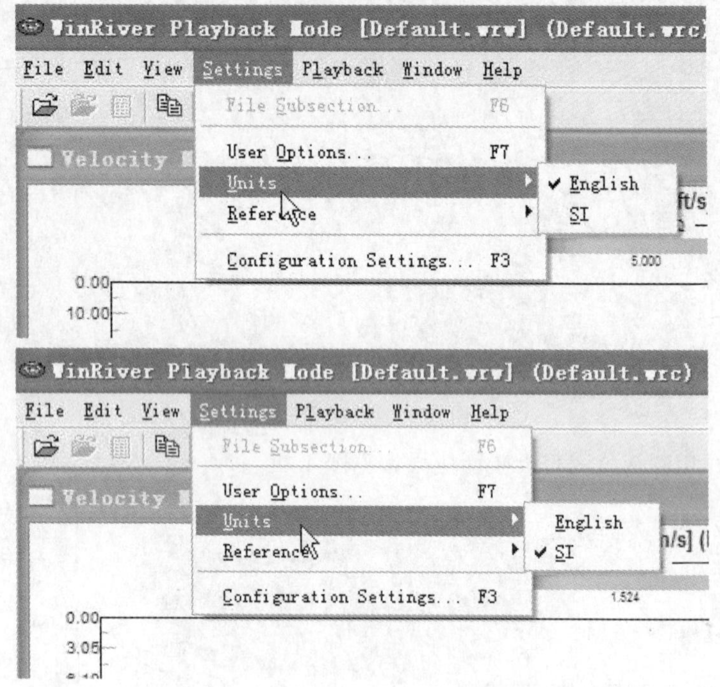

图 4.91　单位设置（国际单位制或英制）

注意：配置文件切换时，不改变通讯设置部分。

（2）工作区（面）文件（*.wrw）。保存工作时采集、或回放程序界面显示的窗口排列情况信息。设定完成后基本可以不变。

（3）WinRiver 的数据类文件。文件基本规则：ddddMMMX.NNN，dddd 是配置文件中设定的，MMM 是文件序号（从 000 起，自动增加），NNN 是一次测量序号，X 根据 ADCP 文件类型，按表 4.14 取值。

表 4.14　X 取值表

X 取值	ADCP 文件类型
w	配置文件，w.000 为测量原始配置文件，w.001 为回放用的文件
r	二进制数据文件，含全部测量信息
n	GPS 导航数据文件
t	ASCII 码文本文件，与 r 文件对应
h	外部罗经数据
d	外接回声仪数据

3. WinRiver 外业基本操作步骤

（1）以测量模式启动程序。

（2）检查通讯设置与实际情况是否一致。

（3）检查、修改配置文件中的相应参数（＊.wrc）按 F3 键。

（4）ADCP 开始发射，按 F4 键。

（5）某一次测量开始，记录文件信息，按 F5 键。

（6）本次测量结束，按 F5 键。

（7）全部测量结束时，ADCP 停止发射，按 F4 键。

（8）退出 WinRiver 后，用 BBTalk 中断 ADCP。

注意：硬件设备连接时，小心、正确连线；配置文件中最重要的参数：WS、WN、WP、BP、TP、ADCP 入水深度、文件存放位置信息；将配置文件保存后，可直接调用；航向输入错、岸边距离错，可在回放时修正。

4. 采集模式

基本设置包括通讯、时钟、用户选项、单位。最好在 Windows9X 下运行，比较稳定。

（1）在“设置（Settings）”菜单中选“通讯（Communications）”，通讯端口设置见图 4.92。

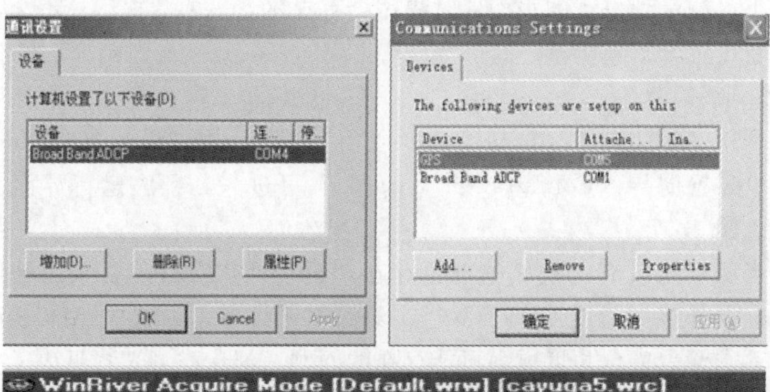

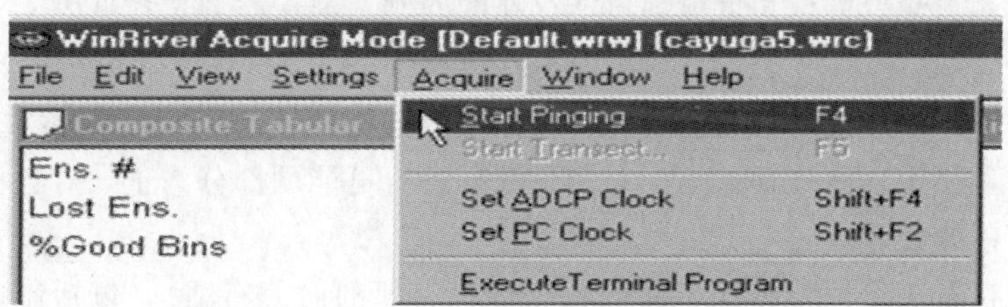

图 4.92　仪器参数设置 1（通讯端口）

(2) 时钟设定。先调整计算机时间，再直接设定 ADCP 时间，亦可用 BBTalk 完成。

(3) 仪器参数设置。从设置（Settings）菜单中选配置（Configration Settings）进入，或用快捷键 F3。

经常改变的选项如下。

偏移量（Offsets），偏移量即 ADCP 入水深度输入，程序运行界面见图 4.93（分别为中、英文版）。

命令（Command），固定命令、向导命令、用户命令，程序运行界面见图 4.94（分别为中、英文版）。

记录（Recording），设定记录位置与数据文件名前缀，程序运行界面见图 4.95。

(4) 完成参数设置后，开始测验，先填记《ADCP 记载表》的相关内容。如果是断面流量测验：要估准起、止位置离岸边距离；注意文件提示的航向与实际要一致；注意检查测量过程的显示信息是否正常，控制船速；记录文件号与所测断面的情况。如果是固定垂线测验：注意船位与垂线位置的偏移；垂线水深与实际水深的比较；记录相应的信息。

注意：用户命令部分的数据应根据实测环境、测验要求来设定。首先是所测的最大水深设置应满足实际工作环境的要求。如果深度单元总数太小，测量到更大的水深处时程序会有提示，表明数据记录不全，需要更新设置，重新测量。

5. 配置向导

利用“设置向导”自动生成“指令”参数。在“设置（Settings）”中选“配置向导（Configration Wizard）”可进入，程序运行界面见图 4.96、图 4.97。

当测验河段有流动底等现象存在“运动河床”时，要采用辅助手段，需要外接高精度 GPS、罗经、测深仪等设备，以解决 ADCP 测量船速、水深、方位角度方面可能存在的问题。河床类型选择见表 4.15。

6. 回放模式

用于数据处理，分析资料。将原始数据文件转为 ASCII 码格式的 t 文件，便于程序处理数据。对测量数据进行可能的部分修正，对数据进行简单的处理。

查看每组信号垂线方向的数据情况（即剖面分布图），包括流速的大小与方向、回波强度、相关性、分层流量等，见图 4.98。

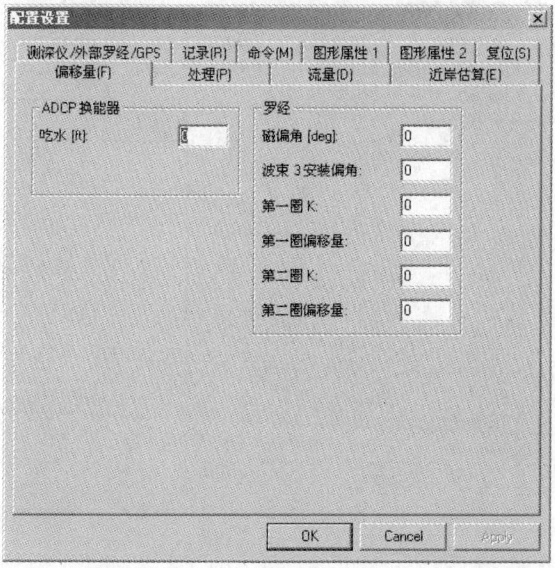

(a)

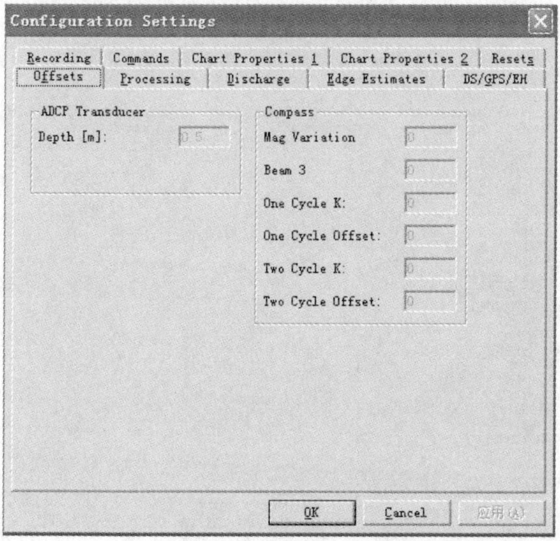

(b)

图 4.93　仪器参数设置 2（入水深）

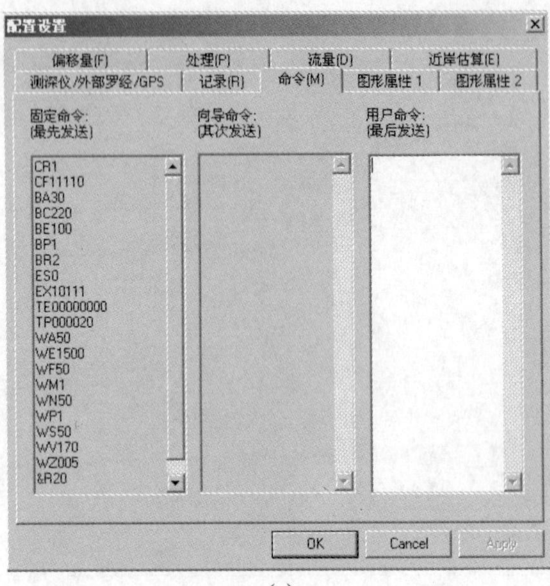

(a)

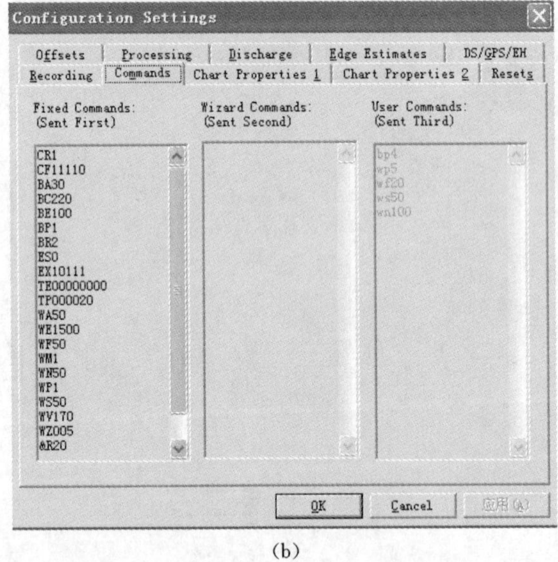

(b)

图 4.94　仪器参数设置 3（用户命令）

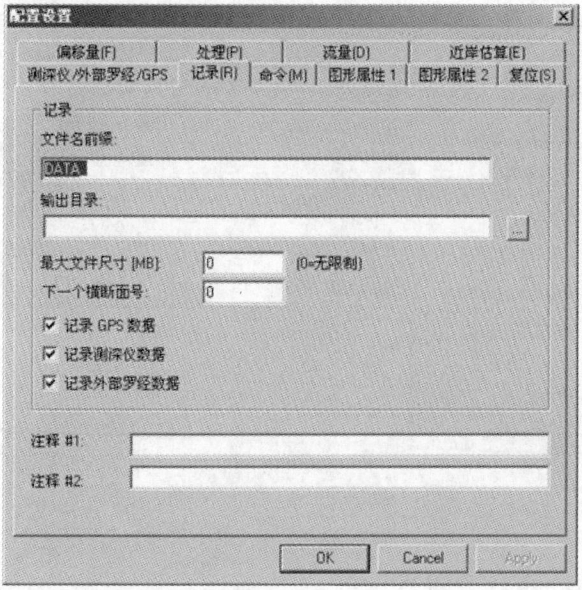

图 4.95　仪器参数设置 3（记录文件名及路径）

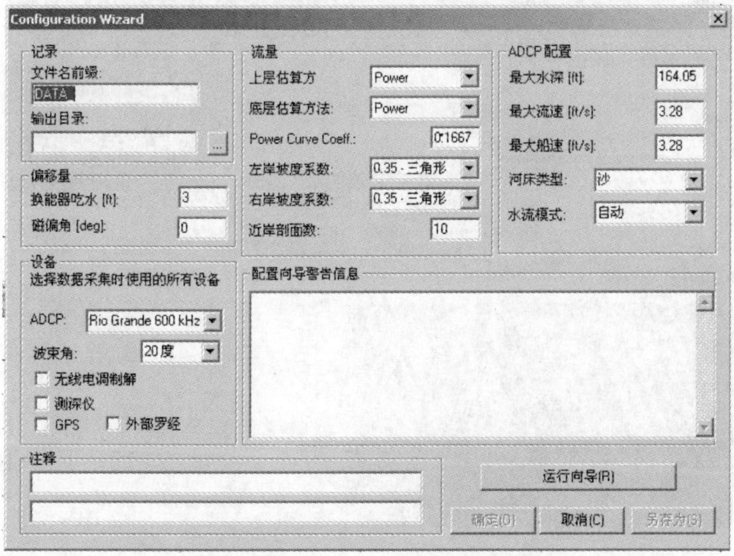

图 4.96　配置向导（Configration Wizard）1

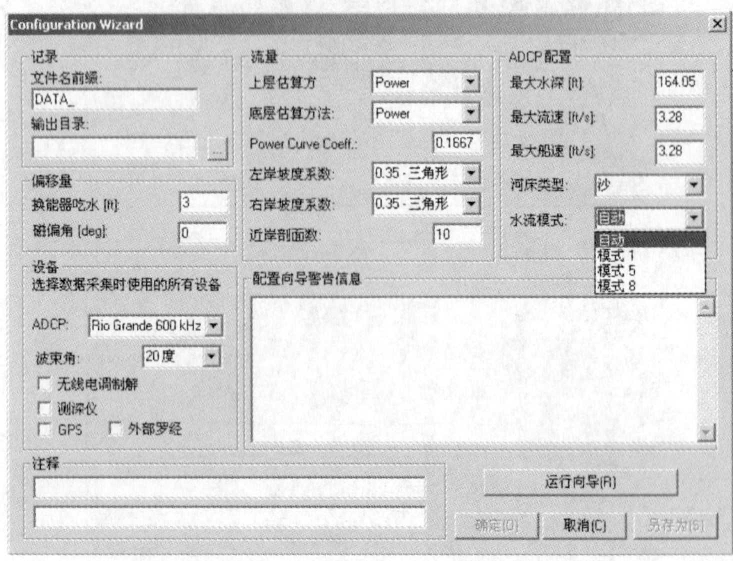

图 4.97　配置向导（Configration Wizard）2

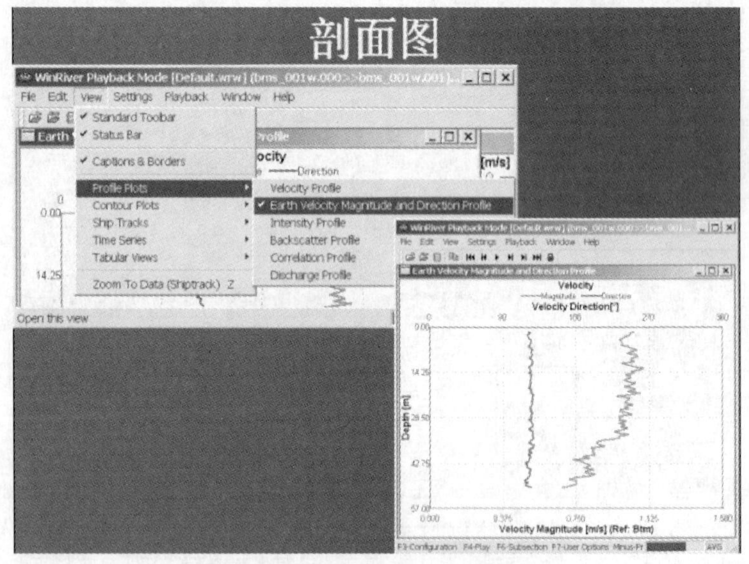

图 4.98　回放—查看剖面图

表 4.15　　配置向导中河床类型选择说明

英文名称	中文名称	英文名称	中文名称
Mud	稀泥	Boulders	漂石
Silt	淤泥	Riprap	乱石基
Sand	沙	SmoothRock	光滑的岩石
Gravel	砂砾	Fractured Rock	有裂缝的岩石
Cobbles	鹅卵石		

查看横断面的数据情况（即等值线图），包括流速流速大小、回波强度、相关性等，见图 4.99。

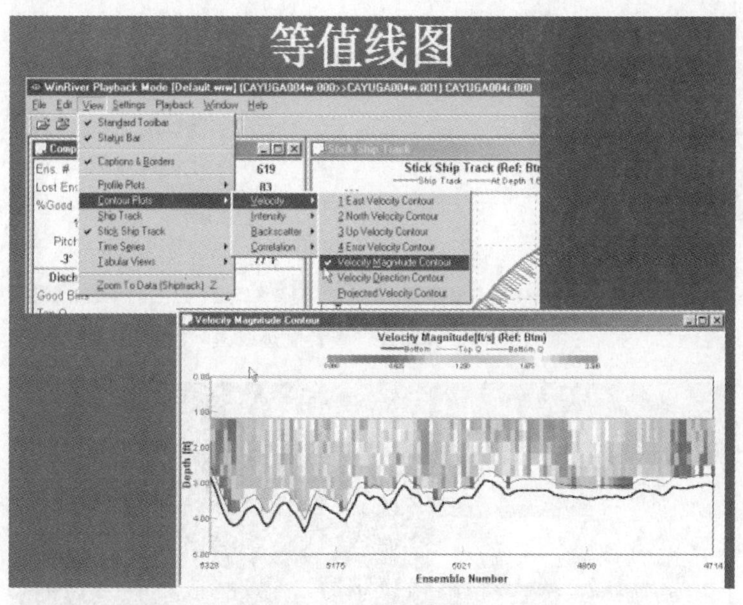

图 4.99　回放—查看等值线图

查看测船航迹线图（包括底跟踪、GPS 方式）以及航迹线与流速矢量组合图，见图 4.100。

查看罗经方向、纵横摇角度变化、流速与船速时间分布情况，见图 4.101。

查看数据统计结果、仪器配置情况，见图 4.102。

回放时可以只针对一部分实测数据进行，只取某段距离（或时间）的成果，以得到某垂线或部分范围的数据，提取部分数据的界面，见图 4.103。

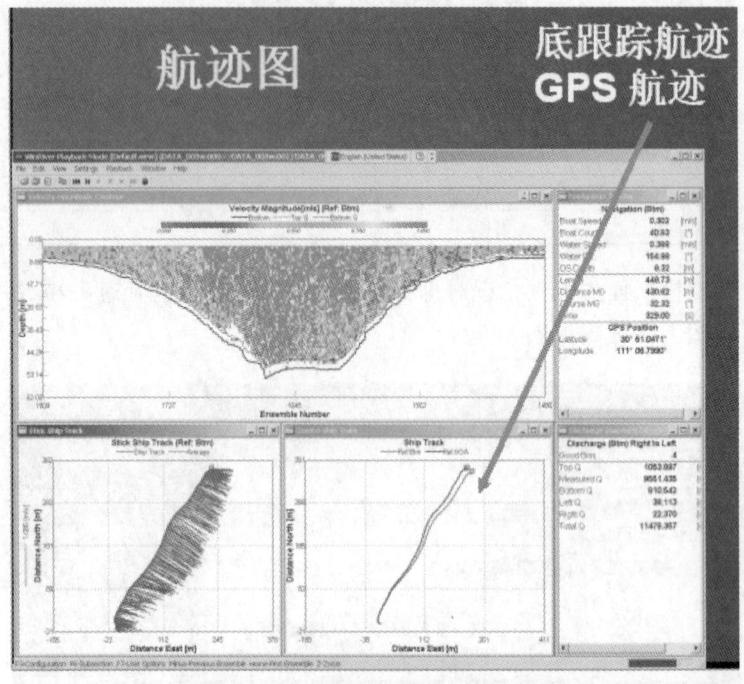

图 4.100　回放—查看航迹线图

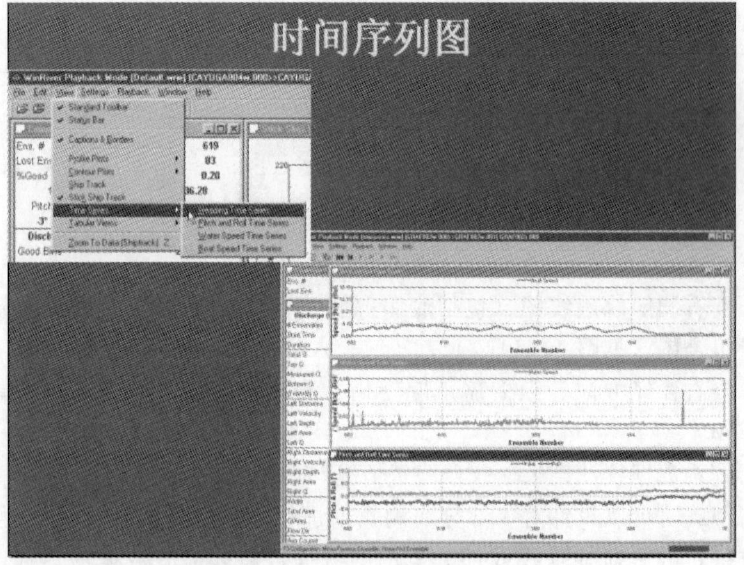

图 4.101　回放—查看时间序列图

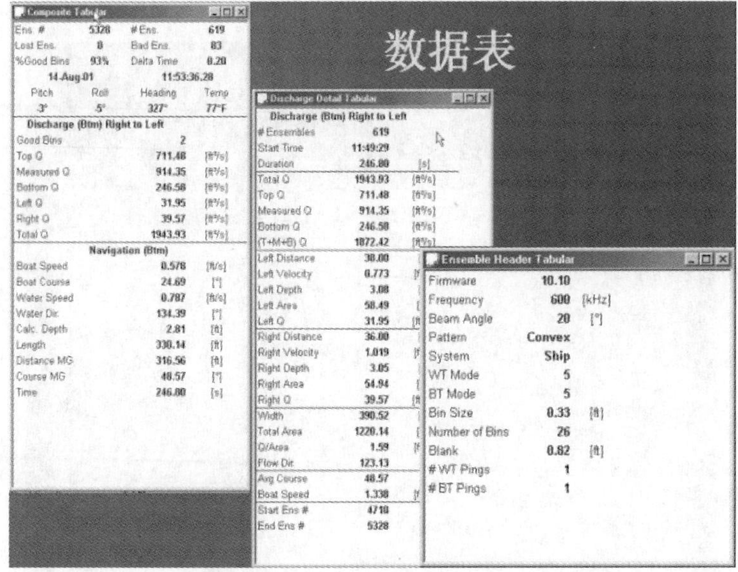

图 4.102　回放—查看数据

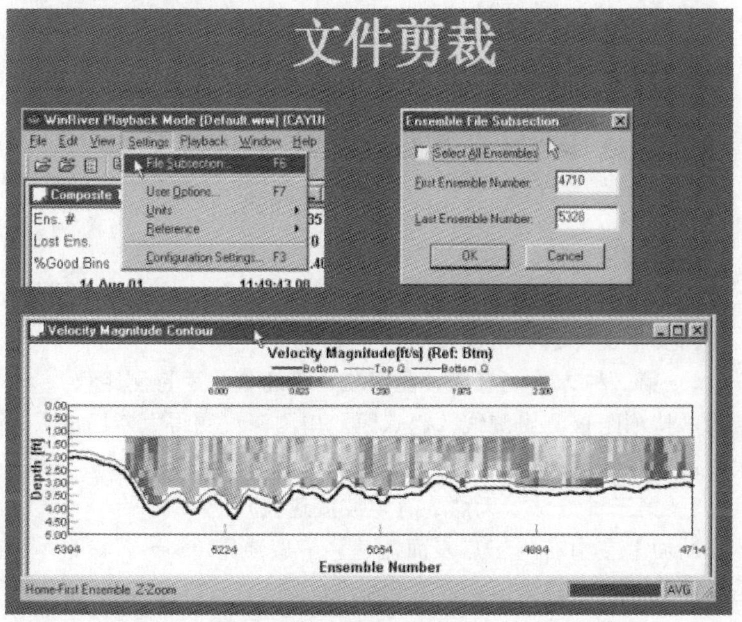

图 4.103　回放—文件剪裁（分割）

数据回放中确定或修改开始、结束时离岸边距离，见图 4.104。

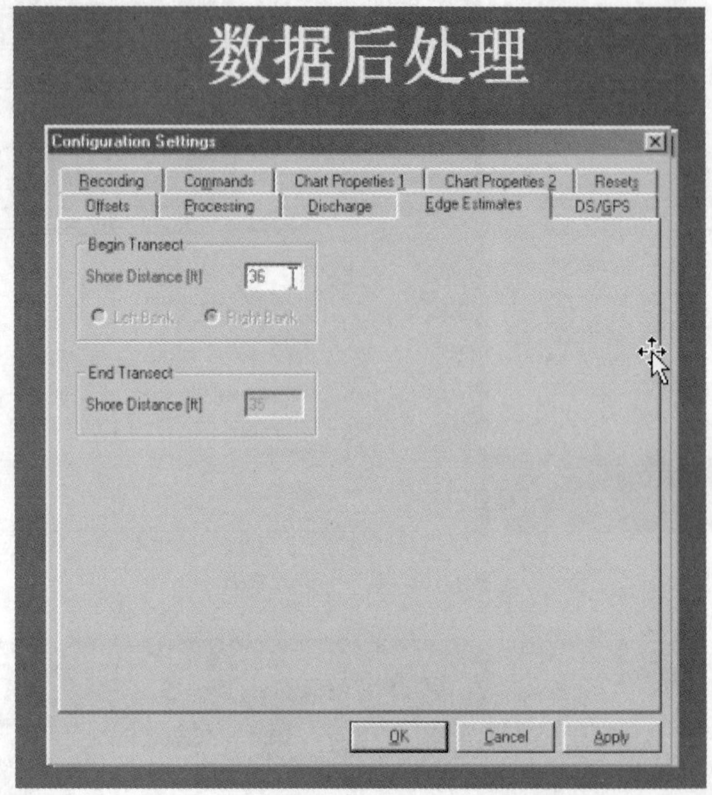

图 4.104　回放—数据处理 1

数据回放中输出 ASCII 码文本文件菜单，见图 4.105。

输出 ASCII 码文本文件示例，见图 4.106。

输出文本文件数据格式说明，见图 4.107。

4.4.2.2　第二种方法（有船、测深仪、流速仪、手持测距仪）

用手持测距仪测出测线的起点距，用测深仪测得大断面成果，用流速仪测出各测点流速，算出流量 。

4.4.2.3　第三种方法（无船、有电波流速仪）

在断面上左中右测三点表面流速，一般要乘 0.6～0.8 的浮标系数才是断面流速。估算大断面后算出流量。

4.4.2.4　第四种方法（坐标法，有经纬仪、皮尺）

只要在所设极坐标点上一人施仪、一人记录，即可利用天然浮标完

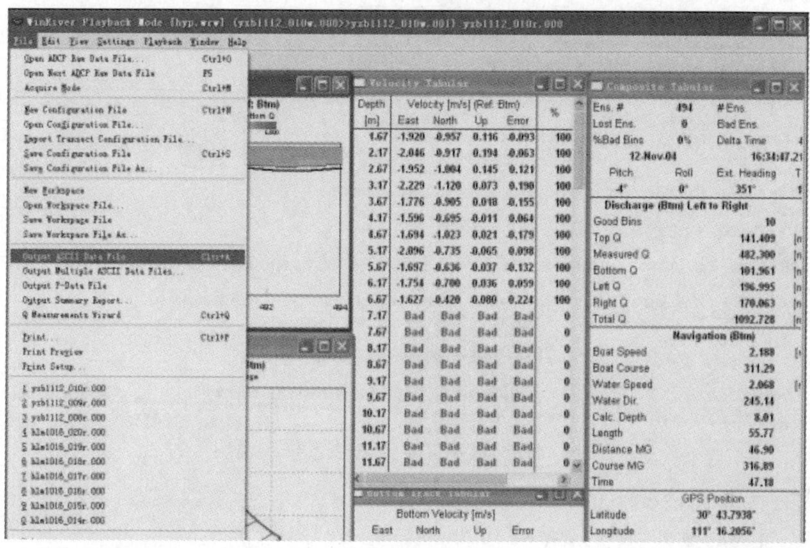

图 4.105　回放—数据处理 2

```
   52     50     90    100       4       1       1
5 9 23 10 59 20 18    610      1     0.210     1.160  166.500   26.390
13.69    -47.62      0.20     -0.40      0.00     14.35      0.00     12.08     19.75     17.96     18.90
0.00          0.00         0.00          0.00         0.00
32.1978156    118.7601282  -32768    -32768          0.0
0.0           0.0          0.0           0.0          120.0         0.0          35.0  2.15  1
100 cm BT dB 0.42   0.061
  2.15       86.52     358.91    -1.6    86.5    -8.7     0.2    77.0    75.3    75.7    79.1  100       0.
  2.67       79.87     355.87    -5.8    79.7    -5.9    -2.3    80.6    78.9    79.3    83.2  100       0.
  3.19       75.74     351.04   -11.8    74.8    -5.9   -10.2    81.0    80.6    79.3    83.2  100       0.
  3.71       64.33     358.16    -2.1    64.3    -1.5     1.8    81.1    79.8    79.8    82.8  100       0.
  4.23       75.43     356.42    -4.7    75.3    -1.3     1.5    81.2    80.4    80.0    82.9  100       0.
  4.75       74.09     358.02    -2.6    74.0    -2.4    -7.3    81.4    80.1    80.1    82.7  100       0.
  5.27       80.77       0.11     0.1    80.8    -1.2     5.1    80.8    81.2    79.9    82.5  100       0.
  5.79       83.96     357.98    -3.1    83.9     0.4     1.8    80.5    80.9    80.1    82.2  100       0.
  6.31       73.47     357.57    -3.1    73.4    -3.0    -3.9    80.9    80.5    80.1    81.8  100       0.
  6.83       70.11     345.36   -17.7    67.8    -1.3   -12.1    80.5    79.6    81.3    82.2  100       0.
  7.35       83.86     357.92    -3.0    83.8    -2.4   -12.2    80.4    80.0    81.7    82.1  100       0.
  7.87       73.71       0.56     0.7    73.7     0.2     3.0    80.2    79.4    80.7    81.9  100       0.
```

图 4.106　输出文本文件

ADCP 转换的 T 文件格式

由 WinRiver 程序输出而来，是 ASCII 码文本文件，文件中前两行为空白行，注释用，第三行是固定的，共 7 个数据，主要是用户设置的命令参数，如下：

100　200　50　60　6　0　1

其中：深度单元长度 100cm(WS100)、开始的空白距离 200cm(WF200)、探头入水深度 50cm、深度单元个数 60(WN60)、测速脉冲 6(WP6)、信号组间时间间隔 0s(TP000000)、剖面测验模式 1(WM1)

以下为各信号组的信息(重复至文件结束，6 行+各层剖面数据)：

2 8 26 18 20 50 57　38　1　-3.030　-5.780　256.040　23.120

时间 2002-08-26 18:20:50.57、信号组号 38、本段信号数 1、纵摇角度-3.030、横摇角度-5.780、水平方向角 256.040、水温 23.120

-31.04　-16.48　0.40　-8.50　0.00　0.00　0.00　0.00　50.63　58.65　54.09　55.27

E 东西向 N 南北向 U 向上 Er 错误　从 DS 改正的水深、GPS 高度、高度　D1　D2　D3　D4

测底的速度(cm/s)、BT 或 GGA　变化、HDOP*10+卫星数/10　四个探头测深(m)或外接回声仪水深

0.87　2.47　-0.41　-0.77　0.87

路线长度 0.87m、本文件测验历时 2.47s、东西向位移-0.41m、南北向位移-0.77m、位移矢量大小 0.87m

30000.0000000 30000.0000000 -32768　-32768　0.5

GPS 纬度、经度、余下未采用

-24.6　-1.9　-1.5　0.0　0.0　0.0　0.0　3.73　40.73

累计中间流量、上层估算流量、底部估算流量、起岸距离、估算流量、止岸距离、流量、测到数据的首层深度、末层深度

59 cm BT dB 0.43　0.017

本信号深度单元个数 59、流速单位 cm/s、测底方式为底跟踪 BT、回波强度的单位 dB、回波比例因子 0.43、声波吸收率 0.017

3.73	179.08	85.78	178.6	13.2	-4.1	22.9	99.4	99.9	101.1	100.7	100	-0.63
4.73	188.13	78.84	184.6	36.4	-1.0	-9.7	103.5	103.1	104.8	104.3	100	-0.47
5.73	206.85	78.21	202.5	42.2	-1.3	-10.6	104.3	102.2	105.2	103.9	100	-0.50

……

深度、分层流速大小、方向、四个流速分量 E、N、U、Er、四个探头后向散射强度、好信号百分比、分层流量

图 4.107　输出文本文件数据格式说明

成有大断面情况下的流量测验工作。

1. 原理及计算公式

在浮标流量测验中，只要测算出浮标通过断面的流速和通过断面时的起点距，利用已知的断面即可完成流量计算。图 4.108 (a) 所示，

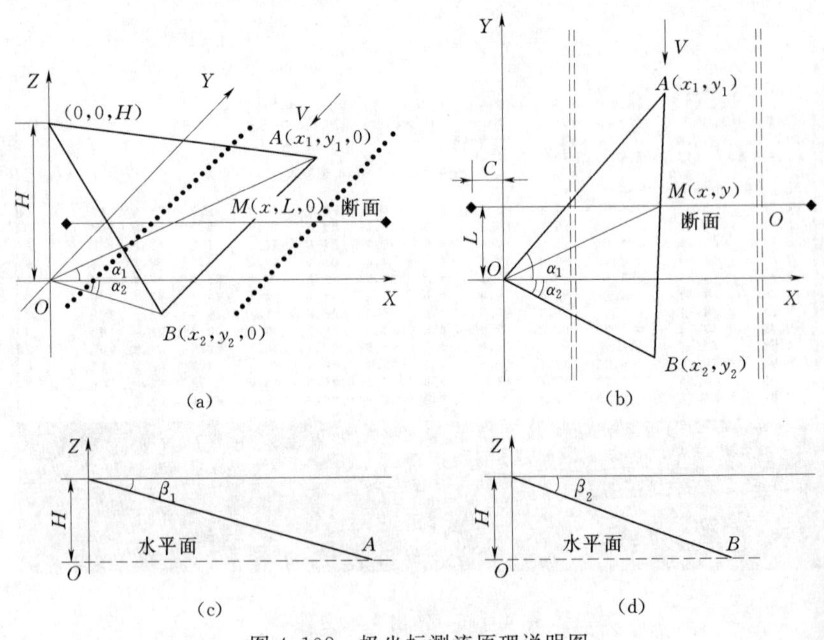

图 4.108　极坐标测流原理说明图

浮标从断面以上的 A 点，经过断面运动到 B 点，连接 AB 两点，其距离与浮标的运动历时之比为浮标流速 v，其连线与断面的交点 M 的横坐标为浮标的起点距。

图4.108（a）为极坐标法流量测验示意图；其俯视图如图4.108（b）所示，OZA 截面见图4.108（c），OZB 截面见图4.107（d）。

图4.108中已知未知量及式（4.8）～式（4.12）的符号说明：

α_1——A 点平角，（°）；

β_1——A 点立角，（°）；

α_2——B 点平角，（°）；

β_2——B 点立角，（°）；

H——仪器高，m；

Z——测时水位，m；

G——极坐标点高程，m；

T——浮标运动历时，s；

L——仪器点到断面的距离，m；

（0，0，H）——仪器镜筒中心位置；

v——流速，m/s；

D——起点距，m。

根据图示和已知条件可求出。

仪器镜筒中心到水面的高差，采用式（4.8）计算：

$$H = G + h - Z \tag{4.8}$$

A 点坐标，采用式（4.9）计算：

$$\begin{aligned} x_1 &= OA\cos\alpha_1 = H\cos\alpha_1/\tan\beta_1 \\ y_1 &= OA\sin\alpha_1 = H\sin\alpha_1/\tan\beta_1 \end{aligned} \tag{4.9}$$

B 点坐标，采用式（4.10）计算：

$$\begin{aligned} x_2 &= OB\cos\alpha_2 = H\cos\alpha_2/\tan\beta_2 \\ y_2 &= OB\sin\alpha_2 = H\sin\alpha_2/\tan\beta_2 \end{aligned} \tag{4.10}$$

浮标流速，采用式（4.11）计算：

$$v = AB/T \tag{4.11}$$

其中　$AB = \sqrt{(y_2 - y_1)^2 + (x_2 - x_1)^2}$

由式（4.12）推求起点距 D。

直线 AB 的方程：　$y_1 - y = k(x_1 - x)$

$$k = (y_2 - y_1)/(x_2 - x_1)$$

断面线的方程：　　$y = L$

联解两方程得　　$x = (kx_1 + L - y_1)/k$；

则　　$$D = x + C \tag{4.12}$$

由所求各浮标的 D、v，按一般浮标虚流量计算方法即可计算出断面流量。

2. 现场布设及测验计算方法

（1）测验场地的勘选及布设。极坐标法流量测验河段及断面的勘选与一般流量测验相同，不同处仅在极坐标点位的勘选和布设方面。

从原理可知，极坐标点应选择在流量测验断面附近的河岸上。该点应在最高洪水位以上适当高度，对测验河段的通视良好；此外，该点的地势应较开阔，地基应牢固，适宜于架设仪器和测量操作。极坐标点选定后，量测极坐标点到断面的距离 L 和到基线（或基线的延长线上）的距离 C，引测极坐标点的水准高程 G。

（2）实际操作。将仪器架设在极坐标点上，量测仪器高 h。由司仪人员操作仪器追踪浮标，当浮标 1 到达断面以上适当位置时，测记其起始点 A 的水平角 α_1，立角 β_1 和相应时刻 t_1；在浮标 1 到达断面以下适当位置时，测记其终止点 B 的水平角 α_2，立角 β_2 和相应时刻 t_2；然后，依次追踪浮标 2、浮标 3……直到所测浮标个数能满足断面虚流量计算为止。平均流速计算要乘 0.6～0.8 的浮标系数得到中断面流速。水位变化不大时，分别观测开始和结束水位，利用平均水位参与计算；当水位变化急剧时，应适当加测，并分别用加测水位进行计算。

4.4.2.5　第五种方法（无船、有秒表、皮尺）

测量时，就测上断面到下断面的时间，按左中右抛浮标，用固定距离除时间测得左中右抛浮标的速度，3 组流速平均后乘 0.6～0.8 的浮标系数得到中断面平均流速。估算大断面后算出流量。

4.4.3　堰塞湖的库容测量（水下地形测量）

测算堰塞湖的库容根据仪器不同有 3 种方法，也是测断面横切面积的 3 种方法。

4.4.3.1　第一种方法（有船、GPS、测深仪）

按 1/2000 的比例测出整个堰塞湖的水下地形。

用南方 CASS 或清华三维 EPS 软件算出堰塞湖水体的体积，也可用两断面的横切面积和两断面之间的距离来算体积，把多个体积叠加得出总堰塞湖水体的体积。体积计算可采用式（4.13）计算：

$$V_n = \frac{1}{2}(S_i + S_{i-1}) \times S_{i \sim i-1} \quad V = V_1 + V_2 + \cdots + V_n \tag{4.13}$$

式中　V——水体的体积，m^3；

S——断面横切面积，m^2。

水下地形测量外业测量操作步骤如下。

水下地形测量的 GPS 信号来源有两种：一种是现场能得到实时的准确的定位数据，可通过 RTK、DGPS、星站 GPS、CORS、信标等方法获得；另一种是现场能得到实时的但有一定系统误差的定位数据，需要后处理才是准确的定位数据，可通过 PPK、PPP 等方法获得。这些定位数据的来源在 4.2.4 中都已介绍，除了 RTK 定位数据来源以外，水下地形测量都必须要有同时水位数据，RTK 定位数据来源的水下地形测量就是免验潮的水下地形测量，但必须有当地的高程异常值，只要测了有引据点的 GPS 静态控制网，就能得到高程异常值。GPS 和测深仪都与计算机连通后就可进入下一步工作。GPS 和测深仪的安装见图 4.109。

图 4.109　水下地形测量外业安装

1. 测前准备

测前准备的主要工作步骤是：确定并设置外业数据采集和内业成图的当地椭球基准、平面投影关系；设置并调试测量硬件，保证测量硬件与程序的通讯无误；生成用于外业数据采集的测线计划文件、背景文件等。

(1) 设置当地椭球基准和平面投影（图 4.110 和图 4.111）。

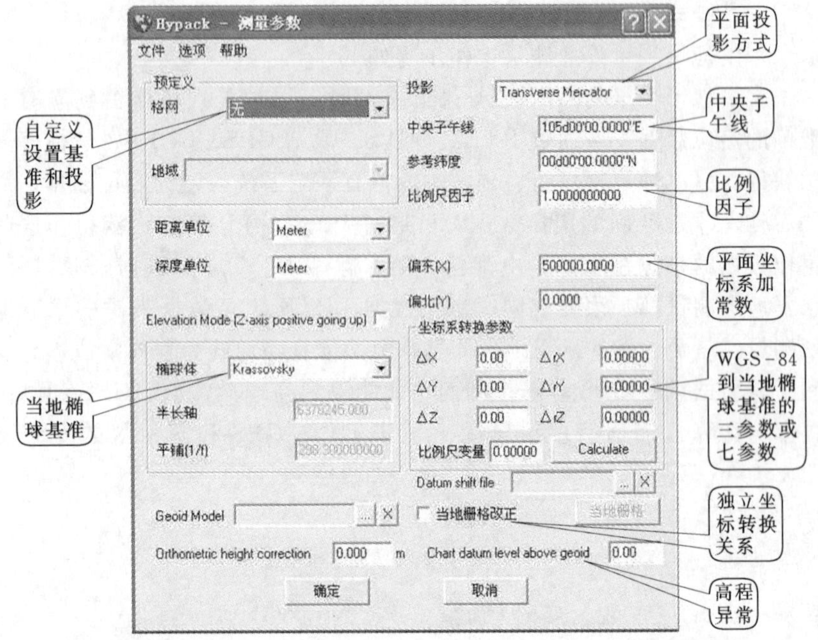

图 4.110 水下地形测量当地椭球基准和平面投影设置说明

点击 HYPACK MAX 程序菜单 Preparation—Geodetic Parameters，即可进行设置测量需要的当地椭球基准和平面投影工作。当地椭球基准、平面投影、中央子午线、单位设置见图 4.109。

进行测量需要的当地椭球基准和平面投影的设置，须注意以下事项。

1）HYPACK MAX 接收以 WGS-84 椭球为基准的纬度、经度和高度信息，通过 Geodetic Parameters 程序将其转换到当地椭球基准的纬度、经度和高度信息，然后进行坐标转换来计算设定的平面投影 X、Y 坐标值。

2）Sercel NR53、NR103 和 NR108 系列 GPS 接收机具有内部的从 WGS-84 椭球基准到当地椭球基准的转换功能，因此须特别注意该系列 GPS 接收机的输出设置（在测量硬件设置里有详细的描述），Geodetic Parameters 程序的三参数或七参数设置必须与该系列 GPS 接收机的输出设置相应。简单的说即是：如果 GPS 接收机内部已经进行了 WGS－84 椭球基准到当地椭球基准的转换，那么 Geodetic Parameters 程序的三参数或七参数须设置为 0；如果 GPS 接收机没有进行或不具有（如普通信标机）WGS－84 椭球基准到当地椭球基准的转换功能，那么 Geodetic Parameters 程序的三参数或七参数须设置为规定的数值。

3）HYPACK MAX 以 Easting（东）坐标为 X，Northing（北）坐标为 Y，来构建坐标系统。这与我们以前常用的北京—54 坐标系统所规定的 X、Y 坐标不同。

4）HYPACK MAX 的中央子午线设置缺省值为“W”（西经），而我国境内的中央子午线则肯定为“E”（东经），因此要仔细检查此项设置。

5）HYPACK MAX 里的三参数或七参数是指 WGS－84 椭球基准到当地椭球基准的转换参数，这与 Sercel NR53、NR103 和 NR108 系列里的三或七参数设置符号刚好相反，注意不要混淆。

至于三参数或七参数的简单求取及验算，可以运行 HYPACK MAX 菜单的 Utilities—Geodesy—Datum Transformation 程序。需要指出的是，该程序只能进行两个点的三或七参数的简单求取及验算，并不提供两个点以上的三参数加权平均以及七参数平差功能。HYPACK-MAX 菜单的 Utilities—Geodesy 程序很简单，在此不一一详述。

（2）设置调试测量硬件。点击 HYPACK MAX 菜单的 Preparation—Hypack Hardware，即可开始进行设置和调试测量硬件工作了。进行测量硬件的设置和调试工作，目的是为了使 HYPACK MAX 程序知道当前测量员准备使用的设备的类型、测量硬件是如何与计算机连接的、程序应当以何种频率读取测量硬件输出的信息和程序应当以何种频率记录这些信息。接下来单击 Device—AddDevice 项，程序进入添加新测量硬件设备功能。

设置 GPS 接收机，选择 GPS 接收机见图 4.110。

选择的设备驱动连接库为：NMEA－0183（几乎所有类型的 DGPS 都可以接进来，但 RTKGPS 不能使用这个通用的驱动，须使用专用的驱动），其名称可取一个简单但易于记忆区分的设备名称；测试时按下 TEST，见图 4.112。

设置测深仪。通用的数字化测深仪，可选择的设备驱动连接库：Coastal Oceanographics GenericEchosouder（即 \ Devices \ Genecho.dll），

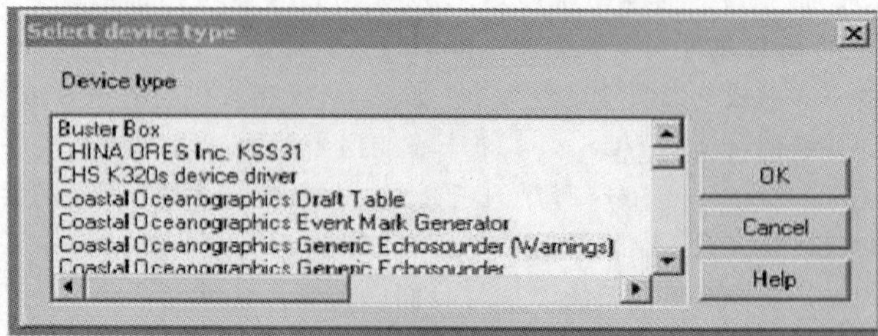

图 4.111 GPS 设备设置

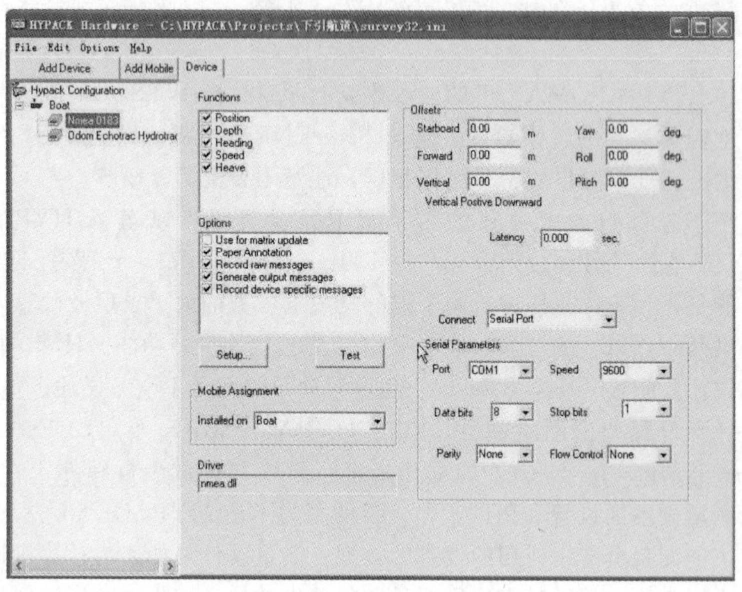

图 4.112 GPS 设备设置与测试

测试时按下 Test，见图 4.113。

(3) 用测线编辑器做计划线。如图 4.114，点击编辑菜单的“光标”。现在每次单击背景地图，就为计划线创建一个点，再点一个点就成一条直线，以这条直线为基础左右作很多平行线，当然也可作放射线、弧线等，就是计划线，点击测线编辑器文件下拉菜单的“保存”，然后输入文件名保存。

2. 外业数据采集

外业数据采集的主要工作步骤是：创建或复制一个测量“Project”；

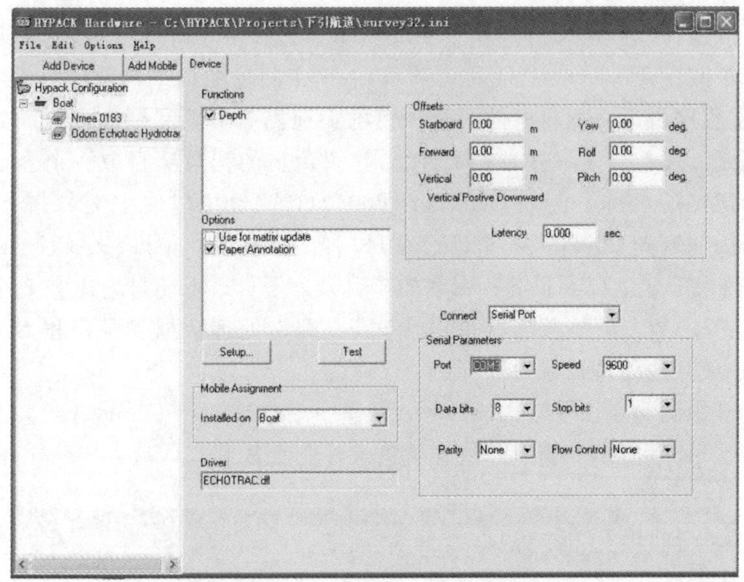

图 4.113　测深设备设置与测试

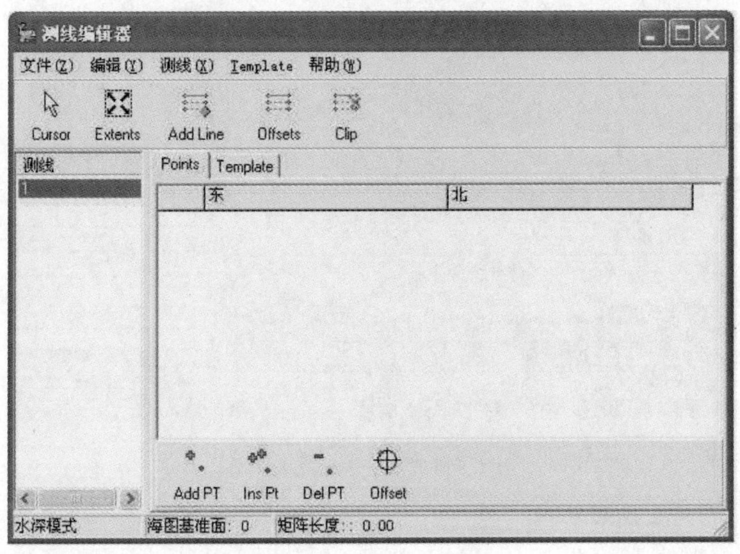

图 4.114　作测区计划线

检查用于测量的硬件与计算机的物理连接以及硬件与 HYPACK 程序的通讯；使用“Survey”程序，采集所需要的定位数据、水深数据以及其他数据。

点击 HYPACK 程序菜单 File—New 或 File Copy，即可创建或复制一个测量 Project（以下称为项目）。这个测量项目“继承”了 HYPACK 程序最近一次打开的测量项目的大地椭球参数和硬件设置（如果是复制，还包含了一些数据文件）。建议为新的测量项目取一个容易理解和记忆的名称，例如 GZHPort 20040418（也可以取中文名称，如：唐家山堰塞湖 20090520）。HYPACK 程序会自动在 \ HYPACK \ Project 目录下建立以项目名称命名的子目录，子目录下还自动建有 3 个子目录：RAW（原始数据目录）、EDIT（编辑处理数据目录）和 SORT（排序或其他处理目录）。

开始测量点击 HYPACK MAX 程序菜单 Survey—Survey，会出现图（4.115）所示的窗口，这样就进入外业测量了。

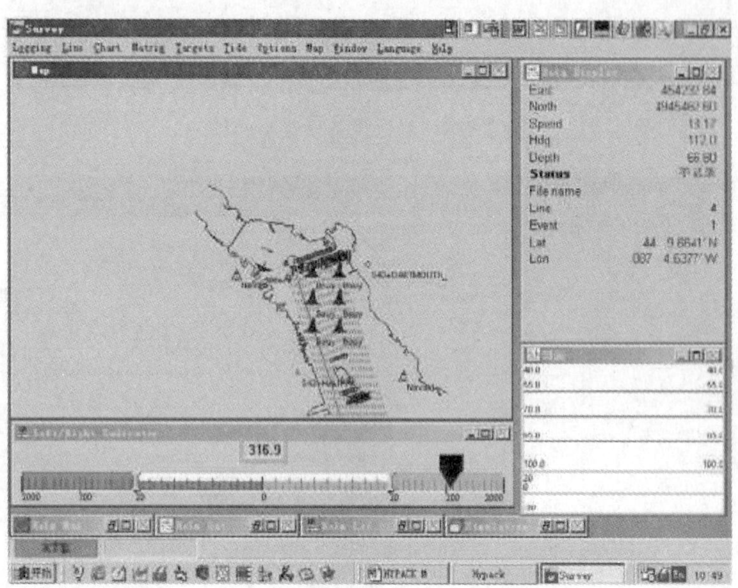

图 4.115　水下地形外业采集

3. 内业成果整理

根据外业测回的 *.RAW 文件，用软件运行后生成平面文件 *.XYZ 和水深文件 *.REC，对水深文件 *.REC 进行编辑后，再和水位文件一起合并成 *.XYZ，就可用软件生成水下地形图。在用软件就能算出水体体积。

对于免验潮测量，不需要水位，但水深必须校对。

注意：采用多波束测水下地形，在连接硬件时，比单波束测量增加了罗经、运动传感器，必须用声学剖面仪采集测区测量时的声速数据，测量在 HYPACK＋HYSEEP 中，也可采用免验潮测量。

4.4.3.2　第二种方法（无船、无 GPS、有测深仪、有手持测距仪、全站仪）

能间断地到湖边用有手持测距仪测水面宽，用全站仪测得现场的堰塞湖水位、两岸的坡度、上游或下游水面比降；用测深仪按一定起点距测出坝前水深，测深杆倾斜测的水深要偏角改正，用变换测深探头的角度来找到有堰塞体和无堰塞体的交界点，记下水深和偏角，这样可算出坝前水深和迎水面坡度，可在坝前测一排水深作为坝前断面，这些水深可对用上游或下游水面比降推算的水深进行校核；用手持测距仪测出断面水面宽和断面与断面之间的距离，用现场测得的堰塞湖水位、两岸的坡度、上游或下游水面比降推算出断面的水深情况，一个一个的断面向上推，一直推算到库尾，与能测出的水深进行校核，再用两断面的横切面积和两断面之间的距离来算体积，把多个体积叠加，得出总堰塞湖水体的体积。

4.4.3.3　第三种方法（有全站仪、无船、有堰塞湖出现前的地形资料）

根据用全站仪测得现场的堰塞湖水位及堰塞体地形，用现场测得的堰塞湖水位、堰塞体地形及堰塞湖出现前的地形资料，再用南方 CASS 或清华三维 EPS 软件算出堰塞湖水体的体积。也可根据现场测得的堰塞湖水位及堰塞体地形和堰塞湖出现前的地形资料，在地形图中剖出一个一个的断面，由横切面积和两断面之间的距离来算体积，把多个体积叠加，得出总堰塞湖水体的体积。

4.5　下游河道地形测量

下游河道地形测量，主要是为溃坝预报水文计算用，全溃、半溃、1/3 溃时，堰塞湖水体下泄时要算下泄水量经过下游河道地形的水量和时间。

4.5.1　下游河道固定断面测量（第一阶段）

4.5.1.1　第一、第二阶段查勘的设备清单

因时间紧，堰塞湖处置指挥部先要掌握下游河道地形概略情况，基于这个要求，应采用测固定断面的方式，固定断面按水道测量规范是

2km左右一个，固定断面是水道地形的简化，能大致代表水道地形，水文突击队员接到命令后立即携带必要设备（设备清单见表4.16）赶赴现场进行查勘，现场查勘是制定堰塞湖现场监测方案的基础，第一，马上确定监测方案同时选好固定断面开始实施；第二，确定的监测方案是为第二阶段阶段准备的，一定要周密，要达到第二次到场就能实施的要求。

表4.16　　第一、二阶段查勘设备清单

设　　备	数量	备　注
越野车	1	到达堰塞湖下游最近位置
冲锋舟	1	到堰塞湖下游河道
GPS（有差分的）	3	精度在毫米级
测深仪	1	测水深
自动水位计	1	测水位
免棱镜全站仪	1	测水位
对讲机	4	测员、司机之间通话

4.5.1.2　基准的建立

目前水利系统为了资料的延续性都是采用1954年北京坐标系为平面坐标系，1985国家高程基准为高程系。建立基准一定要和水位监测一致，用GPS静态控制网的方法引入3个以上GPS D级点，然后再用RTK在GPS D级点的基础上测出多个图根点，测量方法参考4.2节。

4.5.1.3　第一阶段的测量内容和方法

下游河道固定断面测量的内容是测固定断面的形状和固定断面之间的距离，第一个固定断面到堰塞体轴线的距离，这里的距离是大致在河流中心线上测得。测量长度大于堰塞湖的长度，测量高度小于堰塞湖水位高度，下游河道固定断面测量的水位可用自记、RTK、全站仪测取，若用免验潮测量，不需要测量水位，见图4.116。

下游河道的固定断面测量的测量方法分两部分：一部分是岸上测量；另一部分是水下测量。两种测量都必须在断面线上，可同时进行，岸上测量可采取PTK方式，4.2.4小节中已介绍了具体操作方法，即先放样到断面线上，再按测图比例尺测量待测点，并注明测点说明。水下部分用水下测量方式进行，在4.4节中已介绍了具体操作方法。

图 4.116　水下地形外业测量

4.5.2　下游河道地形测量（第二阶段）

根据第一阶段确定监测方案，实施下游河道地形测量，下游河道地形测量分水下地形测量和陆上地形测量，测量长度大于堰塞湖的长度，测量高度小于堰塞湖水位，基准建立已在本章第二节中建立，在内业把外业测量的水下地形和陆上地形进行合并，就成了下游河道地形图，以下分别介绍水下地形测量和岸上地形测量的方法。

1. 水下地形测量方法

第一种方法，有船、GPS、测深仪、水位（若有当地高程导常模型可不要水位）。水位是用来算河底高程的，开测前要架设好 GPS 参考台，若当地已建立了 CORS，就可不架设 GPS 参考台，在测船上采用 HYPACK 软件同时按一定距离采集 GPS 和测深仪数据，按 1/2000 的测图比例每 40m 测一个断面，直到测完测量范围，采用水位测量时，用 DGPS 模式，不采用水位测量时，用 RTK 模式即免验潮测量（但要有当地的大地水准面精化或高程异常值），内业根据外业采集 GPS、测深仪数据、水位数据生成水下地形图。

第二种方法，有船、经纬仪 3 台、测深仪、对讲机 4 台、水位。采用前方交会方法，在岸上架经纬仪 3 台，船上一人用对讲机按一定的时距指挥 3 台经纬仪的操作人员同时观看测深仪的探头杆并记录角度，与此同时，测深仪操作人员定上一点水深，内业根据 3 台经纬仪的操作人员记录角度算出该点平面坐标，用水位减去该点水深得到该点河底高程，这样就有了该点的三维坐标，根据这些点的三维坐标，生成水下地形图。

2. 岸上地形测量方法（步骤在本章坝体测量节已介绍）

第一种方法，有 RTK 功能的 GPS。测量人员携带有 RTK 功能的 GPS 到待测点直接测出该点的三维坐标，记下测点说明，内业倒出测量数据后成图。

第二种方法，有免棱镜全站仪。采用免棱镜全站仪配合清华三维 EPS 软件电子图板现场测出下游河道陆上地形图。

第三种方法，有全站仪和棱镜。采用全站仪配合清华三维 EPS 软件电子图板现场测出下游河道陆上地形图，此方法要有人员到待测点树立棱镜。

4.6 资料整理

4.6.1 一般要求

（1）水文应急监测，按指挥部要求以一个项目进行数据整理，为了突出一个“急”字，应按指挥部要求先拿出中间成果，再进行加工的模式进行，精度要求可适当放宽。

（2）水文应急测量外业原始测量数据不能随意修改。

电子原始测量数据要存盘，如 GPS 测的 O 文件 T 文件、岸台记录 DAT 文件、水下地形 RAW 文件、ADCP 测的 DAT 文件、全站仪测的 DAT 文件、电子水准测的 DAT 文件、水位自记 EXL 文件、雨量自记 DAT 文件等。

（3）外业数据应及时处理，形成图块。整理和检查属性数据，并对照实地检查。检查发现有矛盾时，如草图绘制有错误，应对照实地修改；如数据记录有错误，可修改测点编号、地形码和信息码，记录中的水平角、垂直角、距离、觇标高等观测数据不允许修改，应返工重测。

（4）图廓数据。GB/T 20257.1～3《国家基本比例尺地图图式》规定的用于图廓整饰的内图廓线以外的所有线划、注记文本、说明、图例等和内图廓线以内的直角坐标网线，宜通过软件方式生成。

（5）将所有用于水文应急测量的仪器设备的法定检定资料（复印件）、规范要求有关作业的检验资料（原件），整理齐全，装订成册。

（6）检查、修改后的数据应及时存盘和备份。

4.6.2　水文应急监测数据的整理与检查

4.6.2.1　控制数据

（1）石刻点资料。对外业现场绘制的点之记进行整理，采用统一的点之记格式，打印输出纸质文件，装订成册。

（2）观测资料。包括 GPS 测量观测手簿、原始观测数据和 RINEX 格式数据、角度测量、边长测量、水准测量、ADCP 测验、水位自记、雨量自记等原始记录手簿等资料。

（3）计算资料。包括引据点资料及考证、GPS 基线解算、控制网环闭合差、控制网平差计算、水准网平差计算、导线计算、流速流量计算、堰塞湖的库容、堆积体体积及两岸坡比、下游水面比降等资料。

（4）成果表。平面或高程控制成果，宜根据点名合并整理，形成“控制测量成果表”（应包含标型、测量等级、测量时间等信息）和控制网图或水准网图，以及流速流量成果表、水位和雨量成果表。

4.6.2.2　水位数据

（1）引据资料。引用水准点考证资料。

（2）观测资料。包括水位站布置信息、水尺零点高程接测记录、水位观测人工和自记记录。若采用无验潮方式测量，应整理并检查 GPS 潮（水）位资料。

（3）水深数据。

1）原始水深记录。模拟记录分卷或分册进行整理，各卷（册）应贴上标签保存。标签内容应包括项目名称、测量时间、测量仪器名称及检定有效期、测量员姓名等；数字记录的图形文件（模拟回声纪录纸）应编制相应文件名后，归入水深记录原始文件。

2）采用免验潮测量方式，应用水深测量软件输入水位（水面高程）观测数据和其他改正数后，自动改正水位、动态吃水深及波高等数据。采用常规模式测深时，用人工计算方法改正。

3）水深数据合理性检查时，应剔除水深数据粗差，剔除数据不应大于 10%。当采用免验潮测量方式定位时，要注意跳点的检查，如有跳点应修正，无法修正时要剔除。

4）对形成的水深数据改算到成图高程基准。

5）岸线测量数据与水下高程数据合并，利用地形成图软件生成水下数字地面模型（DTM）。

4.6.2.3　水域、陆地测量数据的合并、处理

（1）水下地形与陆地地形合并于同一图块内，两者接合处不应有空白区。图幅最大接边误差应小于地物、地貌允许中误差的$2\sqrt{2}$倍，小于限差时应将误差平均配赋，并保证地物、地貌的相对位置和正确走向，地物、地貌拼接不应产生变形。

（2）水下地形与陆地地形合并后，陆地等高线用实线表示，水边线用虚线表示，水下等高线用间断线表示。水下高程注记点字头一律垂直于河流主泓线，并朝左岸。图廓格网边长绘制和控制点展点误差应小于±0.2mm，图廓格网的对角线、图根点间的长度误差应小于±0.3mm。等高线最大误差不得超过高程允许误差的2倍。地物、地貌各要素测绘应正确，取舍得当。图式符号运用应正确。各种注记应齐全。

4.6.2.4　流速流量、雨量数据

（1）ACDP测验外业记录，大断面测量数据、ADCP测量时到左右岸水边的距离，软件算出的流速分布，本断面往返二次的流量合理性、上下断面流量的合理性。

（2）对雨量数据进行合理性检查。

4.6.2.5　全站仪和RTK测的岸上地形数据

（1）全站仪测图时的测站点名、后视点名、仪器高、镜站高。

（2）RTK测图时的草图、岸台记录、RTK测点原始记录。

4.6.3　水文应急监测数据分层

4.6.3.1　数据准备

（1）全部数据均需要进行分类代码操作。

（2）确保地物属性分类的准确性。

（3）应保证地物属性代码赋值不出现遗漏现象。电子平板测图时，现场必须对地物属性进行真实代码操作，对白纸测图需在铅绘图上明确地物属性，以便于内业处理。测记法测图时须将逐个地物的属性记载清楚，并配合草图加以说明。RTK测图时，用草图对地物属性进行记录。

（4）对同一地物有多重属性的情况，重点表示直观的、地标性质的地物属性。

4.6.3.2　数据分层

数据分层参照GB/T 13923—2006《基础地理信息要素分类与代码》的规定。

4.6.4　水文应急监测等高线处理

（1）数字化测图中，依据高程点建立数字高程模型（DEM），根据网边自动计算并追踪高程等值点来完成等高线的自动绘制，辅以现场人工勾绘和内业手动编辑，确保其逻辑正确、表述清楚、分布合理、直观易读、样式美观，能准确地表述地形地貌，符合成图的要求。

（2）数字高程模型及等高线应以测区或分区为单位建立和处理。空间数据库产品的数字高程模型（或等高线）应连续无缝，不应因分幅而造成变形。地图制图产品的等高线执行GB/T 20257.1～3《国家基本比例尺地图图式》的规定。

（3）数字高程模型建立时，应充分考虑各种地性线、断裂线和微地貌的表示，以保证地貌的真实性。

（4）生成等高线时，必须采用严密的数学模型进行计算。

（5）等高线生成后，必须对照实地进行检查，发现错误应及时改正。

（6）等高线高程注记应做到：

1）计曲线需进行高程注记。

2）注记要在平缓的斜坡上进行，呈直线排列。

3）字头一律朝上坡方向。

4）走向尽量位于第一或第四象限。

5）注记应分布均匀、数量适中，对成组的注记要做到协调、美观。

4.7　应急监测工作报告编制

4.7.1　水文抢险工程概述

4.7.1.1　水文应急抢险工程概况

水文应急抢险工程概况包括水文应急抢险监测的堰塞湖种类、险工险段堤防及和堰塞湖相关的监测内容；成果交付和接收情况。

4.7.1.2　任务来源与目的

开展堰塞湖监测，首先要明确任务来源，其次要明确水文应急监测的目的即明确是堰塞湖处理前或处理后需进行的测量还是对堰塞湖进行一般性监测。

4.7.1.3　测区简介

（1）地理位置及行政隶属。

地理位置：东经×××°××′～×××°××′。

北纬 ××°××′～××°××′。

行政隶属：××省××市。

（2）测区概况。从测区的地势、气候、气温、降雨量等方面进行阐述。

4.7.1.4 堰塞湖和险工险段堤防监测内容与要求

（1）测区范围。阐述测区的地理位置及东南西北各方向的特征。

（2）任务要求及工作进程。阐述任务指派方要求完成的测量内容（如控制测量、比降观测、堰体体积、库容、水位、口门宽、流速流量、雨量等）及工程进程情况。

4.7.1.5 采用的技术标准

列出应急监测时主要依据的标准名录。由于应急监测条件的特殊性，实际操作中可根据当时当地的条件适当放宽。

4.7.2 项目管理

包括项目的组织与实施、各抢险专业组的划分情况。

4.7.3 资源配置

4.7.3.1 人力资源配置

包括测验人员的配备情况，如：所有测验人员都应具备测绘资质，从事水文工作10年以上，具有较高的专业水平和抢险经历，对先进仪器、先进设备使用熟练，等等。

4.7.3.2 仪器设备配置

所投入的仪器设备是否均经国家技术监督局授权的检定部门进行了检定；仪器各项指标、性能是否合格，是否在有效使用期内。

4.7.4 项目实施情况

4.7.4.1 观测布置

包括任务要求情况、工作布置情况、堰塞湖处理前后的测量情况及测量次数等。

4.7.4.2 任务组织与安排

包括按照任务要求进行组织安排的情况等。如：及时召开了生产短会，研究、部署、学习相关要求，落实到测量工作中；怎样对所需投入的测量仪器、汽车等设备设施进行了检查、校验。统计好测量相关信息等。

4.7.4.3 完成工作量统计

对所有完成的工作量进行统计。

4.7.5 应急监测

4.7.5.1 采用基准、图幅分幅及规格

对采用基准、图幅分幅及规格情况进行说明。

4.7.5.2 控制测量

重点描述实施项目过程中出现的主要技术问题和处理方法、特殊情况的处理方法和达到的效果；在生产过程中采用新技术、新方法、新材料、新流程时，应详细描述和总结其应用情况；总结项目实施中的经验、教训和遗留问题，并对今后的水文应急监测工作提出改进意见和建议。

4.7.5.3 应急监测实施

按照应急监测的项目逐一对内容、方法、监测结果等进行阐述。

4.7.6 安全保障机制

说明项目实施中质量保证措施（包括组织管理措施、资源保障措施和质量控制措施以及数据安全措施）的执行情况。

4.7.7 质量评价

对该项目投入的技术力量、仪器设备、新技术、新方法进行评价；对该项目实施过程中的测绘与测验方法、各项记录、工序进行评价，特别是对任务指派方要求的执行情况进行评价；对各项误差是否在规范规定的限差范围内要进行评估，必要时可适当放宽。

第5章　分洪溃口（溃坝）应急监测

5.1　分洪溃口概述

分洪溃口一般多发生在洪水季节，尤其是汛期非常高水时期。溃坝则由人为开挖导引和自然垮坝等造成。

溃口可分为两大类：一类是人为分洪；另一类是自然溃口。人为分洪是人们为保证沿河某些重点城市或地区安全度汛，对超过河道安全泄量的超额洪水量有计划地把超额洪水量导入事先规划好的蓄洪区，以较小的代价避免可能出现的较大损失，人为分洪其时间、地点、口门大小等均可事先设计好。自然溃口为非人为控制的溃口，溃口多发生在堤防的薄弱部位，溃口时间、地点和溃口断面变化等都具有很大的不确定性，常造成灾害和不良后果，甚至造成河道改道。

溃坝情况取决于坝体材料和结构型式，一般情况下可分为两类：一类是一次性的瞬时全毁或者局部溃毁，常见于混凝土重力坝或者拱坝等刚性坝体；另一类是渐溃，常见于土石坝，坝体被洪水逐渐冲溃，后者是一个水、土（坝体材料）二相相互作用的过程，持续时间较长。一方面坝体填筑材料受水流冲刷作用，溃口不断展宽，溃口的底部高程不断下降，溃口横断面面积不断扩大；另一方面由于溃口的发展造成溃坝洪水流量不断变化，同时被冲刷的坝体材料进入到水流中也引起水流结构和挟沙能力等的变化。土石坝溃坝的发生、发展和溃决程度受到多种因素（如溃坝原因，坝体结构、尺寸和材料，水库库容及下游水位等）的影响，其溃决的梯形口门初时较小，而后随水流的剧烈冲刷而逐渐加深加宽，到最大泄量时，缺口达最大。土石坝的溃决，当坝址狭窄时多为全溃，如坝址很宽，则多半只是在主流部分造成局部溃决。

无论以何种形式的溃坝，其产生的洪水与一般暴雨洪水相比有显著的特征，体现在以下几点：

5.1.1　突发性

溃坝的发生和坝址洪水的形成通常只在几秒钟的短暂时刻内，而且往往难以事先预测，故有很强的突发性。洪水波在起始时段又常以立波形式向下游急速推进，速度可达 20～30km/h，使下游临近地区难以从容防护。

5.1.2　峰高量大、变化急骤

溃坝洪水以坝址处溃坝初瞬或者稍后时刻为最大，其洪峰流量常高出平常雨洪的数倍甚至数十倍。溃坝所形成的立波，其陡立的波峰在传播初期可高达数米甚至数十米。立波经过之处，河槽水位瞬息剧增，水流急湍汹涌。

上述溃坝洪水的显著特征，使其所具有的破坏力远较一般洪水为大。溃坝洪水对于上游来说，由于水位陡落，也可能引起库区周围的塌岸和造成其他事故。

溃坝洪水的水力学机理及其时空演变的过程，视溃坝时上下游水位情况而有所不同。通常在坝全溃的初瞬，失去屏障的库蓄水在几秒钟内迅即劈裂为二，并形成坝址附近上下游两支抛物线形的水流剖面（水面线），由此形成的下游正波和上游负波的波锋。向上游传播的负波，因后面水深小于前面的水深，所以后面的波速小于前面的波速，使波形逐渐展平。向下游传播的正波则与之相反，后面水深大于前面的水深，后面的波速大于前面的波速，使波形逐渐变陡，形成立波或者间断波。只有在经过一定的时间和距离后，才因河床槽蓄和河道摩阻力使波形逐渐坦化，最终成为变化缓慢的洪水波。最大洪峰流量，通常出现在坝址处，对瞬时全溃的情况来说，最大洪峰流量出现在溃坝初瞬，对局部溃决或者逐渐溃决，则坝址最大洪峰流量出现在初瞬后的一定时间。

溃坝洪水是危害特大的灾害性现象，重大溃坝的发生常常造成坝下游数十公里范围社会经济和交通运输的严重破坏，导致国家和人民的生命、财产的重大损失。水文应急监测工作所对应的溃坝监测，主要是考虑土石坝溃决的水文应急监测，如地震形成的堰塞坝，堰塞坝堰体物质组成与土（石）坝较为接近，多数情况下其溃决属于逐渐溃，坝体被洪水逐渐冲溃。通过对溃口口门的变化过程、溃口表面流速、水位、溃坝前的坝前平均水深等进行监测，推算溃口最大流量及进行下游沿程最大流量估算。

5.1.3 流量监测难度大

分洪溃口、溃坝洪水流量监测的主要难度表现在：

(1) 溃口水流湍急，流速大（尤其是溃口初始阶段），且流向复杂，有跌水、各种水跃、上下口门有回流、泡漩、鼓水等，故水文测站常用的定点测流方法（流速仪法）一般在溃口处难以直接使用（过流断面和流速直接量取有难度）。

(2) 溃口地点、时间随机性大，突发性强（特别是自然溃口），野外测流条件恶劣，测流现场作业困难。沿程监测站点的勘选和布设反应时间短，基础条件尤其薄弱。

(3) 溃口溃坝测流的水流条件和边界条件复杂，且施测的数据还需及时传送到防洪决策部门，故一般的测流仪器设备难以适应，尤其是高流速、漂浮物多等状态下无法直接施测水深等。

5.2 溃口口门宽度及水位监测

5.2.1 免棱镜激光全站仪法

土石坝逐渐溃决时，随着泄流槽溯源淘刷的不断加强，溃口口门不断加大，速度不断加快，为了确保水文应急监测人员安全，测量人员必须尽可能远离溃口，采用全站仪利用无人立尺技术对口门宽及水位进行施测。

1. 测距原理

免棱镜全站仪测距方法有两种：脉冲法和相位法。脉冲法测距的基本原理是直接测定仪器所发射的脉冲信号往返于被测距离的传播时间从而得到距离值。而相位法测距的基本原理则是通过测量连续的调制信号在待测距离上往返传播产生的相位变化来间接测定传播时间，从而求得被测距离。

2. 测距结构

免棱镜全站仪的测距基本结构见图 5.1。

该系列的测距仪中有两个发射管，一个是用于测量反射棱镜或反射板的红外激光发射管，它发射的波长为 780nm，用单棱镜可测 3km，精度达到± $(2mm+2\times10^{-6}D)$。另一个是用于免棱镜测量的红色激光发射管，它发射的波长为 670nm，不用棱镜可测 1200m，精度达到± $(3mm+2\times10^{-6}D)$。这两种测量模式的转换可通过仪器键盘上的操作

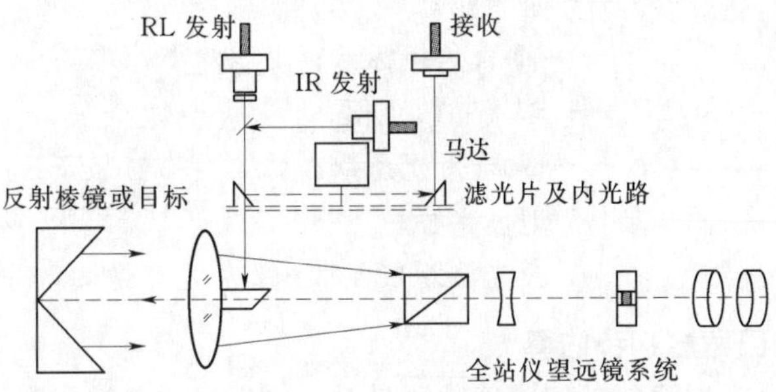

图 5.1　免棱镜全站仪的测距基本结构图

控制内部光路来实现，而且，两种测距方式的常数改正会自动修正到测量结果上。

3. 口门几何尺寸计算公式

口门几何尺寸计算分别采用式（5.1）、式（5.2）、式（5.3）。

平距　$$D = L[\cos\alpha - (2\theta - \gamma)\sin\alpha] \tag{5.1}$$

高差　$$Z = L[\sin\alpha + (\theta - \gamma)\cos\alpha] \tag{5.2}$$

口门宽　$$B = D_{12} + D_{22} - 2D_1 D_2 \cos\beta \tag{5.3}$$

$$\theta = L\cos\alpha / 2R$$

$$\gamma = 0.14\theta$$

以上各式中　θ——曲率改正数；

γ——折光改正数；

L——斜距（用激光测距仪施测）；

α——天顶距；

B——口门宽；

D_1、D_2——溃口左右的平距；

β——溃口左右的水平夹角。

4. 水位观测计算公式

水位计算采用式（5.4）：

$$G = H + S\cos\left(\alpha \pm \theta + \frac{\gamma}{2}\right) + S^2 \times (1 - K)/2R \tag{5.4}$$

式中　G——测点高程；

H——仪器视线高，测站点高程与仪器高之和；

α——垂直角；

θ—— 垂直角指标差；

$S^2 \times (1-K)/2R$ ——球气差改正值；

K—— 大气折光系数；

R——地球半径；

γ——激光测距仪发散角。

5.2.2 溃口宽度初步估算

在无法开展溃口口门宽度的测量时，可以根据黄河水利委员会、铁道部科学研究院和谢任之等经验公式对堰塞坝可能的溃口宽度进行估算，计算公式见式（5.5）、式（5.6）、式（5.7）。

黄河水利委员会公式

$$b_m = K(W^{1/2} B^{1/2} H_0)^{1/2} \tag{5.5}$$

铁道部科学研究院公式

$$b_m = K(W^{1/2} B^{1/2} H_0)^{1/2} \tag{5.6}$$

谢任之公式

$$b_m = KWH_0/(3E) \tag{5.7}$$

以上各式中 K——坝体土质有关的系数；

W——水库蓄水量；

B——坝顶宽度；

H_0——坝前水深；

E——坝址横断面面积。

依据不同的经验公式，计算所得到的溃口宽度不同，这需要根据实际情况进行综合考虑，如在唐家山堰塞湖的抢险过程中，依据黄河水利委员会、铁道部科学研究院和谢任之等经验公式对堰塞坝估算得出的溃口宽度分别为400m、200m和120m。根据右侧沟槽附近坝体物质组成，溃坝可能至强风化碎裂岩底板，即720m高程。溃掉的物质为碎石土和强风化碎裂岩。根据过水断面范围内的物质组成，在752.2m水面线的溃坝宽度约为340m，形成的左侧边坡较陡，坡度可能为35°；右岸坡度较缓，坡度可能为8°，即溃口形状可能大致呈梯形形状。结合由多个经验公式得出的溃口宽度结果，以及堰体地质组成初步判断得出的溃口宽度为340m，大于铁道部科学研究院和谢任之公式的计算结果，略小于黄河水利委员会公式的计算结果。总的来看，溃坝洪水计算的3个典型方案（1/3溃、1/2溃和全溃）的溃口宽度340m在经验公式估算得出的范围之内，且这一溃口宽度是相对安全的。

5.3　分洪溃口流速及流量测验

5.3.1　分洪溃口表面流速测量

1. 电波流速仪

对于分洪溃口流量的监测，由于流速变化大，溃口发展快，随时存在崩塌的危险，常规仪器使用受到很大限制，在离溃口较远的安全位置，可以使用电波流速仪（图 5.2）测量溃口水面流速，通过水面流速系数的换算、溃口断面面积的估算达到测量流量的目的，电波流速仪是测量水面流速的非接触式流速测量仪器，采用无接触测流，不受含沙量、漂浮物影响，具有操作安全、测量时间短、速度快等优点。

测速雷达在军事、警用、运动测速领域得到广泛应用。电波流速仪由运动型雷达升级改造，增加了流速平均、回波强度指示、角度改正输入和计时秒表功能，专门用于水面流速测量。

电波流速仪技术参数如下。

测速范围：0.20～18.00m/s；

测速精度：±0.03m/s；

计时范围：0～99.9s；

计时精度：0.1s；

波束宽度：12°；

微波功率：50mW；

微波频率：34GHz；

最大测程：100m；

数据记录：10 个流速数据；

可拆卸式锂电手柄，正常工作 8h；

图 5.2　Stalker Ⅲ SVR 电波流速仪

全防水设计，可浸入水中；

显示方式：双排 LCD 同时显示瞬时流速、平均流速、测量历时、回波强度和流速方向；

工作温度：－30～＋80℃。

在唐家山堰塞湖泄流槽泄洪监测、唐家山坝体渗透量的监测中使用了 SVR 电波流速仪。该仪器主要用于使用流速仪困难和测员或测船无法到达的河段的表面流速测量、远距离无接触测量水面流速，不受水质、漂浮物等影响，标称测速范围为 0.5～15m/s。

2. 工作原理

电波流速仪是一种利用多普勒原理的测速仪器，可以称为微波多普勒测速仪。电波流速仪使用电磁波，频率可高达10GHz，属微波波段，在空气中传播时衰减很慢，可以很好地在空气中传播。因此，使用电波流速仪测量流速时，仪器不必接触水体，即可测得水面流速，属非接触式测量。

电波流速仪测速示意图如图5.3所示。工作时电波流速仪发射的微波斜向射到需要测速的水面上。由于有一定斜度，所以除部分微波能量被水吸收外，一部分会折射或散射损失掉。但总有一小部分微波被水面波浪的迎波面反射回来，产生的多普勒频移信息被仪器的天线接收。测出反射信号和发射信号的频率差，就可以计算出水面流速。实际测到的是波浪的流速，可以认为，水的表面是波浪的载体，它们的流速相同。

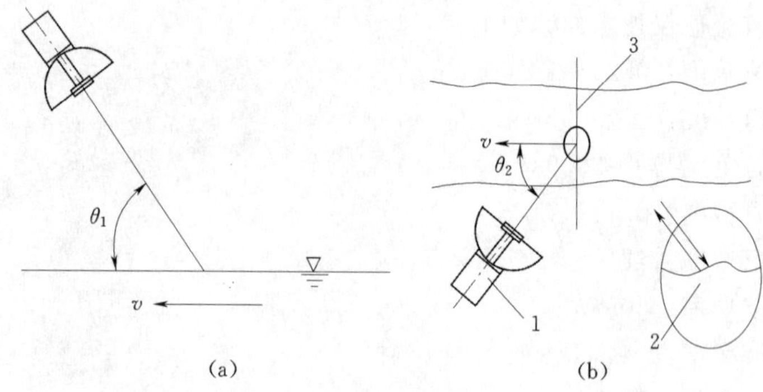

图5.3　电波流速仪测速示意图

1—电波流速仪；2—水面波浪放大；3—测流断面；

θ_1—俯角；θ_2—方位角

如前所述，按照多普勒原理有式（5.8）：

$$f_D = 2f_0\frac{v}{C}\cos\theta \tag{5.8}$$

式中　v——水面流速（垂直于测流断面）；

C——电波在空气中传播速度（3×10^8m/s）；

θ——发射波与水流方向的夹角，是俯角 θ_1 和方位角 θ_2 的合成。

由式（5.8）可得水面流速计算式（5.9）：

$$v = \frac{C}{2f_0\cos\theta}f_D = Kf_D \tag{5.9}$$

由于电波流速仪的收发探头是一个，所以可用 $2\cos\theta$ 代表，测得的也只有一个垂直于测流断面的流速分量。

电波流速仪发射波呈椭圆状发散在水面，其椭圆形区域大小与测程、电磁波发射角有关，因此电波流速仪测量的水面流速是椭圆形区域的面平均流速，这与机械转子式流速仪测量的原理是不一样的，机械转子式流速仪测得的是点平均流速。

5.3.2　分洪溃口流量测验与估算方法

1. 溃口浮标测流法

对于流速仪法无法进行施测的水流，浮标测流是一种简便有效的测流方法。对于溃口水流，由于水流和边界条件比较复杂，测船有时难以直接进入溃口施测，此时采用浮标法测流量具有独到的优点。

（1）溃口浮标系数的获取。浮标系数的确定是溃口浮标测流的关键问题之一。影响浮标系数的因素很多，如风向、风力、浮标的型式和材料、入水深度、水流情况、河道过流断面形状和河床糙率等；浮标系数是一个受多因素影响的综合参数，河流的水力因素、气候因素及浮标类型等都与浮标系数有密切关系，所以必须综合各种影响因素，根据不同河段水流的具体实际情况，选用不同的浮标系数，才能取得溃口浮标测流好的效果。确定浮标系数，比较稳妥可靠的办法是对即将采用的同一类（材料、制作型式相同）浮标在野外同类河流进行比测率定。

浮标法测流另一个关键因素是溃口过流断面（面积）的确定。水文站浮标测流往往采用借用断面作为虚流量的计算断面，但分洪溃口无断面可借（借用断面往往带来借用断面误差）。此时可参考采用以下办法得到溃口过流面积：①对口门不太大且比较稳定的溃口，可从溃口过流断面面积。②对口门不稳定的溃口（无法从溃口堤防两端施测水深，因为安全无保障），口门水深可近似取溃口大堤中央水面高程（$Z_{水面}$）减去内堤角的高程（$Z_{角}$），即式（5.10）：

$$h \approx Z_{水面} - Z_{角} \tag{5.10}$$

溃口过流面积近似计算公式如式（5.11）：

$$A \approx hb \approx (Z_{水面} - Z_{角})b \tag{5.11}$$

式中的 b（口门宽）、$Z_{水面}$、$Z_{角}$ 等数据均容易获得。

（2）溃口浮标测流方法示意见图 5.4。

2. 溃口光学流速仪及电波流速仪测流法

（1）测流原理。同浮标法，不同的是其流速由光学流速仪或电波流

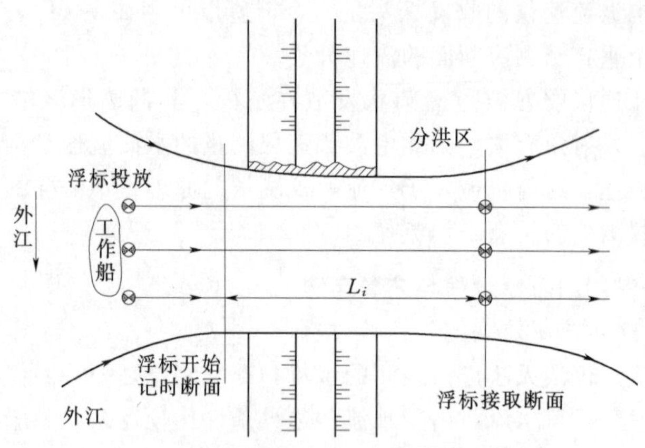

图 5.4 溃口浮标投放与监测示意图

速仪施测而得。光学流速仪是一种测量水面流速的仪器，它可测量高达15m/s 的流速，测量时任何设备都不需浸入水中，观测者只需通过岸上观测点的仪器府视水面，调节仪器转镜的角速度，逐渐增大转速，此时从镜中可以看到一个接着一个的水面运动图像；当调节转镜的转速与水面流速同步时，目镜中水面的运动就渐渐慢下来，最后停止，这时说明仪器转镜的角速度已正好跟踪上水流。可从仪器转速器上读出转镜的角速度 ω，同时可量出仪器光轴至水面的垂直距离 Δh 以及瞬时物像角 θ（物像与铅直线的夹角）。据此可由式（5.12）求出水面流速 $v_{\max}$：

$$v_{\max} = \frac{\mathrm{d}s}{\mathrm{d}t} = \frac{\mathrm{d}(\Delta h \tan\theta)}{\mathrm{d}t} = \Delta h \sec^2\theta \frac{\mathrm{d}\theta}{\mathrm{d}t} = \Delta h \sec^2\theta(2\omega) \quad (5.12)$$

式中 ω——转镜的瞬时角速度，rad/s，而转速计数器记录的是转镜的平均角速度 $\overline{\omega}$。

对一般具有 12 个镜轮的仪器，则

$$v_{\max} \approx 2.188\Delta h\overline{\omega} \quad (5.13)$$

式（5.13）即为光学流速仪监测水面流速的简化计算式，只要测读出转镜的平均角速度 $\overline{\omega}$ 以及仪器至水面的垂直高度 Δh，即可由式（5.13）计算出溃口水流的水面流速。

电波流速仪是应用雷达多普勒效应设计的，根据多普勒效应计算出水面流速，电波流速仪在测速过程中不接触水体，不受泥沙、气泡等影响，测量范围 0.6～15m/s，有效射程不小于 20m。

（2）溃口水流流量的计算。监测出溃口水流的水面流速（$v_{\max}$）

后，类似浮标法测流计算的处理，可求出溃口水流的流量。

用水面流速（v_{max}）计算的虚拟流量见式（5.14）：

$$Q_f = v_{max} bh \tag{5.14}$$

式中　v_{max}——光学或电波流速仪测得的水面流速；

b——溃口口门宽；

h——溃口水深（可由前面“浮标法”所叙述的途径得到）。

溃口流量见式（5.15）：

$$Q_k = C_f Q_f \tag{5.15}$$

式中　Q_f——小于 1 的修正系数。

Q_f 可事先由野外比测实测通过式（5.16）求得。

$$C_f = \frac{Q}{Q_f} \tag{5.16}$$

式中　Q——用流速仪法精测得到的流量；

Q_f——同时、同一地点（与流速仪精测法同步进行）用光学流速仪或电波流速仪测得水面流速计算出的虚拟流量。

3. 邻近水文测站水量平衡法

对洪峰涨落较缓的长江中下游河段，当分洪溃口处外江河道上下游有效距离内有水文控制测站时，可利用水文测站监测的测流资料，由一元流连续方程（水量平衡原理）推求分洪溃口处的流量。假定某一瞬时外江河道水流为不可压缩的恒定一元流动，入流水文站 1 的入流量为 Q_1；出流水文站 2 的出流量为 Q_2；两水文站之间的分洪溃口流量为 Q_k；区间入流量为 q_1，区间水面蒸发量为 q_2，则有水量平衡关系式（5.17）：

$$Q_1 + q_1 - q_2 = Q_k + Q_2 \tag{5.17}$$

由式（5.17）可得式（5.18）：

$$Q_K = Q_1 - Q_2 + q_1 + q_2 \tag{5.18}$$

若忽略区间入流量与区间水面蒸发量的影响（假定两者相互抵消），则有式（5.19）：

$$Q_k = Q_1 - Q_2 \tag{5.19}$$

即两水文测站之间的分洪溃口流量等于入流和出流两水文站测到的流量之差。需要指出的是，当入流与出流水文站两者相距较远时，则需考虑水流传播的时间差，这时式（5.19）可改写为式（5.20）：

$$Q_{kt} = Q_{1(t-\Delta t_1)} - Q_{2(t+\Delta t_2)} \tag{5.20}$$

式中　角标 t——某一时刻的时间；

Δt_1——某一级流量从上游入口水文站 1 传播至溃口处所需的时间；

Δt_2——某一级流量从溃口处传播至下游出口水文站 2 所需的时间。

4. 水文站经验相关曲线法

水文站经验相关曲线法是根据溃口处江河道上下游水文测站的监测资料，利用水文站的经验相关曲线和水位流量关系曲线，采用作图法，间接得出分洪溃口处的流量。该方法的具体步骤如下。

（1）在同一坐标纸上绘制溃口前外江河道出流水文站 2 的水位流量（Z_1—Z_2）曲线，参见图 5.5 中的 b 线（注意两图 Z_2 的纵坐标比例要一致；两曲线的点绘可在分洪溃口前做好）。

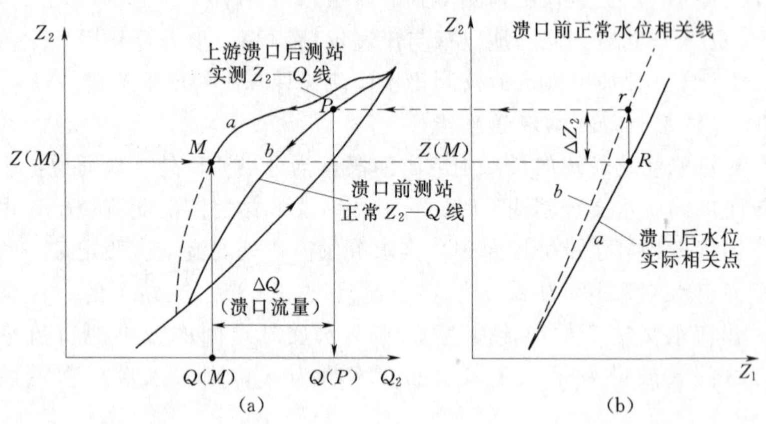

图 5.5　水文站相关曲线推求溃口流量示意图

（2）对于分洪溃口后的某一瞬时，出口水文站 2 实测水位为 $Z(M)$，对应实测流量为 $Q(M)$，见图 5.5（a）；同时对应实测水位 $Z(M)$ 的实测相关点据为 R，见图 5.5（b）；由 R 点作平行于纵轴（Z_2）的平行线交于相关线（b 线）的 r 点（该点为不分洪溃口正常情况下的相关点），$Z_2(r)-Z_2(R)=\Delta Z_2$，ΔZ_2 即为因分洪溃口而损失的水位差；过 r 点向左作横轴平行线交于图 5.5（a）图正常水位流量相关线的 P 点，$Q(P)$ 则为正常情况下（不分洪溃口）出流水文站 2 应有的流量。

（3）分洪溃口流量（Q_k）则等于出流水文站 2 的 P、M 两点相应

流量之差。计算公式为

$$Q_k = \Delta Q = Q(P) - Q(M) \tag{5.21}$$

当外江河道入、出流水文站两者相距较远时，则需考虑水流传播时间差的影响，即水文站 2 查图得出的 t 时刻溃口流量只能是 $t-\Delta t_2$ 时刻溃口处的溃口流量（Δt_2 为某一级流量水流从溃口处流至出口水文站 2 所需的时间）。

经验曲线法要求出流水文站 2 正常情况下的水位流量关系要比较稳定，且出流水文站与上游入流水文站的水位相关关系要好，否则查图求出的分洪溃口流量误差可能较大。水文站 2 的水位流量关系曲线和入、出流两站的水位相关曲线，分洪溃口前即可作出分析，若关系不好，可采用其他方法推求溃口流量。

5. 体积库容法

体积库容法就是根据分洪区的最新地形图，事先（分洪前）作出分洪区的高程（Z）—体积（库容 W）曲线，分洪时通过设在分洪区内的水尺监测得出水位（高程），再通过高程（Z）—体积曲线可随时查出分洪溃口水量的体积；通过水量体积又可随时求出某一时段的平均流量。

6. 龙口测流法

大型水电工程截流形成龙口与分洪溃口、溃坝口门是一个逆过程，因为其水流和边界条件有很大程度的相似，测流的技术难度也基本相当（溃口的野外现场作业施测难度可能大于龙口），两者所不同的是：龙口的过流面积是由大变小（流速由小增大）；而溃口的过流面积是由小变大（流速由大变小）。由于龙口测流有着成功施测的经验，因而可将龙口的测流方法作为分洪溃口流量直接监测的途径之一。

7. 溃口堰流测流法

当分洪溃口口门比较稳定，且口门宽度不太宽时，溃口水流可近似作为河流测验的出流。

当溃口堤防平均堤宽 δ 与溃口口门前水深 H 的比值（δ/H）在 2.5～10 范围内时，溃口水流可作为宽顶堰流处理。分洪溃口水流按下游分洪区水位对溃口出流的影响，可主要分为自由出流和淹没出流两种情况考虑。

对分洪溃口初期，分洪区水位（高程）较低，溃口水流为自由出流，溃口流量计算公式为

$$Q_k = \varepsilon mb\sqrt{2g}H_0^{3/2} \tag{5.22}$$

式中　b——溃口口门宽；

H_0——外江水面（未受溃口水流影响处）至溃口口门堰顶的水深；

ε——收缩系数（$\varepsilon \approx 1$）；

g——重力加速度；

m——宽顶堰的流量系数。

m 可按经验公式（5.23）计算：

$$m = 0.32 + 0.01 \frac{3 - P/H}{0.46 + 0.75P/H} \tag{5.23}$$

式中　P——外江河底至溃口口门堰顶的高度；

H——外江水面至溃口口门堰顶的水深。

流量系数的取值范围为 0.32～0.885。当分洪溃口出流经历一段时间后，下游分洪区内水位逐渐升高，溃口水流逐渐由自由出流（水跃）逐步变化到淹没出游。淹没出流的经验判别式见式（5.24）或式（5.25）：

$$h_s/H_0 \geqslant 0.75 \sim 0.85 \tag{5.24}$$

或

$$h_s/h_0 \geqslant 1.25 \sim 1.35 \tag{5.25}$$

式中　h_s——下游分洪区内水面至溃口堰顶的水深；

h_0——堰顶临界水深；

其余符号意义同前。

当溃口水流为淹没出流时，其溃口出流量为

$$Q_k = \sigma_s \varepsilon m b \sqrt{2g} H_0^{3/2} \tag{5.26}$$

式中　σ_3——淹没出流系数；

其余符号意义同前。

淹没出流系数主要随淹没度 h_s/H_0 的增大而减小，在无野外实测资料情况下，可参考表 5.1 选用。

按宽顶堰流计算分洪溃口流量，只要监测出外江水面至溃口堰顶的水深 H_0（$H_0 = Z_{外} - Z_{堰}$）、溃口口门宽 b 以及溃口出流下游分洪区内水面至堰顶的水深 h_s（$h_s = Z_{内} - Z_{堰}$）、则可按式（5.22）（自由出流）或式（5.26）（淹没出流）计算出分洪溃口出流量。对一冲到底的溃口堰顶高程（$Z_{堰}$）可取内堤角的高程（$Z_{角}$）；内、外江水面高程（水位，$Z_{内}$、$Z_{外}$）可分别通过设在内、外江的临时水尺观测得到；溃口口门宽则可通过多种方法直接测出。

表 5.1　　　　淹没系数 σ_3 值

h_s/H_0	0.80	0.81	0.82	0.83	0.84	0.85	0.86	0.87	0.88	0.89
σ_3	1.00	0.995	0.99	0.98	0.97	0.96	0.95	0.93	0.90	0.87
h_s/H_0	0.90	0.91	0.92	0.93	0.94	0.95	0.96	0.97	0.98	
σ_3	0.84	0.82	0.78	0.74	0.70	0.65	0.59	0.50	0.40	

注　该表引自清华大学水力学教研室编《水力学》（下册）P170。

一些文献提出了溃口堰流计算的经验公式，如东北勘测设计院主编的《洪水调查》推荐公式为

$$Q_k = Kb\sqrt{2g}H^{3/2} \tag{5.27}$$

式中　Q_k——溃口流量；

K——综合系数，取 0.234（K 与侧堰系数，侧收缩系数和流量系数等有关）；

b——溃口口门宽；

g——重力加速度；

H——溃口处的外江水头。

吉林水利勘测设计院根据野外两处溃口堤防事后流量的验证计算（流量级分别为 $100m^3/s$ 和 $1000m^3/s$ 左右），认为上述公式综合系数 K 取 0.234 计算的流量偏大，建议 K 的取值范围为 0.15～0.20。众所周知，经验公式一般带有较强的局限性（条件限制），当引用这类公式测流时，需根据本地区河流与堤防等实际（资料）情况，验证和修正这些经验公式的系数。

8. 溃口遥感测流法

（1）航空遥感测流。航空遥感测流是以飞机或其他飞行器具（如气球、热气球等）作为工作平台，利用安装在其上面的航摄等仪器，对分洪溃口水流按一定要求进行拍摄的监测方法。

1）流速监测。在溃口处上游投放水面浮标，按一定的时间间隔（Δt），对浮标进行摄像；根据摄像所得的照片可求出浮标移动的距离（L），由此可求出溃口水流的水面流速为

$$v_{\max} = \sum L_i / \sum \Delta t_i \tag{5.28}$$

2）溃口水深（h）监测。利用直升机或其他飞行器具，在溃口上方采用激光水深测量仪直接进行施测，可得到溃口口门的水深。

3）溃口口门宽（b）监测。利用航空摄影直接拍摄得到。

4）分洪溃口流量。根据前面监测得到的溃口水面流速（v_{max}）、水深（h）和溃口口门宽（b），可求出分洪溃口的虚流量（Q_f）；由溃口虚流量可求出分洪溃口的实际流量（Q_k），见式（5.29）、式（5.30）。

$$Q_f = \overline{v}_{max}bh \tag{5.29}$$

$$Q_k = KQ_f \tag{5.30}$$

式中的 K 值可事先由野外比测率定（可参考前面浮标测流）得到。

（2）卫星遥感测流。随着卫星携带遥感装置性能的不断改进和扩充，卫星遥感探测的应用领域越来越广泛。利用卫星遥感进行分洪溃口流量的监测应用是可行的（全天候的主动遥感具有穿透力强，多层次等优点，已不受云层覆盖的限制），其方法为：根据卫星遥感拍摄的溃口分洪区内不同时刻的淹没面积（范围）卫片，可分析估算出分洪区内不同时刻的水量体积（可根据分洪区地形图事先作好分洪区的面积与体积关系曲线，应用时根据分洪区卫片的淹没面积，可直接查出分洪区的水量体积）；由分洪区的水量体积可反求出某一时刻分洪区内的溃口平均流量为

$$Q_k = \Delta W/\Delta t \tag{5.31}$$

式中 ΔW——卫星两次遥感（其间隔时间为 Δt）分洪区内水量的体积增量；

Δt——卫星两次遥感拍摄的时间间隔。

由于卫星照片覆盖范围大，还可以利用它对整个内外江水系的水情及洪水淹没情况作出快速的判断和评价。

5.4 溃口最大流量及沿程最大流量计算

5.4.1 溃口最大流量计算

溃口最大流量计算可采用以下方法。

1. 清华大学宽顶堰流量计算公式

清华大学宽顶堰流量计算公式为

$$Q = \delta\varepsilon mb\sqrt{2g}H_0^{3/2} \tag{5.32}$$

从式（5.32）形式可以看出，溃坝最大流量取决于溃口宽度 b 和溃口发生最大流量时的有效水位 H_0。

2. 经验公式

根据国内外溃坝案例，许多研究工作者建立了一些经验公式，大多

数都是根据已溃坝水库的库容、水深与最大溃坝流量建立关系，但所采用的溃坝案例绝大多数为几百万立方米的小型水库。另一种情况是根据理论堰流公式通过经验系数获得的经验公式，其中，较为典型的是肖克列奇局部渐溃最大溃口流量公式，可用式（5.33）表达：

$$Q_{\max} = 0.9\left(\frac{H-h}{H-0.827}\right)B(H-h)\sqrt{H} \tag{5.33}$$

式中　H——总水深；

h——残留坝体高度。

3. 水量平衡方程

不考虑堰塞湖入库流量，按照三角形泄流过程，水量平衡关系可用式（5.34）表达：

$$Q_{\max} = 2W/\Delta t \tag{5.34}$$

式中　W——总库容；

Δt——泄空时间，与库容有关。

4. 简便方法

溃坝洪水的计算可以将溃口断面简化处理为矩形、抛物线及三角形断面进行，其公式分别用式（5.35）、式（5.36）、式（5.37）表达：

矩形断面　$$Q_M = \frac{8}{27}\sqrt{g}Bh_0^{3/2} \tag{5.35}$$

抛物线断面　$$Q_M = \frac{27}{64}\sqrt{g}Bh_0^{3/2} \tag{5.36}$$

三角形断面　$$Q_M = \frac{64}{125}\sqrt{g}h_0^{3/2} \tag{5.37}$$

式中　g——重力加速度，m/s^2；

h_0——坝前水深，m；

B——口门宽，m。

口门宽通过水文应急监测中心免棱镜全站仪采用无人立尺技术进行监测，坝前水深在溃坝前，确保测验人员安全的情况下，使用回声测深仪进行测量。

5.4.2　溃口最大流量下游传播过程计算

下游距坝址 L（m）处的溃坝洪水最大流量可用式（5.38）计算：

$$Q_L = \frac{W}{\dfrac{W}{Q_{\max}} + \dfrac{L}{V_{\max}K}} \tag{5.38}$$

式中 Q_L——距坝址 L（m）控制断面溃坝最大流量，m^3/s；

W——水库总库容，m^3；

Q_{max}——坝址最大流量，m^3/s；

L——控制断面距水库坝址的距离，m；

V_{max}——特大洪水的最大流速（无资料时，山区取 3.0～5.0m/s，丘陵区取 2.0～3.0m/s，平原区取 1.0～2.0m/s）；

K——经验系数（山区取 1.1～1.5，丘陵区取 1.0，平原区取 0.8～0.9）。

以 2008 年“5·12 汶川特大地震”唐家山堰塞湖抢险过程为例，分析计算溃口最大流量下游传播过程。通过最大溃决洪水分析计算下游断面最大流量，见表 5.2。计算中取 $Q_{max}=6500m^3/s$，$W=2.4662\times108m^3/s$，$K=1.3$，不考虑其他堰塞湖影响，计算误差分别为：北川站：－3.49%；通口站：－2.89%。

表 5.2　　唐家山堰塞湖最大泄流沿程传播计算表

测站	L (m)	V_{max} (m/s)	V_{max} 出现时间 (年.月.日)	实测流量 (m^3/s)	Q_{LM} (m^3/s)	误差 (%)
北川	8000	5.43	1999.8.15	6540	6311	－3.49
通口	30000	7.81	1992.7.27	6210	6030	－2.89

再通过下游断面北川和通口站最大流量分析堰塞湖最大下泄流量和最大蓄水量，见表 5.3，与实测的流量成果相比，蓄水量相差－9.1%，最大流量相差 4.0%。

表 5.3　　唐家山堰塞湖蓄水量、泄流洪峰估算表

项　目	实　测	估　算	误　差 (%)
最大蓄水量（亿 m^3）	2.4662	2.242	－9.1
最大下泄流量（m^3/s）	6500	6760	4.0

由此可见，溃坝洪水演进经验公式简单、实用，既可以用来预测分析下游断面的最大流量，也可用以事后分析或者评估水库（湖）最大下泄流量和最大蓄水量。

第6章　旱情应急监测与分析

干旱是指水分的收与支或供与需不平衡所形成的水分短缺现象。

根据不同学科对干旱的理解，干旱可分为四类：气象干旱，指某时段由于蒸发量和降水量的收支不平衡，水分支出大于水分收入而造成的水分短缺现象；农业干旱，以土壤含水量和植物生长状态为特征，是指农业生长季节内因长期无雨，造成大气干旱、土壤缺水，农作物生长发育受抑，导致明显减产，甚至无收的一种农业气象灾害；水文干旱，通常是用河道径流量、水库蓄水量和地下水位值等来定义，是河川径流低于其正常值或含水层水位降低的现象，其主要特征是在特定面积、特定时段内可利用水量的短缺；社会经济干旱，是指由自然降水系统、地表和地下水量分配系统及人类社会需排水系统三大系统不平衡造成的异常水分短缺现象。

6.1　旱情特点

（1）旱情影响原因复杂。干旱与人类活动所造成的植物系统分布、温度平衡分布、大气循环状态改变、化学元素分布改变等与人类活动相关的系统改变有直接的关系。

1）与地理位置和海拔高度有直接关联。

2）与各大水系距离远近有直接关联。

3）与地球地壳板块滑移、漂移有直接关联。

4）与天文潮汛有直接关联。

5）与地方植被覆盖水平有直接关联。

6）其他，如温室效应等。

（2）旱灾发生发展的时间尺度长。较严重的干旱，一般少则历时2～3个月，多则4～5个月，甚至长达一年。以长江流域为例，最常见的是夏、秋连旱，其次是春、夏连旱，少数出现春、夏、秋甚至四季连旱，最严重的会在较大范围内发生持续数年的干旱。

（3）旱灾发生发展的空间范围广。严重旱灾往往延展至数省乃至全流域。如2010年西南大旱，受灾省（自治区、直辖市）包括云南、广西壮族自治区、贵州、四川、重庆，3月旱灾蔓延至广东、湖南等地以及东南亚湄公河流域。

（4）危害严重。

1）干旱是危害农牧业生产的第一灾害。气象条件影响作物的分布、生长发育、产量及品质的形成，而水分条件是决定农业发展类型的主要条件。干旱由于其发生频率高、持续时间长，影响范围广、后延影响大，成为影响我国农业生产最严重的气象灾害；干旱是危害农牧业生产的第一灾害，主要表现在影响牧草和畜产品产量及加剧草场退化与沙漠化。

2）干旱促使生态环境进一步恶化。气候暖干化造成湖泊、河流水位下降，部分湖泊、河流甚至干涸和断流。由于干旱缺水造成地表水源补给不足，只能依靠大量超采地下水来维持居民生活和工农业发展，然而超采地下水又导致了地下水位下降、漏斗区面积扩大、地面沉降、海水入侵等一系列的生态环境问题。干旱导致草场植被退化。我国大部分地区处于干旱、半干旱和亚湿润的生态脆弱地带，气候特点为夏季盛行东南季风，雨热同季，降水主要发生在每年的4～9月。由于气候环境的变迁和不合理的人为干扰活动，导致了植被严重退化，进入21世纪以后，连续几年，干旱有加重的趋势，而且是春夏秋连旱，对脆弱生态系统非常不利。气候干旱还会加剧土地荒漠化进程。

3）气候暖干化引发其他自然灾害发生。冬春季的干旱易引发森林火灾和草原火灾。自2000年以来，由于全球气温的不断升高，导致北方地区气候偏旱，林地地温偏高，草地枯草期长，森林地下火和草原火灾有增长的趋势。干旱还时常伴生蝗灾、病虫鼠害等次生灾害。

6.2 旱情指标

旱情监测是一个公认的难题，特别是定量监测和损失评估。由于旱情定义采用主观定性的方式，任意性强，不同地区的可比性差，即使是相邻地块，地下水埋深、灌溉、管理等方面的差异也使旱情的发展程度有所不同，且旱情客观地评估和表达在方法和标准方面都严重缺乏，因而目前对旱情缺少统一的评估方法和标准。

对干旱进行预测预警，必须对干旱进行客观、精确、物理意义明确的定量刻画，划分成等级表示干旱的程度。这种通过反映水分的盈亏情况来表示干旱成因和程度的量度即称为干旱指标。据统计国内外的干旱指标有 100 多种，大致可概括为 5 类：以降水指标划分为主的气象干旱类；以土壤水分和作物指标划分为主的农业干旱类；以地表径流和地下水指标划分为主的水文干旱类；以供水和人类需水指标划分为主的社会经济干旱类；以及以地表水分和热量平衡指标划分为主的气候干旱类。另外还有对气象、土壤水分和地表径流综合反映的，以遥感信息为主的遥感监测类。

反映旱情宏观态势的是气象指数。GB/T 20481—2006《气象干旱等级》规定了全国范围气象干旱指数的计算方法，规定了 5 种监测干旱的单项指标和气象干旱综合指数 CI，5 种单项指标为降水量和降水量距平百分率、标准化降水指数、相对湿润度指数、土壤湿度干旱指数和帕默尔干旱指数。气象干旱综合指数 CI 是以标准化降水指数、相对湿润指数和降水量为基础建立的一种综合指数。由于各地气候差异大、各种干旱监测指数的适应范围不一样，各级气象部门技术力量发展不均衡，在使用干旱指标方法、划分干旱等级和监测、评估干旱发生和影响时，各地往往存在很大差异，无法进行时空比较，难以满足各级人民政府组织防御气象灾害的需求。

农业指数是反映没有考虑灌溉时，干旱对作物的生长产生影响程度的一个指标。农业干旱指标的表示方法较多，如降水量、降水距平百分率、无雨日数、干燥度、湿润度等。

水文指数反映了干旱对水资源供应量的影响，供水缺乏的临界值是相对于当地的用水需求量。通常利用某段时间内径流量、河流平均日流量、水位等小于一定临界值作为干旱指标，或采用地表径流与其他因素组合成多因素指标，如水文干湿指数、作物水分供需指数、最大供需比指数、水资源总量短缺指数等。灌溉效果分析是在农业指数与水文或者遥感指数融合后才可以进行。新的旱情监测指标还有土壤含水量与叶面含水量、土壤温度与叶面温度、棵间蒸发与叶面蒸腾。

社会经济干旱指由于经济、社会的发展，需水量日益增加，以水分影响生产、消费活动等来描述的干旱。社会经济干旱指标通常拟用损失系数法，认为损失系数与受旱时间、天数、强度等诸因素存在一种函数关系。该指标主要评估由于干旱所造成的经济损失，常与一些经济商品的供需联系在一起，如建立降水、径流和粮食生产、发电量、航运、旅游效益以及生命财产损失等的相关关系。

旱情遥感监测主要通过对作物长势、地表温度等的监测来跟踪旱情。针对不同地域的需求，国内外的不同专家学者建立和探讨了不同的模型和方法。遥感指数主要有植被状态指数 VCI、温度条件指数 TCI、植被健康指数 VHI；在有植被覆盖时，采用 VCI 比较好，它反映了植被叶面状况与土壤水分的关系；TCI 侧重地表温度对土壤湿度的影响，由于地表温度变化快，TCI 对土壤湿度的敏感性大；VHI 综合利用植被和土壤温度反映旱情，利用两个指数的各自优势，较正确地反映土壤水分的实际情况。

本节介绍几种常见干旱指标原理及其应用的优缺点。

6.2.1 降水距平指数（PAI）

降水距平：实际降水量除以多年平均降水量（通常考虑为 30 年平均值，流域机构一般为 50 年平均值）再乘以 100%，是反映一地水分盈亏最基本与最直接的表示方法。其优点为：简单、直观，一般能反映变化和异常，对不同地区具有一定的可比性，其缺点为：不能反映当前旱情与前期的干湿状态的关系，干旱的时间尺度难于描述，单一的固定时段降水距平百分比值并不能恰当地完全表示某地的干旱状况。

降水距平指数综合考虑近 10 日内的降水距平以及前 1 个月和 3 个月的降水距平对当前的影响，适用于短期干旱的监测，其原理为对 0～10d、10～30d、30～90d 3 个时段内的降水距平加权求和。计算方法为

$$PAI = 0.6R_1 + 0.25R_2 + 0.15R_3$$

式中 R_1——计算时刻开始过去 10d 累计降水量的距平百分率值；

R_2——计算时刻开始过去 10d 至前 1 个月同天共 20d 累计降水量的距平百分率值；

R_3——计算时刻前 1 个月同天至前 3 个月同天共 60d 累计降水量的距平百分率值。

降水距平指数值（PAI）与旱涝等级表关系参见表 6.1。

表 6.1　降水距平指数（PAI）与旱涝等级表

降水距平指数（PAI）	旱涝等级	降水距平指数（PAI）	旱涝等级
<－80	极端干旱	20～40	轻微湿润
－80～－45	严重干旱	40～75	中等湿润
－45～－25	中等干旱	75～120	严重湿润
－25～－15	轻微干旱	>120	极端湿润
－15～20	正常		

6.2.2　标准降水指数（SPI）

SPI 是 Mckee 等于 1933 年基于长序列降雨资料构建的一个统计量，用以表征旱情程度。

长期降水记录用一个特定的概率分布来拟合，然后再将之转化为正态分布，使该地区在特定时间段的平均 SPI 值为 0。SPI 为正值表示降水量大于多年降水中值，负则表示降水量低于多年降水中值。由于 SPI 做过归一化处理，湿润气候与干燥气候可用同一种方法表示，多雨气候也可用 SPI 进行监测。

任何时间只要 SPI 值少于－1.0，就意味着一次干旱事件的发生，直到 SPI 表现为正值，干旱事件结束。所以每次干旱事件有一个由其开始与结束确定的持续时间，并有每个持续时期内对应于每个月的干旱强度。SPI 的累积量也可以用于衡量干旱的累积强度，由干旱持续期内所有月的 SPI 值求和定义。

SPI 值为正值，表示湿润；负值表示干旱，SPI 值与干旱等级的关系见表 6.2。

表 6.2　　标准降水指数（SPI）与旱涝等级表

标准降水指数（SPI）	旱涝等级	标准降水指数（SPI）	旱涝等级
＜－1.96	极端干旱	0.5～1.0	轻微湿润
－1.96～－1.48	严重干旱	1.0～1.48	中等湿润
－1.48～－1.0	中等干旱	1.48～1.96	严重湿润
－1.0～－0.5	轻微干旱	＞1.96	极端湿润
－0.5～0.5	正常		

SPI 因不涉及干旱机理而存在一些不足。首先，由于 SPI 的计算特性，不同地点的干旱等级频度相同，即假定了所有地点发生旱涝极端事件的概率相同，无法标识旱涝频发地区。其次，除由于降水偏少影响以外，气候变暖蒸发加大也是造成干旱的重要因素（方修琦等，1997），而 SPI 没有考虑气温、蒸发对干旱的影响。最后，SPI 值的计算是建立在长时间序列基础上的，其单月值是在该时间序列同一时期平均水平上的反映。与湿季同样多的甚至是少的降水量在旱季的 SPI 值会大得多。

6.2.3　连续无有效降雨日数

无雨日指标主要是统计一定时期内、某一区域内累计连续无有效降雨日数，达到一定的天数就为干旱，无有效降雨日数越大，旱情越重。不同的区域，会设定不同的有效降雨阈值。

一般说来，雨期长、干季短的地区连续无雨日数就短，而干旱地区的无雨日比较长；一年四季降雨分布均匀的地区无雨日较短，降雨的季节性非常明显的地区无雨日就比较长。所以，无雨日只能初步反映某地区的降雨情况，不同的地方或者同一地区的不同季节差异比较大。

6.2.4　帕尔默旱度指数（Palmer Drought Severity Index，PDSI）

帕尔默旱度指数是表征在一段时间内，某地区实际水分供应持续少于当地气候适宜水分供应的水分亏缺情况，它是无量纲指数，在空间和时间上具有可比性。

帕尔默旱度指数的基本原理是土壤水分平衡原理。PDSI 在计算水分收支时，考虑了前期降水量和水分供需，计算了蒸散量、土壤水分供给、径流及表层土壤水分损失，没有考虑人类活动对土壤水分平衡的影响。在建立水分平衡方程时，帕尔默提出了“当前情况下达到气候上适宜”的概念，并将水分平衡公式建立在两层土壤模式上，在计算出水分偏差后，与气候权重系数相乘得到水分异常指数，即 Palmer Z 指数。在 PDSI 的理论中，某一时刻干旱的强度与前期、同期及后期的干旱程度都有关系，因此帕尔默设计的回算过程分析水分异常指数系列，从概率角度来确定干旱的开始、结束和强度。PDSI 使用了降水量、气温、土壤可持水量作为输入量。

另外，根据 PDSI 指数原理还发展了一系列的干旱指数，如帕尔默水文干旱指数（Palmer Hydrological Drought Index，PHDI）、监测作物干湿状况的作物湿度指数 CMI（Crop Moisture Index）等，这些指数在美国得到了相当程度的应用（Hayes，1996）。

6.2.5　干旱综合指数 CI

中国气象局国家气候中心张强等人利用多年的业务时间和研究成果发展了一个以标准化降水指数、湿润度指数及近期降水量为基础的综合干旱指数 CI。该指数已经作为中国国家气象干旱等级标准（张强，邹旭恺等），被业务部门使用。

6.2.6　水文干旱指数

传统的水文干旱评估可采用干旱强度 S，S 是干旱时段 D 与缺水量 M 的乘积。D 指流量持续低于某一水位（即水文气候平均值）的时间，

M 是其间流量与该水位的平均偏差（Dracup 等，1980），干旱结束后总水量的短缺为 0。干旱强度可得出某一河流在某一点的时间积分流量情况，但大面积具有细分辨率要求的情况需对区域内不同水界进行具体检验。

常见的水文干旱指数还有地表水供给指数、帕尔默水文干旱指数等。

6.2.7　土壤水分指数

农业干旱的关键在于土壤水分的亏缺状况。土壤水分指标主要考虑大气降水与土壤水分的平衡。常用的土壤水分指数为土壤相对湿度（土壤重量含水量与土壤田间持水量之比），土壤水分亏缺量（实际蒸散量与可能蒸散量之差）等。

6.2.8　干旱经济损失指数

社会经济干旱指数主要用于评估由于干旱所造成的经济损失。计算工业受旱经济损失价值量通常采用缺水损失法。这种方法根据受旱年份由当地工业供水的缺水量 W 和万元产值取水量计算求得，其计算公式为

$$Q_s = W_s / W_o - m$$

式中　Q_s——受旱年份的工业损失，万元；

W_o——万元产值取水量，m^3/万元；

m——由于缺水减产而未消耗的原材料等的价值量（袁文平等，2004），万元。

社会经济类干旱指数还有农村干旱饮水困难百分率、城市干旱指数等。

6.2.9　干旱遥感指数

干旱遥感指数是通过遥感技术，监测干旱对作物生长产生的影响程度的指标。主要有归一化差分植被指数（NDVI）、植被状态指数（VCI）、温度条件指数（TCI）等。

6.3　旱情应急监测内容与方法

抗旱手段多集中于改善生态环境、优化农业结构、提高水资源利用率，主要着眼于长期防治。在多数情况下，等清楚地认识到干旱发生时，为时已晚，无法采取有效的紧急措施。

2005年5月，国务院办公厅印发、实施了《国家防汛抗旱应急预案》。预案包括了防汛抗旱工作的体制、机制和预警、应急、保障、善后等各个主要环节，提供了分级操作的准则和规范。干旱预警信号分二级，分别以橙色、红色表示。干旱指标等级划分，以GB/T 20481—2006《气象干旱等级》中的综合气象干旱指数为标准。

6.3.1 干旱橙色预警信号标准

干旱橙色预警信号的标准：预计未来一周综合气象干旱指数达到重旱（气象干旱为25～50年一遇），或者某一县（区）有40%以上的农作物受旱。防御指南如下。

（1）有关部门和单位按照职责做好防御干旱的应急工作。

（2）有关部门启用应急备用水源，调度辖区内一切可用水源，优先保障城乡居民生活用水和牲畜饮水。

（3）压减城镇供水指标，优先经济作物灌溉用水，限制大量农业灌溉用水。

（4）限制非生产性高耗水及服务业用水，限制排放工业污水。

（5）气象部门适时进行人工增雨作业。

6.3.2 干旱红色预警信号标准

干旱红色预警信号的标准：预计未来一周综合气象干旱指数达到特旱（气象干旱为50年以上一遇），或者某一县（区）有60%以上的农作物受旱。防御指南如下。

（1）有关部门和单位按照职责做好防御干旱的应急和救灾工作。

（2）各级政府和有关部门启动远距离调水等应急供水方案，采取提外水、打深井、车载送水等多种手段，确保城乡居民生活和牲畜饮水。

（3）限时或者限量供应城镇居民生活用水，缩小或者阶段性停止农业灌溉供水。

（4）严禁非生产性高耗水及服务业用水，暂停排放工业污水。

（5）气象部门适时加大人工增雨作业力度。

6.4 旱情分析与预测预报

干旱预测问题属于气候预测问题。我国是开展短期气候预测业务和科研较早的国家之一，至今已有40多年的历史。过去干旱预报以统计模式预报为主，预报的准确性不稳定。随着现代信息工程科技发展，近一二十年来，中国气象局建立了新一代动力与统计相结合的短期气候预测业务系统，对干旱的物理成因有了较多的认识，使中国短期气候预测的技术水平、业务能力和现代化程度都进入了一个新的发展时期。中国科学院大气物理研究所首次在中国设计了二层大气环流模式，又发展了多层大气环流模式和海—气耦合气候模式，应用这些模式可较好地模拟中国旱涝，并用于跨季度旱涝预测。

干旱是大气环流异常造成的，同时下垫面、冷热源汇和水汽源汇对干旱形成和变化起着十分重要的作用。这意味着，干旱的物理成因不仅与大气圈有关，而且与水圈、岩石圈、生物圈、冰雪圈有关，其中与大气圈、水圈关系最为密切，海洋和陆地的热状况对干旱影响是很重要的因素，其次是陆面过程和生物过程也有影响。也就是说，影响和制约干旱等气候预测准确率的因素是多方面的，干旱的物理成因很复杂，而目前气象科学的发展，对其内在规律和相互作用机制的认识还不完整，气候系统的复杂性和人类对其认知的浅薄和局限性是一方面，气候系统的非线性带来的不确定性是另一方面。过去乃至现在还有大部分统计模式预报结论，气候统计预测是假设未来预测对象与预测因子仍维持在过去和现在的状态前提下外推出来的，一旦预测期间的气候状况发生改变就破坏了这种假设，就有可能导致预测失败，从而使预测的准确性不稳定。未来干旱等气候预测的结果应该是给出多个状态的可能性。因此，很难要求干旱等气候预测有像天气预报一样的准定性或准确率。

目前国内水利系统、气象系统以及相关专业高校等部门都会发布年度、季节、月份的旱涝趋势预测，其中包含了旱情预报信息。利用的主要手段有气候模型、数理统计、各种概念性模型等。

2000 年初，水利部水利信息中心开发了“天眼”防汛抗旱水文气象综合业务系统，该系统是在计算机网络和地理信息系统支持下，以 50 年以来的历史和实时雨情气象信息综合数据库为核心，集水文气象信息的收集、处理、管理和应用为一体，为国家防汛抗旱工作及时准确地提供雨情、水情和天气的实况、预测及分析成果的综合信息服务业务系统。“天眼”旱情监测部分，以图表等形式，提供了全国多种干旱指数监测值，为全国抗旱工作提供了丰富的数据。

中国气象局国家气候中心除发布年度、季度、月份等时间尺度的全国旱涝趋势长期预测预报外，还不定期发布《中国旱涝气候公报》，根据中期降水预报，定性描述全国未来一周左右旱情或汛情发展趋势。

兰州中心气象台在“九五”期间建立了一个具有较好物理基础、对西北干旱具有较强监测和服务能力的综合业务系统，并能及时就干旱灾害对区域内农业生产和水资源影响提供科学的业务评估和对策服务，为本区域内决策部门和社会用户提供优质服务。

6.5 应急调水

应急调水是指某些地区出现极度干旱的突发状况，地区生态环境、工农业生产、居民生活等用水受到巨大的威胁，严重影响地区经济与社会的稳定，缺水河段内水库丧失调节能力，缺水地区水源无法得到保障，按正常调度方案调度不能缓解缺水危机，相关部门从其他地区紧急调用一定水资源来缓解缺水情况的措施。应急调水的出现有自然条件、管理体制、政治经济等多方面的原因，应急调水是目前水量调度的重要措施。应急调水可分为流域内调水和跨流域调水。

6.5.1 应急调水的意义

我国水资源严重短缺并且时空分布不均。近年来，随着人口增长和工业化、城市化进程的加快及全球气候变暖等，我国旱涝灾害频繁、水资源供需矛盾尖锐、水环境质量日趋恶化，水资源的供给安全已严重制约着经济社会生态的可持续发展和全面建设小康社会目标的实现。某些地区出现紧急缺水的频率和严重程度都在不断加大，为了应对这种情况，有关部门不得不应急调水来缓解缺水带来的生态环境、工农业生产、居民生活等问题。例如：为抵御咸潮危害、保证珠江三角洲及澳门特区的用水安全，珠江水利委员会于2005年、2006年组织实施了2次珠江流域“压咸补淡”应急调水；2000年5月～2004年4月，针对塔里木河流域生态环境恢复的迫切需求，塔里木河管理局先后5次从博斯腾湖向塔里木河应急调水；2003年8月，太湖流域管理局引长江水进入太湖，改善了太湖的水质，保证了江苏、浙江、上海等地的生产、生活供水；2009年，国家同时实施了引黄济津、引黄济淀应急调水；2007年为缓解重庆市供水紧张，国家防汛抗旱指挥部和长江防汛抗旱总指挥部办实施了宝珠寺、东西关、桐子壕水库应急调水，解决了重庆市居民生活、工农业生产用水问题，保障了社会稳定。

应急调水具有重要的社会、经济及生态环境效益。

（1）经济效益。主要体现在旱情紧急情况下保证缺水地区的生产生活用水，减轻由于缺水引起的经济效益损失。

(2) 社会效益。主要表现为在旱情紧急情况下，为水资源严重短缺地区提供生活用水，缓解城乡生活用水紧张局面，维护地区的社会稳定。

(3) 生态环境效益。主要指维持地区的生态环境及河道内生态环境。

6.5.2　应急调水方案制定

应急调水是一项复杂的系统工程，需供水、受水及输水沿线的水文、水库、电网、交通、海事、水务、环境、防办等相关多部门协调，为保证应急调水顺利实施，须在分析输水规模及时间、供水源、输水路径、组织协调措施等基础上，制定详尽的实施方案。

1. 输水规模及时间分析

输水规模及时间分析是应急调水的基础，输水规模主要包括需调水量及输水最小流量，输水规模及时间由水文、环境、水务等部门根据水文气象预报及居民生活、工农业生产、生态环境等用水量计算分析确定。以 2000 年引黄济津应急调水为例：截至 2000 年 8 月上旬，天津市主要供水水源潘家口水库和于桥水库严重缺水，根据两库来水情况和多年降雨分析，每年 8 月上旬以后一般无大的来水，而天津市正在采取节水措施，压缩城市用水量为 8.6 亿 m^3/a 后，分析认为，至 2001 年 6 月底仍缺水 4 亿 m^3。综合考虑天津供水需求、黄河含沙量变化以及河北、山东两省灌溉引水时间需求，在不考虑山东省位山灌区秋、冬灌用水和沉沙池、输水渠清淤对引黄济津输水影响的理想情况下，调引黄河水的最佳时间为 10 月 1 日，最晚应在 10 月 15 日前引水。参照 1981 年、1982 年引黄济津及近年来引黄济冀的经验，计入沿程渗漏、蒸发及用水损失，按 60%的沿程水量损耗计算，若保证向天津供水 4 亿 m^3，位山渠首需引水 10 亿 m^3，引水流量 100m^3/s，调水约需 100d，为保证上述调水规模，要求黄河孙口站流量不小于 300m^3/s。

2. 供水水源分析

供水水源可以在本流域内，也可以是本流域以外的其他流域。2005 年珠江“压咸补淡”应急调水、2007 年重庆市应急调水，都是本流域内从上游水库向下游调水；引黄济津、南水北调等为本流域外调水。供水源的选择应遵循水源地有水调、可调及相近原则，尽量减少调水对水源地工农业生产等的影响。供水源的确定应在掌握现有水源地工情的基础上，经水文部门充分分析论证，并尽量多水源调水。2005 年珠江

“压咸补淡”应急调水，水文部门在掌握上游水库群的蓄水、发电、灌溉等的综合信息后，经分析论证，确定从西江上游的天生桥一级、二级、岩滩、大化、百龙滩、乐滩和北江飞来峡等大型水利枢纽向下游珠三角地区调水；2007 年重庆应急调水在查勘嘉陵江上游多个水库后，选择宝珠寺、东西关、桐子壕水库 3 座水库作为供水水源，宝珠寺水电站按日均 200m^3/s 流量下泄，东西关水电站按 150m^3/s 流量下泄，四川省的桐子壕水电站按出入库平衡调度，可保障重庆市北碚段维持流量 200～250m^3/s，水位 172.7～172.8m，基本保证重庆市城区自来水取水口正常取水，对上游水库的影响也较小。

3. 输水路径分析

输水线路选择按照以下原则：充分利用现有工程的输水能力、保证输水水质、输水时间和最少的工程投资。以 2000 年引黄济津应急调水方案为例：2000 年 6 月 16～19 日和 7 月 18～24 日，海河水利委员会两次勘察并参考历史上引黄济津线路情况，提出了 3 条输水线路方案，即两线输水方案、清凉江方案和潘庄输水方案。从减少输水损失、保证输水水质、减小工程投资和便于输水管理等方面考虑，经方案比较和与有关省（直辖市）反复磋商，最终推荐清凉江单线输水方案。该方案的优点是：①避开卫运河的污染，不妨碍卫河基流下泄供下游地区灌溉引用，清凉江沿线的污染可以采取简易措施处理，输水水质较易得到保证。②输水线路总长 405km，与其他方案比较，线路较短，输水损失较小。③此方案要求引水口黄河流量约 300m^3/s，黄河水资源损失少。

6.5.3 水文应急监测及预测预报

水文应急监测及预测预报可为应急调水提供决策依据，是应急调水顺利进行的重要保障，制定应急调水方案及调水实施过程中必须开展水文监测及预测预报工作。

1. 水文应急监测项目及要求

水文监测项目应包括供水水源地出流量和水质、沿程流量和水质变化、受水地流量和水质等。

水文监测要求：控制掌握调水前后的流量及水质各参数变化和调水进程（包括调水前锋到达、水流起涨、洪峰和消退过程等）；水文监测断面布设应尽量考虑原有国家基本水文站网、工程专用站网等监测断面，在需要监测而不具备监测条件的地方要临时布设监测设施；水文监测信息传输应满足调水指挥部所要求的时效性。

2. 预测预报项目及要求

应急调水过程中水文应急预测预报项目包括：供水水源地可供水量及流量、沿程各断面流量及水位变化、受水地需水量及流量等。

水文应急预测预报要求：应根据现有资料及条件，编制至少两套或以上预测预报方案，相互验证，保证精度；应预测调水进程中调水前锋到达、水流起涨、洪峰和消退过程；预测预报应满足调水指挥部所要求的时效性和精度。

6.5.4 应急调水补偿

应急调水能够为受水地区带来明显的社会、经济和生态效益，但也会给供水水源地带来一定的损失，主要损失包括以下几点。

（1）水电站的发电效益受损，应急调水使水电站库容减少、水位下降，不仅提高水电站的发电耗水率，而且降低水电站的调节能力，使水电站的发电量和发电容量都受到影响，这对水电站、梯级水电站群以及电网都非常不利。

（2）农田灌溉效益受损。应急调水压减了上游灌区农业灌溉水量，影响灌区作物的产量，给灌区农业生产带来损失。

（3）调水带来的生态环境问题。压减灌区用水，可能引起土地盐渍化加重，对当地生态环境带来不良影响。

目前，我国应急调水一般都是采取行政手段，实施“无偿”调水，受水地区得到利益，而供水地区蒙受较大的损失，这不仅打击了上游生产的积极性，也不利于社会的稳定和发展。建立合理的调水补偿机制，既顺应社会发展规律，也符合市场体制的要求。调水补偿的实现方式通常有市场交易、行政调节和流域协商。

第7章　水情应急预测预报

7.1　水情应急预测预报的特点

水情应急预测预报主要是为突发的地震、泥石流、溃坝等突发性灾害的抢险救灾提供技术支撑，水文部门发布的水情预测预报成果，已成为抢险救灾指挥部科学决策、避免洪水等次生灾害的重要依据之一，水情应急预测预报一般具有以下3个特点：预报制作发布的紧急性；预报对象的不确定性；预报成果的准确性。

7.1.1　预报制作时间的紧急性

由于灾害的突发性、救灾抢险的急迫性，应急水情预测预报从接受任务到开展预报服务常常只有1～2天的准备时间，没有足够的时间开展资料收集、预报方案建立、方案成果检验、预报系统建设等工作，开展应急预测预报的初期，在收集相关水文信息的同时应开始建立简易预报方案，并尽可能早地开展试报工作。随着信息的不断增加，对预报方案逐步完善，这些特点决定了水情应急预测预报的紧急性。

7.1.2　预报对象的不确定性

灾害发生地区大多处于偏远山区或者中小河流流域，该地区一般水情站网稀少或无水情站点，或者受灾害的影响，水文站网和通信受到一定破坏，水情信息无法正常采集、传递，信息的缺失将导致灾区发生降雨时无法实施准确的产汇流预报；由于开展应急预测预报地区的水情应急保障工作往往具有较大的突发性，事前难以开展对当地的站网布设、资料收集和预报方案准备等工作，因此，一般预报对象流域资料缺乏，具有很大的不确定性。

预报对象的不确定性一般体现在以下几个方面。

（1）预报对象所在水系一般属中小流域山区河流，降雨难以准确监控。由于地处山区，地形变化较大，该地区降雨受地形影响尤其明显，降雨的空间分布极不均匀，一般无水情站或者站网密度稀、代表性差；

部分观测站受灾害影响，实况资料出现缺测。

(2) 堰塞湖、壅塞体等库容曲线的不确定性较大，由于库容曲线是依据山体滑坡前的地形资料量算，不同部门基于不同的方法制作的库容曲线差别较大（例如 2008 年“5・12 汶川特大地震”形成的唐家山堰塞湖库容曲线，不同部门在 740m 高程所计算的库容相差达 8000 万 m^3 左右）；库容曲线的误差可能导致入库流量计算系统偏大（或偏小）。

(3) 缺乏对预报结果验证的水文资料。由于对预报对象的预报项目缺乏水文实测资料的验证，难以对预报方案进行实时完善。

7.1.3　预报成果的准确性

准确及时的水情预测预报对抢险有至关重要的作用，关键预报项目，如洪峰流量、洪量大小、关键水位的时间等，直接影响到救灾指挥者的决策，因此水情应急预测预报对成果的准确性要求较高。

常规水情预报一两次较大误差可能不会对决策造成直接影响，但应急预测预报的每次预报成果都可能直接影响到救灾决策，从而直接影响到救灾的进程。因此，对于应急水情预测预报的每次发布成果的准确性要求均较高。

7.2　水情应急预测预报的内容

针对不同灾害和突发性事件，应急预测预报有不同的内容，基本内容包括洪峰水位（流量）预报、水量预报等。

现对分洪（溃口）、堰塞湖、水污染等应急事件预测预报内容分别概述如下。

7.2.1　分洪/溃口预测预报内容

分蓄洪区一般都有较为完整的设计报告和使用说明，有较为详细的地理高程信息及人口、经济分布数据，有较为完善的应急预案。因此，对分蓄洪区预测预报的内容也较多，主要包括分蓄洪水量、分洪淹没面积、分蓄洪区最高水位、分洪区蓄滞洪时间及分蓄洪区上下游河道水位等。

对于民垸、堤防或水库溃口预报，由于事发突然，溃口位置有极大的不确定性，信息不完善，根据监测内容和当地具体情况，可以进行溃口形态、溃口下泄流速、溃口流量、溃口分洪水量、溃口分洪时间的预报。

7.2.2 堰塞湖预测预报内容

堰塞湖一般是受地震或泥石流影响、河道被阻塞以后形成的，发生时间短，对上下游危害都比较大，发生地上游由于河道被阻断形成壅水，淹没上游城镇，下游又受溃坝威胁面临危险。

堰塞湖发生之初，由于其不稳定性，首先要根据监测数据分溃决方式（1/2 溃、全溃等）进行溃口洪量预报，预报溃口后下游河段流量、淹没范围和时间等（参见第 5 章相应内容），并制定相应应急撤离方案。

堰塞湖溃坝险情排除以后，根据堰塞湖的不同情况，预测预报信息应包括入库流量、出库流量、库水位及蓄水量变化等。

当有降雨过程或上游来水发生时，还需要进行洪峰流量预报和峰时预报，必要时要进行与下游洪水遭遇预报，并提出应对建议。

7.2.3 水污染事件预测预报内容

1. 水污染预报

通过流量过程预报污染物向下游的扩散时间和面积，确定污染范围、污染程度及对下游取水口等所造成的影响。对突发污染模拟需要给定污染物类型、发生时间、地点、浓度等参数，由此来预报水污染事故造成的污染物随时间变化的污染路径、污染物随时间变化的污染影响程度，为决策部门提供决策支持。

2. 水华预报

虽然针对水华的发生情况，水生态系统各因子的研究已有不少的成果，只有系统地把握各影响因子与水华之间的动态响应模式，才能准确地判定富营养化现状是否会发生水华，进而科学合理地采取对应措施，有效地防范富营养化向水华的演变。鉴于水华的发生机理非常复杂，目前还缺乏这方面成熟的研究结论。

现阶段对水华的研究认为，水华主要是由以下 3 个因素共同作用的结果。①水质因素。随着江湖地区排污量日益严重，藻类生长所需的氮、磷等营养物质严重过量。②气候因素。气温偏暖致使水温升高。③水文因素。湖泊或江河流速缓慢，为水华的发生提供了必要的环境场所。

一般认为水华的发生首先是水体中氮、磷等营养物质的过度增加，致使水体达到富营养化状态，这是水华发生的最重要的物质基础。静止的水体和较高的日照温度又为水华的发生创造了条件。

水华预报主要通过营养物质扩散、气象和流量预报三者结合进行，包括水华发生、持续时间和影响范围等预报。

7.3　水情应急预测预报方案

溃坝洪水分析目前仍处于探索阶段。对水流下泄的模拟，主要有堰流公式法和水动力学方法；对溃口床面冲刷的模拟，主要有基于泥沙输移方程和冲刷率方程的方法；溃口发展过程的模拟主要有机理法（使用基于水力学、泥沙运动力学和土力学方法的冲刷模型，预测溃口的发展过程和出流过程）、参数法（估算出溃口形成历时、最终的溃口形状和溃口尺寸，假定溃口的发展过程，再由水力学方程计算溃口的出流过程）、预测方程法（建立经验公式计算洪峰流量、溃决历时和溃口宽度等溃决参数，并假定一个近似合理的发展过程）和对比分析法（基于尺寸和构造类似的已失事坝，应用对比分析的方法估算被研究坝的溃坝出流过程及其他溃决参数）。

本节内容不讨论溃坝、水质污染及水华的应急预测预报服务，主要介绍常发的由地震、山体滑坡、泥石流等形成的堰塞湖、壅塞体的水情应急预测预报。

7.3.1　制作水情应急预测预报方案时常面临的问题

（1）开展水情应急预测预报前，预报对象地区资料代表性差，所建方案精度达不到规定要求。

水情预报方案的可靠性取决于编制方案所使用的水文资料的质量和代表性。当资料代表性差时（系列太短，缺乏足够样本等），所造成的误差往往比较大。因此，SL 250—2000《水文情报预报规范》有较为严格的要求：编制洪水预报方案要求使用不少于 10 年的水文资料，其中包括大、中、小水各种代表年份，并保证有足够代表性的场次洪水资料，湿润地区不少于 50 次，干旱地区不少于 25 次，若资料代表性达不到此要求时，洪水预报方案应降一级使用；在一个洪水预报方案建立后，应进行精度评定和检验，检验应引用未参加洪水预报方案编制的资料（不少于 2 年），当检验精度等级低于评定精度等级时，洪水预报方案应降级使用。方案在精度评定之后，若上面两条中有一条未满足，方案等级将降一级。因此，可能就会出现方案等级在丙级以下的情况，导致所编制的预报方案不能投入正常作业预报。

（2）在开展应急作业预报过程中，普遍存在实时信息掌握不全的情况。

由于灾害发生所在地区本来就水情站点稀少或者受灾害影响而不能及时报汛，导致水情信息往往不能及时到达，不能控制降雨中心的雨量，影响了预报精度，若所缺信息太多时，最初开展的试报成果只能当做估报成果考虑。

（3）在每次开展应急作业预报过程后，缺乏实测水情资料对应急预报成果所进行的检验及校核。

开展应急水情预测预报的地区一般属于中小河流，缺乏实测水情资料，无法建立完善的水情预报方案，但开展应急预测预报又很重要，需根据雨情、水情的发展变化进行试报，在试报过程中逐步积累经验，对方案进行尽可能地完善（例如 2008 年开展唐家山堰塞湖水文气象预报应急保障服务时，在对唐家山堰塞湖的水情预报中唯一实测的是治城站的水位值，其余入库流量、库容曲线等均为计算值）。

7.3.2 应急预测预报方案的建立

应急预测预报方案的建立，多是参照洪水预报和洪水分析计算的方法进行，目的是获得一个大致合理的预测值，以供抢险指挥者参考。

1. 移用邻近流域预报方案

移用邻近流域预报方案，是基于预报流域影响径流的各项因素与被移用的参证流域的各项因素极为相似。因此，要选用与本流域地理条件、气象条件及下垫面条件都相似的、集水面积相差不大、具有较长实测资料的流域作参证流域，用选用的参证流域的洪水资料编制洪水预报方案，若本流域尚有少量资料，就用这些资料对方案进行一定的修正，若无资料，则从开始就进行观测，积累一定资料后再对方案进行修正。这种方法是水文预报或洪水分析时常用的方法，只是由于缺乏实测资料不能用本流域洪水进行检验，因此对其作业预报精度无法评定。

由于被移用的参证流域洪水资料齐全，所建立的方案比较完善，包含了峰现时间的预报（峰现时间同样需积累资料后修正），因此，在开展水情应急预测预报时，可将满足条件的邻近流域预报方案直接引用。

2. 上、下游水文站参数倍比

如果预报断面上游或下游有水文站，则可先用水文站的洪水预报方案对水文站的洪水进行预报，之后按面积比换算到预报断面。其换算公式见式（7.1）、式（7.2）。

$$Q = (F/F_j)^n Q_j \tag{7.1}$$

$$T = T_j(L/L_j) \tag{7.2}$$

式中　Q、Q_j——预报断面和邻近上（下）游水文站的流量，m^3/s；

F、F_j——预报断面以上和邻近上（下）游水文站以上集水面积，km^2；

T、L——预报断面到水文站的传播时间、河长，h，km；

T_j、L_j——相邻水文站间的传播时间、河长，h，km；

n——指数，应根据实测流量数据分析，根据集水面积量级不同，n 值也不同，若无实测数据分析，对区域代表站一般可取 $n=2/3$。

预见期除了用河长倍比外，还应以水文站预报方案所得预见期为基值，根据估报断面与水文站的相对位置，加上或减去预报断面至水文站间的洪水传播时间（估算），即得预报断面的预见期。

7.3.3　堰塞湖（壅塞体）坝址水位及过流流量的常规预报方法

堰塞湖堰址处的水位预报常采用静库容调洪演算方法、库水位涨差预报相关图及水力学计算方法。

堰塞湖水位预报中主要采用静库容调洪演算，即利用已知起调水位，结合库容曲线（可以通过 DEM 模型计算得到），根据预测入湖水量计算未来湖水位。当导流槽开始过流后，因无法获得导流槽过水断面水深、渠宽等参数，为估算导流槽过流流量，采用了明渠均匀流计算方法来估算导流槽过流流量，并应用试错法反推湖水位。

7.3.3.1　静库容调洪演算法

1. 基本原理

水库调洪演算主要通过水库水量平衡方程来进行。水库水量平衡是指在某一时段 Δt 内，入库水量减去出库水量，应等于该时段内水库增加或减少的蓄水量，水量平衡方程为

$$\frac{Q_1 + Q_2}{2}\Delta t - \frac{q_1 + q_2}{2}\Delta t = V_2 - V_1 \tag{7.3}$$

式中　Q_1、Q_2——时段 Δt 始、末的入库流量，m^3/s；

q_1、q_2——时段 Δt 始、末的出库流量，m^3/s；

V_1、V_2——时段 Δt 始、末的水库蓄水量，m^3；

Δt——计算时段，其长短的选择，应以能较准确地反映洪水过程线的形状为原则，对于陡涨陡落的来水过程应该取较小 Δt，对于来水平缓的来水过程可适当放

大 Δt。

2. 调洪计算的方法

调洪计算的具体方法有很多种，目前最常用的是列表试算法，主要步骤如下。

（1）确定库容曲线 $Z—V$。

（2）分析确定调洪开始时的起始条件，即起调水位和与之相应的库容、下泄流量（导流槽过流前下泄流量为零）。

（3）从调洪开始，计算各时段末的 V_2、q_2。试算从第一时段开始，逐时段连续进行。对于第一时段 Q_1、Q_2、V_1 及 Δt 均为已知，导流槽过流前下泄流量为零，计算出 V_2，由库容曲线 $Z—V$ 即可得到坝前水位 Z；导流槽过流后，q_1、q_2 由谢才公式计算得到（即导流槽的过流流量）。

7.3.3.2　库水位涨差预报相关图

为校正预报结果，预报方案建立了坝前水位、入库流量、坝前水位日涨幅的预报相关图，供实时预报作参考。库水位涨差相关图是以入库流量作纵坐标，以库水位涨差作横坐标，以坝前水位为参数的三变数相关图。通过预报的入库流量、坝前水位查算库水位涨差。静库容调洪演算预报的库水位与库水位涨差相关图互为校核，综合分析后再发布。相关图示例参见图 7.1 堰塞湖库水位涨差相关图（以 2008 年开展唐家山堰塞湖水文应急预报实践的数据为例）。

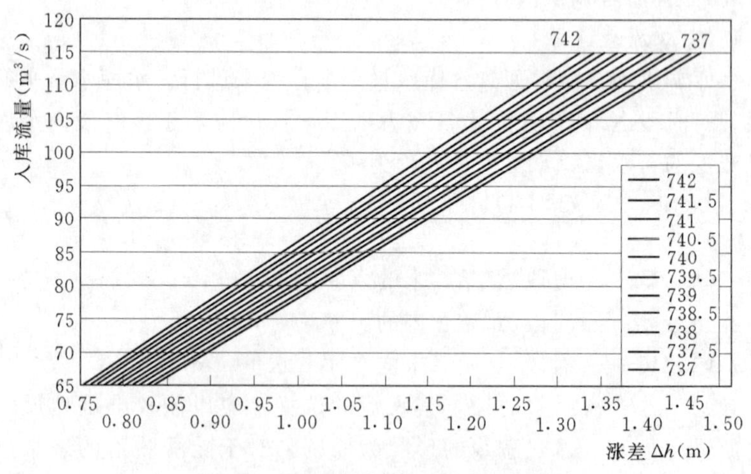

图 7.1　堰塞湖库水位涨差相关图

7.3.3.3　导流槽过流流量的水力学计算方法

导流槽在开始过水后，断面不断发生变化，流量也随之发生变化，过水流量的分析预报难度很大，此时需采用动床非恒流水力学模型计算，但导流槽实时的过流断面或水下地形难以及时获取，水流的边界条件特别是下边界也很难及时观测到。因此，在动床非恒流水力学模型计算条件难以满足时，为开展实时预报，需简化计算，采用明渠均匀流水力计算公式进行流量计算。

明渠均匀流水力计算的基本公式是谢才公式，见式（7.4），水力坡度采用水面比降代替。

$$\left.\begin{aligned} v &= C\sqrt{Ri} \\ Q &= CA\sqrt{Ri} = K\sqrt{i} \end{aligned}\right\} \tag{7.4}$$

式中　v——表示断面平均流速，m/s；

C——谢才系数，$m^{1/2}/s$；

R——水力半径，m；

i——水面比降；

Q——流量，m^3/s；

A——断面面积，m^2。

当应用曼宁公式 $\left(C = \dfrac{1}{n}R^{\frac{1}{6}}\right)$ 计算谢才系数 C 时，式（7.4）可写为式（7.5）。

$$\left.\begin{aligned} v &= \frac{1}{n}R^{2/3}i^{1/2} = \frac{A^{2/3}i^{1/2}}{nX^{2/3}} \\ Q &= \frac{A}{n}R^{2/3}i^{1/2} = \frac{A^{5/3}i^{1/2}}{nX^{2/3}} \end{aligned}\right\} \tag{7.5}$$

式中　n——糙率，无量纲；

X——湿周，m；

其他符号意义同前。

式（7.4）和式（7.5）在预报中均有采用，以相互印证参数（主要为估计糙率和水面比降）的可靠性。

在计算导流槽流量的过程中，因导流槽断面和水深不断发生变化，需及时根据有限的实测资料（流量、断面、水深等）进行复核与调整，即对未来的断面与水深变化进行外延与预估，再进行导流槽过水流量的分析预测。

7.4 会商机制

国家级应急响应机制为Ⅰ级响应机制，流域机构及省级应急响应机制为Ⅱ级响应机制，省级以下应急响应为Ⅲ级响应。

发生流域型特大洪水或大范围自然灾害时，启动Ⅰ级应急响应机制；发生局部特大洪水或局部自然灾害时，启动Ⅱ级响应机制；发生一般性洪水或较小范围局部自然灾害时，启动Ⅲ级响应机制。

应急事件发生后，各级防汛机构应加强预报会商。启动Ⅰ级响应时，水利部负责组织流域机构与相关省级水文机构进行预报会商；启动Ⅱ级响应时，根据实际需要，流域机构负责组织流域片内相关省（市）级水文机构进行预报会商，并将会商意见报水利部水文机构。启动Ⅲ级响应时，由各省级防汛部门组织相关单位进行预报会商，涉及跨省范围应上报流域机构，由流域机构协调进行预报会商，并将会商意见报流域机构相关部门，必要时通报水利部。

7.4.1 Ⅰ级响应

（1）由水利部或流域机构防汛部门组织会商，防汛成员单位领导参加。视情况启动应急方案，作出应急工作部署，加强工作指导。按照权限调度水利、防洪工程。向国家防总提出应急方案建议，为国家防总提供参谋意见。向受影响省市相关机构发出落实应急预案应采取相应措施的具体要求。在2h内将情况上报国家防总并通告防汛成员单位。在24h内派工作组、专家赴一线指导地方工作。

（2）流域机构及相关省级防汛部门应密切关注汛情、工情、灾情的变化，领导参加值班并增加值班人员，加强值班、会商，原则上会商次数不低于每日2次，每天发布汛情通报，通报汛情及防汛工作情况。根据汛情、灾情发展及时提出应急处理意见，供领导决策。

（3）流域机构防汛成员单位进入Ⅰ级响应状态，按照职责分工，全力配合做好应急抢险和抗灾救灾的专业技术支持和后勤保障工作。有关专业技术部门要参与会商和重大灾情抢救方案的制定，及时派出相关专业的专家赴一线指导地方救灾。流域内有关水情站点立即按照特大洪水要求启动测验方案，并加密观测和报汛段次，重点河段、测站需配合预报要求逐时报汛，加密实测流量的测验，布置应急江段的水文观测。流域内各级水情中心要及时准确做好相关站点的洪水预报工作，加强会商与滚动分析。

7.4.2　Ⅱ级响应

（1）由流域机构或省级防汛部门组织会商，防汛成员单位派员参加。视情况启动应急方案，作出应急工作部署，加强工作指导。按照权限调度水利、防洪工程。根据水情、工情、灾情的发展及时向流域机构提出应急方案建议，为流域机构防总提供参谋意见，并上报国家防总。向受影响省市相关机构发出落实应急预案应采取相应措施的具体要求。在 2h 内将情况上报国家防总并通告防汛成员单位。在 24h 内派工作组、专家赴一线指导地方工作。

（2）省级防汛部门密切关注汛情、工情、灾情的变化，领导参加值班并增加值班人员，加强值班、会商，原则上会商次数不低于每日 1 次，每天发布汛情通报，通报汛情及防汛工作情况。根据汛情、灾情发展及时提出应急处理意见，供领导决策。

（3）省级部门各防汛成员单位进入Ⅱ级响应状态，按照职责分工，全力配合做好应急抢险和抗灾救灾的专业技术支持和后勤保障工作。有关专业技术部门要参与会商和重大灾情抢救方案的制定，及时派出相关专业的专家赴一线指导地方救灾。流域内有关水情站点立即按照大洪水要求启动测验方案，并加密观测和报汛段次，重点河段、测站需配合预报要求报汛，加密实测流量的测验，布置应急江段的水文观测。省内各级水情中心要及时准确做好相关站点的洪水预报工作，加强会商与滚动分析，并上报流域机构相关部门。

7.4.3　Ⅲ级响应

（1）由省级防汛部门组织会商，防汛成员单位派员参加，作出相应的工作安排。在 24h 内将灾情及相关处理方案通报所在流域机构，流域机构视情况派出工作组、专家组赴一线指导地方救灾工作。

（2）流域内相关省（市）级防汛部门密切关注汛情、工情、灾情的变化，加强值班、会商，原则上会商次数不低于每日 1 次，不定期发布汛情通报，通报汛情及防汛工作情况。根据汛情、灾情发展及时提出应急处理意见，供领导决策。

（3）省（市）级部门各防汛成员单位进入Ⅲ级响应状态，按照职责分工，全力配合做好应急抢险和抗灾救灾的专业技术支持和后勤保障工作。流域内有关水情站点立即按照较大洪水要求启动测验方案，并加密观测和报汛段次，重点河段、测站需配合预报要求报汛，加密实测流量的测验，布置应急江段的水文观测。省市内各级水情中心要及时准确做好相关站点的洪水预报工作，加强会商与滚动分析，并上报流域机构相关部门。

7.5 水情应急预测预报实例

7.5.1 唐家山堰塞湖水文气象应急预测预报

7.5.1.1 应急预测预报方案的建立

堰塞湖是由火山熔岩流，或由地震活动等引起山崩滑坡体、泥石流等堵截河谷、河床后贮水而形成的湖泊。

堰塞湖的危害主要表现在两个方面：一是对上游，随着湖水量的增加，湖区淹没范围逐渐扩大，人民的生命财产受到被淹没的威胁；二是对下游，当堰塞体受到自然侵蚀、冲刷，或湖内蓄水量达到一定程度时，巨大的压力可能致使结构松散的坝体出现渗流、冲刷，最后导致垮塌，形成溃坝洪水。堰塞湖溃坝形成的次生洪水，往往突发性强，预测预报难度大，且水量集中，倾泻而下，来势凶猛，传播时间极短，使人们来不及防范与转移，破坏性大，其危害程度较天然洪水要大很多。

由于开展堰塞湖地区的水文气象预报应急保障工作往往具有较大的突发性，事前难以提前开展当地的站网布设、资料收集和预报方案准备等工作，因此，往往因资料缺乏、预报对象的不确定性等具有较大工作难度。

因此，在实际防治工作中，多采用工程措施和非工程措施并举的方法；在加强工程措施治理的同时，也需要开展堰塞湖地区的水文气象预报应急保障工作，及时掌握堰塞湖上游的来水、雨情等水文气象信息，为专家决策提供不同缺少的重要依据。

“5・12 汶川特大地震”在四川省境内形成大大小小上百座堰塞湖，抗震救灾初期（截至 5 月 14 日）在成都、绵阳、德阳、广元境内形成具有一定威胁的堰塞湖 34 个，其中，极高危级 1 个，高危级 6 个，中危级 11 个，低危级 16 个；中后期（截至 7 月 9 日）又增加 70 个，其中，高危级 1 个，中危级 14 个，低危级 55 个。这些堰塞湖中，最大的是唐家山堰塞湖。

唐家山堰塞湖位于通口河北川以上流域东经 103°52′～104°28′、北纬 31°40′～32°25′范围内，流域面积为 3550km^2。北川水文站位于北川县城曲山镇茅坝村通口河右岸，东经 104°28′，北纬 31°51′，集水面积

$3386km^2$，流域内河长 104km，北川水文站至河口距离 41km。唐家山堰塞湖上游震前原有治城水位站，位于堰塞湖上游 16.5km 处。地震发生后，四川省水文局在堰塞湖上游 4.5km 处临时建立了漩坪自动遥测水位站，与治城水位对比观测建立相应关系，当治城水位站出现故障后，用漩坪水位改算到治城进行报汛。另外，2008 年 5 月 30 日 17：00 在唐家山堰坝前又临时安装了一组直立水尺，设立站名为唐家山（站号 60716420），从 5 月 31 日 14：00 起开始观测坝前水位，并采取人工报汛。

基于唐家山堰塞湖区域的站网分布信息，并考虑堰前水位是堰塞湖应急泄流响应的重要指标，因此，确定堰塞湖控制区域的雨情及治城（唐家山）站的水位作为此次应急预报保障的主要预报对象。

在唐家山堰塞湖水文气象应急预报实践中，主要是采用多种气象预报手段开展堰塞湖以上流域的准定量降雨预报，借用临近水文站北川站的产流预报方案、参照临近流域的雨洪对应关系，建立降雨预报和产汇流预报方案，开展堰塞湖来水量的预报，并应用静库容调洪演算方法、库水位涨差预报相关图、水力学计算方法相结合，开展堰址处的水位预报。

1. 准定量降雨预报方法

由于唐家山堰塞湖集水区域较小，气象观测站网稀少，开展对该地区的准定量降雨预报工作主要是采用基于天气学原理，以气象预报员的预报经验为主，并结合数值天气预报技术和卫星云图监测信息应用相结合的综合预报方案。

（1）以常规地面、高空探测天气资料为基础，结合卫星云图等遥感监测信息和国内外权威数值天气预报模型产品综合分析，以预报员的经验为主，综合会商制作完成该地区的定量降雨预报范围及倾向值（准定量），该方法重点是完成预见期 1～2d 的降雨预报。

（2）以综合应用数值天气预报技术为主的降水预报方法。一方面每天 8 时、20 时（北京时间）运行面向长江流域的 MM5 高分辨气象模型（长江委水文局于 2004 年 7 月引进），能直接提供唐家山区域 1～3d 的定量降水预报信息等；另外，基于欧洲中期天气预报中心（ECMWF）、日本、德国和中国等发布的数值预报产品（如降水、大气高度场、风场等）进行解释应用，实现对该地区的 3～7d 的降雨预报。

具体工作实践中，主要是综合运用上述 2 种预报手段，完成唐家山堰塞湖区域的逐日降雨滚动预报工作。其中，预见期 2d（48h）以内提供每 12h 面雨量范围及倾向值为主，3～7d 仅提供 24h 预报信息。

2. 产汇流预报方案简介

以唐家山堰塞湖形成前唐家山下游通口河北川水文站（距离唐家山约 7km）的预报方案为基本依据，同时还参照临近流域的安县、甘溪的雨洪对应关系及前方水文专家组提供的库容曲线开展入湖水量预报，根据预报出的治城（唐家山）水位与实际观测值的误差对预报方案进行修订，综合考虑后确定预报值。

图 7.2　北川以上流域水情站网分布图

（1）资料及水情站网。在北川以上流域降雨径流原预报方案中仅有片口、北川 2 个雨量站，雨量站权重各取 0.5，使用 1998～2004 年共 7 年的资料。流域的面平均雨量使用泰森多边形推求，各时段平均径流深为各雨量站径流深的算术平均值。

在实际应用中发现雨量站的代表性不好，从 2008 年 6 月 5 日晚上起，陆续增加了土门、油房、白什雨量站，水雨情站点分布见图 7.2。雨量站权重见表 7.1。

表 7.1　唐家山以上流域雨量站权重表

站名	土门	油房	片口	白什	治城（唐家山）
权重	0.164	0.302	0.181	0.249	0.104

（2）预报方案说明。北川以上流域的洪水预报方法采用传统的降雨径流预报方法。在该区间布设 2 个（6 月 5 日起增加为 5 个）雨量站，流域的洪水预报方案为 6h 预报方案。

1）产流预报。产流预报使用 $P—Pa—R$ 相关图。其 $P—Pa—R$ 相关图是在原江油、甘溪、北川至涪江桥区间产流预报方案的基础上，进行了部分调整，最后确定的 $P—Pa—R$ 相关图，主要参数为 I_m（流域最大蓄水量）=80，$K=0.9$，参数分布见图 7.3。

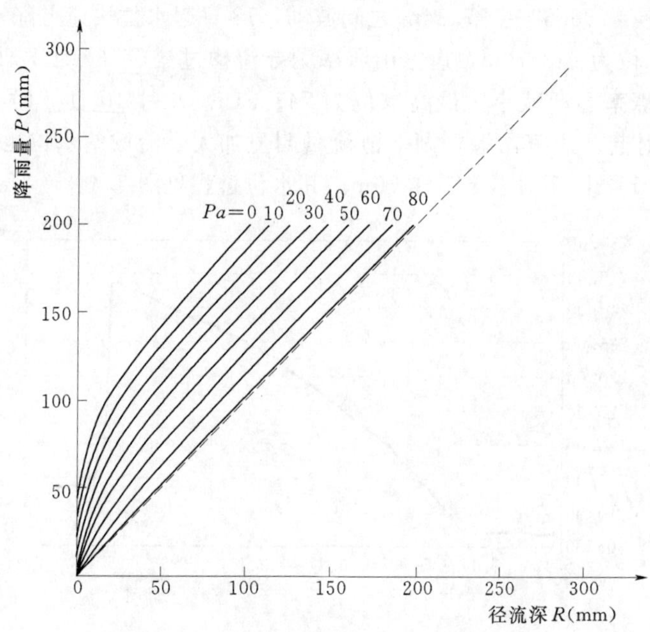

图 7.3　北川以上流域 $P—Pa—R$ 相关图

2）汇流预报。汇流预报采用谢尔曼单位线。单位线是在原江油、甘溪、北川至涪江桥区间汇流单位线的基础上，进行了部分调整，将单位线确定为 $R=10\text{mm}/6\text{h}$、$\Delta t=6\text{h}$，其单位线见表 7.2。

表 7.2　北川以上汇流单位线节点表　单位：m^3/s

n	0	1	2	3	4	5	6	7
q	0	264	642	380	184	77	24	0

7.5.1.2　预报实践

1. 实况水雨情简述

开展唐家山堰塞湖预报期间（5 月 21 日～6 月 10 日），该地区主要发生了 3 次明显降雨过程，分别为 5 月 24～26 日中雨、局地大雨（实况雨量资料不全，通过降雨插值后推断），6 月 5～6 日中到大雨和 6 月 8 日中雨、局地大雨，其余大部分时间基本无雨。

唐家山堰塞湖下游北川站 5 月 1～12 日来水较为平稳，流量维持在 48.8～80.4m^3/s 之间，5 月 12 日形成堰塞湖后，流量快速消退，5 月

16 日即消退至 3.0m^3/s。另外，唐家山堰塞湖上游治城站 5 月 1～17 日水位维持在 706.63～707.34m 之间波动，18 日起水位快速上涨，6 月 7 日 7 时水位为 740.76m，唐家山堰塞湖导流槽过流后（6 月 7 日 7：08 过流），涨率逐渐减小，最高水位为 743.51m（6 月 10 日 2 时）。6 月 10 日 0 时起，唐家山堰塞湖下泄流量明显加大，治城站水位也快速下降，6 月 11 日 11 时退至 714.70m。其水位过程见图 7.4。

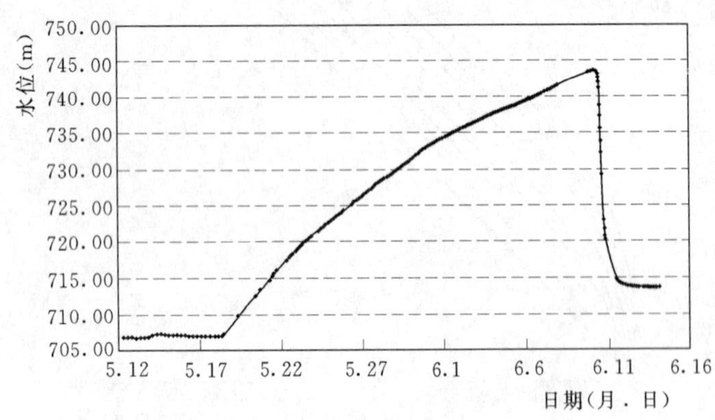

图 7.4　堰塞湖上游治城站水位过程线

2. 2008 年 5 月 25 日降雨过程及蓄水量预报

5 月 25 日 8 时，预报北川地区 5 月 25～26 日将有一次中等强度的降雨过程，5 月 27～28 日无雨，5 月 29～31 日小雨，累计雨量 38mm，总入湖水量约 7000 万 m^3。当时水位（治城）为 723.58m，如果按预报来水量计算，堰塞湖水位将急剧上涨。据事后统计，实际降雨 16.5mm，产生的总入湖实际水量约 5344 万 m^3（5 月 25 日 8 时～5 月 31 日 8 时）预报比实际偏大 31%。这次预报的偏差主要是由于山区小流域的局地气候难以掌握而造成的。

3. 唐家山堰塞湖过流时间预报

由于受到唐家山、治城、泄流渠高程变化和唐家山、治城水位观测设备个别时段损坏的影响，预报对象时有变化。

5 月 30 日 8 时，根据当时水情及预见期降雨，首次作出了堰塞湖水位（治城站）将于 6 月 4 日达到 740m 的预报。

6 月 1 日 20 时，明确发布“6 月 5 日 8 时前唐家山堰塞湖水位达到或超过 740m 没有可能，5 日 8 时以后何时达到 740m 有待 4 日 20 时的降雨形势进一步明确”的预报。

6 月 3 日 20 时，根据水雨情发展，进一步明确唐家山堰塞湖将于 6 月 7 日 2 时过流，预见期长达 78h；在随后 6 月 4 日 8 时、4 日 20 时、5 日 8 时、5 日 20 时、6 日 8 时连续 5 期预报中均维持堰塞湖将于 6 月 7 日 2 时开始过流的预报结论。实际情况是 6 月 7 日 0 时唐家山水位达到 740.00m。

4. 预报成果分析检验

（1）降雨预报检验。2008 年 5 月 20 日开始至 6 月 9 日，共完成唐家山堰塞湖地区的降雨预报 34 期（含加密预报）。该期间，唐家山堰塞湖区域共发生 3 次明显降水过程，对比实况检验发现，对 5 月 24～26 日和 6 月 5～6 日降雨过程的预报是较为成功，都提前 3～4d 预报出来，但仍存在定量降雨预报与实况存在一定的偏差。对第 3 次降雨过程的预报，由于 6 月 7 日唐家山堰址处已开始过流，对后期的降水分析工作未予以充分重视，该次降雨过程没有预报出来，为漏报现象。

另外，采用长江委水文局制定的流域面雨量评定方法（该方法偏重对预报区域内降雨有无发生和面雨量的预报量级与实况的偏差程度等考核），仅对 24h 和 48h 预见期的面雨量预报进行综合评定，其面雨量预报平均准确率分别为 79％和 80％，从预报评定的结果和实际应用效果综合分析，对唐家山堰塞湖区域降雨过程和强度的预测方面有较大的准确性，在预报实践中取得了较满意效果。

（2）水情预报检验。长江委水文局从 5 月 20 日～6 月 9 日共完成唐家山堰塞湖水雨情分析材料 28 份。经统计 12h、24h、48h 和 72h 预见期平均水位预报误差分别为 0.08m、0.09m、0.14m 和 0.23m。其中，有几次重要预报信息与实际观测值对比，均取得非常满意的预报效果：5 月 30 日 8 时，根据当时水情及预见期降雨，首次作出了堰塞湖水位（治城站）将于 6 月 4 日达到 740m 的预报。6 月 1 日 20 时，明确发布“6 月 5 日 8 时前唐家山堰塞湖水位达到或超过 740m 没有可能，5 日 8 时以后何时达到 740m 有待 4 日 20 时的降雨形势进一步明确”的预报。6 月 3 日 20 时，根据水雨情发展，进一步明确唐家山堰塞湖将 7 日 2 时过流，预见期长达 78h（第 17 期）；在随后 4 日 8 时、4 日 20 时、5 日 8 时、5 日 20 时、6 日 8 时连续 5 期预报中均维持堰塞湖将 7 日 2 时开始过流的预报结论。实际情况是 6 月 7 日 0 时唐家山水位达到 740.00m。总体而言，水文预报精度高，预见期较长，为堰塞湖防治处理提供了及时有效的应急水情信息。

汶川大地震涉及长江上游岷江、沱江、涪江和嘉陵江的上游干支流山区。地震和山体滑坡所形成的唐家山堰塞湖所处流域通口河为资料严重短缺的中小河流，面雨量定量预报难度大，洪水预报方案空白。通过深入分析流域特征，利用多种气象预报手段，借用临近水文站北川站的产流预报方案，参照临近流域的雨洪对应关系，长江委水文局预报员建立了降雨预报和产汇流预报方案；应用静库容调洪演算方法、库水位涨差预报相关图、水力学计算方法相结合开展唐家山水位的预报。从5月21日起，对唐家山堰塞湖的降雨、水量和水位过程进行滚动预报，共制作水情预测预报分析28期，为抗震救灾、应急除险的决策提供了及时可靠的依据。尤其值得一提的是：6月3日20时，根据降雨预报，提前4d预报出了泄流渠渠口水位达到740m的具体时间，为堰塞湖应急处理决策赢得了主动和时间。

7.5.2 舟曲堰塞湖水文气象应急预测预报

2010年8月7日23时，位于甘南藏族自治州舟曲县的白龙江段由局地暴雨引发泥石流阻塞白龙江形成了堰塞湖，舟曲县城受到上涨回水淹没的威胁。舟曲县城内设有舟曲水文站，白龙江上游设有白云水文站，两站有较为可靠的降水和水位流量资料，但以前没有预报方案。

泥石流灾害发生后，长江委水文局极为重视，一方面派出专家赶赴前方指导救灾，一方面组织后方技术人员进行水文气象预报工作，为前方救灾提供服务。由于舟曲以上流域面积相对较小，产汇流时间短，因此只有采用水文气象耦合模型才能获得良好的预报效果。

7.5.2.1 气象预报

白龙江舟曲以上流域面积近10000km²，以前仅有白云、舟曲两个水文站报雨量，雨量站点很稀，气象资料很少。

长江委水文局在缺少资料的情况下，积极利用网络资源，从中央气象台网站上获取了白龙江流域雨量站点分布情况和降雨量实况，并从中国天气网上获取了舟曲、迭部、宕昌、武都等地逐小时降雨。后期又通过积极沟通，从湖北省气象局的地面专线获得了甘肃省自动气象站逐小时雨量资料，为预报提供了更及时、详细的信息。

白龙江舟曲以上地区短期降雨（主要是第1d）预报方法主要是通过分析地面、高空各层实时观测资料，结合分析卫星云图上强对流云团的发展和移动方向来制作白龙江舟曲以上地区降雨预报。中期降雨（3

～7d）预报方法主要是通过分析应用欧洲中心提供的各层高度场、风场等要素中期预报产品，并参考日本、德国中期降雨量预报，制作白龙江舟曲以上地区降雨预报和陇南地区中期降雨预报。

8 月 8 日开始，长江委水文局预报处每天至少 2 次为舟曲特大泥石流救灾服务开展短中期降雨预报，截至 8 月 23 日，总共发布“白龙江舟曲以上地区降雨预报”31 期，“陇南地区中期降雨预报”3 期。

8 月 15 日，《甘肃舟曲水雨情预报分析》提前一周预报出“舟曲以上地区 17 日、20～21 日有大雨”，后虽不断滚动预报，降雨时间略有偏差，但总体量级基本维持在中到大雨量级。实况为 20～21 日舟曲以上普降中到大雨，面平均雨量 19.0mm，与预报成果极为吻合。

舟曲泥石流发生以后，一共发生 3 次较为明显的降雨过程，分别为 11～12 日、18～19 日、20～21 日，这 3 次降雨过程在舟曲气象定量预报中均有所反映，预报精度较高。

7.5.2.2　水情预报

白龙江流域地貌多为石质山岭，谷地狭窄，山势高大，水流湍急。武都以上自然植被较好，为白龙江石山森林区。武都以下植被条件较差，山坡上多为天然草丛，河谷地带被依山傍水开垦为条形梯田，主要种植经济林木及水稻、小麦等作物。由于山高坡陡，在土质较疏松的舟曲一带，汛期经常发生滑坡、泥石流等自然灾害。

舟曲以上流域雨量站点较稀，雨量单站控制面积近 5000km^2，很难控制住舟曲以上流域面平均雨量。白云、舟曲两个水文站点只有报汛数据，且为一段次报汛，难以采用常规方法率定方案。

长江委水文局在历史资料少、任务重、精度要求高的情况下，通过方案借用、综合分析等手段编制了较为系统的舟曲以上流域预报方案，并通过水文气象预报耦合模式制作了专门的舟曲洪水预报系统。

1. 方案编制

根据白龙江流域地质、地貌及植被情况，区间降雨径流采用 API 模型，产流方案借用邻近产流特征相似流域，汇流方案采用等流时线法进行参数率定。河道演算主要采用分段来水合成后错时平移的方法，水库调洪采用静库容调洪法。

由于常规雨量站点较稀，灾害发生后舟曲水文站测报条件较差，难以控制舟曲以上降雨过程，因此预报计算时主要采用中央气象台公布的气象站点实况降雨资料。根据这些站点地理分布情况，在白龙江流域划分了泰森多边形，并确定了各雨量站点权重以计算面平均雨量。

根据舟曲以上水文站点和中型水库分布情况，舟曲以上共划分了白云以上，达拉河以上，白云、达拉河—尼傲加尕区间，多儿以上，尼傲加尕、多儿—水泊峡区间，水泊峡—大立节区间，大立节—舟曲区间 7 个分区（图 7.5），编制了不同的预报方案。

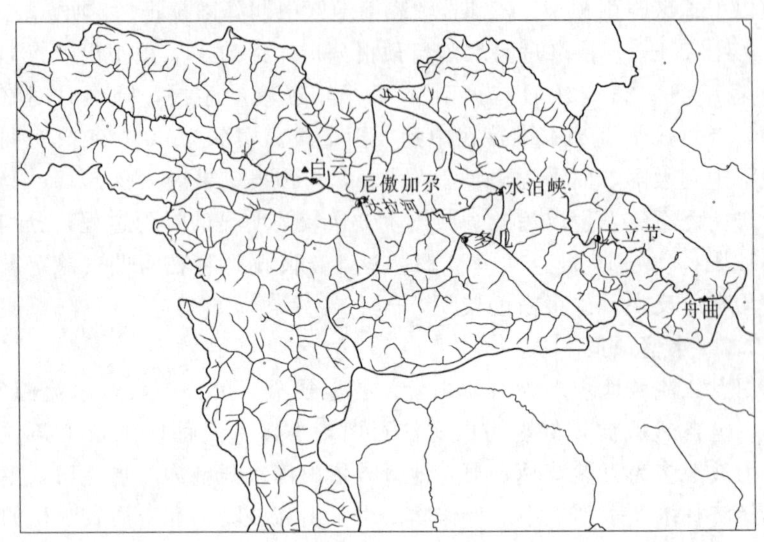

图 7.5　舟曲以上预报分区图

2. 预报系统搭建

根据预报要求和方案编制成果，长江委水文局利用长江洪水预报系统搭建了专门的舟曲以上流域水情预报框架，包含水文气象耦合预报、降雨径流预报、流量演算、水库调洪以及实时校正等，可以快捷准确地进行舟曲以上分段连续预报，极大提高了预报效率。系统预报界面如图 7.6 所示。

3. 预报服务

8 月 12 日以来，长江委水文局以每日 2 期（以早 8 时、晚 8 时实况水雨情为依据，并考虑预见期降雨）的模式进行滚动预报，截至 23 日 8 时，共发布水情预报 23 期，预报项目包括预见期 12h、24h 舟曲中断面水位、流量及洪峰水位、流量等，为前方工作组提供了技术服务。

4. 预报结果分析

2010 年 8 月 18～19 日，白龙江舟曲以上普降中到大雨，舟曲县城

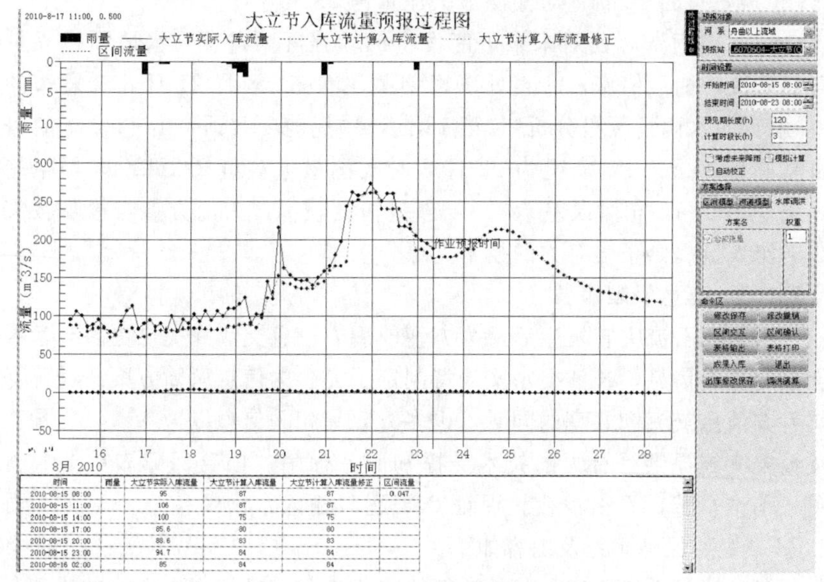

图 7.6　交互预报工作界面

降雨 22.3mm，舟曲以上流域面平均降雨 11.4mm。

20 日 8 时～21 日 8 时，白龙江流域再次发生中到大雨降雨过程，该次降雨主要发生在白龙江中上游，其中最大单点降雨量为上游降扎乡日降雨量 114.6mm。舟曲县城降雨 3.8mm，舟曲以上流域面平均降雨 19.0mm。

受其影响，舟曲以上各水文/水库站点出现一次复式洪峰的涨水过程，白龙江上游干流白云水文站 21 日 4 时出现洪峰流量 100m^3/s，此后流量维持缓退趋势。达拉河水库入库流量自 18 日开始从 40m^3/s 左右缓慢上涨，21 日 6 时入库流量 116m^3/s、出库流量 112m^3/s，此后受第二次降雨影响入库流量缓涨，出库随之增加，23 时入库洪峰流量 153m^3/s，最大出库流量 131m^3/s。下游尼傲加尕水库 21 日 8 时出现入库洪峰流量 200m^3/s，最大出库流量 200m^3/s。

多儿水库 19 日起入库流量也开始上涨，21 日 17 时～22 日 1 时入出库流量均为 58 m^3/s，干支流洪水遭遇后，水泊峡水库于 21 日 18 时 30 分出现入库洪峰流量 265m^3/s，最大出库流量 261m^3/s。

水泊峡—大立节水库之间有腊子口河汇入，腊子河洪水与水泊峡出库流量遭遇后，大立节水库于 21 日 23 时 30 分出现入库流量洪峰

289m³/s，舟曲22日8时实测最大流量为292m³/s。

8月15日起，面对未来可能发生的较强降雨过程，水情预报人员高度重视，加强值班，一直处于密切关注状态。8月21日8时发布的《甘肃舟曲水雨情预报分析》（第18期）中提前24h预报出22日8时舟曲流量为300m³/s，实况为22日8时实测最大流量292m³/s，预报绝对误差8m³/s，相对误差2.7%，预报精度较高，为前方参与抢险救灾的工作人员提供了强有力的技术支撑。

7.5.2.3 信息保障服务

舟曲泥石流灾害发生后，为方便前后方信息交流和提供更多有参考价值的资料信息，长江委水文局特制定了完善的信息保障方案。在确保前后方信息交流和共享的同时，也多方收集相关信息以做参考，为预报及救灾实施提供了有力的技术支撑和服务保障。信息保障人员24h待岗，不怕辛苦，不怕熬夜，保证24h逐时输入水雨情信息。截至8月23日，主要保障工作及内容如下。

（1）通过手机短信和电子邮件的方式接收前方工作组发回的水情信息及简报，随报随收，并及时将相关信息向领导转发。其间累计收到电子邮件100多封，水情短信500余条；转发前方短信约150条。

（2）每天及时分类整理收到的数据，并建立相关站点信息，开发数据入库程序，及时入库归档，保证了信息及时性和方便性，为预报提供数据参考。

（3）保障后方水雨情实况和预报及重要分析报告及时发送到前方，累计向前方发送预报等信息约600条，发送预报和分析报告等电子邮件约50封。

第8章　水文应急分析计算与调查

8.1　水文应急分析计算的特点

鉴于突发性自然灾害下的应急防洪调度决策的复杂性、动态性、不确定性、紧迫性等特点，应急防洪实时调度已成为重要的应用研究课题。水文应急分析计算可以为防洪决策提供技术支持，它可以提高实时调度的时效，有利于及时、迅速地作出防洪调度决策，提高防洪减灾的实际效果。

水文应急分析计算首先应具有明确的时效性要求，即从资料（信息）采集到针对水情应急预测预报及防洪调度方案的水文分析计算所需时间应短于洪水预报的预见期，否则无法及时作出调度决策的调整和实施。另一方面是计算成果的可靠性要求，根据应急情况下水情和工情进行的水文分析计算成果用来作出面临时段及未来一定时段的洪水调度决策，一旦成果出现重大偏差就会造成严重后果。因此要求尽量采用简便、实用和成熟的计算方法，适当保守取用计算参数。需要进行综合分析，对采用的成果进行评价，确保成果的可靠性。

8.2　主要工作内容

水文应急分析计算主要包括以下几个方面的内容：工程地点处河流的设计流量；设计流量过程；水库（堰塞湖）水体突然泄放时的初瞬流态、坝址最大下泄量、溃坝洪水过程线，溃坝洪水向下游演进；堰塞湖的调洪计算；分蓄洪工程的进出口门、河道过流能力，分蓄洪区的容蓄量；防洪控制点的水位流量关系等。

对于采取山凹、副坝临时破口泄洪的应急措施，应考虑相应的溃坝洪水将给下游造成的严重灾害。一般应进行溃坝洪水计算，推求洪水可能流经的途径、淹没范围、洪水传播时间等，并应预先考虑安排紧急警报措施，尽可能及时组织受淹区居民将财产转移到安全地带，力求减轻洪灾损失。

蓄滞洪区的有效运用问题，应根据洪水预报、水库联合调度及河道洪水演进计算推求出进洪口门前将出现的洪水过程，判断出现超额洪水的时间，以便达到适时有效的分洪效果。有时还需要计算超额洪水总量、蓄滞洪区有效蓄纳洪水的容积等内容。

8.3 基本资料的收集和整理

8.3.1 资料收集及复核

（1）流域基本情况。包括地理位置、地形地貌、水文地质、土壤、植被覆盖情况及流域水系分布。

（2）流域特征情况。包括流域面积、流域平均高度和坡度、流域平均宽度、河道长度、纵比降、河流走向、工程河道断面特征等。

（3）人类活动情况。包括流域已建和在建的各型水库工程、引水工程、分蓄洪工程等。

（4）流域站网布设及测验情况。水文测验、整编资料及洪水调查资料的审查等必须了解流域内水文测站基本情况。包括测站的集水面积、测站设置、停测、搬迁等，历次采用过的高程系统以及各高程系统之间的转换关系等。

（5）水位流量资料。水位流量资料包括国家基本站网及专用水文站、水位站实测和历史洪水调查资料。这些资料主要从水文年鉴、水文图集、各省（自治区、直辖市）及流域机构编制的水文统计、水文手册、历史洪水调查及汇编中搜集。

（6）其他水文资料。水文资料复查报告、水文分析计算报告、暴雨等值线图、各省（自治区、直辖市）编制的《暴雨径流查算图表》；流域内相关规划、各型水利工程等水文分析计算成果。

8.3.2 资料整理及复核

水位资料的合理性检查：通过绘制基本断面平均河底高程变化过程线，或绘制本站累积水位保证率曲线，可检查水尺高程变动情况。

检查水位资料有明显矛盾或突出怀疑点；核实水准基点的正确性；水尺断面和水尺零点高程的变动情况。

流量资料的核实主要从测流方法、水位—流量关系定线及高水外延方面进行核定。

8.3.3　资料系列的“三性”分析

为确保水文应急分析计算成果质量，依据规范要求对水文资料系列进行可靠性、代表性和一致性进行分析。当资料系列受人类活动影响明显具有不一致性时，应进行一致性处理；当资料系列较短，代表性不足时应进行插补延长。

8.4　设计流量计算

8.4.1　有流量资料的情况

根据水文测站及历史洪水调查资料，对洪峰和时段洪量系列进行频率计算。采用矩法或其他参数估计法，估算统计参数。也可采用经验适线法，应侧重考虑可靠大洪水点据。

如工程所在地附近已经调查到可靠的历史洪水，其重现期与本工程点的设计洪水标准接近时，可直接采用历史洪水或进行适当调整。

1. 经验频率及统计参数

在 n 项连序洪水序列中，按大小顺序排位的第 m 项洪水的经验频率 p_m，其计算公式为

$$p_m = \frac{m}{n+1} \quad m = 1,2,\cdots,n \tag{8.1}$$

式中　n——洪水序列项数；

m——洪水连序系列中的序位；

p_m——第 m 项洪水的经验频率。

在调查考证期 N 年中有特大洪水 a 个，其中 l 个发生在 n 项连序系列内，这类不连序洪水系列中各项洪水的经验频率可采用下列数学期望公式（8.2）和式（8.3）计算。

（1）a 个特大洪水的经验频率为

$$P_M = \frac{M}{N+1} \quad M = 1,2,\cdots,a \tag{8.2}$$

式中　N——历史洪水调查考证期；

a——特大洪水个数；

M——特大洪水的序位；

P_M——第 M 项特大洪水的经验频率。

（2）$n-l$ 个连序洪水的经验频率为

$$p_m=\frac{a}{N+1}+\left(1-\frac{a}{N+1}\right)\frac{m-l}{n-l+1}\quad m=l+1,\cdots,n \tag{8.3}$$

式中　l——从 n 项连序序列中抽出的特大洪水个数。

2. 参数估计

洪水系列中统计参数可采用矩法估计，也可以采用概率权重矩法、双权函数法、线性矩法等估计。

对于 n 年连序系列，可采用式（8.4）～式（8.7）计算各统计参数。

均值
$$\overline{X}=\frac{1}{n}\sum_{i=1}^{n}X_i \tag{8.4}$$

均方差
$$S=\sqrt{\frac{1}{n-1}\sum_{i=1}^{n}(X_i-\overline{X})^2} \tag{8.5}$$

变差系数
$$C_v=\frac{S}{\overline{X}} \tag{8.6}$$

偏态系数
$$C_s=\frac{n\sum_{i=1}^{n}(X_i-\overline{X})^3}{(n-1)(n-2)\overline{X}^3C_v^3} \tag{8.7}$$

式中　$\overline{X}$——系列均值；

S——系列均方差；

C_v——变差系数；

C_s——偏态系数；

X_i——系列变量（$i=1,2,\cdots,n$）；

n——系列项数。

对于不连序系列，计算公式见式（8.8）～式（8.10）。

$$\overline{X}=\frac{1}{N}\left(\sum_{j=1}^{a}X_j+\frac{N-a}{n-l}\sum_{i=l+1}^{n}X_i\right) \tag{8.8}$$

$$C_v=\frac{1}{\overline{X}}\sqrt{\frac{1}{N-1}\left[\sum_{j=1}^{a}(X_i-\overline{X})^2+\frac{N-a}{n-l}\sum_{i=l+1}^{n}(X_i-\overline{X})^2\right]} \tag{8.9}$$

$$C_s=N\left[\sum_{j=1}^{a}(X_j-\overline{X})^3+\frac{N-a}{n-l}\sum_{i=l+1}^{n}(X_i-\overline{X})^3\right]\Big/\left[(N-1)(N-2)\overline{X}^3C_v^3\right] \tag{8.10}$$

式中　X_j——特大洪水变量（$j=1,2,\cdots,a$）；

X_i——实测洪水变量（$i = l+1,\cdots,n$）；

N——历史洪水调查考证期；

a——特大洪水个数；

l——从 n 项连序序列中抽出的特大洪水个数。

8.4.2　流量资料缺乏情况

当工程断面的洪水资料短缺时，可利用邻近地区分析计算的洪峰、洪量统计参数，或采用相同频率的洪峰模数等进行地区综合。

当流域面积小于 1000km^2，实测资料又短缺时，可采用经审批的暴雨径流查算图表计算设计洪水。查算图表中大多根据设计暴雨，采用推理公式法和单位线方法计算设计流量。

山区、丘陵区小流域设计流量，可按暴雨径流公式或地区性流量经验公式计算。

1. 地区经验公式

计算最大洪峰流量的地区经验公式是利用同一水文分区内各站实测洪水资料，作洪峰流量与其主要影响因素的相关分析，确定相关关系及地区性经验参数，以解决无资料流域设计流量的计算。

（1）当地区上各种不同大小的流域面积都有较长期的实测流量资料和一定数量的调查洪水资料时，可对洪峰流量进行频率计算，然后用某频率的洪峰流量与流域特征作相关分析，制定经验公式。常见的形式见式（8.11）。

$$Q_{mp} = C_p F^n \tag{8.11}$$

式中　F——流域面积（km^2）；

C_p——随频率而变的经验性系数；

n——经验性指数。

（2）在同一水文分区内，如有相似汇水区或同一汇水区中有较可靠的设计流量成果，或有洪水资料能较可靠地求得设计流量时，可采用面积比拟法进行推求，计算公式见式（8.12）。

$$Q_{p1} = \left(\frac{F_1}{F_2}\right)^{n_1} Q_{p2} \tag{8.12}$$

式中　Q_{p1}、F_1——设计断面处的设计流量、汇水面积；

Q_{p2}、F_2——相似汇水区的设计流量、汇水面积；

n_1——经验性指数，按地区经验值取用，一般为 0.5～0.8。

(3) 对于实测流量系列较短、暴雨资料相对较长的地区，可以建立洪峰流量与暴雨特征和流域特征的关系，形式见式 (8.13)、式 (8.14)。

$$Q_m = CH_{24}^{\alpha} F^n \tag{8.13}$$

或者

$$Q_m = Ch_t^{\beta} F^n J^m \tag{8.14}$$

式中 H_{24}——最大 24h 雨量 (mm)；

h_t——时段净雨量 (mm)；

α、β——暴雨特征的指数；

n、m——流域特征指数；

C——综合指数；

F、J——流域面积和河道平均比降。

(4) 有些地区建立了洪峰流量均值与暴雨特征和流域特征的关系，形式见式 (8.15)、式 (8.16)。

$$\overline{Q}_m = CF^n \tag{8.15}$$

$$\overline{Q}_m = C\overline{H}_{24} F^n J^m \tag{8.16}$$

式中 $\overline{H}_{24}$——最大 24h 暴雨均值；

其他符号意义同前。

此法求出的洪峰均值还需要其他方法求出洪峰流量的变差系数和偏态系数值，才能计算出设计洪峰流量值。

2. 推理公式法

推理公式法是常用于小流域计算洪峰流量的一种方法。它将流域汇流时间内的净雨强度用汇流时段 τ 内的平均净雨强度 h_τ/τ 来表达；汇流面积曲线 $\partial \omega(t)/\partial \tau$ 全程概化为矩形，且沿程的汇流速度不变。

根据上述概化条件，最大时段雨量历时关系可用 $H_t = St^{1-n}$ 表达，则洪峰流量计算公式为

$$Q_m = 0.278 \frac{\psi S_P}{\tau^n} F \tag{8.17}$$

相关参数的计算见式 (8.17) ～式 (8.19)。

当 $t_\tau > \tau$，全面汇流时

$$\psi = 1 - \frac{\mu}{S_P} \tau^n \tag{8.18}$$

当 $t_\tau < \tau$，相当于部分汇流时

$$\psi = n\left(\frac{t_c}{\tau}\right)^{1-n}, \quad t_c = \left[(1-n)\frac{S}{\mu}\right]^{1/n} \tag{8.19}$$

式中　t——降雨历时，h；

t_c——净雨历时，h；

μ——净雨历时内平均损失率，mm/h。

若用流域平均汇流速度综合反映坡面与河道汇流特性，采用简化的稳定流流速计算公式，见式（8.20）。

$$\tau = \frac{0.278L}{(mJ^{\alpha}Q_m^{\beta})} \tag{8.20}$$

若式（8.20）中 α、β 分别取 1/3、1/4 时，汇流历时可用式（8.21）或式（8.22）表示。

$$\tau = \tau_0 \psi^{\frac{1}{4-n}} \tag{8.21}$$

$$\tau = \frac{0.278^{\frac{3}{4-n}}}{\left(\frac{mJ^{\frac{1}{3}}}{L}\right)^{\frac{4}{4-n}}}(S_P F)^{4-n} \tag{8.22}$$

将式（8.21）或式（8.22）与式（8.17）进行联解，即可求出相应于全面汇流和部分汇流两种下的洪峰流量 Q_m 值。

参数 m 值可按已建立的 $m—\theta$ 关系求得。其关系式为

$$\theta = \frac{L}{J^{1/3}} \quad 或 \quad \theta = \frac{1}{J^{1/3}F^{1/4}} \tag{8.23}$$

对于没有条件确定该值时，可参照表 8.1 查用。

表 8.1　　　　汇流参数查用表

流域河道情况	m		
	θ=1～30	θ=30～100	θ=100～400
流域植被覆盖较差，黄土高原，丘陵区	0.8～1.2	1.2～1.6	1.6～2.0
卵石河滩、有滩地并有杂草，流域内多灌木及旱地作物	0.7～1.0	1.0～1.2	1.2～1.4
雨量充沛、地表透水性较好，植物覆盖较好，水稻区	0.6～0.9	0.9～1.1	1.1～1.2

3. 单位线汇流计算

由净雨过程推求流量过程，在实践中常采用经验单位线、瞬时单位线和综合单位线法。

(1) 经验单位线。单位时段内由流域时空分布均匀的单位净雨（一般取 10mm）所形成的流域出口断面处的地面径流过程线称为单位线。

根据实测雨洪资料直接分析得出本流域的单位线为经验单位线。分析和使用经验单位线有 2 个基本假定：①倍比假定，如果单位时段内的净雨不是一个单位而是 n 个单位，则它所形成的流量过程线的底长与单位线的底长相同，流量则为单位线的 n 倍。②叠加假定，如果降雨历时不是一个时段而是 m 个时段，则各时段的净雨所形成的流量过程线之间互不干扰，出口断面的流量过程等于 m 个流量过程之和。以上的假定是把流域汇流看成一个线性系统。

依据以上 2 个假定，可以用分析法和试算法推求经验单位线。

在推求稀遇频率的设计洪水时，如单位线是根据中小洪水分析而来，则应注意流域汇流条件的变化。如高水时河道水力条件有所改变，在分析单位线时则应充分考虑大洪水资料，这样可以减少误差。

（2）瞬时单位线。若单位线时段缩短为瞬时，则单位线为瞬时单位线。一般用数学函数来表达。若把流域汇流时间看作 n 个串联的线性水库，由此模型导出瞬时单位线的公式见式（8.24）。

$$u(0,t)=\frac{1}{K\Gamma(n)}\left(\frac{t}{K}\right)^{n-1}\mathrm{e}^{t/K} \tag{8.24}$$

式中 Γ——伽玛函数；

n——相当于线性水库的个数；

K——线性水库蓄泄方程的汇流历时；

$u(0,t)$——瞬时单位线的纵标。

式（8.24）中有两个反映流域汇流特征的参数，即 n，K，可根据实测雨洪资料求得净雨过程和地面径流过程，通过净雨和流量的一阶原点矩和二阶中心矩计算公式求得。

在实际应用中需要将瞬时单位线转换成时段单位线，一般用 S 曲线进行转化，即对 $u(0,t)$ 进行积分，可得 $S(t)$ 曲线，见式（8.25）。

$$S(t)=\frac{1}{\Gamma(n)}\int_0^{t/K}\left(\frac{t}{K}\right)^{n-1}\mathrm{e}^{t/K}\mathrm{d}\left(\frac{t}{K}\right) \tag{8.25}$$

将 $S(t)$ 曲线移后 Δt 得到 $S(t-\Delta t)$ 曲线，其纵差乘因次转换系数，即得时段为 Δt 的单位线。

（3）综合单位线。若本流域无实测雨洪资料，需要根据流域特征来推求经验单位线要素或瞬时单位线的参数 n、K，据此求出的单位线称综合单位线。一般先对单站的单位线进行综合，而后进行单位线的地区综合，供无资料地区使用。

综合单位线中参数 $m_2 = n^{-1}$ 对洪水过程线影响较小，可当作常数看待。m_1 的计算公式见式（8.26）。

$$m_1 = CF^a J^b \tag{8.26}$$

式中　C——综合系数；

a、b——指数。

8.5　设计洪水过程线

如工程地点需要设计洪水过程线，一般采用典型洪水过程线的方法推求。为了简便，可根据情况按设计洪峰或某一时段设计洪量控制，以同倍比放大典型洪水过程。用推理公式计算设计洪峰流量后，可采用概化方法计算设计洪水过程线。

8.6　河道过流能力计算

8.6.1　计算方法

根据需要，为确定河道过流能力，或确定堰塞体开挖方案，需要计算河道或不同开挖方案时的河道过流能力。一般情况下根据实测大断面或理想断面，河道纵坡降（或水面实测比降），采用水力学方法进行推算，如利用曼宁公式等。

断面流量计算的曼宁公式见式（8.27）。

$$Q = \frac{1}{n} A R^{2/3} J^{1/2} \tag{8.27}$$

式中　Q——流量，m^3/s；

A——过水断面面积，m^2；

R——水力半径，m；

J——比降，以小数计；

n——河道糙率。

在计算之前需要确定公式中的几个水力要素，河道糙率一般根据经验进行确定。

河床糙率是阻滞水流的系数，它直接影响流速流量的大小，故应慎重选取。在有实测条件时，应取得实测洪水资料，用曼宁公式反推糙率。若无上述资料，可根据形态调查在表 8.2 中选定。

表 8.2　天然河流河道糙率参考表

(1) 单式断面（或主槽）较高水部分

<table>
<tr><th colspan="2" rowspan="2">类型</th><th colspan="3">河 段 特 征</th><th rowspan="2">n</th></tr>
<tr><th>河床组成及床面特性</th><th>平面形态及水流流态</th><th>岸壁特性</th></tr>
<tr><td colspan="2">Ⅰ</td><td>河床为砂质组成，床面较平整</td><td>河段顺直，断面规整，水流通畅</td><td>两侧岸壁为土质或土砂质，形状较整齐</td><td>0.020～0.024</td></tr>
<tr><td colspan="2">Ⅱ</td><td>河床为岩板、砂砾石或卵石组成，床面较平整</td><td>河段顺直，断面规整，水流通畅</td><td>两侧岸壁为土砂质或石质，形状较整齐</td><td>0.022～0.026</td></tr>
<tr><td rowspan="2">Ⅲ</td><td>1</td><td>砂质河床，河底不太平整</td><td>上游顺直，下游接缓弯，水流不够通畅，有局部回流</td><td>两侧岸壁为黄土，长有杂草</td><td>0.025～0.029</td></tr>
<tr><td>2</td><td>河底为砂砾或卵石组成，底坡较均匀，床面尚平整</td><td>河段顺直段较长，断面较规整，水流较通畅，基本上无死水、斜流或回流</td><td>两侧岸壁为土砂质、岩石，略有杂草、小树，形状较整齐</td><td>0.025～0.029</td></tr>
<tr><td rowspan="2">Ⅳ</td><td>1</td><td>细砂，河底中有稀疏水草或水生植物</td><td>河段不够顺直，上下游附近弯曲，有挑水坝，水流不顺畅</td><td>土质岸壁，一岸坍塌严重，为锯齿状，长有稀疏杂草及灌木；一岸坍塌，长有稠密杂草或芦苇</td><td>0.030～0.034</td></tr>
<tr><td>2</td><td>河床为砾石或卵石组成，底坡尚均匀，床面不平整</td><td>顺直段距上弯道不远，断面尚规整，水流尚通畅，余流或回流不甚明显</td><td>一侧岸壁为石质，陡坡，形状尚整齐；另一侧岸壁为砂土质，略有杂草、小树，形状较整齐</td><td>0.030～0.034</td></tr>
<tr><td colspan="2">Ⅴ</td><td>河底为卵石、块石组成，间有大漂石，底坡尚均匀，床面不平整</td><td>顺直段夹于两弯道之间，距离不远，断面尚规整，水流显出斜流、回流或死水现象</td><td>两侧岸壁均为石质，陡坡，长有杂草、树木，形状尚整齐</td><td>0.035～0.040</td></tr>
<tr><td colspan="2">Ⅵ</td><td>河床为卵石、块石、乱石，或由大块石、大乱石及大孤石组成；床面不平整，底坡有凹凸状</td><td>河段不顺直，上下游有急弯，或下游有急滩，深坑等。河段处于S形顺直段，不整齐，有阻塞或岩溶情况较发育，水流不通畅，有斜流、回水、漩涡、死水现象。河段上游为弯道或为两河汇口，落差大，水流急，河中有严重阻塞，或两侧有伸入河中的岩石，伴有深潭或有回流等。上游为弯道，河段不顺直，水行于深槽峡谷间，多阻塞，水流湍急，水声较大</td><td>两侧岸壁为岩石及砂土，长有杂草、树木，形状尚整齐。两侧岸壁为石质砂夹乱石、风化页岩，崎岖不平整，上面生长杂草、树木</td><td>0.04～0.10</td></tr>
</table>

(2) 滩地部分 续表

类型	滩地特征描述			糙率 n	
	形态	床质	植被	变化幅度	平均值
Ⅰ	平面顺直，纵断平顺，横断面整齐	土、砂质、淤泥	基本上无植物，或为已收割的麦地	0.026～0.038	0.030
Ⅱ	平面，纵断，横面尚顺直整齐	土、砂质	稀疏杂草、杂树，或矮小农作物	0.030～0.050	0.040
Ⅲ	平面，纵断，横面尚顺直整齐	砂砾、卵石滩、或为土砂质	稀疏杂草、小杂树，或种有高秆作物	0.040～0.060	0.050
Ⅳ	上下游有缓弯，纵面、横面尚平坦，但有束水作用，水流不通畅	土砂质	种有农作物，或有稀疏树林	0.050～0.070	0.060
Ⅴ	平面不通畅，纵面、横面起伏不平	土砂质	有杂草、杂树，或为水稻田	0.060～0.090	0.075
Ⅵ	平面尚顺直，纵面、横面起伏不平，有洼地，土埂等	土砂质	长满中密的杂草及农作物	0.080～0.120	0.100
Ⅶ	平面不通畅，纵面、横面起伏不平，有洼地，土埂等	土砂质	3/4 地带长满茂密的杂草、灌木	0.110～0.160	0.130
Ⅷ	平面不通畅，纵面、横面起伏不平，有洼地，土埂阻塞物	土砂质	全断面有稠密的植被、芦柴或其他植物	0.160～0.200	0.180

8.6.2 应用举例——甘肃舟曲三眼峪堰塞体河段过程能力分析计算

1. 堰塞体设计开挖方案

舟曲泥石流灾害发生后形成了堰塞湖（堰塞体顶高程为 1308.88m），致使三眼峪河段过流能力大大减低（河宽约 75m），而且正值白龙江主汛期，随时有发生大洪水的可能。根据前方指挥部的总体部署，计划在三眼峪堰塞河段开挖，形成人工河槽，以应对可能发生的洪水。

根据长江委设计院提供的三眼峪河段开挖设计方案，开挖一底宽 20m、边坡 1∶1.5 梯形断面导流渠，开挖纵比降为 3‰，开挖深度分为两种方案：①开挖深度 7m，即开挖后河底高程为 1301.88m。②开挖深度 4m，即开挖后河底高程 1304.88m，设计开挖断面剖面见图 8.1（水位基面为假定基面）。

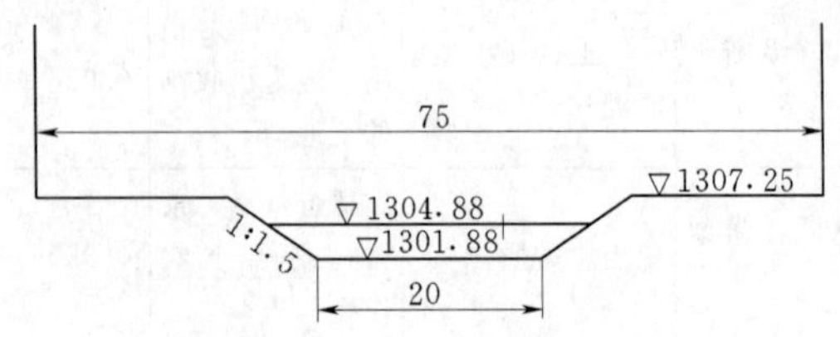

图 8.1　白龙江舟曲三眼峪断面
开挖剖面图（单位：m）

2. 舟曲河段设计洪水

根据目前收集到的资料，舟曲河段设计洪水有两套成果：一为甘肃省水利水电设计研究院编制完成的《白龙江堰塞湖除险及河道应急疏通工程实施方案》（2010 年 8 月），该报告中利用立节水文站实测资料，分析计算得出舟曲设计洪水成果；二为甘肃省水文局《甘肃省水文情报预报工作手册》（2002 年 12 月）中所列成果（表 8.3）。两套成果得出的舟曲站设计洪水差别较大。

表 8.3　　**舟曲设计洪水成果表**　　单位：m^3/s

成果来源	设计频率		
	5%	10%	20%
甘肃省水利水电设计研究院	904	736	570
甘肃省水文局	679	579	478

3. 设计水位的估算

三眼峪河段过流能力采用曼宁公式（8.28）进行估算

$$Q=\frac{1}{n}AR^{2/3}J^{1/2} \tag{8.28}$$

上述开挖断面仅限于河道内，因岸上地形资料缺乏，故对岸上部分作简化处理，按矩形考虑。据此计算了断面湿周、平均河宽、水力半径等水力要素，计算逐级水位下的过水断面面积。

舟曲河段泥石流灾害发生后，河床质发生了较大变化。根据现场查勘情况来看，主槽及边滩河床质主要以石块及建筑物碎渣组成（开挖后主槽情况较开挖前有所好转)，糙率较大。计算时采用了上断面实测流量及中断面实测断面反推的方法来估算本河段的综合糙率。根据经验及反推的结果，初步拟定糙率为 0.047～0.05（频率为 5%糙率采用 0.047，其他频率糙率采用 0.05），比降采用设计开挖值 3‰。开挖 4m 方案设计水位成果见表 8.4，开挖 7m 方案设计水位成果见表 8.5。

表 8.4　　开挖 4m 方案设计水位成果表

成果来源	项　目	频　率		
		5%	10%	20%
甘肃省水利水电设计研究院	流量 (m^3/s)	904	736	570
	水位 (m)	1310.72	1310.37	1309.80
甘肃水文局	流量 (m^3/s)	679	579	478
	水位 (m)	1310.05	1309.84	1309.47

表 8.5　　开挖 7m 方案设计水位成果表

成果来源	项　目	频　率		
		5%	10%	20%
甘肃省水利水电设计研究院	流量 (m^3/s)	904	736	570
	水位 (m)	1309.45	1309.09	1308.52
甘肃水文局	流量 (m^3/s)	679	579	478
	水位 (m)	1308.77	1308.57	1308.20

对比两套成果，在开挖 4m 的情况下，5%、10%、20%的设计流量时，甘肃省水利水电设计研究院设计洪水成果推求的设计水位比甘肃水文局设计洪水成果推求的设计水位分别高出 0.67m、0.53m、0.33m；在开挖 7m 的情况下，前者较后者推求的设计水位高出 0.68m、0.52m、0.32m。

4. 最大过流能力的估算

根据长江委水文局前方监测组实地调查并测量，求得的舟曲泥石流发生时因堰塞坝造成的中断面最高壅高水位为 1309.33m。同上采用曼宁公式估算在该水位下，设计开挖的导流渠在开挖 4m、7m 时的设计方案下，堰塞坝河段的最大过流能力分别为 $444m^3/s$、$858m^3/s$。

8.7　库容曲线

在堰塞湖应急抢险中，为防汛度险常需要推求堰塞湖的库容曲线。一般情况下可根据库区实测横断面资料计算水库的水位—库容曲线。

当库区实测横断面资料无法获得时，可根据大比例尺地形图，对库区河道不同水位级条件下的河道平均宽度进行估算，再依据河道河床的平均坡降计算水库的水位—库容曲线。

8.8 溃坝流量计算

溃坝不恒定流计算是水力学中一个难度较大的课题，在交通部门和水利部门的设计技术手册中都推荐使用经验公式进行估算。此处采用经验公式法估算溃坝坝址峰顶流量，采用线性河道法和洪峰展平公式进行洪水演进计算。

8.8.1 坝址最大流量

目前国内外计算坝址断面最大流量的方法及经验公式很多，如里特尔—圣维南法、波额流量法、波流与堰流相交法、斯托克法、正负波相交法以及肖克利奇公式、铁道部科学研究院经验公式、辽宁省水文总站公式等。

铁道部科学研究院在板桥水库溃坝模型试验的基础上，结合河南、辽宁等 13 个省 400 余座已溃水库的资料，开展了水库溃坝最大流量的研究。应用不同尺寸的试验水槽和模型，针对不同的溃坝要素共进行了约 600 次试验，提出了溃坝最大流量的经验公式

$$Q_{max} = 0.27\sqrt{g}\left(\frac{L}{B}\right)^{1/10}\left(\frac{B}{b}\right)^{1/3} b(H_0 - kh)^{3/2} \tag{8.29}$$

式中 Q_{max}——坝址断面溃坝最大流量，m^3/s；

g——重力加速度，取 $9.8m/s^2$；

B——库宽，坝址处水面宽（通常用坝长表示），m；

L——库区长度［一般可采用坝址断面至库区上游端部淹没宽度突然缩小处的距离，或近似地按 $L=\frac{V}{H_0 B}$（V 为溃坝时库容），当 $\frac{L}{B}>5$ 时，均按 $\frac{L}{B}=5$ 计算］，m；

b——坝体溃决口门平均宽度，m；

H_0——坝前水深，m；

h——溃坝后坝体残留高度（在无确切 h 估算值的情况下，可假定 $h=0$ 以策安全），m；

k——修正系数，可按 $k=1.4\left(\frac{bh}{BH_0}\right)^{1/3}$ 式计算。当 $\frac{bh}{BH_0}>0.3$ 时，则按 $k=0.92$ 计算。

利用式（8.29）对板桥水库天然溃坝以及浙江省南山水库自溃坝实测资料进行了验证，公式计算值与实测值分别相差 1.4%、5%，精度较高。由于该公式对边界条件没有特别的要求，采用此公式计算溃坝后坝址的最大流量 Q_{max}。

由式（8.29）可以看出，Q_{max} 的大小与溃坝时的坝址水深、坝址断面形状及尺寸有关，根据 SL 104—95《水利工程水利计算规范》等，水库坝体溃决的可能情况应根据壅水过流物的材料性质、结构性能及荷载情况等综合拟定。

8.8.2　坝址流量过程线

决定溃坝洪水灾害大小的因素有两点：一是洪峰大小，二是洪水过程线形状。一般而言，洪峰小或洪水过程线长，对下游影响就小些，反之则大些。

根据以往试验和对成果的分析，得出溃坝洪水流量过程线与溃坝初瞬的最大流量 Q_{max}、溃坝前入库流量 Q_0、下游水位以及溃坝时库容 V 有关，其线型可概化为四次抛物线型的流量过程线（图 8.2），即溃坝初瞬流量突增到 Q_{max}，在很短时间内流量迅速降为 Q_0 形成下凹曲线，典型过程线数据见表 8.6。

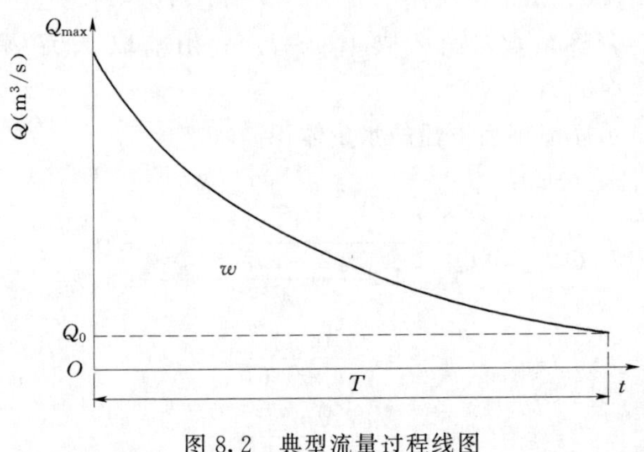

图 8.2　典型流量过程线图

表 8.6　　典型流量过程线

t/T	0	0.05	0.1	0.2	0.3	0.4	0.6	0.8	0.9	1.0
Q_t/Q_{max}	1.0	0.62	0.48	0.34	0.26	0.207	0.130	0.061	0.030	Q_0/Q_{max}

当 Q_{max}、Q_0 及溃坝时库容 V 已知时，可用试算法确定坝址溃坝流量过程线。T 为过程线总历时（s），计算公式为

$$T = K\frac{V}{Q_{max}} \tag{8.30}$$

式中　K——系数，一般取 4～5；

V——可泄水量，全溃时为溃坝时的库容。

计算出 T 后，由表 8.6 中的 t/T 和 Q_t/Q_{max} 推算出各库的溃坝洪水过程。

8.8.3　溃坝洪峰演进计算

一般采用李斯特万公式、谢任之公式以及克里茨基—曼开里 3 个公式来计算入库断面处的洪峰流量，它们都是在基于棱柱体河槽、洪水波概化为三角形、忽略惯性项这 3 个基本假定之上提出的洪峰展平公式。

（1）李斯特万公式：

$$Q_{x\max} = \frac{W}{\frac{W}{Q_{max}} + \frac{x}{K\bar{v}_{max}}} \tag{8.31}$$

式中　x——坝址至某一断面的距离，m；

$\bar{v}_{max}$——河道洪水期断面最大平均流速（在有资料的地区 $\bar{v}_{max}$ 可采用历史上的最大值，如无资料，一般山区可采用 3.0～5.0，山前区可用 2.0～3.0），m/s；

K——调整系数，山区取 1.1～1.5；山前取 1.0；平原取 0.8～0.9；

W——水库溃坝后下泄的水量体积，m^3。

（2）谢任之公式：

$$Q_{x\max} = Q_{max}\left[\frac{1}{1 + \frac{(2-r)\lambda n^{2-r} Q_{max}^{2-r}}{W^2 i^{2-0.5r}} x}\right]^{\frac{1}{2-r}} \tag{8.32}$$

其中

$$r = \frac{0.33}{m + 0.67}$$

$$\lambda = \frac{1.32 A^r m^{0.33-0.67r}}{r(m+1)^2}$$

（3）克里茨基—曼开里公式：

$$Q_{x\max} = Q_{\max}\left[\frac{1}{1+\frac{2n^2Q_{\max}^2}{W^2i^2}x}\right]^{\frac{1}{2}} \tag{8.33}$$

8.9　水位流量关系

根据实际要求，应拟定设计断面工程修建前的天然河道水位流量关系。水位高程系统应与工程设计采用的高程系统一致。我国各地水位观测和洪水、枯水调查采用的高程系统较多，同一水准点基面平差前后的数值也有差异，水文站、水位站多采用冻结基面和假定基面。拟定水位流量关系曲线时，要求查明水位高程的基面系统、平差情况及其换算关系。

8.9.1　有资料条件下的水位流量关系的拟定

当设计断面有水位和流量观测资料时，可根据实测资料点绘水位流量关系，再进行高、低水部分外延。当设计断面只有实测水位资料，且上（下）游有可供移用的流量资料时，可根据实测水位和移用流量拟定水位流量关系。

当设计断面无实测水位资料，但上（下）游有可供移用的流量资料时，应设站观测水位。当设计断面有实测水位资料，且上（下）游无可供移用的流量资料时，应在设计断面所在河道施测流量。

当实测的水位流量关系点据较为集中时，一般可以通过点群中心定出单一线。如点据散乱，除定出一条平均线外，有时还需要在平均线两侧分别定出上、下包线。上、下包线可以将所有点据包括，也可以将大部分点据包括，可视工程设计的要求从偏安全的角度确定。

8.9.2　缺乏或无实测流量资料时水位流量关系的拟定

设计断面所在河段无实测水文资料时，可利用水文调查资料，在设计断面所在河段施测大断面、水位、流量等，调查或测量不同水位级的水面比降，应用多种方法综合拟定水位流量关系曲线。

对于无实测资料的河流，一般都根据河道实际情况，依据调查水位、流量，以及实测河道断面、地形资料等，对各级水位时河道过流流量进行推算，以此建立设计断面的水位流量关系。

1. 稳定均匀流洪峰流量的推算

当河底纵坡均一、河道顺直、断面在较长河段内较规整时，常能近似地形成稳定的均匀流，即通过同一流量时，河底线、水面线和能面线三线基本上平行，其洪峰流量可按式（8.34）、式（8.35）计算：

$$Q = A\overline{v} \tag{8.34}$$

$$\overline{v} = \frac{1}{n}R^{2/3}J^{1/2} \tag{8.35}$$

2. 稳定非均匀流洪峰流量的计算

当河道内各断面的形状和面积相差较大时，各断面通过的流量虽然相同，但各断面的水深和流速却不一样，因此，河底线、水面线和能面线互不平行，其洪峰流量按式（8.36）计算：

$$Q = \overline{K}\sqrt{\frac{\Delta Z}{L - \left(\frac{1 \pm \xi}{2g}\right)\left(\frac{\overline{K}^2}{A_1^2} - \frac{\overline{K}^2}{A_2^2}\right)}} \tag{8.36}$$

式中　ΔZ——两断面间水位的水位差，m；

L——上下两断面的间距，m；

A_1、A_2——上下游过水断面面积，m^2；

ξ——局部水头损失；

$\overline{K}$——上下两断面输水系数的平均值。

K 可采用式（8.37）计算：

$$\overline{K} = \sqrt{K_1K_2} \quad 或 \quad \overline{K} = \frac{1}{2}(K_1 + K_2) \tag{8.37}$$

式中　K_1、K_2——上下游断面的输水系数。

3. 急滩

当控制断面上游河床坡度小于临界坡，下游河床坡度大于临界坡时，则变坡点处的流量可按临界流公式计算。

假设变坡点处临界水深为 H_k，以此向上游推算水面线至洪痕位置处，若推算水面线与洪痕处的水面线不符，可再重新假设临界水深，至相符为止，此时按临界流公式算得的变坡点处的流量即为所求的洪痕处流量。临界流计算公式为

$$Q = \sqrt{\frac{gA_K^3}{B_K}} \tag{8.38}$$

临界坡公式为

$$I_K = \frac{n^2Q^2}{A_K^2R_K^{4/3}} \tag{8.39}$$

式中　A_K——临界水深时过水断面面积，m^2；

B_K——临界水深时水面宽，m；

R_K——临界流水力半径，m；

I_K——临界水面比降。

4. 卡口

当控制断面束窄形成卡口时，可根据断面上下游水位差推算流量，其计算公式为

$$Q = A_2 \sqrt{\frac{2g(Z_1 - Z_2)}{\left(1 - \frac{A_2^2}{A_1^2}\right) + \left(\frac{2gLA_2^2}{K_1 K_2}\right)}} \tag{8.40}$$

式中　各符号意义同式（8.36）。

8.10　小流域应急暴雨洪水调查

当中小流域发生较大洪水时，往往由于流域内或流域附近没有水文测站，缺少可用的水文信息来准确描述洪水量级。为全面分析成灾原因，为抗洪抢险救灾提供科学依据，需开展小流域应急暴雨洪水调查工作。

8.10.1　调查步骤

中小流域暴雨洪水调查，一般要根据需要或进行暴雨洪水全面调查，或进行暴雨调查，或进行洪水调查。若流域内既无雨量站，也无水文站，则需进行暴雨洪水全面调查；若流域内只有雨量站，没有水文站，且现有雨量站对该次洪水而言有较好的代表性，则只需进行洪水调查；若流域内没有雨量站，只有水文站，且水文站观测的资料可以很好地描述该次洪水，则只需进行暴雨调查。

当发生中小流域暴雨洪水后，要尽快在第一时间赶赴现场，并按以下步骤展开调查：①搜集资料。②暴雨调查。③洪水调查。④分析估算。⑤编写报告。

8.10.2　搜集资料

需要搜集的资料包括以下内容。

（1）流域大比例尺地形图、流域面积，分段河长。

（2）水文、气象及其他部门有关雨量观测站点的位置和观测状况。

（3）流域内和流域附近有代表性的水文站的历年最高洪水位、最大洪峰流量及出现时间、水面比降、糙率、历年大断面和水位流量关系曲线等。

(4) 有关的各类查勘报告、水文调查报告、历年水旱灾害报告等。

(5) 流域内自然植被、耕地、自然村屯等情况。

(6) 流域内水库、桥梁等水利工程情况。

(7) 公路和铁路等重要基础设施情况等。

8.10.3 暴雨调查

暴雨调查主要包括以下内容。

(1) 全面搜集和整理流域内和流域附近水文、气象及其他部门的雨量观测资料，并评估其可靠程度。

(2) 合理确定流域内外调查点，调查点的数量以满足绘制等雨量线图和计算流域平均降雨量的要求为准。

(3) 展开实地调查。

(4) 暴雨调查注意事项如下。

1) 如果交通条件允许，应在雨止后最短的时间展开调查，时间越长调查的难度越大，可靠程度也越低。

2) 每个调查点必须调查 2 个以上的暴雨数据。

3) 承雨容器尽量选择上下形状一致的水桶样容器，准确测量其水深，以计算降雨量。如限于条件只能选择缸、锅、坛等上下形状不一致的承雨容器时，必须准确量算器口受雨面积和水体体积，进而折算出降雨量。如选择的承雨容器只能准确量算承雨面积，难以量算水体体积（选用锅、不规则的坛等）时，则可将水体倒入水桶内间接量算水体体积，并加以说明。

4) 应选择位置空旷、不受地形地物影响处的承雨容器进行暴雨量调查。

5) 应优先选择雨前容器内没有积水或物品、雨后容器内雨水没有被动用的承雨器。如雨前器内有积水或物品，应扣除雨前积水或物品的体积，如雨后动用过器内雨水，应相应地扣除加入的水量或增加取出的水量。

6) 应向被访问人详细了解暴雨起止时间、最大雨强时间段以及前期雨水情况。

7) 应按表 8.7 评定调查点暴雨量的可靠程度。

8) 每个承雨器至少拍摄 2 张数码照片，一张反映承雨器全貌和周围环境，另一张反映器内承雨情况。

表 8.7　调查点暴雨量可靠程度评定表

项　目	等　级		
	可　靠	较可靠	供参考
指认人印象和水痕情况	亲眼所见，水痕位置清楚具体	亲眼所见，水痕位置不够清楚具体	听别人说，或记忆模糊，水痕模糊不清
承雨器位置	障碍物边缘距器口的距离，大于其高差的 2 倍	障碍物边缘距器口的距离，为其高差的 1～2 倍	障碍物边缘距器口的距离，小于其高差的 1 倍
雨前承雨器内情况	空着或有其他物品，但能量算具体体积	有其他物品，量算的体积不够准确	有其他物品，其体积数量记忆不清
雨期承雨器漫溢渗漏情况	无	无	无

8.10.4　洪水调查

如果人员和设备条件允许，洪水调查应和暴雨调查同时进行。洪水调查主要包括以下内容。

1. 搜集资料

主要搜集流域内外实测流量资料，并进行分析整理，对其可靠性和实用性作出评估。

2. 推流断面测量

选择 2～3 处推流断面，进行详细大断面测量，并向当地群众详细了解每个断面的洪水涨落过程。

3. 洪痕和横断面测量

一般每隔 500m 左右确定两岸洪痕点，测量洪痕高程并施测大断面，并对大断面编号。推流断面上下游要选择合适位置，精确测定两岸洪痕高程，用于计算河段比降。

4. 纵断面测量

施测中弘河底高程及测时水面高程。

5. 简易地形测量

比例尺一般选择 1∶1000、1∶2000 或 1∶5000。图上应标明主要地形地物、等高线、洪水水边线、测时水边线、推流断面、所有横断面和洪痕点。洪痕点要注明水深、地面高程和水面高程。

6. 注意事项

(1) 推流河段的选择应符合以下规定。

1）河段顺直，断面较规整，河床稳定，无壅水、回水、分流串沟。

2）避免有修堤、筑坝、建桥、滑坡、塌岸等影响。

3）避免行洪水流从缓流到急流，或从急流到缓流的流态变化影响，避免河段有急剧扩散影响。

4）在条件允许时，应尽量选择靠近基本站测验河段和居民点附近。

（2）进行合理性检查，主要内容包括施测的断面面积、淹没范围、洪痕水面线变化趋势等。

（3）如有溃堤、决口等，需进行分洪、决口水量调查。

（4）简易地形、纵横断面、洪痕水面线等要使用同一坐标系统。附近有国家基本水准点时，高程系统要和国家点连标，没有国家基本水准点时，可使用假定高程。

（5）进行洪水调查时，应查看河床组成和流域内的植被状况，以备选择糙率和分析径流系数时参考，并应拍摄数码照片或数码视频。

（6）对流域内建筑物的过水或阻水情况和灾情现场，拍摄数码照片或数码视频，以备分析洪水和领导评估水情、灾情时参考。

8.10.5 分析估算

1. 估算流域平均降雨量

流域平均降雨量，可根据流域内外实测和调查的雨量资料，采用算术平均、加权平均或等值线法进行估算。

2. 估算暴雨重现期

如果流域内有长系列雨量观测资料，可采用频率曲线估算暴雨重现期。如果没有长系列雨量观测资料，则选用流域周边若干有长系列雨量观测资料的站，分别计算相应时段（降雨历时，一般为1h、3h、6h、12h、24h）$P=5\%$、3.3％、1％、0.5％、0.33％的设计暴雨，并点绘等值线图，根据估算的流域平均降雨量，在图上判断暴雨频率。

3. 估算洪峰流量

推荐以下几种方法估算洪峰流量，并相互校核。

（1）比降—面积法。比降—面积法是最常用的方法，当参数选择合理时，也是精度最好的洪峰流量计算方法。此方法利用曼宁公式［见式(8.41)］，适用于洪痕清楚、调查施测的过水断面面积准确、主槽和滩地糙率易于选取的调查河段。

$$Q_m = \frac{1}{n} A R^{2/3} J^{1/2} \tag{8.41}$$

式中　Q_m——洪峰流量，m^3/s；

其他符号意义同前。

一般将主槽和滩地分开计算。n 值应优先选用附近河段的实测值，或相似河段的实测值，有困难时可按表 8.2 选取。

（2）推理公式法。在实测或调查的暴雨资料可靠，河道洪水调查无法进行或暂时不能进行时，可用推理公式法估算洪峰流量。

$$Q_m = 0.278 \frac{\varphi H_\tau}{\tau} F \tag{8.42}$$

式中　0.278——单位换算系数；

φ——洪峰径流系数（根据流域内外已有成果分析选用，或根据雨强、下垫面植被和前期土壤蓄水情况参考表 8.8，可取 0.7～0.95）；

H_τ——汇流时段内的最大降雨量，mm；

F——流域面积，km^2；

τ——最大汇流历时（流域内最远处水滴到达出口断面的时间，一般可取洪水历时的 1/3～1/4），h。

表 8.8　洪峰径流系数 φ 值表

地　形	土壤类别	最大 24h 雨量（mm）				
		100～200	200～300	300～400	400～500	＞500
山　区	黏土类	0.65～0.80	0.80～0.85	0.85～0.90	0.90～0.95	＞0.95
	壤土类	0.55～0.70	0.70～0.75	0.75～0.80	0.80～0.85	＞0.85
	沙壤土类	0.40～0.60	0.60～0.70	0.70～0.75	0.75～0.80	＞0.80
丘陵区	黏土类	0.60～0.75	0.75～0.80	0.80～0.85	0.85～0.90	＞0.90
	壤土类	0.30～0.55	0.55～0.65	0.65～0.70	0.70～0.75	＞0.75
	沙壤土类	0.15～0.35	0.35～0.50	0.50～0.60	0.60～0.70	＞0.70

注　此表系中国水利水电科学研究院综合了广东、山西、湖南、浙江、海河及辽河等地区的资料提出的洪峰径流系数。

（3）汇流计算法。当流域内有比较可靠的时段雨量资料（调查和实测的），缺少流量资料，同时有流域内或流域外可供借鉴的汇流参数时，可用汇流计算法推算洪峰流量和洪水过程。计算方法有经验单位线法、瞬时单位线法、等流时线法等。

洪峰流量成果应尽量采用几种方法推算，对各种计算成果应综合分析，合理选用。

洪峰流量的可靠程度评定随计算方法不同而异，比降—面积法按表8.9规定进行。

表 8.9　　洪峰流量可靠程度评定表（比降—面积法）

项　目	等　级		
	可　靠	较 可 靠	供 参 考
洪痕水位	洪痕可靠，代表性好	洪痕较可靠，代表性较好，水面线是依据较可靠点绘制	洪水位由水面线延长而得，或依据参考点绘制
推流河段和断面情况	顺直河段较长，断面较规整，河床较稳定	河段尚顺直，断面尚规整，河床冲淤变化不大	河段有弯曲，断面不够规整，冲淤变化较大，或断面变化难于确定
糙率选定	由实测资料选定糙率，数据合理	由选定相似河段实测糙率，数据基本合理	根据经验选定糙率，精度较差
洪水水面线	根据数量多、代表性好的洪痕确定，经分析比降合理	根据数量较多、代表性较好的洪痕确定，经分析比降合理	根据数量较少、代表性较差的洪痕确定，经分析比降基本合理
成果合理性检查	合理	基本合理，存在问题较少	定性合理，无大的矛盾

4. 估算洪水总量

有实测流量资料时，可直接计算洪量，没有实测流量资料时，推荐以下方法。

（1）推理公式法。实测或调查的暴雨总量较为可靠，径流系数易于选取时，采用此法。推理公式为

$$W = 0.1K\overline{H}F \tag{8.43}$$

式中　W——洪水总量，万 m^3；

0.1——单位换算系数；

K——径流系数（根据流域内外已有成果分析选用，或根据雨强、下垫面植被和前期土壤蓄水情况，可取 0.65～0.90）；

$\overline{H}$——流域平均降雨量，mm；

F——流域面积，km^2。

（2）概化三角形法。当估算的洪峰流量较为可靠，调查的洪水历时比较可信时，采用此法。计算公式为

$$W = 0.18Q_mT \tag{8.44}$$

式中　0.18——单位换算系数；

W——洪水总量，万 m^3；

Q_m——洪峰流量，m^3/s；

T——洪水历时，h。

当用推理公式法估算的洪水总量较为可信，而缺少计算洪峰流量的相关资料时，可用该法估算洪峰流量。

（3）产流计算法。当流域内有比较可靠的次洪雨量资料（调查和实测的），缺少流量资料，同时有流域内或流域外可供借鉴的降雨径流相关图及产流参数时，可用产流计算法推算洪水总量。

洪水总量成果应尽量采用几种方法推算，对各种计算成果应综合分析，合理选用。

5. 合理性检查

对估算的流域平均降雨量、暴雨重现期、洪峰流量和洪水总量要相互对照，做合理性检查，确保成果的可靠性。

8.10.6　报告编写

报告编写一般包括以下主要内容。

1. 流域概况

流域概况包括流域形状、地形地貌，分段河长及流域面积，植被、河床组成（包括主槽和滩地）、水利工程情况和村镇情况。

2. 暴雨洪水概况

暴雨洪水概况中应简要介绍暴雨走向、暴雨中心位置、洪水涨落情况等。

3. 分析估算成果

（1）流域平均降雨量估算。

（2）暴雨重现期估算。

（3）洪峰流量估算。

（4）洪水总量估算。

最后，逐项说明采用的方法及取用结果。

4. 洪水成因分析

洪水成因分析主要从暴雨强度、暴雨中心位置、暴雨走向、河道比降、汇流速度、植被状况、建筑物是否阻水、人类活动影响等方面进行分析。

5. 附表、附图、照片

附表主要包括暴雨调查情况统计表、调查人员情况表。

附图主要包括简易地形图、纵断剖面图（同一张图上应包含中泓河底高程、测时水面线、左岸洪痕水面线、右岸洪痕水面线)、所有横断面图。

照片主要包括反映调查点承雨器、流域植被、主要洪痕、建筑物阻水等情况的图片。

第 9 章　突发性水污染事件的应急监测

9.1　突发性水污染事件的特点及危害

水污染事件分为突发性水污染事件和因入河污染物超过水环境容量造成的水污染事件。近年来，水污染进一步呈现复合性污染特点，突发性水污染事件日益增多，不断威胁着供水安全和渔业资源，社会影响和危害巨大，越来越受到人们的关注和重视。

9.1.1　突发性水污染事件的主要特点

（1）突发性水污染事件的最主要特点是突然性和瞬时性。突发性水污染事件往往在极短的时间向水体大排量地倾倒污染物，从而造成水体污染，这种污染会造成重大突发性水污染事件。由于事发突然，如洪水猛兽，来势迅猛，令人措手不及。

（2）突发性水污染事件的显著特点是不可预见性。首先是发生的时间、地点和范围不可预见，其次是污染物的种类、性质不可预见。

（3）突发性水污染事件的社会影响极大，造成的危害也巨大。由于其突发性，水质变化速率大，人们往往缺乏思想和物质上的准备，不能及时采取防御措施，对社会、经济和环境影响是严重的，有的甚至难以恢复，造成毁灭性的灾难。

9.1.2　突发性水污染事件的危害

1. 影响人类生存环境，危及人们的生活与健康

水污染直接影响人类的生存环境，损害人体健康，多种致病细菌、病毒及寄生虫通过污染的水体传播，使一些地区已设计控制的传染病又有抬头趋势，甚至造成局部流行。

水污染严重威胁饮用水源水质安全。目前许多城市选择一个符合饮用水卫生标准的水源地日益困难，普遍呈现质量性缺水危机。以长江流域为例，据初步统计，长江干流共有取水口近500个，目前都不同程度

地受到岸边污染带的影响，若都改从江心取水，需要比原投资增加数十亿元。

2. 经济损失巨大

近年来，全国水污染事件频繁，仅1996年不完全统计，长江干流重大污染事故就达100余起。1997年10月8日，装载460余t国家一级危险品——工业纯苯的“赣抚油0005号”油轮在长江云阳段触礁，货舱受损，大量纯苯涌入长江，奉节县城被迫全面停止从长江取水，有人从梅溪河运水进城，水价高达每挑4元，严重影响人民生活和社会稳定。

3. 生物多样性面临严峻挑战

水环境恶化改变了生物原有生存环境，生物多样性受到重大影响，许多动、植物数量大大减少，一些珍稀品种面临灭绝。

以长江为例，天然渔业产量逐年下降，水质污染是减产原因之一。如南京以下江段盛产的鲥鱼、刀鱼与20世纪70年代相比已减少80%以上。干流四大家鱼产卵场和渔场规模缩小，一些严重污染的江段甚至鱼虾绝迹。

4. 水体功能失去原有资源价值

水污染影响了水的功能用途，使水的景观、娱乐功能减弱。许多天然浴场消失，一些风景区也因水污染大为逊色。某些有毒有害物质的存在还影响到水的渔业和农业用途。

9.1.3 突发性水污染事件案例

下面通过几个典型水污染事件可以清楚地看到突发性水污染事件的巨大危害。

1. 松花江水污染事件

2005年11月13日下午，位于吉林省吉林市的中国石油吉林石化公司双苯厂（101厂）新苯胺装置发生爆炸，引起化工原料火灾。经过吉林市各界20多个小时的扑救和救援，事故虽然没有造成重大的人员伤亡，但由于吉林石化公司事后的污水处理存在先天缺陷，巨大的“水污染团”向松花江下游流去，最终汇入黑龙江。爆炸事故发生后，监测发现有大量苯类污染物流入第二松花江，造成水质污染。苯类污染物是对人体健康有危害的有机物。国家环保总局事后向媒体通报，受中国石油吉林石化公司爆炸事故影响，松花江发生重大水污染事件。此次污染不仅影响了黑龙江省，而且影响到隔江相望的俄罗斯数座城市。

2. 太湖蓝藻水污染事件

江南水乡，太湖明珠，人们梦寐以求的旅游胜地，其周边地区被称为中国经济的“增长机和发动机”，这里的人们在中国率先实现“全面小康”。然而，在 2007 年 5 月底，一场突如其来的“蓝藻危机”却让太湖边无锡市 80％居民的饮用水源遭到污染，城市供水陷于瘫痪，无锡人“开着宝马喝脏水”，一桶纯净水由原来的七八元卖到 50 元。

蓝藻是一种原始而古老的单细胞藻类原核生物，一般呈蓝绿色，少数呈红色，常存在于富营养化超标的湖泊中，夏季大量繁殖，腐败死亡后在水面形成一层蓝绿色而有腥臭味的浮沫（“水华”）。蓝藻污染直接影响水源地水体，加剧水质恶化，造成水体缺氧、腐臭，造成鱼类大量死亡；蓝藻死亡后会产毒素，对人、畜均有很大危害，长期饮用，会中毒致病。

太湖广阔湖区周边的凹槽水湾，水体流动性差且富营养化，为蓝藻多发地带。无锡市城区水源地梅梁湖，正属于这类区域。早在 1991 年，澳大利亚发生世界上有纪录以来最大规模的蓝藻污染，绵延 1000km 以上，花费了上亿美元治理，仍收效甚微。

9.2　应急监测的作用与意义

近年来，各类突发性水环境污染事故时有发生，造成生命、财产的巨大损失和水生态系统的严重破坏，这一问题引起了世界各国的高度重视。《中华人民共和国水文条例》明确了水文工作在国民经济建设中的地位和作用，并明确规定“水文机构应当加强水资源的动态监测工作，发现被监测水体的水量、水质等情况发生变化可能危及用水安全的，应当加强跟踪监测和调查，及时将监测、调查情况和处理建议报所在地人民政府及其水行政主管部门；发现水质变化，可能发生突发性水体污染事件的，应当及时将监测、调查情况报所在地人民政府水行政主管部门和环境保护行政主管部门”。

由于突发性污染事故具有爆发的突然性、危害的严重性以及影响的广泛性和长期性等特点，如何提高对突发性水体污染事件处理处置的应急监测能力，研究其处理、监测技术，最大限度地减小对环境和人生的危害，是水环境监测和水环境保护领域一项非常重要的工作。做好这项工作，对保障改革开放和现代化建设的顺利进行，维护社会安定团结的局面，保护水生态环境，促进水环境和经济的协调、稳定、健康、持续发展具有十分重要的意义。

9.3 突发性水污染事件应急调查监测预案

为减轻突发性水污染事件造成的危害及进一步加强突发性水污染事件应急调查监测工作的组织和管理，提高应对和处置突发性水污染事件的调查监测应急能力，切实履行职责和规范突发性水污染事件应急调查监测程序，保证应急调查监测及处置快捷有序、及时准确地为上级有关部门提供决策支持信息，各级水环境监测机构应编制水质应急调查监测预案。

突发性水污染事件应急调查监测预案一般分为6个章节。

第一章为总则，阐述工作目的、工作原则、预案编制依据和预案适用范围。

第二章为组织体系和职责，主要是明确突发性水污染事件工作领导小组、领导小组办公室成员和部门以及他们的职责。

第三章为突发性水污染事件应急调查监测工作程序，明确应急调查监测流程，一般可以画出流程图：首先是突发性水污染事件信息的收集；其次是确认水污染事件应急响应级别；第三是启动应急调查监测预案；第四是具体实施水污染事件应急调查监测；第五是编写应急监测报告、新闻报告、总结和建议。

领导小组办公室应对已掌握的情况进行初步分析和判断，并根据突发性水污染事件的严重程度、紧急程度和影响范围，确认水污染事件响应级别，及时上报领导小组副组长或组长，对一时难以判明的，原则上先按事件的最坏可能性确定响应级别。

第四章为应急监测保障措施，主要包括技术保障、经费保障和监督检查。

第五章为附则，主要内容包含预案修订、奖励与责任、解释部门和实施时间。

当实际情况发生较大变化时，领导小组办公室及时组织对预案进行修订，并报领导小组批准。对在突发性水污染事件的报告和应急调查监测过程中作出突出贡献的单位或个人，将依据有关规定予以表彰和奖励。对违反应急调查监测预案和有关规定，影响水污染事件应急调查监测和造成不良社会影响的，将对直接责任人和负有领导责任的人员给予相应处罚。

第六章为附录，在附录中给出领导小组及领导小组办公室成员的联系方式和《重大水污染事件报告登记表》。

突发性水污染事件应急调查监测预案案例见本书附录。

9.4 突发性水污染事件应急监测

突发性水污染事件应急监测是在不可预知、突然发生自然灾害或人为事故，导致瞬时或短时间内大量污染物进入水体，进而引发或衍生水污染事件的情况下，为及时掌握水污染的影响范围、危害程度与发展变化趋势以及短期或长期影响的程度与范围所实施的高密度、高频次的紧急监测。它与日常检测在检测目的、范围上存在较大区别。

（1）监测目的。日常检测针对水质标准，保证长期用水的安全，应急监测主要针对水质突变，及时发现水质遭受污染的程度；日常检测要求各项检测指标应低于国家标准要求的最高限值，应急监测更关注是否会立即影响人身健康水平。

（2）监测范围。日常检测只关心水质标准规定要求的检测项目，应急监测需要监测所有可能影响人身健康的物质。

9.4.1 应急监测的项目

（1）人为投毒：恐怖分子投毒、破坏和对社会不满分子投毒。

（2）储存、运输危险品出现事故。

（3）农药或其他毒物投放时无意中污染水源。

（4）病毒或藻类等微生物的自然爆发污染水体。

（5）地震、洪灾等自然灾害引起水质突变。

（6）发生污水坝垮坝、有毒物质大量泄漏。

（7）污水事故排放，有大量高浓废污水污染水体等。

9.4.2 应急监测的“三级应急监测体系”

目前我国传统的实验室都是按照国家标准要求的检测项目来建设，这样的实验室可以满足日常检测工作的需要，一旦出现突发事故或事件的时候将无法在短暂的时间里判断是否有污染、污染的程度如何等信息。传统的实验室只能用单一物质检测的方法来逐个排除，未能检测到的物质就没有办法判断是否有污染。当今世界上已被公认的化学毒性物质已经超过 10 万种，并且还在以每年上千种的速度增加，把世界上最先进的检测技术都用上也只能检测到 5%，还有 95%的物质是现在检测不了的，因此，想用逐一排除的检测方法来应对应急监测是不太科学的，建立有效的“三级应急监测体系”是有必要的。

1. 第一级：快速监测

（1）主要为野外应急快速监测。

（2）要求几分钟，最长不超过1h检测出异常。

（3）不要求确定是什么污染，但检测谱要宽，能判断污染的程度。

（4）基本确定属于化学还是病毒污染。

（5）通过实验明确简单的处理方式能否消除影响。

2. 第二级：确定性监测

（1）在快速监测的基础上，尽快确定污染物。

（2）监测时间不宜太长，应该小于1d。

（3）若是化学物污染，确定是哪种化学物。

（4）若是病毒污染，基本确定病毒种类。

（5）确定污染物的浓度。

3. 第三级：精确权威监测

（1）在前两级监测的基础上，进一步确定某些特殊污染物的种类。

（2）查找特殊污染物爆发源和主要影响因素。

（3）确定相应的抑制办法。

9.4.3 应急监测方法

针对应急监测的“三级应急监测体系”，相应的“三级应急监测方法”如下。

1. 第一级监测方法

第一级监测方法用于初步判断关注水域是否受到污染、污染程度以及污染物类别等。该级监测要求监测快速及时，因此，所使用的监测设备均为现场监测仪器以便于野外实施监测。

（1）快速综合毒性检测。采用快速综合毒性测定仪检测，可以在十几分钟内检测上千种化学污染物毒性和病原微生物造成的污染事故，并判断出污染的程度和风险。

（2）快速生物总量检测。ATP检测，15～30min检测样本中ATP含量。间接判断样品中微生物总数，为判断水域污染情况提供参考。

（3）藻类分类快速检测。采用藻类测定仪检测，主要用于防止因水体中藻类的暴发引起的污染事故。实时给出叶绿素的总量及各类藻的叶绿体荧光强度变化曲线，并对藻类进行分类检测。

(4) 有机污染检测。采用 UV—VIS 紫外—可见光谱仪检测，除可对特定的化学物质进行标定外，还可以对 BOD、COD、TOC、DOC、总悬浮固体物（TSS)、浊度（NTU/FTU)、BTX（苯，甲苯，二甲苯总称)、pH 值、电导、溶解氧、氧化还原电位等进行检测，具备污染物报警的功能。

采用便携式气相色谱仪检测，主要用于检测水中微量有机物。

(5) 重金属快速检测。采用便携式重金属检测仪检测，可在几分钟内检测 20 多种重金属离子浓度。如：Cr（铬）、Mn（锰）、Fe（铁）、Co（钴）、Ni（镍）、Cu（铜）、Zn（锌）、As（砷）、Se（硒）、Pd（钯）、Ag（银）、Cd（镉）、Sn（锡）、Sb（锑）、Te（碲）、Au（金）、Hg（汞）、Tl（铊）、Pb（铅）、Bi（铋）等，检出限可达 5ppb 以上。

2. 第二级监测方法

第二级监测方法是确定所关注水域的污染物种类及污染程度。该级监测主要为实验室精确分析，便于寻找污染源、主要污染物种类及相应抑制办法。

(1) 聚合酶链反应确定微生物。病毒独特 RNA 片段倍增检测(R. A. P. I. D.)；配合其他方法（1～5h)。

(2) 化学污染物确定和浓度测定。ELISA 方法（SDI)；常见化学分析方法；寻找污染源和抑制办法。

3. 第三级监测方法

第三级监测方法是针对某些特殊污染物的检测，一般实验室不具备特殊污染物检测能力，须由相应专业实验室进行分析检测。

(1) 自动细菌分析（Riboprinter)。包括特定病毒分析和分类仪器；病毒毒性特性生活、繁殖特性；分析水源、水库、供水系统中的细菌分布。

(2) 基因序列排序鉴定。基因序列排序鉴定由专业实验室完成。

9.5　应急监测设备

突发性水污染事件应急监测设备应该满足便于携带、适合野外使用、能够快速出击迅速监测分析、可移动等要求。随着电子工业的发展，分析仪器小型化成为可能。发达国家生产的现场分析仪器体积小、重量轻、分析速度快、操作简便、性能指标接近或达到实验室台式分析仪器的水平。目前，国外利用便携式仪器进行常规污染物的监测方法早已成熟，一些便携式现场分析仪器作为应急监测分析仪器也已使用多年，可较好实现对污染源的连续监控。综合国内外实用案例，比较成熟的应急监测仪器设备如下。

9.5.1 便携式现场监测的仪器设备

便携式现场监测的仪器设备主要有便携式多参数监测仪和便携式快速水质检验系列等适合野外监测的仪器设备。

(1) 便携式多参数监测仪（图 9.1）。主要用于不同水体断面式、定点式水质数据的采集，能对氨氮、溶解氧、温度、电导、盐度、pH 值/ORP 等多参数进行野外连续实时监测。

(2) 便携式快速水质检验系列。主要用于现场化学需氧量、氨氮、总磷、总氮等常规项目的定性半定量的快速分析测试。主要配置包括主机、消解器、样品瓶等。要求定性半定量，方法测定原理符合或接近国家标准方法，操作简单，消解不需要人工干预，缩短分析时间，试剂消耗量少，电力负荷小，不受水体基体效应影响小，测定范围广。

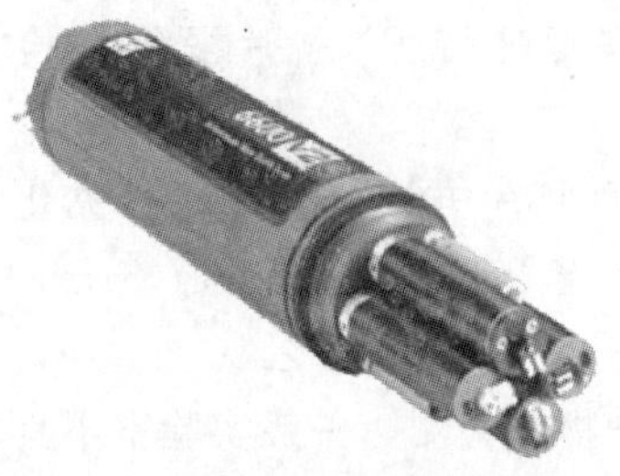

图 9.1　便携式多参数监测仪

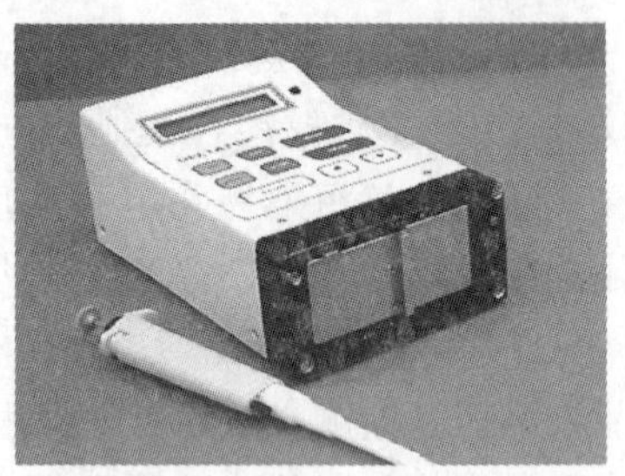

图 9.2　快速综合毒性测定仪

(3) 快速综合毒性测定仪（图 9.2）。该设备是一个针对急性毒性的便携式检测仪，非常适合检测化学污染毒性；其技术的基础目前已经得到广泛应用，并被证明非常成功，同时可检测上千种可能的污染物，如金属、杀虫剂、杀真菌剂、灭鼠剂、氯溶物质、工业化学药剂及相关物质；方便野外使用，例如水库、储水箱或供水系统所到的任何位置；检测方法操作简单、测试结果可以在数分钟得到。便携式快速毒性检测仪毒性测试技术是一种基于生物传感技术的毒性检测系统，它提供一种有效的无论是故意破坏还是事故造成的供水污染的检测手段。毒性检测技术的基础是使用一种叫做费希尔狐菌的发光细菌，这种细菌在进行新陈代谢时会发出光。任何事物抑制正常代谢，都会导致发光强度的减弱，毒性越强，对代谢的抑制作用越强，发光被抑制得越厉害。

(4) 快速生物总量检测仪。ATP 检测，15～30min 检测样本中 ATP 含量，与水中生物总量相关性极强。ATP 是三磷酸腺酐的简称，是细胞内供能分子。多功能荧光仪通过检测样品中 ATP 与荧光素酶的发光反应，得出光单位读数，经换算可估算出样品中 ATP 总数水平，进一步间接判断样品中微生物总数，为判断水域污染情况提供参考。

(5) 藻类快速测定仪（图 9.3）。采用藻类测定仪检测，主要用于防止因水体中藻类的暴发引起的污染事故。通过检测叶绿素荧光强度确定藻的种类，同时分析出各类不同藻的浓度。该仪器实时给出叶绿素的总量及各类藻的叶绿体荧光强度变化曲线，并对藻类进行分类检测。

图 9.3　藻类快速测定仪

(6) UV—VIS 紫外—可见光谱仪。该仪器主要用于对有机污染物的检测，它采用多波长紫外光（200～750nm）扫描水样，得到不同波长的吸收谱，各吸收谱能清晰地反映出水中相当大一类物质的分布。需要某个指标，可以先用相应的标准物校准，取得相应的特征吸收光波波长及吸收率与该指标的对应关系；之后，可以从仪器的检测结果来给出所需要的指标。实际上，该仪器除可对特定的化学物质进行标定外，还可以对 BOD、COD、TOC、DOC、总悬浮固体物（TSS）、浊度（NTU/FTU）、BTX（苯，甲苯，二甲苯总称）、pH 值、电导、溶解氧、氧化还原电位等进行检测，具备污染物报警的功能。

(7) 便携式重金属检测仪（图 9.4）。可在几分钟内检测 20 多种重金属离子浓度。如：Cr（铬）、Mn（锰）、Fe（铁）、Co（钴）、Ni（镍）、Cu（铜）、Zn（锌）、As（砷）、Se（硒）、Pd（钯）、Ag（银）、Cd（镉）、Sn（锡）、Sb（锑）、Te（碲）、Au（金）、Hg（汞）、Tl（铊）、Pb（铅）、Bi（铋）等，检出限可达 5ppb 以上。

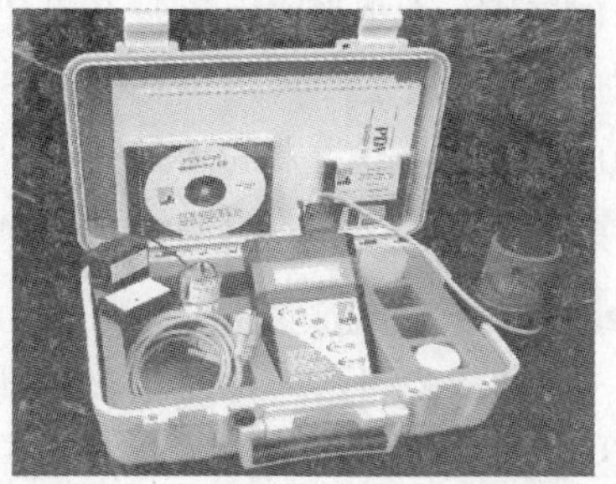

图 9.4　便携式重金属检测仪

(8) 便携式气相色谱仪（图

9.5）。该仪器主要用于检测水中微量有机物。它可进行现场分析，其数据质量与实验室气相色谱仪分析结果相当。

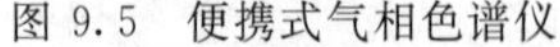

图 9.5　便携式气相色谱仪

图 9.6　应急监测专用 GC—MS 分析仪

（9）应急监测专用 GC—MS 分析仪（图 9.6）。该仪器用于定性且精确定量检测空气、土壤、水体和食品中挥发和半挥发性有机化合物，包括化学毒气、有毒工业化学品、农药、易爆物等，检测精度可达 ppt 级，广泛应用在国土安全、反恐、环境突发事故、消防和军事等领域。

9.5.2　移动实验室

移动实验室主要是在车、船上携带和安装水质监测仪器和设备，建立一个可移动的小型实验室。移动监测是相对于实验室监测的一种监测技术。随着各种污染事故的不断发生，快速反应的需求催生了移动监测技术的发展。水质移动监测系统以移动监测车、船为基本监测单元，以便携式和多参数现场检测仪器为手段，实现了应急监测的需求。与实验室检测相比，移动监测具有无可比拟的快速检测功能，它 24h 处于待命状态，一旦遇到紧急情况，可以迅即出击，第一时间到达指定现场，开展快速检测检验，及时提供检验结果。随着仪器技术的发展，适用于移动监测的各种仪器也逐步开发出来并得以运用，使得移动监测能力大大加强，特别是便携式气相仪、液相仪等一系列设备的开发，使移动监测在突发污染监测中的地位更加突出。但移动监测也有一定局限性，那就是由于仪器设备的限制，检测结果没有实验室检测精度高。

9.5.3　自动监测站

自动监测站（水质在线自动监测系统）是一套以在线自动分析仪器为核心，运用现代传感器技术、自动测量技术，自动控制技术、计算机应用技术以及相关专用分析软件和通信网络所组成一个综合性线自动监测系统，具有现场无人监控自动运行以及远程实时监控、动态显示、设备运行状况监控及数据管理功能。所建水质自动监测站一般由站房、水电、水质采样装置、预处理装置、自动监测仪器、辅助装置、控制系统、数据采集和传输系统等组成。

实施水质自动在线监测，可实现水质实时连续监测和远程监控，及时掌握主要流域重点断面水体水质状况，预警预报重大或流域性水质污染事故，解决跨行政区域水污染事故纠纷，监督总量控制制度落实情况、排放达标情况等。

目前，经较成熟常规监测项目有水温、pH 值、溶解氧（DO）、电导率、浊度、氧化还原电位（ORP）、流速和水位等。常用监测项目有化学需氧量、高锰酸盐指数、总有机碳（TOC）、氨氮、总氮、总磷等。随着监测技术及仪器设备的发展，目前氟化物、氯化物、硝酸盐、亚硝酸盐、氰化物、硫酸盐、磷酸盐、活性氯、TOD、BOD、油类、酚、叶绿素、金属离子（如六价铬）等项目也可实现自动在线监测。

9.6　应急监测方案实施

应急水质监测是判断水污染事件影响程度的依据，它不同于日常的水质监测，其特点表现为：一是时间短，污染过程不可重复，事前无计划；二是耗费资金、人力、物力；三是污染物和排放方式不同，监测断面、项目和频率不同。

应急水质监测的原则包括：事前有预防，有预案；事后就近监测、跟踪监测，测站监测与监测中心监测互相配合，固定监测与移动监测互为补充；做好人员培训、仪器设备装备和技术的储备。

水环境监测机构发现重大突发性水污染事件或从其他途径获知此类信息后，应立即进行核实，经核实确认后，及时用电话报告应急监测领导小组办公室，领导小组办公室应对已掌握的情况进行初步分析和判断，并根据突发性水污染事件的严重程度、紧急程度和影响范围，确认水污染事件响应级别，及时上报领导小组组长或副组长，对一时难以判明的，原则上先按事件的最坏可能性确定响应级别，领导小组启动应急调查监测程序。

9.6.1　应急监测准备

各水环境监测机构应指定一名主要负责人负责辖区内重大水污染事件处理的组织领导，并成立重大水污染事件应急调查监测小组，确定具体人员和职责。

有关水环境监测机构在接到应急调查监测通知后，须在1h内做好出发前的一切准备，并迅速赶赴污染事件现场开展调查监测；同时，还应安排实验室分析人员做好应急调查监测分析准备工作，对现场采集送来的样品，做到随到随时开展分析，尽快提交分析结果。对于特别严重的污染事件，领导小组应派人到现场组织指导调查监测工作。

出发前准备包括：人员的确定及分工，交通方式及交通工具的确定，初步应急调查监测方案的制定，现场应急调查监测仪器设备、试剂、采样设备和样品容器、监测质量保证方案以及防护器材、通信照明器材、照（摄）相机的准备等工作。

9.6.2 现场调查

（1）应急调查监测人员到达事件发生现场后，应立即开展调查，尽可能全面准确地收集事件发生原因、时间、地点，污染物种类、数量和应急处理措施，以及事故直接、潜在或间接影响范围等有关信息，并做好记录。

（2）根据所收集的信息和应急调查监测相关技术要求，对初步应急调查监测方案进行确认和必要调整，确定监测方式、点位、项目、频次等，必要时报领导小组办公室批准实施。

（3）当污染物种类不明或现场难以调查清楚时，应通过技术分析尽快确定，必要时进行专家咨询。

（4）现场调查监测人员根据应急调查监测方案和有关技术规范要求进行现场准备，尽快开展现场取样监测和污染动态的监控监测，并做好记录。

9.6.3 采样监测

（1）采样监测点布设原则要求能基本反映污染扩散范围。一般布点方法如下。

1）对照参考采样监测点：水污染发生地点上游1000m处（未受污染影响水体）。

2）采样监测点：水污染事故发生地点；下游200m、下游500m、下游1000m、下游2000m、下游5000m等处。

3）监视采样监测点：水污染事故发生地点下游各城市江段流入处及主要水源地上游1000m处。

每个采样点一般布设 1 条垂线，水面下 0.5m 处布设 1 点。对于大江大河需布设水质监测断面实施采样监测。

现场监测项目和易变项目，应现场及时监测。

（2）需要监测的主要污染物项目。如果无法在现场进行监测，现场人员应采集样品，按照有关技术要求和质量保证要求进行标识、妥善保存、做好记录，并快速送实验室分析。实验室分析人员接到样品后，应按质量保证要求制备附样，妥善保存至污染事件处理结束，同时，迅速开展分析，尽快提交测试分析结果；对于本单位不具备分析能力的主要污染项目，应积极寻找具有该项目分析能力的合格单位送检。如一时难以找到合适送检单位，应尽快报告领导小组办公室联系协商解决。

（3）有关水文水资源勘测局（水环境监测中心）应将现场调查监测结果和实验室分析结果汇总形成应急调查监测初步报告，并及时报送领导小组办公室。

（4）应急调查监测期间，监测频次视污染程度、影响范围而定，通常不应低于每日 1 次，必要时应实行连续监测，并根据污染传播情况实行跟踪监测。

（5）对滞留在水体中短期内不能消除、降解的污染物，要继续进行跟踪监测（监测频次视实际情况确定），直至污染影响基本消除和水体基本恢复环境原状。

（6）现场调查监测人员应根据现场情况做好自身防护，同时严格执行安全生产有关规定，确保安全。

9.6.4　污染扩散范围及速度预测

准确的污染物扩散范围及速度预测对于维护社会稳定和减小污染事故影响等极为重要。根据突发性水污染事故地点附近及下游水流条件，采用水力学动态模型计算预测污染扩散范围及速度等。

（1）污染水体流程预测。根据污染事故点下游各江段控制水文站实测最大水流速度 V_m（m/s），河流长度 L（m），逐段预测污染水体到达时间 T（h），$T=L/3600V_m$。

（2）污染范围及程度预测。

1）对于湖（库）采用二维稳态混合模式进行分析预测。

二维稳态混合具体模式为

$$C(x,y)=C_h+\frac{C_pQ_p}{H\sqrt{\pi M_yxu}}\exp\left(-\frac{uy^2}{4M_yx}\right) \tag{9.1}$$

式中　x——预测点离事故点沿河流方向的距离，m；

y——预测点离事故点沿河宽方向的距离（不是离岸距离，有正负值，$a+y\geqslant 0$），m；

C——预测点（x，y）处污染物的浓度，mg/L；

a——事故点离湖（库）岸距离（$a\geqslant 0$），m；

C_p、Q_p——污物量，mg/L、m^3/s；

C_h——污染物的本底浓度，mg/L；

H——平均水深，m；

M_y——横向混合（弥散）系数，m^2/s；

u——环流流速，m/s；

π——圆周率。

2）对于江（河）采用水动力学模型逐段进行分析预测。

水流连续方程为

$$\frac{\partial z}{\partial t}+\frac{\partial M}{\partial x}+\frac{\partial N}{\partial y}=q_0 \tag{9.2}$$

水流运动方程为

$$\frac{\partial u}{\partial t}+u\frac{\partial u}{\partial x}+v\frac{\partial u}{\partial y}+g\frac{\partial z}{\partial x}+g\frac{u\sqrt{u^2+v^2}}{c^2 h}=\nu_t\left(\frac{\partial^2 u}{\partial x^2}+\frac{\partial^2 u}{\partial y^2}\right)+fv+\frac{q_0 u_0}{h_0} \tag{9.3}$$

$$\frac{\partial v}{\partial t}+u\frac{\partial v}{\partial x}+v\frac{\partial v}{\partial y}+g\frac{\partial z}{\partial y}+g\frac{v\sqrt{u^2+v^2}}{c^2 h}=\nu_t\left(\frac{\partial^2 v}{\partial x^2}+\frac{\partial^2 v}{\partial y^2}\right)-fu+\frac{q_0 v_0}{h_0} \tag{9.4}$$

水质对流扩散方程为

$$\frac{\partial (hC)}{\partial t}+\frac{\partial (MC)}{\partial x}+\frac{\partial (NC)}{\partial y}=\frac{\partial}{\partial x}\left(hE_x\frac{\partial C}{\partial x}\right)+\frac{\partial}{\partial y}\left(hE_y\frac{\partial C}{\partial y}\right)-hKC+q_0C_0 \tag{9.5}$$

$$c=\frac{1}{n}h^{1/6}$$

$$f=2\omega\sin\Phi$$

以上各式中　x、y、t——空间坐标 x、y 和时间坐标 t；

z——水位，m；

h——水深，m；

u、v——垂线平均流速在 x，y 方向的分量，m/s；

M、N——单宽流量在 x，y 方向的分量，m^3/（m・s），$M=hu$，$N=hv$；

c——谢才系数；

n——曼宁糙率系数；

ν_t——水流紊动黏性系数；

g——重力加速度；

q_0——源汇处单位面积上的流量，m/s；

f——柯氏力系数；

ω——地球自转角速度；

Φ——计算河段所处纬度；

C——污染物浓度，mg/L；

E_x——纵向紊动扩散系数，m^2/s；

E_y——横向紊动扩散系数，m^2/s；

K——降解系数，1/s。

9.7　资料整理

突发性水污染事件的资料整理主要包括重大水污染事件报告登记表、水质监测资料、现场和事后调查、收集的相关资料和信息、应急调查监测报告和新闻报道等方面的资料整理。

重大水污染事件报告登记表在长江委水文局《突发性水污染事件应急调查监测预案》中已阐述，监测报告将在下一节中详细阐述，下面重点讲述水质监测和新闻报道的资料整理。

水质监测资料主要包括以下内容。

（1）水质监测野外采样记录表。

（2）样品交接单和水质分析任务通知单。

（3）水质分析原始记录表。

（4）分析溶液配制原始记录表。

（5）标准溶液标定原始记录表。

（6）仪器、设备使用登记簿及检定证书复印件。

（7）水质监测成果表。

（8）相关的国家标准和规范。

具体工作主要包括各类表格的编制填写、信息的收集调查、水质分析数据的计算、校核审核以及水质检验报告的编制、审核和签发。同时包含以上资料的装订、传递和归档。

突发性水污染事件新闻报道应严格执行《中共中央办公厅、国务院办公厅关于进一步改进和加强国内突发事件新闻报道工作的通知》（中办发〔2003〕22号）和《关于改进和加强国内突发事件新闻发布工作的实施意见》（国务院办公厅2004年2月27日印发），突发性水污染事件新闻报道由领导小组负责审核批准，未经领导小组批准，任何单位和个人不得向外部媒体提供重大突发性水污染事件的有关材料。

9.8 监测报告编制

对重大水污染事件应编制应急调查监测报告，应急调查监测报告采用文字型报告，必要时应附图表说明，一般为一事一报。

应急调查监测报告内容主要包括：事件基本情况（时间、地点、过程等）、事件发生原因、主要污染物、进入水体数量、事件发生水域水文特性及可能传播情况、污染动态、应急监测情况（监测布点及位置、监测项目、监测频次、监测结果）、污染影响范围、造成损失、已采取的措施和效果、处置建议等。为保证报告的及时性，不要求每份报告中都包括全部内容。

开展应急调查监测的水文局（水环境监测中心）负责编制应急调查初步报告，迅速报送水文局领导小组办公室。

领导小组办公室根据有关水文局的应急调查监测初步报告，汇总、编制应急调查监测报告；应急调查监测报告经局领导小组组长或副组长审核批准后，上报上级有关部门。

9.9 突发性水污染事件预测预警系统

突发性水污染预警系统主要由水质在线监测设备、通信平台、数据分析预警系统等三大部分组成。

9.9.1 在线监测设备的选择

预警系统所用的仪器必须满足两个条件：广检测谱和快速。广谱是指仪器对很多种有害物质有反应，快速是保证及时报警的前提。因此，在此介绍了几种在全球范围使用比较广泛的仪器。

(1) 在线毒性测定仪。主要用于监测化学品造成的污染，它可以感应 2000 多种以上的化学毒性物质（图 9.7）。目前，它已在多个国家和地区应用，包括意大利，法国（DaimlerChrysler 生产厂的废水监测），德国（Regensburg 河的水源预警），美国国家环保局的国土安全水源预警，荷兰（Amsterdam 的 Rhine 河的水源预警），中国台湾、北京密云水库和广东北江等。该仪器是利用发光菌作为生物检测器，通过测定光损失来判断水中的污染物的综合毒性大小。该方法具有相对快速、廉价的优点，能够适时在线监测水质综合毒性的变化，快速判断是否发生污染事故，污染程度如何等问题。

图 9.7　在线毒性测定仪

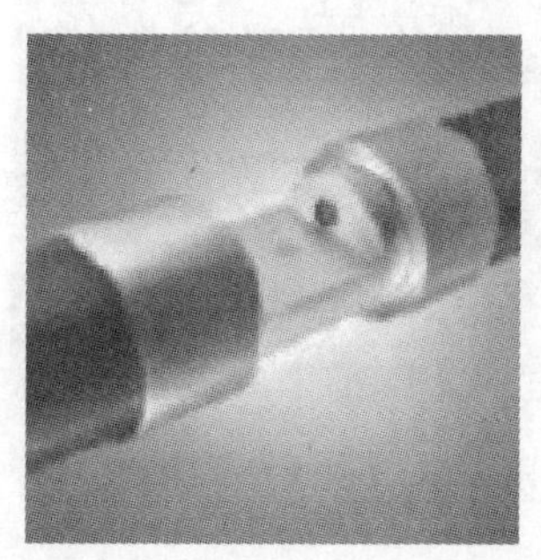

图 9.8　在线 UV—VIS 光谱仪

(2) 在线 UV—VIS 紫外—可见光谱仪。在线 UV—VIS 紫外—可见光光谱仪主要用于对有机污染物的监测，也是可以在液体介质中直接进行连续光谱测量（200nm 到 750nm 波段）的水质分析仪器（图 9.8）。该仪器采用紫外—可见光照射，检测被测水样对光的吸收强弱而确定水中相应有害物的浓度，是一个非常紧凑的在线监测设备，便于沉入待测水体的不同深度，快速而广泛地识别硝酸盐、亚硝酸盐和大部分有机污染物，成为水质污染事故早期预警的有效监测系统，是用于河流、湖泊和饮用水水源遭受此类污染检测控制及警报的有力手段。

图 9.9　在线重金属测定仪

(3) 在线重金属测定仪。在线重金属测定仪（图 9.9）是快速精确的测定重金属的工具，可根据用户的需要实现多种重金属物质离子浓度的在线测定；通常推荐选择具有广泛性和代表性的镉、铅、铜、砷等作为优先监测污染物。

(4) 在线藻类测定仪。在线藻类测定仪主要用于防止因水体中藻类的暴发引起的污染事故（图 9.10)。通过检测叶绿素荧光强度确定藻的种类，同时分析出各类不同藻的浓度。能实时给出叶绿素的总量，以及各类藻的叶绿体荧光强度变化曲线，并可把藻类分类检测。

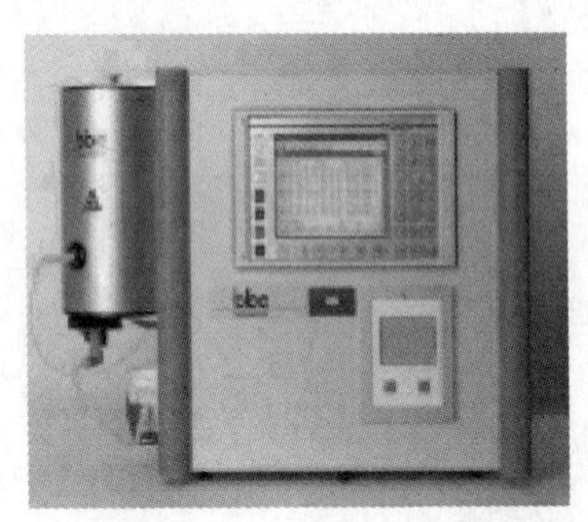

图 9.10　在线藻类测定仪

图 9.11　在线气相色谱仪

目前我国多采用人工实验方法，难以满足快速反应的需要，该仪器可实现在线检测，检测周期只有几分钟。由于采用荧光技术，基本没有耗材，不会对环境造成影响。

(5) 在线气相色谱仪。水中的污染物，尤其是有机污染物和氯化消毒副产物，不仅在水中存在的时间长，而且危害大，有机化学物极易引起人体细胞突变、肿瘤、畸形等疾病的发生。从 20 世纪 70 年代初，美国环保局（EPA）在自来水中首先发现有机化学污染物以后，人们对饮水中有机污染物对健康的潜在危害性日益引起重视。

在线气相色谱仪是连续在线化学监测系统，应用于水流中的挥发性有机物（VOCs)，包括工业毒性化合物（ TICs）的监测（图 9.11)。它可以在无人看管下自动运行，提供可靠实验结果，检测精度可达 ppt 级水准。

应用范围：饮用水源和水系污染预警；饮用水水质在线检测；污水处理的在线监测；雨水监测；冷却塔水（HRVOC）监测。

9.9.2　通信平台

因大多数的自动监测站点可能分布在野外，所以最好选择无线通信方式。GPRS 无线通信技术已广泛地应用于社会各个领域，是目前应用最为普遍和成熟的通信技术之一。它可以满足多个采集点和一个或者多个控制中心之间的通信需要。

GPRS 无线通信技术具有以下优点：中国移动的信号覆盖范围广，只要有 GSM 信号（手机可以通话）的地方，就可以实现 GPRS 通信，不受地区限制；组网架台便捷灵活，不需在高处架设天线，因而选点更加方便，还可节省费用；通信速率高、响应速度快、误码率低，可以更有效的传输数据；运行费用低廉，按流量收费，数据流量大的站点还可以采用包月方式，平均费用更低。

对于网络建设比较完备的监测机构，也可考虑网络传输方式。该通信方式信息量大，性能稳定，传输较快，投资少，运行维护简便。

9.9.3 数据分析预警系统

数据分析预警系统主要由 GIS 地理信息系统和水质分析预警软件两部分组成。

GIS 地理信息系统可以实现全流域监测点的地图查询功能，通过访问数据库可以查询某个特定监测点的适时水质参数，见图 9.12。

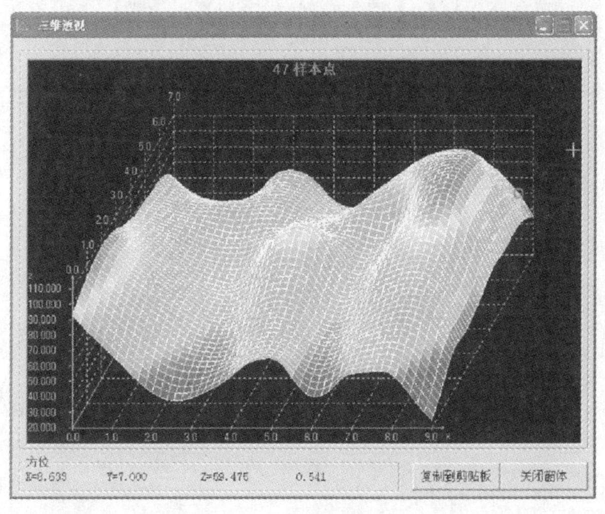

图 9.12 GIS 地理信息系统

水质分析预警软件可以按照国家地表水的分类标准将水质分级，也可以直观的反映单一指标的历史变化曲线和规律。该软件设定污染预警值实现水质污染绿、黄、红不同级别的预警提示功能，见图 9.13。

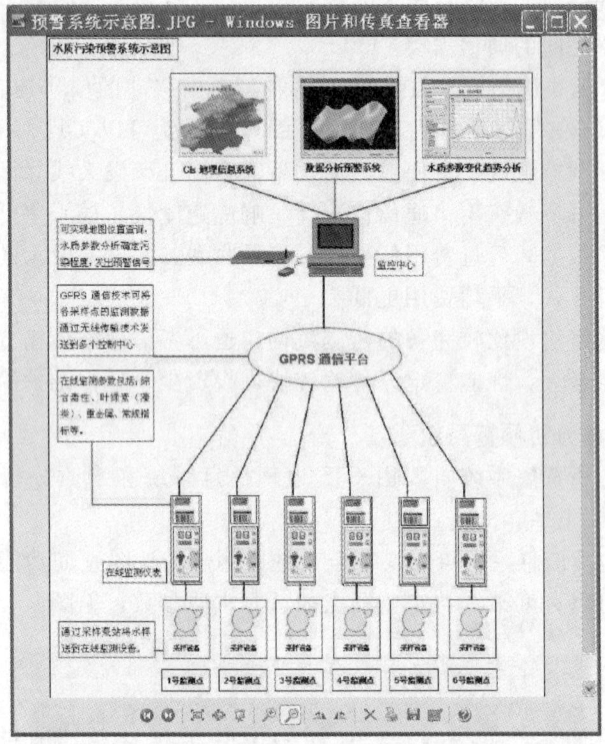

图 9.13　预警系统

第10章 应用实例

10.1 “唐家山堰塞湖排险”水文应急监测

10.1.1 概述

2008年5月12日下午2时30分左右，四川省汶川发生8.0级特大地震，重灾区主要分布在地处青藏高原与四川盆地过渡的龙门山断裂带区域，此区域也是四川省三大暴雨区之一。这次地震使都江堰、德阳、绵阳、广元、阿坝等地遭受了毁灭性的灾害：山体滑坡、房屋被毁、交通中断、通信中断、电力中断，人员伤亡惨重。

唐家山堰塞坝位于北川县城上游6km的湔江上，下距苦竹坝约1km，集水面积3550km^2，堰塞湖总容积约3.16亿m^3。坝体长803.40m，宽611.8m，面积30.72万m^2，体积2037万m^3。堰塞坝最高点高程793.90m（黄海高程，下同）；堰塞坝底高程669.55m；基岩弱风化顶板高程638.00m；最大坝高124.40m，垭口处坝高82.65m。因其塌方体方量、库容巨大和威胁人口众多被列为极高危堰塞湖，并引起国内外广泛关注。唐家山河谷原貌见图10.1，唐家山堰塞坝坝体见图10.2。

图10.1 唐家山堰塞坝河谷原貌

图 10.2　唐家山堰塞坝坝体

10.1.2　水文应急监测目的

唐家山堰塞湖是众多堰塞湖中的极高危等级堰塞湖，加之在唐家山堰塞湖的下游还形成有苦竹坝、新街村、白果树、岩羊滩 4 处堰塞湖，对下游北川、邓家、通口、香水、青莲等乡镇及四川第二大城市绵阳市约 130 万人的安危造成了严重威胁。

唐家山堰塞湖的排险处置及下游群众疏散要求水文部门必须从唐家山堰塞湖库区入流开始，全过程监测堰塞湖上游来水及入库、出库水量变化情况；并在唐家山堰塞湖排险泄流时，全过程监测通口河流域沿程主要集镇、水工程等重要关注点的洪水变化，以及时发现险情隐患，在险情出现第一时间采取排险对策。

水文应急监测主要为溃坝洪水的演算、工程排险措施的制定、排险施工调度指挥部安排受威胁市民的转移决策提供最基本的科学依据。

10.1.3　水文应急监测方案编制的依据与原则

1. 水文应急监测方案编制的依据

唐家山堰塞湖水文应急监测的依据见表 10.1。

2. 原则

(1) 应急性。水文应急监测是唐家山堰塞湖排险工程重要的保障服务系统，其总体布局服从于排险施工方案；有关站点设置应尽可能利用已有站点，根据工作需要适当增加监测站点；监测范围、内容、测次布置及进度安排与排险整体工作相协调。

表10.1 唐家山堰塞湖水文应急监测的依据

序号	名 称	编 号
1	《水位观测标准》	GBJ 138—90
2	《河流流量测验规范》	GB 50179—93
3	《水利水电工程测量规范》	CH—601—81
4	《中、短程光电测量规范》	ZBA 76002—87
5	《全球定位系统（GPS）测量规范》	CH 2001—92
6	《国家三、四等水准测量规范》	GB 12898—91
7	《水道观测规范》	SL 257—2000
8	《测绘产品技术设计规定》	ZBA 75001—89
9	《测绘产品技术总结编写规定》	CH 1001—91
10	《测绘产品质量评定标准》	ZBA 75003—89
11	《测绘产品检查验收规定》	ZBA 75002—89
12	唐家山堰塞湖抢险指挥部《关于研究唐家山堰塞湖下游群众疏散工作的会议纪要》	
13	绵阳市抗震救灾指挥部《关于印发唐家山堰塞湖预警预报及通讯保障预案》的通知	

（2）先进性。唐家山堰塞湖排险工程规模宏大，影响深远，是一项非常复杂的系统工程。排险工程难度大，影响因素多，时间紧迫，水文应急监测必须统筹安排，合理布局，尽可能采用先进的仪器设备和技术手段，搞好水文服务。

（3）可操作性。针对排险工程的复杂性，以及水文监测的难度，在充分考虑先进性基础上，还要确保监测技术的可操作性。每个项目的监测方法、采用的技术措施，都必须成熟、有把握，在条件不具备时采取临时措施进行估算，并注重同一项目多种监测方法的相互验证比较，确保资料准确和可靠。

（4）安全性。水文应急监测是一种在特殊环境条件下的水文测验，受余震、地理环境及施工影响很大，安全隐患多，风险极大。因此，应充分注重监测过程中的安全性，各种监测方法与技术措施都必须合理调整监测与安全的矛盾，确保监测安全有保障。

10.1.4 监测内容及监测方案

1. 站网布设方案

通口河流域先后布设过白什、将军石等水文测站，各站基本情况见表10.2。

表10.2 “5·12汶川特大地震”后可以利用的水文测站基本情况表

站名	站类	集水面积 (km^2)	资料年限 (年)	实测最大流量 (m^3/s)	调查最大流量 (m^3/s)
白什、片口	雨量		1962～		
治城	水位	3134	1962～		
北川	水文	3575	1998～	1940	
茅坝	水文	3577	1961～1964	3710	6720
通口	水文	4102	1988～1997	5390	
将军石	水文	4162	1957～1987	4820	8060

为加强唐家山堰塞湖溃坝泄流时沿程水文要素的监测，在通口河流域现有水文站点基础上增设了以下临时观测点，见表10.3。

表10.3 增设的临时观测点情况表

序号	位置	站名	用途
1	堰塞湖库尾	富顺、治城和油房	掌握上游入流情况
2	治城	治城	保障上游水位观测的时效性
3	唐家山堰塞湖泄流口	导流槽	观测堰塞湖坝址水文要素变化
4	坝址下游约4km处	北川	雨量、水位监测；恢复自动测报
5	北川水文站下游的通口镇	通口	水文要素变化
6	通口临时观测站下游	香水	水文要素变化
7	涪江桥	涪江桥	恢复水文站的各项测报功能

2. 水文应急监测工作内容及作用

唐家山堰塞湖水文应急监测工作内容主要包括堰塞体基本几何特征的勘测、泄流槽基本几何特征的测定、泄流槽泄流过程的监测、上游来水量的监测、坝前水位的监测、坝下沿程水文要素的监测等，水文应急监测工作内容及主要作用见表10.4。

表 10.4　水文应急监测的主要内容及作用

序号	项目名称		主要内容	主要作用
1	库区观测	(1) 降水	1) 油房、治城、富顺3个遥测雨量站的建设。 2) 白什、片口雨量站的维护	掌握流域降水，为入库洪水计算、水文预报服务、施工组织调度提供基础资料
		(2) 水位	治城自记水位站的建设	
2	坝前观测	(1) 坝体基本几何特征勘测	坝长、宽、高等基本几何特征的测定	掌握堰塞坝的基本情况，是制定过程排险措施的依据
		(2) 降水	坝前降水	掌握坝上降雨情况，为施工组织调度服务
		(3) 水位	坝前水位	掌握坝前水位变化情况，是预报泄流槽何时过流的依据。为施工机具、人员的安全转移、撤出服务
		(4) 唐家山泄流槽	几何特征测量（断面、坡度、长度等的测量）	掌握泄流槽的基本几何特征，为泄流槽的水力计算提供依据
			泄流槽流速、泄流槽流量	掌握泄流槽流速、流量变化情况，验证水力计算的成果，评估泄流槽的泄流能力，为红、橙、黄三级预警的启动与解除提供基本依据
		(5) 出水点监测	出水点个数的变化；出水浑水、清水的观察；渗漏量的监测	掌握出水点的变化情况，为堰塞坝的稳定性评估提供水文资料
3	坝下沿程观测	水位	北川、通口、香水、涪江桥4个水文监测断面进行水位、比降、浮标测量	掌握唐家山堰塞湖下泄水流变化情况，为为红、橙、黄三级预警的启动与解除提供基本依据

10.1.5　技术路线

10.1.5.1　应急监测仪器设备

唐家山水文应急监测是在特殊环境条件下的水文观测，其仪器设备将受到各种不利因素的制约，对仪器设备提出了更高的要求。为了水文应急监测方案的顺利实施，经过调研和大量的仪器设备技术指标分析，确定在应急勘查中使用以下仪器。

(1) 免棱镜全站仪。免棱镜全站仪用于对堰塞湖各参数的测定，传统的方法难以达到安全、高效的要求，选用成熟的无人立尺测量技术配以高精度的激光全站仪，可安全地监测相关资料。

(2) 高精度的GPS。在地震之后，震区高程、坐标系统都发生了较大变化，必须在测区建立相对统一的高程系统和水准系统，配备高精度的GPS就显得非常重要。

(3) 电波流速仪。泄流槽流量及出水点渗漏量监测，常规仪器使用受到很大限制，电波流速仪可直接测量水面流速，通过水面流速系数的换算达到测量河流流量的目的。该仪器采用无接触测流，不受含沙量、漂浮物影响，具有操作安全，测量时间短，速度快等优点。

(4) 超声测深仪。在堰塞湖库区和水文临时监测站点，使用常规仪器测深受到很大限制的情况下，采用超声测深仪可直接测量库区测深。使用时，直接把仪器放在水面上，使探头向下发射接收的方式测量水深，特点是不受含沙量、漂浮物影响，具有操作安全，测量时间短，速度快等优点。

(5) 激光测距仪。在堰塞湖库区，采用激光测距仪可直接测量库区宽度，该仪器不受含沙量、漂浮物影响，具有操作安全，测量精度高、速度快等优点。

(6) 由于震后灾区很多地方通信中断，水情信息的报送只能采用卫星通信。遥测站点统一选用北斗卫星，人工站点普遍配备卫星电话，确保了水雨情信息的及时发送。

唐家山实时水情测报系统中各监测站点的仪器设备配置见表10.5。

表10.5　　各监测站点的装备配置

站　名	监测要素	仪器设备
白什、片口、富顺	雨量	翻斗雨量计
治城	水位、雨量	超声/压力水位计
唐家山	水位、雨量、流量	全站仪、电波流速仪、红外测距仪、压力水位计、气泡水位计、翻斗雨量计、视屏采集仪、GPS
北川	水位、雨量	翻斗雨量计、气泡水位计、视屏采集仪
通口	水位、雨量、流量	翻斗雨量计、压力水位计、全站仪、电波流速仪、红外测距仪、视屏采集仪、GPS

续表

站　名	监测要素	仪器设备
香水	水位	全站仪、红外测距仪、视屏采集仪、GPS
涪江桥	水位、雨量、流量	翻斗雨量计、浮子水位计、全站仪、红外测距仪、视屏采集仪
说明	各站采集信息全部通过所选用的信道传输到绵阳水情分中心，再由该分中心经国家防汛指挥系统四川省水情中心广域网传送至国家防汛抗旱总指挥部、流域机构水情中心及各级抗震救灾指挥决策机构	

10.1.5.2 水文应急测报方案

根据通口河流域的站点布设情况，各监测站点的水文应急测报方案汇总见表10.6。

表10.6　各监测站点的测报方案汇总表

站名	水位雨量采集方法	传输方式	流量等其他项目
白什、片口、富顺、油房雨量站	有雨自动增量测报	北斗卫星通信传送	
治城站	压力水位传感	北斗卫星30min一次的采集报送	建立水位—流量相关，实现治城水位推求堰塞湖入库流量
泄流口临时观测点	压力水位传感	北斗卫星15min一次的采集报送	免棱镜全站仪，卫星电话报送。以红外测距仪实测过水断面、电波流速仪施测水面流速。远程视频监视装置
北川站	雨量、水位自动测报	15min一次的采集报送机制，北斗卫星通信传送	流量则采用该站历年综合水位—流量关系曲线由水位直接查算
通口观测点	雨量、水位自动测报	15min一次的采集报送，北斗卫星通信传送	综合水位—流量关系曲线由水位直接查算。比降面积法
香水观测点	免棱镜全站仪人工观测水位	卫星电话	将军石水文站1957～1987年间实测水文资料建立水位—流量关系
涪江桥站	浮子水位传感和20min一次的采集报送	采用GSM和PSTN互为备份的传输	流量采用该站1954年至今的综合水位—流量关系

10.1.5.3 唐家山堰塞湖几何参数及典型断面应急监测

在测区河段内进行堰塞湖基本情况、堰塞湖形状及特征、进出堰塞湖的流量及蓄量、堆积物的体积等4个方面的勘测和调查，对唐家山堰塞湖及其下游河段的典型断面进行测量，在堰塞湖抢险工程实施阶段进行水文监测。具体内容如下。

（1）基本情况。主要包括堰塞湖名称、所处河名、地理位置和地理坐标、山崩滑坡体入河的岸别、集水面积等。

（2）形状及特征。主要包括回水长度、水面平均宽度、平均水深、库前水面到坝顶的高度等。

（3）进出堰塞湖的流量及蓄量。主要包括进出堰塞湖的流量、总库容量和测时蓄量的计算。

（4）堆积物及体积。主要包括堰体组成、堰高、堰宽、堰厚以及堰体体积计算。

（5）唐家山堰塞湖及其下游河段的典型断面测量。

10.1.5.4 水文信息传输通信系统

1. 应急通信信道选择

由于强烈地震，卫星信道是该区域唯一没被地震影响的信道，因此，卫星信道是该测区重点依靠的通信组网信道。目前我国可用的卫星通信方式主要有北斗卫星通信、同步气象卫星（Omni TRACKS）通信、海事卫星C（Inmarsat _ C）通信。

北斗系统单星每秒钟通信能力大于200个地球站，每小时服务次数在72万次以上，系统可靠性指标为99.993%。该系统采用CDMA码分多址，PN码扩频技术，在L波段通信，兼具Inmarsat _ C站和OmniTRACKS全线通卫星通信终端的优点，且通信速度快、并发能力强、保密安全性高，适合于短数据传输的水情采集系统应用。

同时，根据各主要观测点应急远程视频监视图像信息传输的需要，远程视频图像对网络带宽要求较高，而各观测站点目前不具备铺设高速专线的条件，且常规的PSTN、GPRS、CDMA等不能满足安装和传输要求，因此，考虑采用卫星信道将远程视频图像信息传输至卫星地面中心站，再通过宽带互联网络接入到绵阳水情测报中心，以满足实时图像监视的要求。经技术调研，利用中国卫通的中星系列图像卫星，采用双向宽带资源（带宽大于20M），可实现远程图像下行和远程视频云台指令上行控制。为确保排险泄流时的重要观测点信息通信可靠，考虑在唐家山堰塞湖坝址处建立小容量GSM临时基站，实现双信道互为备用的通信模式。各观测点信道选用见表10.7。

表10.7　　唐家山堰塞湖应急水情遥测站通信信道表

站名	报汛项目	主信道	备用信道	报汛方式
白什站	雨量	北斗卫星	GSM短信	自动测报
片口站	雨量	北斗卫星	GSM短信	自动测报
油房站	雨量	有线电话话传	移动电话话传	人工测报
土门站	雨量	北斗卫星	GSM短信	自动测报
治城站	雨量、水位	北斗卫星	GSM短信	自动测报
唐家山坝前及泄流口观测点	雨量、水位、流量	北斗卫星	卫星话务/GSM	自动/人工
北川站	雨量、水位	北斗卫星	GSM短信	自动测报
通口站	雨量、水位、流量	北斗卫星	卫星话务/GSM	自动/人工
香水观测点	水位	移动电话话传	卫星话务	人工测报
涪江桥站	雨量、水位、流量	有线电话话传	卫星电话话传	人工测报

2. 应急测报数据传输组网结构

(1) 观测点到水情中心的组网结构。根据信道选择方案，其中除白石、片口、土门雨量站外，其余各观测点均具备双信道传输保障。唐家山堰塞湖应急水情测报系统各观测点到绵阳水情中心的通信组网结构见图10.3。

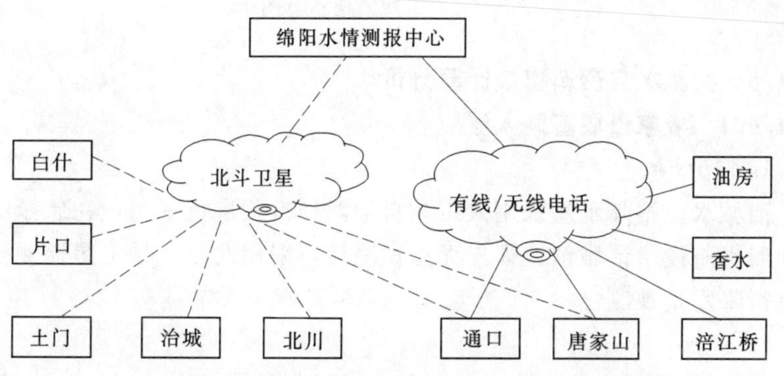

图10.3　观测点到绵阳水情中心的通信组网结构图

(2) 水情测报中心到各级抗震指挥部的组网结构。绵阳水情测报中心在收到报汛站的水情数据后，经过人工和计算机自动处理，按SL

330—2005《水情信息编码标准》生成标准的水情报文，通过互联网络（以 PSTN 为备用信道）传输到设在绵阳富乐山的唐家山堰塞湖排险应急指挥部、四川省水情中心，并由四川省水情中心的专线网络转发到四川省防汛抗旱指挥部办公室、国家防汛抗旱总指挥部办公室、长江委和相邻省市水文局。同时，以 PSTN 方式（或人工话传）转发至各级抗震指挥部、广元、绵阳、遂宁等市及其所辖的区县防汛抗旱指挥部办公室。组网结构示意见图 10.4。

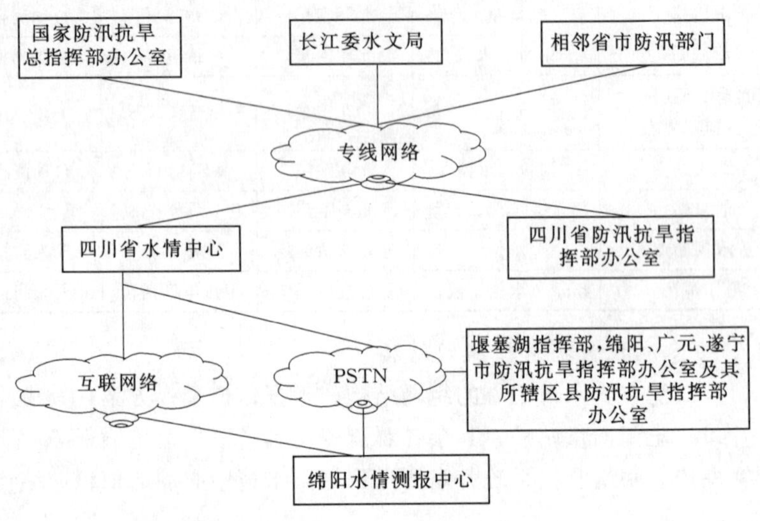

图 10.4　组网结构示意图

10.1.6　实测水文资料整编计算分析

10.1.6.1　唐家山堰塞湖入流

1. 降水量

治城水位站降水量采用人工和自记两种方式进行观测，在唐家山堰塞湖回水淹没了治城镇，人工无法观测后，采用北斗 1 号卫星遥测雨量器进行降水量观测。

2. 水位

治城水位站人工观测水位一直观测到 5 月 26 日 16 时。5 月 25 日在治城下游 11.5km 的漩坪乡安装了北斗 1 号卫星遥测水位计，并与治城水位站的水位进行对比观测，对比观测成果见表 10.8，治城水位与漩坪水位关系图见图 10.5。

表10.8　　　　对比观测成果表　　　　单位：m

时间		漩坪水尺数	漩坪零点高程	漩坪黄海高程水位	治城水位（水利组）	治城水位（假定）
日期	时间（时：分）					
5月25日	19：00	0.73	723.27	724.00	63.51	63.54
	21：00	0.85		724.12	63.65	63.66
	23：00	0.97		724.24	63.79	63.78
5月26日	0：00	1.05		724.32	63.85	63.86
	4：00	1.32		724.59	64.13	64.13
	6：00	1.46		724.73	64.28	64.27
	8：00	1.62		724.89	64.43	64.43
	8：30	1.66		724.93	64.47	64.47
	9：00	1.71		724.98	64.51	64.52
	9：30	1.75		725.02	64.56	64.56
	10：00	1.78		725.05	64.59	64.59
	11：00	1.87		725.14	64.67	64.68
	14：00	2.09		725.36	64.91	64.90
	15：00	2.18		725.45	64.98	64.99

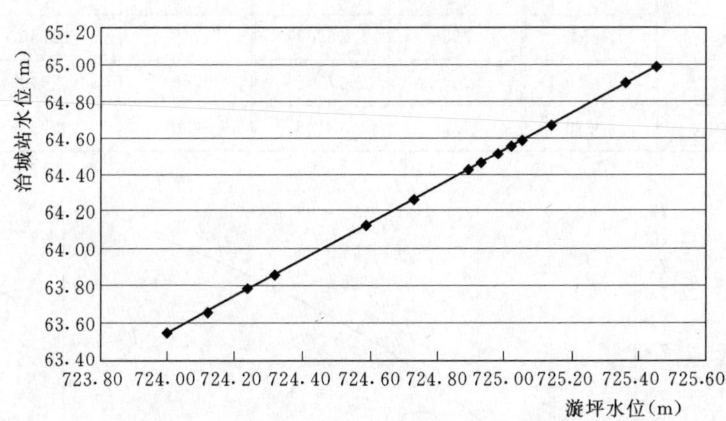

图10.5　治城站水位和漩坪水位关系图

根据对比观测资料，漩坪站的自记水位与治城水位站的关系良好，完全能够代表治城水位站的水位。

同时，得到唐家山堰塞湖水位—库容曲线，见表10.9。5月18日

8时以后，根据对唐家山堰塞湖的库容曲线（图10.6），采用时段入库水量变化过程进行反推入流过程。

表10.9　唐家山堰塞湖水位—库容曲线成果

水位(m)	库容(万 m^3)	水位(m)	库容(万 m^3)	水位(m)	库容(万 m^3)
706	5736	721	11078	736	18773
707	6009	722	11520	737	19418
708	6313	723	11962	738	20074
709	6602	724	12387	739	20742
710	6940	725	12854	740	21421
711	7247	726	13315	741	22109
712	7582	727	13795	742	22811
713	7928	728	14287	743	23524
714	8282	729	14792	744	24250
715	8634	730	15315	745	24992
716	9071	731	15850	746	25749
717	9460	732	16398	747	26520
718	9854	733	16962	748	27307
719	10260	734	17545	749	28109
720	10680	735	18148	750	29339

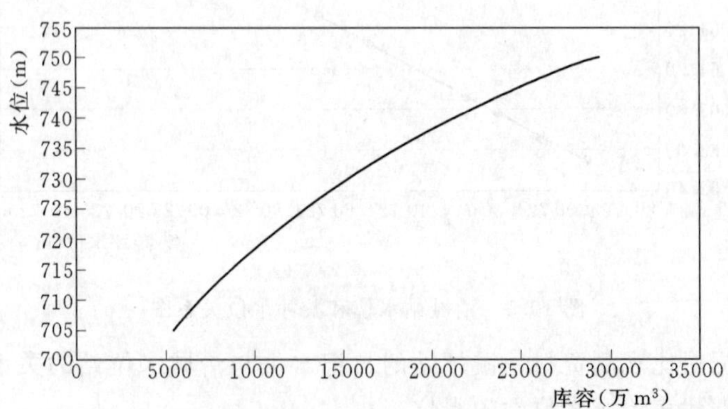

图10.6　唐家山堰塞湖水位—库容曲线图

10.1.6.2 唐家山堰塞湖泄流

由于唐家山堰塞湖整个泄流过程采用流量连续施测，测验次数较多，因此采用实测流量过程线法推算整个泄流过程的流量。

1. 北川水文站

根据北川水文站2007年的水位—流量关系曲线按断流水位计算，公式为

$$Z_0 = \frac{Z_a Z_c - Z_b^2}{Z_a + Z_c - 2Z_b} \tag{10.1}$$

对北川水文站的断流水位进行计算，共选取5组数据进行计算，最后按算术平均值确定北川水文站震前的断流水位为86.80m。

北川水文站2005年实测最大流量1940m³/s，相应水位90.99m。采用北川水文站下游约1000m的茅坝水文站1962～1964年的实测流量，以及1902年、1934年和1964年3场调查大洪水资料，与北川水文站原有的实测流量成果进行综合，确定水位—流量关系。

根据北川水文站震前震后的断流水位的分析比较，按水位平移把原北川延长后的水位流量关系曲线移至震后，然后根据北川水文站震前震后的水位—流量关系曲线对北川水文站的资料进行整编计算。

2. 通口水文站

由于香水电站的修建，通口水文站于1988年由原来的将军石水文站上迁至北川县通口镇，集水面积4102km²，观测的项目有水位、流量、泥沙和降水量，由于通口电站的修建使通口水文站失去了部分功能，因此，于1998年上迁至北川县茅坝镇设立北川水文站。通口水文站仍保留部分测验项目，水位采用人工观测，降水量在枯期采用人工观测，汛期采用日记型自记雨量器观测。

通口水文站顺直河段不长，从中断面起河道稍向右弯，两岸为破碎石灰岩组成，呈狼牙齿状。中低水由基本断面下400m处急滩控制，高水为基本断面下150m处黄连桥峡口控制。通口水文站测流断面与基本断面重合，形状呈U形河床，河床底部为粗沙夹有少量的卵石组成。

通口水文站流量中低水采用流速仪测流，在高水采用浮标测流。历年的水位—流量关系稳定。历年实测最大流量为1995年8月11日的5390m³/s。历史调查洪水主要有1902年和1934年，但均无流量成果。

(1) 水位。通口水文站水位采用老通口站的水尺（水准点被毁，无法测水尺零高）进行水位监测。在唐家山堰塞湖泄流前采用四段制进行

观测，在6月10日唐家山泄流期间水位变化平缓时采用八段制观测，在水位变化急剧时采用每6min观测一次水位进行加密观测，实测最高水位出现时间为6月10日14时24分，相应水位为549.73m。

(2) 流量。断面在泄流前5月24日进行了实测，唐家山堰塞湖泄流后，未施测到水深的变化过程。流速测验采用天然浮标施测，共施测流量10次，浮标系数采用经验系数。泄流后由于青莲电站蓄水，亦未施测断面。

(3) 资料整编。"5·12汶川特大地震"后，香水电站将其库区内的水全部下泄放空，下游香水电站的挡水枢纽距离通口观测断面有2000m，并且将其闸门全部开启，其河段与原通口水文站的天然河道一致。因此通口水文站的水位—流量关系采用原通口站的综合水位—流量关系曲线和2008年6月10日实测的流量成果进行综合分析确定。

3. 青莲水位站

青莲水位站设于通口河青莲电站取水口上游，监测断面与原将军石水文站基本断面重合。

将军石水文站设于1957年5月31日，由四川省水利厅水文总站设立，位于通口河左岸的西屏乡将军石处，是通口河基本控制站。河道顺直长度约700m，距河口15.1km，集水面积4162km^2。

将军石基本断面上游约700m有清溪汇入，下游800m处为长青堰进水闸（三孔闸门），再下200m是竹笼引水埂斜伸入河心，但埂不高，一般小水即漫过。该站控制河道顺直，河床为卵石组成，断面呈U形，略有冲淤，两岸均为坚岩陡壁。测验项目包括水位、流量、降水、单沙、比降、水温、气温，1982年改为水位站。

将军石水文站的流量测验在中低水采用流速仪进行测验，在高水采用浮标进行流量测验，共收集了25年流量资料。将军石水文站历年实测最大洪峰流量4890m^3/s（1964年7月21日），相应水位18.05m。

(1) 水位。从5月31日开始，在该处采用免棱镜全站仪进行水位观测。仪器观测点设于左岸至高点一块坚实岩石上，视野宽广，能监视到上下游几百米的河道情况，根据当地洪水调查有关资料，将军石水文站与黄海基面采用 $H_{黄海} = H_{将军石} + 512.253$ 进行换算。仪器点高程从原将军石水文站水准点用全站仪引测。在唐家山堰塞湖未泄流时采用四段制观测，在泄流期间根据水位变化情况加密观测次数，以控制水位变化过程，完整地收集到了从5月31日10时至6月13日8时的水位资料。

(2) 资料整编。1961年和1964年，对将军石河段的历史洪水进行调查。调查到的最大洪水为1902年7月27日，相应洪峰流量8060m³/s，相应水位21.10m；第二大洪水为1934年8月4日，洪峰流量为6950m³/s，相应水位20.12m。采用将军石的实测流量资料和调查洪水资料绘制了将军石水文站的水位—流量关系曲线。唐家山堰塞湖形成后，按水利工作组的统一要求，青莲电站将青莲电站取水枢纽泄洪闸门全部开启。根据实际测量，原将军石测验河段平均淤积约2m，因此将原将军石综合水位—流量关系线调整2m左右，作为青莲水位站的水位—流量关系成果，并据此关系曲线对青莲水位站的资料进行整编。

4. 涪江桥水文站

涪江桥水文站于1955年设立，是涪江干流中游的重要控制站和国家重要水文站，观测项目主要有水位、流量、泥沙、降水和蒸发，集水面积11903km²。水位采用人工观测，降水量在枯期采用人工观测，汛期采用日记型自记雨量器观测。

涪江桥水文站测验河段顺直长约1000m，主槽位于100m左右，中高水向右摆动，低水受下游1000m开元电站滚水坝和滩口控制，中高水受宝成铁路及复线桥墩控制。测流断面与基本水尺断面重合，断面呈W形，冲淤变化均在±3%以内，稳定性较好，浮标中断面位于基下30.26m，浮标流量计算时借用基本水尺断面。

(1) 水位。2008年5～6月，唐家山堰塞湖形成后，涪江桥水文站在唐家山堰塞湖泄流前水位采用人工四段制进行观测，在泄流期间加密观测，并在山顶上设立了一个临时水位观测点，采用免棱镜方式进行观测水位。6月10日17时18分涪江桥水文站出现了最高水位，相应水位97.76m。

(2) 流量。涪江桥水文站5月27日对大断面资料进行测量，流量在中低水均采用流速仪进行测验，高水采用浮标法进行测验。自建站以来，涪江桥水文站实测最大流量为10300m³/s，相应水位为98.98m。受唐家山堰塞湖下泄时大量漂浮物影响，泄流期前期采用流速仪施测流量，在泄流后期采用天然浮标法测流，对整个泄流过程进行了全过程的流量测验，6月14日对大断面资料进行测量。

(3) 资料整编。根据涪江桥水文站的实测流量资料确定了水位—流量关系曲线，并根据涪江桥水文站的水位资料推算了该站的流量。

泄流各监测站点最大流量及出现时间见表10.10。

表 10.10　泄流各监测站点最大流量及出现时间

站点名称	最大流量 (m^3/s)	出现时间	
		年.月.日	时：分
唐家山	6500	2008.6.10	12：30
北川	6540	2008.6.10	13：00
通口	6210	2008.6.10	14：24
青莲	6160	2008.6.10	14：48
涪江桥	6100	2008.6.10	17：18

10.1.7　无线宽带视频的应用

唐家山堰塞湖工程排险资料极其珍贵，水利部领导要求抓住难得的机遇，全力做好唐家山堰塞湖溃坝水文监测工作，收集好宝贵的水文资料，尤其是要收集完整的影像资料。由于监测站点多、监测时间较长、监测环境恶劣，常规手段无法实现。

根据站网布设安排，建立唐家山堰塞湖坝前、坝后、北川水文站、通口电站、香水电站、涪江桥水文站等观测点的远程视频系统，以直观地了解唐家山堰塞湖下游各水文站的过水状况，同时，当自动测报站的水位传感器的水位探头或管线被溃坝洪水冲毁时，能调整远程摄像头观测水尺，进行人工远程读取水位。因此，应急远程视频信息传输组网，是唐家山堰塞湖排险水情测报系统重要的辅助保证。远程视频图像传输组网结构示意见图 10.7。

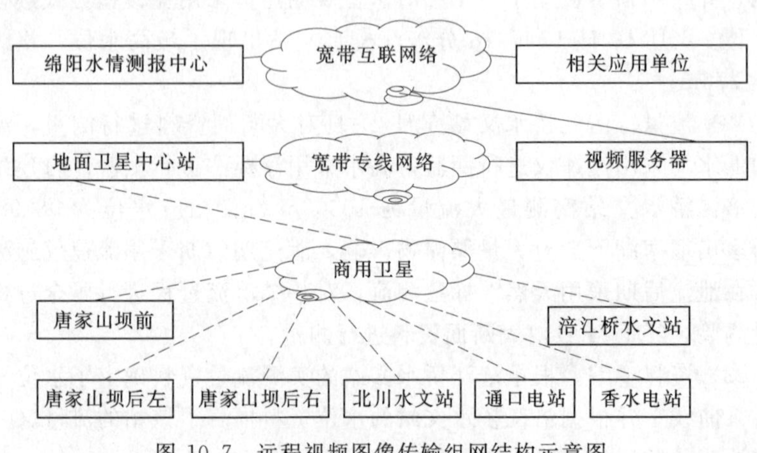

图 10.7　远程视频图像传输组网结构示意图

此次应用线宽带视频技术，成功实现了对泄洪过程的全过程监控，收集到唐家山坝前、唐家山坝后、北川、通口、香水、涪江桥等断面的洪水演进的视频资料，为水文监测、水文预报以及指挥部门调度组织、研究会商提供了实时的现场信息，是唐家山堰塞湖工程排险取得成功后相关研究的重要基础资料。

同时，在北川站自动遥测站遭洪水破坏之后，利用无线宽带视频人工读取水尺数据，收集到宝贵的洪水演进资料，是无线宽带视频在水文监测中的拓展性应用。

10.1.8 保障措施

唐家山堰塞湖为汶川特大地震产生的重大次生灾害中极高危的堰塞湖，由于地理环境及工作条件的限制，对唐家山堰塞湖开展水文测量工作的难度较大，为确保唐家山堰塞湖水文应急监测工作的开展，为水利部抗震救灾指挥部、唐家山堰塞湖抢险指挥部的决策提供水文信息资料，坚强的保障措施是不可少的。

1. 组织机构

结合实际情况，以水利部抗震救灾前方指挥领导小组成员之一的水文专业组和四川水文局的水文专家为基础，组建高效、精干、反应快捷的水文信息专家组，以收集、处理、分析唐家山堰塞湖及其相关站点的水文资料。水文信息专家组下辖唐家山堰塞湖现场勘测突击队，以及治城、漩坪、通口、北川、香水站等水文站监测突击队，水文信息专家组负责向唐家山堰塞湖抢险指挥部提供其决策所需要的水文应急监测资料。

2. 工作体制

水文信息专家组编制唐家山堰塞湖现场及通口、香水等水文站水文应急监测技术方案，各突击队在水文信息专家组的统一部署和领导下，制定详细的实施细则；各突击队有明确的职责，人员有明确岗位，完成各自承担的任务，现场测验和资料分析整理严格执行相应的操作规程和技术规定，确保成果质量。水文信息专家组对各突击队收集资料进行统一指挥，及时对各队收集的资料进行分析、处理及发布；各突击队按照水文信息专家组的意见收集资料并上报。

3. 安全保障措施

唐家山堰塞湖水文应急监测是一种在非常时期、特殊工作环境及条件下的水文测验，受余震、地理环境及施工影响很大，安全隐患多，风险极大。因此，应充分注重监测过程中的安全性，确保水文应急监测安全进行。

(1) 狠抓安全措施的落实。水文信息专家组进行测前动员，组织突击队学习水文应急监测方案及安全保障实施方案，加强安全生产的宣传教育，全体参与人员必须服从指挥，团结配合，齐心协力。

(2) 强化安全生产过程控制。野外作业过程实行定时汇报制，突击队队长必须每隔一定时间通过适当方式向水文信息专家组报告作业情况及工作环境、工作条件情况；加强安全检查，每个突击队队长为兼职安全员，作业前注意提醒安全事项；作业中有不安全的行为要及时制止；对有影响安全的苗头，要尽快妥善处理。针对特大地震后余震不断，测量条件及工作环境极为复杂的情况，每个突击队应布设 2 ～ 4 人的瞭望岗，对飞石、泥石流等影响测量人员安全的情况进行监视，以保证测量过程中的人员安全。

4. 质量控制

虽然开展唐家山堰塞湖水文应急监测工作的难度及风险极大，但收集的水文资料仍然要符合 ISO 质量管理要求，因此，要建立唐家山堰塞湖水文应急监测质量保证体系，其主要内容包括以下几点。

(1) 水文信息专家组组长为唐家山堰塞湖水文应急监测的总负责人，专家组的其余成员按照分工分别负责技术、安全、通信、后勤保障等工作。

(2) 突击队队长负责组织突击队员按照水文信息专家组的要求完成所负责站点的水文资料的收集、分析，并将成果上报水文信息专家组。

(3) 唐家山堰塞湖水文应急监测全过程按“三环节”进行质量管理，即事先技术指导、中间对测量资料进行分析、检查和测量成果的专家会商发布。

(4) 各突击队队长根据任务和水文应急监测技术方案，制定详细的观测实施细则，进行作业时，坚持现场检查，发现质量问题及时处理，重大问题及时报送水文信息专家组协调解决。

(5) 实测的各种水文资料须做到“三清四随”，经过认真校核和突击队队长的现场审定后方能报水文信息专家组。

(6) 水文应急监测过程控制。水文信息专家组根据各突击队所报回的测量资料，及时组织专家进行分析、整理，必要时进行专家会商，并将对成果的意见及时反馈到各突击队，使水文应急监测过程得到有效控制，更好地为唐家山堰塞湖抢险的决策提供技术支撑。

10.1.9 水文应急监测效益评估

(1) 水文应急监测，摸清了唐家山堰塞湖堰高、堰宽、堰长、库容量，来水量等基本情况，为唐家山堰塞湖制定科学的除险方案提供了基本资料。

(2) 水文应急监测，提供溃坝洪水计算的边界条件和来水条件，为唐家山堰塞湖制定科学的群众避险方案提供了决策依据。

(3) 水文应急监测，掌握了上游来水情况和坝前水位的变化情况，为工程排险施工组织和调度提供了决策依据。

总之，堰塞湖排险、避险工程是一项非常复杂的系统工程，水文应急监测是它的重要组成部分，无论是在工程排险与群众避险中都发挥着至关重要的作用，产生了巨大的社会效益和经济效益。

10.2 唐家山堰塞湖溃口洪水监测实施方案

10.2.1 唐家山堰塞湖基本情况

北川唐家山堰塞湖已成为高危堰塞湖，据气象预报推测，一周内总入湖水量约 1.9 亿 m^3。溃口洪水将严重威胁下游人民生命财产安全。

10.2.2 方案制定原则

鉴于塘家山堰塞湖翻坝、溃坝、人工决堤后，洪水量级大、流速快、地震区域监测条件十分恶劣、人身安全保障程度差等情况，其洪水监测实施方案应按 1/3 溃湖考虑，人员安全按全溃考虑，因此，方案制定应遵从以下原则。

(1) 方案便捷、快速、安全的原则。

(2) 多方案组合、综合分析原则。充分考虑各种不利边界条件和因素，采取多监测断面、多监测方案、分洪水量级作业的办法实施监测。

10.2.3 测验河段及监测站点勘察选址情况

2008 年 5 月 25～26 日，四川省水文水资源勘测局和水利部“前指”水文专业组对唐家山堰塞坝下游河段进行了联合查勘，由于交通(道路垮塌)原因，常规交通工具和步行只能抵达距唐家山堰塞湖坝址下游约 18km 处，经现场反复勘测和分析，确定在距唐家山堰塞湖坝址下游约 22～23km 河段内有两处断面具备一定的监测条件。

第一监测断面：选定原通口水文断面。该站位于河段右岸，高程为 550.00m，东经 104°36′，北纬 31°46′，有 1987～1997 年的水文资料，具备测验工作的较多现存条件（包括该站），且测验环境相对安全，极端安全威胁情况下有逃生条件。经分析，在 10000m^3/s 流量以下该河段具备监测条件，但对特大洪水难以实施，则转移至第二监测断面。

第二监测断面：即在第一监测断面下游约 150m 处。断面右岸有一高坡平台（高程 620.00m，河槽宽高达 272m，东经 104°35.816′，北纬 31°46.336′），利于架设观测仪器。当泄洪流量在 10000m^3/s 以上时，拟在此施测。初步分析其过流能力约 70000m^3/s，且该处是唐家山堰塞湖溃坝时含增镇及通口镇黄江村的村民避险点，除生存条件基本具备（包括卫生防疫、供水、供电、抢险部队和上百人的避险村民）外，其后山还有在极端险情来临时逃生的通道。

综合分析认为：采取上述两点结合的办法布置测控方案，是一个较为安全和测洪变幅较大的方案。

10.2.4 测洪方案

1. 第一断面

根据该断面建站至 1997 年以来的实测水位流量关系分析，该断面的测验控制条件较好，水位—流量关系单一且十分稳定，参照该河段的调查洪水资料对水位—流量关系进行高水延长后，可通过观测水位测算出相应的翻（溃）坝洪水流量。水位—流量关系高水延长后可测算流量小于 10000m^3/s。因此，流量不大于 10000m^3/s 时，拟在此直接监测水位，并通过水位—流量关系测算出相应的翻（溃）坝洪水流量。主要采用 800m 免棱镜全站仪测算水面高程法获得水位数据。同时，在泄洪流量到来之前，对岸边各地形转折平台实施高程测量，为夜间来水位的高程测算做准备。

2. 第二断面

当流量大于 10000 m^3/s（相应水位为 550m）时，为确保人身安全，监测人员应通过拟定的转移通道迅速转移到第二断面，并采用两台 800m 免棱镜全站仪在预先设定的半山腰两个观测点进行上下游水面高程同时观测。根据观测的上下游水位，采用比降面积法、中泓浮标法计算翻（溃）坝洪水流量。同时，采用电波流速仪法测算翻（溃）坝洪水流量，以对比降面积法、中泓浮标法测算数据进行相互校证。

10.2.5 报汛通信方案

采取两部卫星电话点对点通信方式和手机互为备份方式对绵阳水文局话务报汛。必要时可准备短波电台备用。

10.2.6　人员配备方案

按照断面布设情况，考虑成立 4 个工作组。

第一组：2 人。设置三个观测岗位。即：配备两个年青、反应敏捷、熟悉免棱镜全站仪水位观测的人员、一名负责探照灯照明的人员（夜间时）。

第二组：4 人。设置五个观测岗位。即：配备两个熟悉免棱镜全站仪水位观测的人员、一名电波流速仪操作人员，两名负责探照灯照明的人员（夜间时）。

当第一断面组人员撤离后，可作充实第二断面组力量，协助工作。

第三组：数据分析处理组。

第四组：2 人。提供后勤及生活物质保障组。

10.2.7　设备配置方案

（1）第一组所需技术装备。800m 免棱镜全站仪 1 台，红外望远镜 1 台、记录本（笔）、笔记本电脑，卫星电话 2 部、对讲机 1 对等。

（2）第二组所需技术装备。800m 免棱镜全站仪 2 台，记录本（笔）、笔记本电脑，卫星电话 2 部，对讲机 1 对等。

主要设备配置汇总见表 10.11。

表 10.11　　　　唐家山堰塞湖溃口洪水监测设备配置

组别	仪器名称	台（套）数	领用人	备　注
1	800m 免棱镜全站仪	1		
	红外测距仪	1		
	笔记本电脑	1		
	探照灯	1		
	记录纸、笔	1		
	卫星电话	2		
2	800m 免棱镜全站仪	2		
	电波流速仪	2		
	红外测距仪	1		
	笔记本电脑	1		
	探照灯	1		
	记录纸、笔	1		
	卫星电话	2		
3	发电机	1		
4	帐篷	1		

10.2.8 安全保障措施

（1）加强与地方防汛抗旱指挥部的信息沟通，及时了解唐家山堰塞湖的最新情况，尤其是进展情况。

（2）设置安全哨，密切监视上游来水情况及仪器站周边安全情况。

（3）配有安全帽、救生衣及常用必备药。

10.3 四川汶川抗震救灾堰塞湖和抢险工程监测工作报告

10.3.1 工程概述

1. 工程概况

绵阳市北川县辖区内湔江河上的唐家山、苦坝、新街村、岩羊滩 4 个堰塞湖水文勘测，北川陈家坝乡都贯河上的唐家湾、孙家院子、罐子铺 3 个堰塞湖水文勘测，安县茶坪河上的肖家桥、睢水镇罐滩、高川乡老鹰岩堰塞湖水文勘测，平武石坎河上的文家坝、马鞍石堰塞湖水文勘测，绵阳沉抗水库坝前水下地形测量。

2. 任务来源与目的

“5·12 汶川特大地震”产生的堰塞湖、受损水库等需进行处理，为保护灾区人民生命和财产的安全，在抢险排险过程前后需进行测量及监测。

根据水利部抗震救灾前方领导小组水文专业组的安排，长江委水文局、四川省水文局及湖南水文局的突击队员组成绵阳突击队，于 2008 年 5 月 20 日上午从成都出发，中午到达绵阳。

在绵阳工作期间，突击队的工作受水利部抗震救灾前方领导小组绵阳工作组领导，负责对北川县湔江河、北川县都贯河、安县茶坪河、平武县石坎河上的多个堰塞湖进行勘测和监测，并对青川县红石河堰塞湖、东河口堰塞湖、石板沟堰塞湖、什邡市红松一级电站堰塞湖进行了水文勘测。

10.3.2 测区简介

1. 地理位置及行政隶属

地理坐标：东经 103°45′～105°43′，北纬 30°42′～33°03′。

行政隶属：四川省绵阳市。

2. 测区概况

绵阳市位于四川盆地西北部，涪江中上游地带。东邻广元市的青川县、剑阁县和南充市的南部县、西充县；南接遂宁市的射洪县；西邻德阳市的罗江县、中江县、绵竹县；西北与阿坝藏族羌族自治州和甘肃省的文县接壤，全市幅员面积 20249km²。

绵阳气候宜人，是亚热带湿润气候，年平均降水量 826～1417mm，平均气温 14.7～17.3 ℃，极端气温－7.3～39.4 ℃，降水深 967mm。

绵阳市地势西北高，东南低，高差悬殊大，海拔最高是平武的雪宝顶（5400m），海拔最低是三台的建中（307.2m），属盆周山区及丘陵过渡带。西北山地，山高谷深，河床狭窄，河床比降大，两岸耕地少，人口相对较少；东南丘陵，地势较缓，起伏变化大。

绵阳市境内河流众多，水系发育，均属嘉陵江水系。全市有大小河流 52 条，连同溪、沟共计 3000 多条。其中流经市境内河流，集雨面积在 10000km² 以上的有 1 条，集水面积在 1000～10000km² 的有 8 条，100～1000km² 的 43 条。除东北角的清江与西河直接注入嘉陵江外，其余河流均属涪江水系。涪江是嘉陵江右岸的最大支流，是绵阳市的主要河流。

涪江发源于松潘县雪宝顶，至三全舍向东流经绵阳市平武、江油、涪城、游仙、三台出境，在重庆市的合川汇入嘉陵江，全长 660km。涪江干流在绵阳市境内长 329km，从平武到三台境内有湔江、安昌河、芙蓉溪、梓江、凯江等 50 多条支流，境内控制流域面积 19717km²，占全流域面积的 54.2%，占全市幅员面积的 97.2%，由北至南天然落差 2810m，河段平均比降 2.9‰。

3. 堰塞湖勘测内容与要求

（1）测区范围。

1）北川县。北川县辖区内主要有位于湔江河上的唐家山、苦坝、新街村、岩羊滩 4 个堰塞湖，位于陈家坝乡都贯河上的唐家湾、孙家院子、罐子铺 3 个堰塞湖。

2）安县。安县辖区内主要有位于茶坪河上的肖家桥堰塞湖、位于高川乡的老鹰岩堰塞湖和位于睢水镇的罐滩堰塞湖。

3）平武县。平武县辖区内主要有位于南坝的文家坝堰塞湖、位于水观乡凤鹤村石坎河上的马鞍石堰塞湖。

4）青川县（协助）。青川县红石河堰塞湖、东河口堰塞湖、石板沟堰塞湖。

5）什邡市（协助）。什邡市红松一级电站堰塞湖。

（2）任务要求及工作内容。根据《堰塞湖水文应急监测手册》的要求，需在测区河段内进行堰塞湖基本情况、堰塞湖形状及特征、进出堰塞湖的流量及蓄量、堆积物的体积等4个方面的勘测和调查，并在堰塞湖抢险工程实施阶段进行水文监测，监测实施过程中应采用的技术标准见表10.12。

表10.12　　采用技术标准

序号	标准编号	标准名称
1	SL 257—2000	《水道观测规范》
2	SL 197—97	《水利水电工程测量规范》
3	GB/T 18314—2001	《全球定位系统（GPS）测量规范》
4	长江委水文局	《长江河道观测技术规定》
5	GBJ 138—90	《水位观测标准》
6	GB/T 7929—1995	《1∶500、1∶1000、1∶2000地形图图式》
7	GB/T 16818—1997	《中、短程光电测距规范》
8	GB 50159—93	《河流流量测验规范》
9	长江委水文局	《堰塞湖水文应急监测手册》（2008年5月）
10	CH/T 1004—1999	《测绘技术设计规定》
11	CH 1002—95	《测绘产品检查验收规定》
12	CH 1003—95	《测绘产品质量评定标准》
13	CH 1001—95	《测绘技术总结编写规定》

具体工作内容包括以下几个方面。

1）基本情况。主要包括堰塞湖名称、所处河名、地理位置和地理坐标、山崩滑坡体入河的岸别、集水面积等。

2）形状及特征。主要包括回水长度、水面平均宽度、平均水深、库前水面到坝顶的高度等。

3）进出堰塞湖的流量及蓄量。主要包括进出堰塞湖的流量、总库容量和测时蓄量。

4）堆积物及体积。主要包括堰体组成材料、堰高、堰宽、堰厚及堰体体积。

5）抢险工程实施阶段水文监测。主要包括下泄流量监测、口门宽度和水深测量等。

10.3.3　资源配置

1. 人力资源配置

按水利部抗震救灾前方领导小组水文专业组的配置先后共投入12

人，在水利部抗震救灾前方领导小组水文专业组和绵阳工作组的领导下工作。作业单位为长江委水文三峡局、长江委水文荆江局、四川省水文水资源勘测局、湖南省水文水资源勘测局、湖北省水文水资源勘测局、广东省水文局。测验人员的配备情况良好，所有勘测单位和人员都具备测绘资质，有较高的专业水平，能熟练操作使用先进仪器和设备。人力资源配置见表10.13。

表10.13　　人力资源配置一览表　　单位：人

单位	教授	副高	工程师	助工	技师	工人	司机	合计
长江委水文三峡局		1	1					2
长江委水文荆江局			2					2
四川水文局		1	3		1		3	8
湖南水文局		1	1					2
广东水文局		1	3					4
湖北水文局			4					4
合计		4	14		1		3	22

2. 仪器设备配置

免棱镜全站仪、GPS、测深仪、激光测距仪、流速仪、电波流速仪等一批先进仪器设备的投入，为堰塞湖和受损水库监测工作的顺利开展提供了有力保障。所投入的仪器设备均经国家技术监督局授权的检定部门进行了检定，仪器各项指标、性能均合格并在有效使用期内。仪器设备配置见表10.14。

表10.14　　主要仪器设备配置一览表

序号	设备设施名称	单位	数量	检定情况	备注
1	全站仪	台	4	合格	2008年2月
2	GPS	台套	3	合格	2008年2月
3	手持GPS	台	3	合格	2008年2月
4	测深仪	套	2	合格	2008年2月
5	激光测距仪	台	3	合格	2008年2月
6	电波流速仪	台	3	合格	2008年2月
7	流速仪	部	4	合格	2008年2月
8	电脑	部	10		
9	对讲机	部	6	合格	2008年2月

10.3.4 项目实施情况

1. 观测布置

按水利部抗震救灾前方领导小组水文专业组和绵阳工作组的要求，接受任务后根据测区的实际情况并对照任务的具体要求，在堰塞湖勘测工作实施前及实施中，合理调度仪器设备、人员组合，在确保突击队员及仪器设备安全的前提下，优质高效地完成了堰塞湖的勘测任务。

2. 任务组织与安排

每次勘测工作前，及时召开小组长会或全体测量人员会议，学习相关要求，研究布置勘测方案，并对所需投入的测量仪器、汽车等设备进行检查、检校。勘测项目实施从 2008 年 5 月 20 日开始至 2008 年 6 月 11 日结束，工期历时 23d。各勘测项目实施时间见表 10.15。

3. 完成工作量统计

堰塞湖和水库勘测项目自 2008 年 5 月 20 日开始至 2008 年 6 月 11 日顺利结束，已完成项目包括堰塞湖勘测、河道断面测量、水下地形测量、流量测验等。完成工作量统计见表 10.16。

表 10.15　堰塞湖水文勘测和病险水库监测项目实施时间统计表

项　目	监测状况	项目实施时间（年．月．日）	工作内容	备　注
唐家山堰塞湖	抢险施工前	2008.5.21	水文勘测及调查	
	抢险施工中	2008.6.3	抢险工程施工监测	
	抢险施工中	2008.6.7	抢险工程施工监测	
	抢险施工中	2008.6.8	抢险工程施工监测	
肖家桥堰塞湖	抢险施工前	2008.5.21	水文勘测及调查	
	抢险施工中	2008.5.30	抢险工程施工监测	
罐滩堰塞湖	抢险施工前	2008.5.21	水文勘测及调查	
老鹰岩堰塞湖	抢险施工前	2008.5.22	水文勘测及调查	
岩羊滩堰塞湖	抢险施工前	2008.5.23	水文勘测及调查	
文家坝堰塞湖	抢险施工前	2008.5.23	水文勘测及调查	
	抢险施工中	2008.5.29	水文测验	
红松堰塞湖	抢险施工中	2008.5.26	水文测验	
马鞍石堰塞湖	抢险施工前	2008.5.28	水文勘测及调查	
	抢险施工前	2008.5.30～31	水文勘测及调查	
苦竹坝堰塞湖	抢险施工前	2008.5.30	水文勘测及调查	
	抢险施工中	2008.6.8	水文勘测及调查	

续表

项目	监测状况	项目实施时间（年．月．日）	工作内容	备注
东河口堰塞湖	抢险施工中	2008.6.7～8	水文勘测及调查	
石板沟堰塞湖	抢险施工中	2008.6.8	水文勘测及调查	
红石河堰塞湖	抢险施工中	2008.6.8	水文勘测及调查	
新街村堰塞湖	抢险施工中	2008.6.8	水文勘测及调查	
唐家湾堰塞湖	抢险施工中	2008.6.11	水文勘测及调查	
孙家院子堰塞湖	抢险施工中	2008.6.11	水文勘测及调查	
罐子铺堰塞湖	抢险施工中	2008.6.11	水文勘测及调查	
沉抗水库	抢险施工中	2008.6.3	1∶500 水下地形测量	
通口河段	抢险施工前	2008.5.23 2008.5.25～26	河道断面测量 河道断面测量	
涪江桥水文站	抢险施工前	2008.6.4	水文大断面测量	

表 10.16 堰塞湖水文勘测和病险水库监测项目完成工作量统计表

序号	项目名称	比例尺	测量时间（年．月．日）	工作量统计	测量目的
1	唐家山堰塞湖		2008.5.21～6.8	4 次	水文勘测
2	肖家桥堰塞湖		2008.5.21～30	2 次	水文勘测
3	罐滩堰塞湖		2008.5.21	1 次	水文勘测
4	老鹰岩堰塞湖		2008.5.22	1 次	水文勘测
5	岩羊滩堰塞湖		2008.5.23	1 次	水文勘测
6	文家坝堰塞湖		2008.5.23～29	2 次	水文勘测
7	红松堰塞湖		2008.5.26	1 次	水文勘测
8	马鞍石堰塞湖		2008.5.28～31	2 次	水文勘测
9	苦竹坝堰塞湖		2008.5.30～6.8	2 次	水文勘测
10	东河口堰塞湖		2008.6.7～8	1 次	水文勘测
11	石板沟堰塞湖		2008.6.8	1 次	水文勘测
12	红石河堰塞湖		2008.6.8	1 次	水文勘测
13	新街村堰塞湖		2008.6.8	1 次	水文勘测
14	唐家湾堰塞湖		2008.6.11	1 次	水文勘测
15	孙家院子堰塞湖		2008.6.11	1 次	水文勘测
16	罐子铺堰塞湖		2008.6.11	1 次	水文勘测
17	沉抗水库	1∶500	2008.6.3	1 次	受损情况调查
18	通口河段	1∶1000	2008.5.23～26	11 个断面	溃坝洪水演算
19	涪江桥水文站	1∶1000	2008.6.4	1 个断面	应急观测

10.3.5 堰塞湖和水库测量

1. 采用基准、图幅分幅及规格

该项目平面采用假定坐标系，高程采用假定高程。成图平面和高程精度按 1∶1000、1∶500 比例尺精度要求执行，基本等高距为 1m。

图幅分幅：自由分幅。

2. 控制测量

用全站仪支导线法，遵照 SL 197—97《水利水电工程测量规范》标准执行。

3. 比降观测

用免棱镜测量堰体下方天然河道中距离 100m 以上两点的（X、Y、Z），用作推算水深用。

4. 堰体体积观测

用全站仪测出堰体地形，根据堰体地形、堰体两边的坡度和下侧河底宽度等因子算出堰体体积。或用 CASS7.0 中的程序计算。

5. 库容观测计算

实测或调查回水长度、水面宽、坝前水深、坡降等进行计算和估算。

6. 水位、口门宽和流量观测

水位、口门宽采用全站仪实测。流量采用流速仪法、浮标法和电波流速仪等进行实测。

7. 水库水下地形测量

平面采用星站 DGPS 差分动态定位，水深采用数字回声仪。测量前在已知控制点上进行星站 DGPS 检校，获取三参数。内业采用清华三维软件成图。

10.3.6 安全保障机制

此次勘测的堰塞湖所处地点均是滑坡严重的地区，进出的道路大部分都不通，途中遭遇塌方、飞石是常事，有的地点要步行几个小时，徒步翻越多个滑坡体，有的地点要乘直升机才能到达。在接到工作任务后，首先了解道路状况，然后根据天气决定出测时间，根据工作量和仪器设备决定测量人员的数量及名单，使测量人员的平均负重不致过大，保持较好的体力。测量人员必须戴头盔，在危险地带必须观测后快速通过。尽量发挥先进的仪器设备的特点，特别是激光全站仪的免棱镜功能，选择安全合适的架设地点，对堰塞湖坝体及水位等要素进行观测，减少测量人员在坝体上及水边的跑动。观测下泄渗流量时，在坝下游寻找水流平稳或有桥的地点进行测验，减少测验人员与水的接触，避免安全事故发生。

10.3.7 质量评价

此次堰塞湖和水库测量所投入的仪器设备先进，技术力量雄厚，生产所用的各类仪器测具均检校合格。

测绘与测验方案合理，方法采用正确，各项记录清楚，工序齐全，各项误差均在规范规定的限差范围内，成果资料全部合格。

10.3.8 水文勘测报告

10.3.8.1 唐家山堰塞湖水文勘测报告（5月21日）

5月21日，在绵阳市抗震救灾指挥部水利组指挥下，长江委三峡水文突击队乘直升机空降至唐家坝堰塞湖滑坡体上，利用回声仪、手持GPS及激光全站仪对坝体形状和堰前水深、下泄渗流量等要素进行了现场测量。经初步计算和分析，结果如下。

1. 堰塞湖基本情况

唐家山堰塞湖位于北川县城上游3km，地理坐标为31°50′44.6″、104°25′55.3″，河名为湔江河，堰以上集水面积约3550km²。堰塞体主要由右岸山体滑下后冲至左岸堆积，形成左高右低的坝体，堰塞体的基本形状为宽顶堰，坝右边有一低洼深槽。组成物质主要是强风化灰黑色硅质岩、砂质灰岩。

唐家山堰塞体现场查看图见图10.8和图10.9。

图10.8 唐家山堰塞湖鸟瞰图

(a) 堰塞坝体

(b) 现场勘测

图 10.9 堰塞坝体勘测

2. 堰塞湖形状及特征

左岸坝高：124m，右岸坝高：85m。

最大堰顶宽：540m，堰顶长：150m。

堰底长：780m，堰体体积：2037 万 m^3。

堰前水深：70m，库内平均水面宽：210～230m。

蓄水量：8300 万 m^3，最大蓄水量：2.2 亿～2.4 亿 m^3。

坝上水位：715.12m（2008 年 5 月 21 日 12 时 10 分）。

库水位距坝中最低点：34m。

下泄渗流量：0.05m^3/s。

唐家山堰塞湖滑坡体横断面图见图10.10。

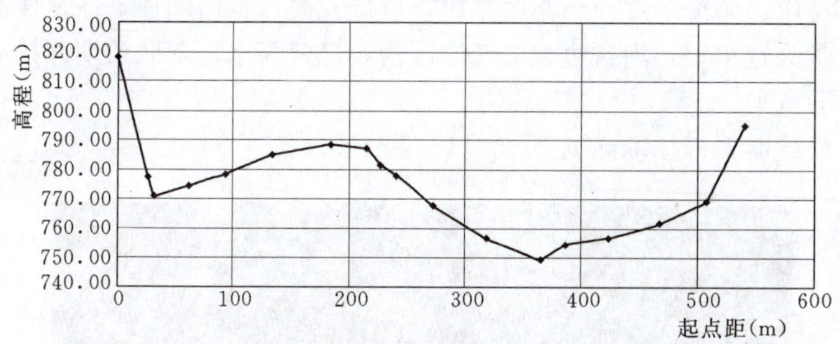

图10.10 唐家山堰塞滑坡体横断面图

10.3.8.2 唐家山堰塞湖水文勘测报告（6月7日）

6月7日早，唐家山堰塞湖开始泄流。上午，绵阳市抗震救灾指挥部水利组要求对唐家山堰塞湖的过流和渗流情况进行观测，长江委三峡水文突击队与广东水文突击队再次乘直升机至唐家坝堰塞湖滑坡体上，采用激光全站仪对导流渠的断面形状、水面比降进行观测，并用电波流速仪测验水面流速，用测深杆测量断面水深。由于坝下坍塌，测量人员不能下去，采用目估对渗流点及渗流量进行观测。经初步计算和分析，结果如下。

图10.11 导流渠首观测点（6月7日）

1. 堰塞湖基本情况

唐家山堰塞湖位于北川县城上游 3km，地理坐标为 31°50′44.6″、104°25′55.3″，河名为湔江河，堰以上集水面积约 3550km²。堰塞体主要由右岸山体滑下后冲至左岸堆积，形成左高右低的坝体，堰塞体的基本形状为宽顶堰，坝右边有一低洼深槽，经武警水电部队前期开挖后形成一导流渠。

导流明渠现场勘测见图 10.11～图 10.14。

图 10.12　导流渠尾观测点

图 10.13　坝下游渗流观测点（6 月 7 日）

图 10.14　导流渠俯视图（6 月 7 日）

2. 导流渠形状及特征

导流明渠观测成果见表 10.17 及图 10.15。

表 10.17　导流明渠水面比降、流量成果表

位置	间距（m）	水面高程（m）	高差（m）	水面比降（‰）
入口		740.760		
上断面	67.2	740.650	0.11	1.64
中断面	85.7	740.355	0.295	3.44
下断面	129.8	740.046	0.309	2.38
出口	66.6			

注　1. 导流渠总长为 350m，平均水面比降为 2.53‰。
2. 导流渠流量为 $2.35m^3/s$。
3. 渗流量为 $1.2m^3/s$。
4. 测量时间：2008 年 06 月 07 日 13 时。

10.3.8.3　唐家山堰塞湖水文勘测报告（6 月 8 日）

6 月 8 日，唐家山堰塞湖导流渠过流能力加大。上午，绵阳市抗震救灾指挥部水利组再次要求对唐家山堰塞湖的过流情况进行观测，长江委水文突击队乘直升机至唐家坝堰塞湖滑坡体上，采用激光全站仪对导流渠的水面比降进行观测，并用电波流速仪测验水面流速，用测深杆测量断面水深。导流渠尾水流向坝下冲刷加剧，采用电波流速仪对冲刷处进行流速观测。经初步计算和分析，结果如下。

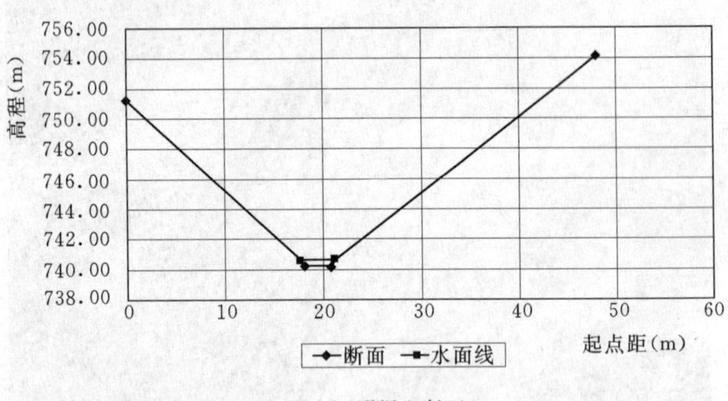

(a) 明渠上断面

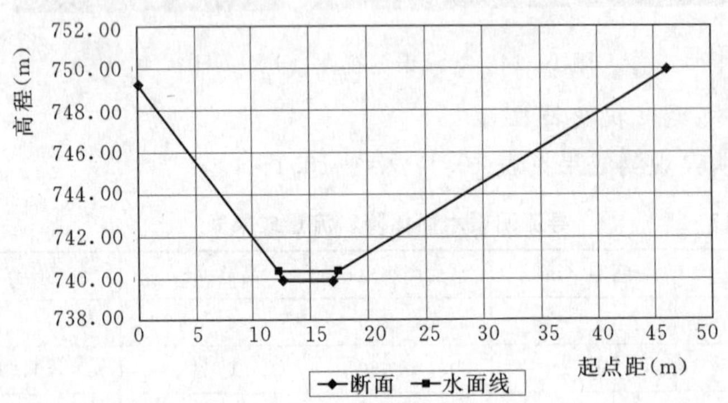

(b) 明渠中断面

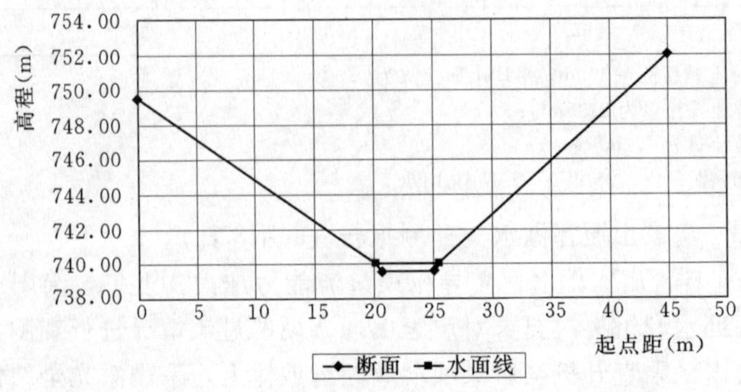

(c) 明渠下断面

图 10.15 唐家山堰塞湖导流明渠观测成果图

1. 堰塞湖基本情况

唐家山堰塞湖位于北川县城上游 3km，地理坐标为 31°50′44.6″、104°25′55.3″，河名为湔江河，堰以上集水面积约 3550km^2。堰塞体主要由右岸山体滑下后冲至左岸堆积，形成左高右低的坝体，堰塞体的基本形状为宽顶堰，坝右边有一低洼深槽，经武警水电部队前期开挖后形成一导流渠。

导流明渠现场勘测见图 10.16～图 10.19。

图 10.16　导流渠首（6 月 8 日）

图 10.17　导流渠尾（6 月 8 日）

图 10.18 导流渠俯视

图 10.19 冲刷部位流速观测

2. 导流渠形状及特征

导流明渠观测成果见表 10.18。

表 10.18 导流渠水面比降、流量成果表

位置	间 距 (m)	水面高程 (m)	高 差 (m)	水面比降 (‰)
入口		741.762		
上断面	103	741.577	0.185	1.80

续表

位置	间　距 (m)	水面高程 (m)	高　差 (m)	水面比降 (‰)
中断面	87	740.771	0.806	9.26
出口	104	740.269	0.502	4.83
出口	66.6			

注　1. 导流渠总长为 294m，平均水面比降为 5.08‰。

2. 导流渠流量为 10.45m^3/s。

3. 测量时间：2008 年 06 月 08 日 10 时 30 分～11 时。

10.4　沱江水污染事件应急监测

10.4.1　综述

2004 年 2 月 28 日～3 月 2 日，沱江上游发生氨氮特大污染事故，沱江简阳、资中段已出现了大量死鱼情况，沿江部分城镇已停止供水。获此消息，长江委水文局立即启动了应急监测程序，组织上游水环境监测中心开展调查监测，在沱江富顺、李家湾、赵化、沱江入江口及长江干流沱江与长江汇合口下 1500m、泸州黄舣、朱沱布设 7 个水质监测控制断面（图 10.20），进行全过程控制监测，以保障下游重庆市等多个重要城市江段的供水安全。监测项目主要为气温、水温、水位、流量、流速、pH 值、电导率、氨氮、亚硝氮、硝氮、氯离子等 11 项，监测频次为 1 次/d，污染严重期 2 次/d。经过 40 余天（3 月 2 日～4 月 12 日）连续调查监测，先后整理监测资料和编写监测分析报告 65 份，污染趋势分析报告 5 份，并及时上报有关上级决策部门，圆满地完成了污染全过程的调查监测，较好地为流域水资源管理与保护履行了“耳目”和“哨兵”的职责。

2004 年氨氮特大水污染事件污染量大、污染范围广、影响大、监测任务重、损失大。据有关报道川化集团在此次沱江污染事故中共排放纯氨氮 2000t，排放的废水导致沱江干流水体氨氮严重超标，川化集团对此次污染事故未及时上报，也未采取有效措施，造成沱江中下游出现大量死鱼、百万人饮水中断、水生态功能遭受严重破坏，给社会生产、生活造成巨大影响。最后四川省政府对此次污染事故损失初步核定：直接经济损失约 3 亿元，生态环境恢复约 5 年。

图 10.20　沱江应急监测断面示意图

10.4.2　信息收集及响应

2004 年 2 月 28 日～3 月 2 日，沱江上游发生重大污染事故，沱江简阳、资中段已出现了大量死鱼情况，沿江部分城镇已停止供水。长江委水文局上游水环境监测中心获悉后，立即进行核实，经核实确认后，及时用电话报告水文局应急监测领导小组办公室，局领导高度重视，即刻指示启动应急调查监测程序。长江委水文局充分发挥了下属水文站分布线长面广的优势，多渠道收集突发性水污染事件信息，为应急监测快速处置赢得了宝贵的时间；获知水污染事件信息后，响应及时，事前有预防，有预案。

10.4.3　前期准备

1. 协同监测单位协调

由于该次突发水污染事故的污染源所在地为沱江上游的四川省金堂县，涉及行政区域较多，另外，沱江流域干流的梯级电站多，使得水体水文、水力要素具有一定的区域特征性，客观存在的行政区域和河流水体特征，都决定此次监测具有地理空间范围大、时间跨度长、涉及单位和人员多等特点，需要相关监测单位协同监测。

开始监测前，长江委水文局上游水环境监测中心积极主动和四川省水环境监测中心通过电话方式迅速达成共同监测的原则，明确了监测区域分工，明确了开展监测的固定断面和环境敏感点选择原则，明确了基本监测参数和方法，统一了数据共享、发布准则，落实了双方24h联系人；同时，上游水环境监测中心还和重庆市环境监测中心，对省界水体水环境监测数据及时相互沟通达成了一致。

事后证明，事前的这些沟通、确定协同监测对整个的应急监测发挥了重要作用。

2. 前期准备

人员的确定及分工，交通方式及交通工具的确定，初步应急调查监测方案的制定，现场应急调查监测仪器设备、试剂、采样设备和样品容器、监测质量保证方案以及防护器材、通信照明器材、照（摄）相机等出发前准备工作均严格按预案要求完成，为后期应急监测工作的连续开展提供了强有力的保障。

3. 现场调查、监测及采样

现场应急监测要求快速准确显示分析结果，用以判断事故的动态变化和处理处置效果。一般情况下，现场应急监测分为定性、半定量和定量分析等几种方法。定性分析用于确定造成污染事故的主要污染物的种类，适用于突发环境事件监测的开始阶段；半定量分析用于初步快速确定污染程度；定量分析是为了确定在不同环境介质中污染物的浓度分布情况，确定不同程度污染区的边界，并进行标识，为进一步处理处置和决策提供依据。当污染事故发生源单一、污染物明确时，在现场可直接进行定量监测。现场采样要按照监测技术规范进行，保证样品从采集、保存、运输、分析、处置的全过程都有记录，确保样品管理处在受控状态。同一点位同时采集两份样品，一份用于现场快速监测，另一份必要时送交实验室或流动实验室进行准确定量分析。定量分析按照实验室分析质量控制要求进行准确度和精密度等测试。

10.4.4　现场勘测、调查

1. 现场调查组的任务

现场调查组任务主要有以下两个方面。

（1）应急监测程序启动后，以最快的方式赶赴现场进行调查，初步判定污染物的种类、性质、危害程度及受影响的范围，制定初步应急监测实施方案。

(2) 及时向应急监测分队队长报告现场情况，根据现场情况，提出隔离警戒区域范围和处置建议。

在此次突发水污染事故应急监测中，长江委水文局上游水环境监测中心依据事故发生的时间和接到相关举报信息之间的实际间隔，结合沱江水流特性，对内江市城区主要供水水源地、四川省水环境监测中心内江分中心固定监测断面及四川省金堂县各相关水系进行了调查，与四川省水环境监测中心协同确定了监测方案，对初步监测方案进行了调整，为有效监控污染物的变化奠定了基础。

2. 断面布设

此次沱江污染事故是一次突发性污染事故，沱江水体受到严重污染，氨氮最大超标数达 100 多倍，为了能够准确并实时得到沱江水体中氨氮含量变化及其分布、迁移规律以及对长江干流水质状况的影响程度，长江上游水环境监测中心与四川省水环境监测中心在沱江干、支流布设 11 个断面、长江干流布设 3 个断面，共 14 个断面。此次沱江污染事故监测断面分布情况如下。

(1) 在沱江支流布设毗河、排洪河布设工农大桥、东风大桥 2 个断面。

(2) 在沱江干流布设三皇庙、简阳石桥、资阳沱江大桥、资中沱江大桥、内江二水厂、富顺、李家湾、赵化、沱江入江口 9 个断面。

(3) 在长江干流布设沱江入长江汇合口下游 1500m、泸州黄舣、朱沱 3 个断面。

同时，结合常规监测，长江委水文局在 3 月初对金沙江的屏山断面、岷江的高场断面、横江入江口及长江干流宜宾 4 个断面进行了背景监测。

从后期监测分析结果来看，断面布设比较合理。

3. 监测频次的确定

根据污染迁移的规律和实际监测的情况，结合制定的监控目的确定监测频次。

四川省水环境监测中心对所属断面进行 1 次/d 的监测，长江委水文局上游水环境监测中心对所属断面从 3 月 7 日开始进行 2 次/d 的监测，经过了 10 余 d 的监测后，已基本掌握了沱江及长江水体中氨氮的变化及其迁移规律，为了节省人力和物力，长江上游水环境监测中心决定从 3 月 17 日开始对所属断面进行 1 次/d 的监测。经过了近 1 个月的监测，截至 4 月 2 日，沱江水体中氨氮的含量基本恢复了历史同期水平，为了确定沱江污染事故已无后续影响，决定每 3d 监测 1 次，到 4 月 12 日，沱江污染事故野外监测工作才正式结束。

由于此次应急监测地理空间范围大、时间跨度长、采样监测人员多，长江委水文局突发性水污染事件应急监测能力不足的问题得到充分暴露，尽管圆满完成了监测任务，但花费的人员、时间和精力呈几何倍数增加。

4. 采样、运输、监测

此次污染事故采样、运输、保存均符合 SL 219—98《水环境监测规范》的有关规定；监测方法有效；质控措施到位，室内的每个分析项目质控数量均按样品总数的 15%测定平行样、加标回收、盲样等。表明上游水环境监测中心与四川省水环境监测中心监测人员素质均较高，责任心强，使此次污染事故的监测数据得到了保障。

10.4.5　应急监测报告

长江委水文局经过 40 余天（3 月 2 日～4 月 12 日）连续调查监测，先后整理监测资料和编写监测分析报告 65 份，污染趋势分析报告 5 份，并及时上报有关上级决策部门。对事件基本情况（时间、地点、过程等）、事件发生原因、主要污染物、进入水体数量、事件发生水域水文特性及可能传播情况、污染动态、应急监测情况（监测布点及位置、监测项目、监测频次、监测结果）、污染影响范围、造成损失、已采取的措施和效果、处置建议等均按预案要求进行了详细阐述，为上级部门的决策提供了依据，为建立沱江氨氮环境容量模型提供了大量实测基础数据，并为以后更好地进行沱江环境规划提供了依据。沱江特大水污染事件氨氮沿程变化见图 10.21。

10.4.6　应急监测终止

根据监测报告结论及上级有关部门指示，截至 4 月 12 日，长江委水文局按应急监测预案由应急监测领导小组终止了沱江特大水污染应急监测，为此次应急监测工作画上了一个完美的句号。

10.4.7　建议

1. 应急准备应充分，实施方案应行之有效

建立高素质的应急监测队伍，配备高效快速的监测仪器和设备，能迅速根据污染源影响程度和范围、水量条件、河道条件、污染源的排放

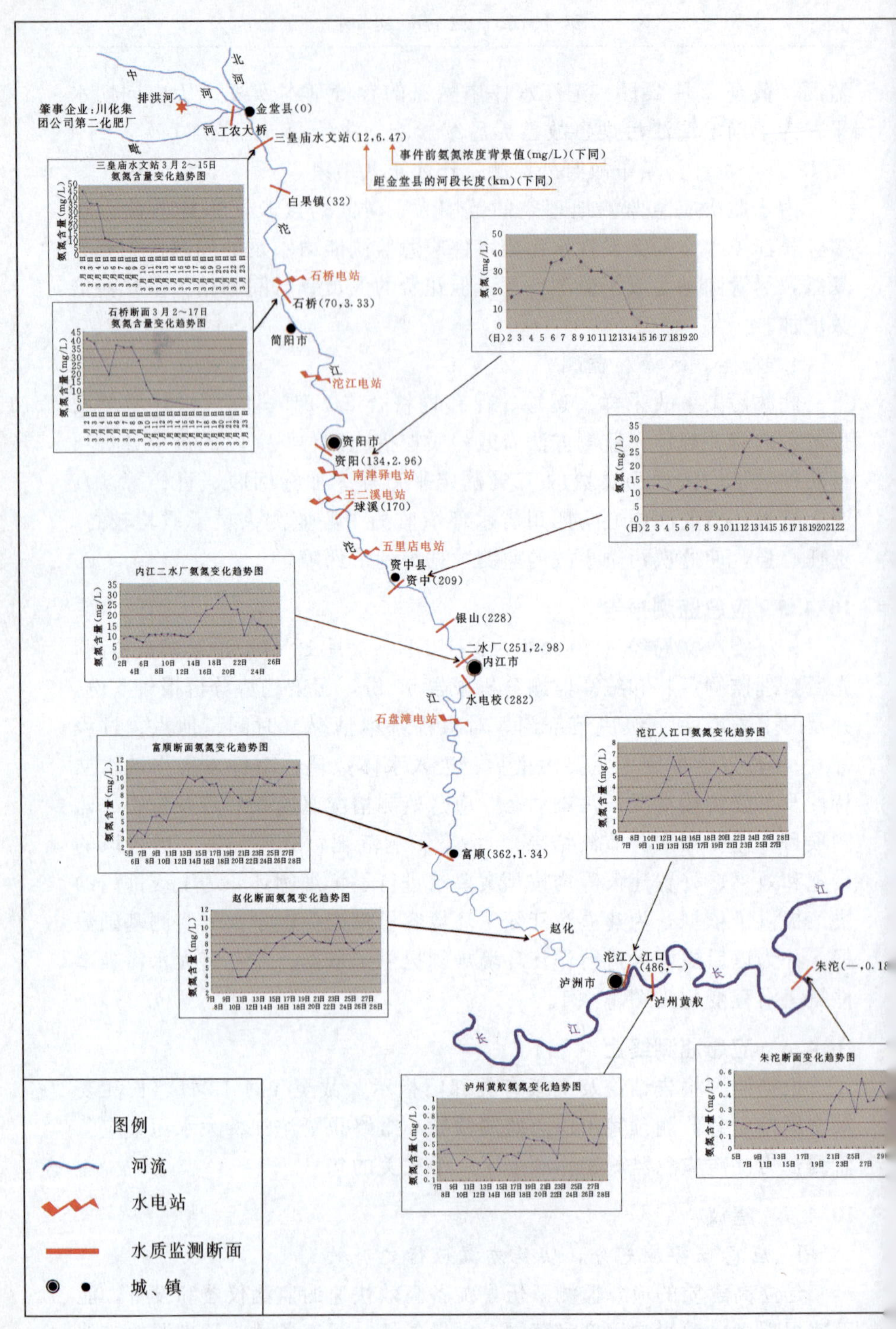

图 10.21　沱江特大水污染事件氨氮沿程变化示意图

情况、事故排放情况、监测能力和条件，在尽可能短的时间内对污染物的种类、浓度、污染范围及可能造成的危害作出判断，制定行之有效的应急水质监测实施方案，将为应急监测的处置获取宝贵时间，是有效监控水污染事件的保障，也是最大限度地减少人员伤亡和财产损失，保障经济社会全面、协调、可持续发展所不可或缺的前提。

2. 建立和完善危险污染源数据库

结合日常污染源监测，定期开展危险污染源调查和核查，并结合环境监察部门监察结果，建立包括危险污染源位置、污染物种类和数量、所在企业及联系人、污染物特性和已有处理方法在内的污染源数据库，并根据污染源变化情况定期加以完善。

对可能影响河流干流及主要支流的污染源建立档案，标示污染源分布图。对影响较大的污染源，根据河道情况、周边环境和经济发展，进行污染事件风险分析。

3. 现有应急监测方式有待改变，应急监测能力有待提升

目前的水质监测方式主要是实验室监测，仪器设备、人员、实验环境等均是以实验室监测方式配备的，对水质监测工作造成了制约。水资源紧缺、水污染严重是面临的长期问题，仅仅依靠现有的监测方式是远远不够的，应在实验室原有模式的基础上增设一应急加测小组，加强对所辖区域水体的监视性巡测、应急监测仪器设备的维护与保养及应急监测人员的培训，切实做到“平战结合、常备不懈”，强化“一主两辅”的监测发展模式。

水污染事件应急水质监测影响因素较多，应充分发挥现有仪器设备和人员优势，多渠道进行硬件和软件建设，提升监测能力。

4. 加强水环境监测技术研究及应用

随着科学技术的进步，水环境监测技术迅速发展，仪器分析、计算机控制等现代化手段在水环境监测分析中得到了广泛应用，各种快速、自动连续监测系统相继问世。传统监测技术以化学分析为主要手段，对测定对象间断、定时、定点的局部分析已越来越不适应及时、准确、全面地反映水环境质量动态和污染物动态变化的需要。应结合现阶段水质监测工作的新形势，在不断优化调整现有水质监测断面的测点测次及参数，不断加强能力建设的同时，加强水环境监测技术研究及应用。监测机构应根据所辖河段水文特点，开展区域性污染物的输移、扩散规律分析，掌握水体稀释自净规律及纳污能力，引进或开发一些实用性模型，

如水动力学模型、水量水质耦合模型、水量水质预测预报模型等。

5. 宣传、培训和演习

（1）公众信息交流。采取各种形式加强水环境保护科普宣传，增加公众预防水污染事件常识，增强公众的防范意识和相关心理准备，提高公众的防范能力。

（2）培训。建立定期专业培训制度。定期邀请专家，开展专题培训和讲座，并实行考核制度，使水环境应急监测和处置人员掌握突发性水污染事件处置的技术规范和标准，提高专业技能和处置能力，并定期督促检查有关单位的应急防护与救援训练。

（3）演习。开展应急处置演练，提高应急队伍实战经验和水平。应定期组织应急事件处置组成单位开展综合演练，提高处置突发事件时的组织指挥、部门协调、现场控制、紧急救援的综合应对能力。

6. 建立突发性水污染事件防范和应急法律机制

应进一步强化及完善现行法律法规，建立相关部门的协调机制，明确信息通报和公布制度，建立突发性水污染事故预警系统和完善事故处理预案，健全环境污染损害赔偿法律制度等。

10.5 西藏易贡巨型滑坡堰塞湖水文抢险应急监测

10.5.1 概述

2000 年 4 月 9 日，西藏林芝地区波密县易贡藏布江扎木弄巴沟发生了巨型高速滑坡，并引发了泥石流。滑坡堆积体形成天然坝，堵塞了易贡藏布江河床，形成易贡滑坡堰塞湖（以下简称易贡湖）。根据西藏易贡抢险救灾总指挥部要求和水利部水文局指示，长江委水文局派出 5 位科技人员组成水文科技抢险队，于 2000 年 5 月 17 日携带声学多普勒流速剖面仪（ADCP）从武汉出发，22 日到达易贡滑坡堰塞湖现场。在西藏易贡抢险救灾总指挥部、西藏自治区水文局和西藏军区舟桥部队的大力协助下，开展了滑坡泥石流灾害调查，并利用 ADCP 进行了易贡湖入湖流量和湖泊断面测量，推算了库容曲线，分析预测湖泊容积变化趋势，得到了大量、精确的实测及分析成果，为西藏易贡滑坡抢险救灾总指挥部提供了可靠的决策依据。

10.5.2 易贡滑坡灾害影响及抢险中存在的问题

1. 滑坡简况

4 月 9 日晚 8 时左右，西藏林芝地区波密县易贡藏布江扎木弄巴沟发生山体滑坡，历时约 10min，滑程约 8km，高差约 3330m，截断了易贡藏布江河床，形成长约 2500m、宽约 2500m 的滑坡堆积体，其面积约 $5km^2$，最厚处达 100m，平均厚度约 60m，体积约 2.8 亿～3.0 亿 m^3。滑坡体体积、规模、滑程居国内首位，居世界第三（仅次于加拿大道宁滑坡和意大利瓦伊昂滑坡）。图 10.22 为易贡湖及滑坡体平面图。

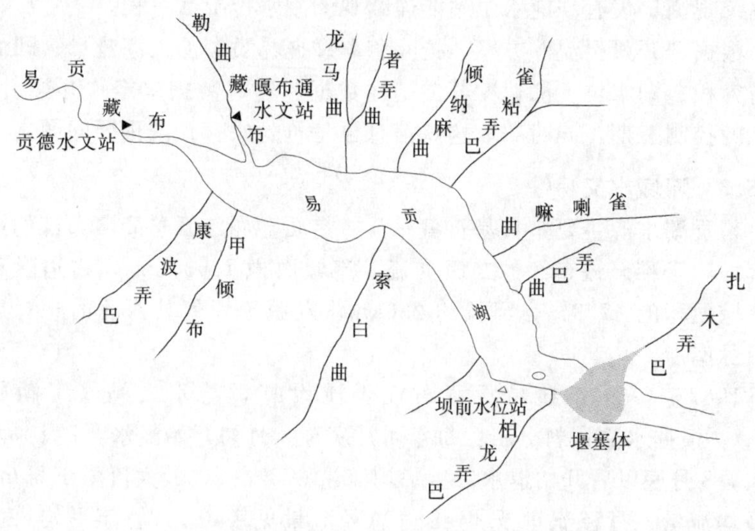

图 10.22　易贡堰塞湖及滑坡体形势图

2. 灾害影响

4 月 9 日滑坡发生后，易贡藏布江 7km 主河道及公路被淹没，两乡三厂（场）与外界交通中断，4000 余人被困。据水文资料分析，流域内来水量随着季节的变化增大，雨季即将来临，融水量及降水量逐渐增大，湖水位呈上涨趋势。

随着湖水位的上涨，湖水漫坝是必然的。一旦溃坝，将在水流冲刷作用下形成泥石流型“特殊洪水”，其巨大水体瞬间将携带大量泥沙、石块、漂浮物直冲而下，可能毁灭下游约 17km 处 318 国道通麦大桥、迫龙藏布下游和迫龙藏布与雅鲁藏布交汇处沿岸公路、十几个村庄及数千亩田地等。

3. 抢险措施及存在的问题

西藏自治区成立了易贡抢险救灾总指挥部，全面指挥抢险救灾工作。抢险采用的工程措施是国家防总专家组提出的“开渠引流”方案，即在滑坡堆积“坝”上开辟一条明渠，待湖水位涨至设计高度时，明渠开始引流。抢险采用的非工程措施主要是水文、气象、地质、环境等勘测、预测（报）等工作。

由于灾区地处西藏高原，交通不便，已有的水文、地形资料极少。临时在库尾设立的贡德水文站和嘎布通水文站也因湖水的汛速上涨而不能继续观测，仅有坝前水位站能连续观测湖水位上涨过程。

根据“开渠引流”方案，抢险急需掌握易贡湖的入湖流量、湖泊面积与容积、湖水位上涨速度等关键性数据，这些数据决定“开渠引流”施工的控制工期，同时获取这些信息也是抢险中存在的重要问题之一。

10.5.3 流域水文特性

易贡湖水源主要来自易贡藏布江。易贡藏布江系迫隆藏布江的最大支流，属于雅怒藏布江的二级支流，流域面积 13533km^2，占迫隆藏布江流域面积的 47.3%，河长约 286km，发源于嘉黎县西北的念青唐古拉山脉南麓。

1967～1969 年在易贡藏布江干流设有贡德水文站（距湖尾约 3km）。根据水文资料分析：每年 4 月底至 5 月初开始涨水，7 月来水量最大，8 月底以后开始退水。年平均流量 378m^3/s，最大流量 1780m^3/s。月平均流量、月径流量及 4～8 月总径流量见表 10.19。年平均入湖径流量为 119.2 亿 m^3，枯水期一般出现于 11 月下旬到翌年 4 月下旬，最枯流量约 55m^3/s，常年流水。

表 10.19　　易贡藏布江贡德水文站月平均流量统计表

项目＼月份	4	5	6	7	8	4～8 月平均
平均流量（m^3/s）	88.5	261	761	1160	900	634.1
径流量（亿 m^3）	2.29	6.99	19.7	31.1	24.1	84.2

1998 年，林芝水文大队在贡德设立委托水位站，经资料分析，年最高水位 9.88m，最低水位 4.98m，水位年变幅 4.90m；1998 年 7 月在通麦大桥洪水调查流量约为 6000m^3/s（当年属于特丰水年份），1999 年 6 月在通麦大桥洪水调查流量约为 2090m^3/s（当年属于平水年）。

经分析，湖水位与昼夜气温变化关系明显。白天气温高，太阳辐射强，冰雪融水多；夜间气温低，辐射弱，融水骤减。据实测，湖区日最高气温多出现在 16～18 时，水位最高值约出现在次日上午 8 时前后，少数出现在次日 2～5 时，主要与上游高山融水汇流到湖泊的历时有关。该地区冰川属海洋型冰川，冰川消融主要在雨季，春末和秋初也有些消融，径流补给形式主要以融雪和降水为主。据 1966 年 8 月中国科学院青藏高原综合科考队对易贡湖实测记载，湖泊原有储水量约 2.0 亿 m^3，最大水深 25m，相应的湖水面积为 21km^2，湖心原有 10 处沙滩，约有 1.8km^2。从上游和支流带来的泥沙促进了洪积扇、湖滩地的发育，导致湖心滩的出现。随着湖盆的淤高，出口处跌水加剧，溯源侵蚀已引起湖水位下降趋势，表明易贡湖又逐渐趋于退缩，甚至消亡的演变过程。

经 2000 年 4 月 14 日实测分析计算，最大水深约 6.46m，湖水面积约 15km^2，容积约 0.7 亿 m^3。

10.5.4　水文抢险应急监测

西藏水文局已在滑坡堰塞湖上下游设立了水文观测站网，即设立了上游贡德水文站（距坝址约 23km），嘎布通水文站（距坝址 20km）、坝前水位站（距坝址约 2km）和坝下游通麦水文站（距坝址约 17km），同时建立了通麦水文情报预报站（分中心）。基本控制了主要的入湖、出湖和湖水位变化情况，并及时发布水文情报预报，为抢险救灾提供基本依据。水文测报工作实际上已成为抢险救灾的主要非工程措施之一。

西藏水文局已开展的入库流量测验工作，采用的是浮标法。长江委水文局此次赴西藏易贡湖灾区主要承担了入库流量的校测、湖泊断面测量和库容曲线的计算与验证，并根据测量成果作相应的分析、预测等工作，采用先进的 ADCP 进行测验。

1. ADCP 安装及测量方法

（1）安装要求。根据 ADCP 原理及装备情况，主要有：①测量船，供安装 ADCP 和横渡测验用。②电源，测量船上必须有供仪器和计算机的电源（220V，50Hz）。③仪器探头架，根据测量船加工仪器探头安装支架，应有基本的机械加工设备和连接紧固件等。

（2）测量方法。采用底跟踪方式，测量船沿测量断面横渡即可得到断面流量、断面水深和流速（水流流速和船速）成果。为消除单次测量误差，ADCP 应至少 2 次横渡水文断面，采用算术平均法计算断面流量。

（3）盲区流量估算。使用 ADCP 测流，存在水体上、下及左右边界的盲区，因此 ADCP 只能测得中间部分的河流流量。其盲区流量估算方法如下：①上、下部分流速估算。指数法与常数法为估算上、下部分流速的两种方法。②两岸边界流量估算。ADCP 利用第一组或最后一组信号的所有深度单元的平均流速采用三角形法则，根据人工输入的离岸边距离由近岸平均流速来分别估算两岸边流量。

2. 入湖流量测验

应用 ADCP 的基本功能，在易贡湖末端施测入湖流量，具有快速、准确等特点，可以校测已有 2 个水文站浮标法的流量（实际为合成流量）测验精度。

在易贡湖进行湖泊容积测量中，共布设了 14 个断面，每个断面均进行了流量测验，计算得 5 月 24 日 12 时 30 分至 16 时 30 分（平均时间 14 时 30 分）入库流量为 518m^3/s，相应坝前水位为 54.08m。

3. 湖泊断面测量

由于设备限制，在没有 GPS 和回声测深仪等情况下，应用 ADCP 的测流原理，从测量数据经过处理得到水深、水面宽等数据，从而测量湖泊水道纵横断面，并根据测量资料分析计算易贡湖库容，以验证原推算成果的准确性。

ADCP 垂直于流向横渡河流或湖泊，利用底跟踪方式，可得到流速（或船速）、水深和时间，经计算可得到水面宽，从而经计算可得到水道断面成果。当 ADCP 沿湖泊纵向移动时，可计算得到水道断面间距。

在易贡湖，为控制湖区平面形态特征，大致 1～3km 设置 1 个断面，共测量了 14 个断面。

4. 测量精度评价

ADCP 流量计算误差主要来源于流速测验误差、测验盲区估算误差。断面中间流量直接由 ADCP 实测流速计算，其误差取决于流速的测验误差。

水体上、下及左右边界的盲区流量估算的精度依赖于估算模型选用。上、下部分流量估算一般情况下可以采用指数公式法，其指数值的大小可根据不同地区的情况率定或予以调整。

边界估算的精度在于离岸距离的确定，但这部分流量值在整个断面流量中所占比例较小，因为一般岸边的漏测部分的流速较小、水深浅，占断面流量的比例小。据实测资料统计，一般在 3%以下。

ADCP 在长江三峡河段经与国产流速仪比测，其测速相对标准差为 2.04%，系统误差为 3.65%；测流相对标准差为 2.40%，系统误差为 3.52%，略有系统偏大。但经过测验参数调整和盲目查补模型的优化，其流量测量的综合不确定度可控制在5%以内。因此采用ADCP测流具有较高的精度，且有测验速度快、测速范围广和测验呈线性等特点。

10.5.5 水文应急监测成果计算与分析

10.5.5.1 湖泊面积、容积实测成果

1. 水道断面测量及计算公式

(1) 水道断面施测情况。5月23～24日共施测了14个断面。其中，5月23日15时～18时（坝前水位站起始水位分别为53.14m和53.35m，平均53.20m，基面为假定基面，下同）施测了4个断面（3～6号断面）；5月24日10时～16时（坝前水位站起始水位分别为53.92m和54.15m，平均54.04m）施测了10个断面（1～2号、7～14号断面），断面最小间距为360m，最大间距为2830m，基本满足了湖泊面积和容积计算的要求。

(2) 水道断面面积计算。根据水道断面测量资料，计算不同高程（或水位）下的水道面积。采用梯形法计算部分面积，并统计断面特征值，如平均水深、最大水深、水面宽等数据。

计算公式见式（10.2）和式（10.3）。

$$A=\frac{1}{2}\Delta B_0 d_1+\frac{1}{2}\Delta B_n d_n+\sum_{i=1}^{n-1}\frac{1}{2}\Delta B_i(d_i+d_{i+1}) \tag{10.2}$$

$$\Delta B_i=D_{i+1}-D_i \tag{10.3}$$

上二式中 A——断面面积，m^2；

ΔB_0、ΔB_n——左右岸边水面宽，m，为第1条或第n条垂线起点距与左右水边起点距之差；

ΔB_i——部分水面宽，m，为相邻两条线起点距之差；

d_i——第i条垂线的水深，m；

D_i——第i条垂线的起点距，m。

(3) 湖泊面积计算。湖泊面积计算见式（10.4）和式（10.5）。

$$S=\frac{1}{2}B_1\Delta L_0+\frac{1}{2}B_k\Delta L_k+\sum_{j=1}^{k-1}\frac{1}{2}(B_j+B_{j+1})\Delta L_j \tag{10.4}$$

$$L=\sum_{j=0}^{k}\Delta L_j \tag{10.5}$$

上二式中 S——湖泊总水面面积，m^2；

ΔL_0、ΔL_k——湖泊首尾部分长度，m；

ΔL_j——湖泊第j部分长度，m；

B_j——湖泊第 j 号断面的宽度，m。

（4）湖泊容积计算。湖泊容积计算见式（10.6）。

$$V=\frac{1}{2}A_1\Delta L_0+\frac{1}{2}A_k\Delta L_k+\sum_{j=1}^{k-1}\frac{1}{2}(A_j+A_{j+1})\Delta L_j \qquad (10.6)$$

式中 V——湖泊总水体容积，m^3；

A_j——第 j 号断面的水道面积，m^2。

2. 湖泊面积、容积实测成果

利用5月23～24日实测水道断面资料（勒曲藏布江支流因入汇处漂浮物太多，船只无法进去，故未布设断面，但采用航测图进行了估算）和坝前水位计算水面面积和容积，未考虑湖泊沿程的比降变化（实际上沿程比降很小，对计算成果影响不大），计算成果见表10.20。

表 10.20　易贡湖面积、容积实测成果表

易贡湖坝前水位（假定基面，m）	湖泊总面积（km^2）	湖泊总容积（亿 m^3）	湖泊总长度（km）	湖面宽度（m）		湖泊水深（m）	
				平均	最大	平均	最大
54.00	40.4＋4.0	10.25＋0.4	21.5	2065	2683	24.0	35.7

注　表中勒曲藏布江支流湖区的面积和容积，根据中国人民解放军总参谋部测绘局1968年航摄图（比尺为1∶100000）量算分别为 $4km^2$ 和0.4亿 m^3。

10.5.5.2　监测成果分析

1. 实测资料的合理性分析

（1）不同测验方法的入湖流量。采用ADCP在湖泊内布置的14个断面施测流量。考虑到测量时间较长，而湖泊水位上涨又较快，故以5月24日下午实测断面流量，经整理得到易贡湖入库流量及组成情况，见表10.21。

表 10.21　易贡湖入库流量实测与推算成果对照表（2000年5月24日）

项　目 / 施测方法	入库流量（m^3/s）			
	易贡藏布江干流	勒曲藏布江支流	其他支流	总入湖流量
ADCP法	383.0	89.0	46.0	518.0

（2）实测入湖流量的合理性分析。采用实测易贡湖湖泊面积和水位观测成果，利用水量平衡原理计算入湖流量，水量平衡公式（不考虑水面蒸发等损失量）为

$$Q_{入} \Delta T - Q_{出} \Delta T = \Delta V \tag{10.7}$$

ΔV 的计算公式为

$$\Delta V = S\Delta Z \tag{10.8}$$

上二式中　$Q_{入}$、$Q_{出}$——入湖和出湖流量，因滑坡体封堵湖泊且无渗漏现象，即 $Q_{出}=0$；

ΔZ——单位时间（ΔT）内水位的涨差。

式（10.7）与式（10.8）合并，则有

$$Q_{入} = \frac{S\Delta Z}{\Delta T} \tag{10.9}$$

取不同 ΔT，根据实测易贡湖湖泊面积和坝前水位，计算入湖流量成果见表 10.22。结果表明：ADCP 法测得的入湖流量与水量平衡推算的入湖流量很相近，且与历史水文资料（表 10.19）对照检查亦合理，说明 ADCP 测量结果合理可靠。

表 10.22　　　易贡湖入湖流量水量平衡法推算成果

序号	湖泊面积 (m^2)	计算时段 (h)	水位涨差 (m)	推算总入湖流量 (m^3/s)
A	44400000	4	0.17	524
B	44400000	6	0.23	473
C	44400000	24	0.97	498

（3）断面间距的合理性检查。由于测区没有先进的定位设备，断面间距仍采用 ADCP 走航测量方法，因此间距测量是影响湖泊面积和容积计算的关键数据之一。经与中国人民解放军总参谋部测绘局 1968 年航摄图量算分析，此次测量中断面 1 至断面 11 总长 17.5km，与地形图量算的原湖泊总长为 17.4km 基本一致，说明断面间距测量误差不大。

2. 湖水位及库容、水深变化

2000 年 4 月 9 日发生巨型山体滑坡后，易贡湖水位约以 0.5m/d 的速度上涨并呈增加趋势，到 5 月 24 日采用 ADCP 实测入湖流量为 518 m^3/s，湖水位约以 1.0m/d 的速度上涨，库容近 10.7 亿 m^3，平均水深 24.0m，最大水深 35.7m，湖区面积约 44.4km^2。预计 5 月底库容将达到 14.1 亿 m^3，平均水深达 36m，最大深约 44m，见表 10.23。

表 10.23　易贡滑坡堰塞湖湖水位、湖面积、容积变化及预测表

项目＼时间	实测值		预测值		备注
	2000 年 4 月 14 日	2000 年 5 月 24 日	2000 年 5 月 31 日	2000 年 6 月 6 日	
水位涨幅（m）	0.36	29.02	37.77	45.57	以 4 月 13 日为基点，易贡茶场水位为 24.93m
湖面积（km^2）	15.0	44.4	45.1	46.2	
湖容积（亿 m^3）	0.7	10.65	14.1	17.2	

3. 湖泊面积、容积与水位的关系

根据实测湖泊断面资料，分水位级（按 1m 一级）计算 30～65m 各级水位的湖泊面积和容积，对高于实测的部分，采用趋势外推方法插补。分别点绘水位—湖泊面积曲线、水位—湖泊容积曲线，见图 10.23、图 10.24（图中未考虑估算的支流勒曲藏布的湖泊面积和容积）。

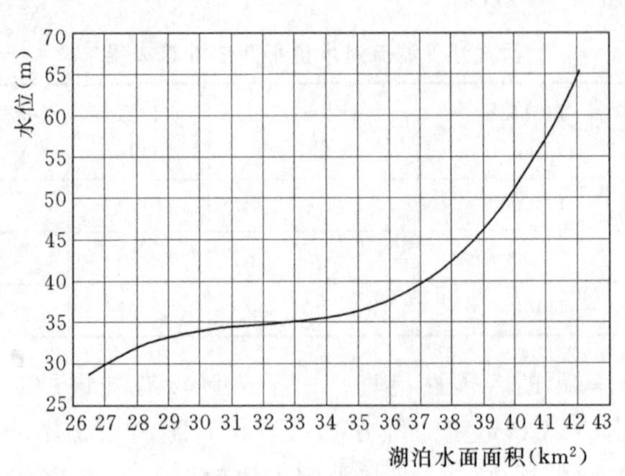

图 10.23　易贡湖水位—湖面面积关系

4. 易贡湖深泓高程沿程变化

点绘实测各断面深泓高程沿程变化图，见图 10.25。经分析，湖底纵坡降有以下特征。

（1）在原易贡湖湖长 17.5km 内沿程纵坡降较均匀，约为 3.21‰。

（2）在新形成的湖区尾端长 4km 的湖段内（在滑坡前不是湖区），纵坡降较陡，约为 14.1‰。

（3）在近坝段，由于滑坡体入湖的影响，明显为倒坡降，即从距坝约 2km 处高程为 18.26m，至坝顶高约为 78.00m，坡降为－298.7‰。

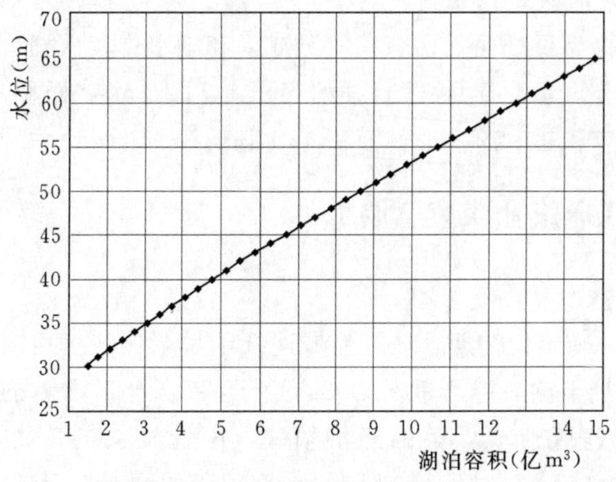

图 10.24 易贡湖水位—容积关系

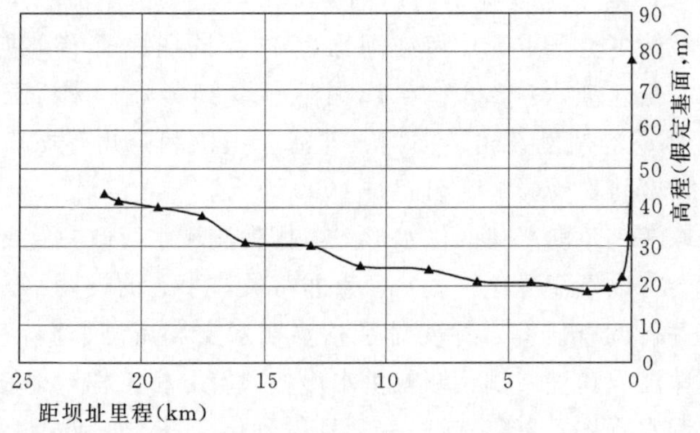

图 10.25 易贡湖深泓高程沿程变化

10.5.6 主要结论

经过实测易贡湖水道断面和入湖流量，并综合分析了湖泊面积、容积、入湖流量等水文要素的变化，主要结论如下。

(1) 经过5月24日采用ADCP法实测易贡湖入湖流量为518m³/s，其中干流易贡藏布江流量383m³/s，支流勒曲藏布江89.0m³/s，并推算其他支流流量46.0m³/s。应用水量平衡法对实测流量进行合理性分析，认为ADCP法施测流量基本合理可靠。

(2) 经过5月23日、24日实测湖泊水道断面，并计算得到相应于坝前水位54m的湖泊面积为44.4km²，容积10.65亿m³，平均湖宽

2065m，平均水深24.0m。

(3) 根据易贡湖面积、容积实测成果和湖水位、入湖流量等参数的未来变化趋势，预测5月31日湖泊容积14.1亿m^3，面积45.1km^2；6月6日湖泊容积17.2亿m^3，面积46.2km^2。

10.6 珠江压咸补淡应急调水*

10.6.1 背景

20世纪90年代初期，珠江流域连续干旱，珠江三角洲枯季咸潮灾害频繁，咸潮上溯日趋严重。2003年冬至2004年春严重的咸潮灾害给珠江三角洲地区造成巨大的经济损失，引起社会的广泛关注。进入2004年，珠江流域的西江、北江、东江汛期降雨分布十分不均匀，枯季前9～10月降雨量严重偏少，北江、东江10月降雨量较常年同期偏少9成以上，西江也较常年同期偏少8成以上。由于流域上游来水锐减，秋末旱情更为严重，珠海咸潮比2003年同期提前15d到来，东江北干流的广州西洲水厂2004年10月底就受到影响，珠江三角洲遭受20年来最严重的咸潮袭击，澳门、珠海、中山和广州等城市的供水安全受到严重威胁，受影响人口超过1000万人。

鉴于珠江三角洲严峻的供水形势，作为流域水行政主管部门的珠江水利委员会（以下简称珠江委）一直非常关注事态的发展，去年初组织有关部门进行调查研究，并安排了枯水期水文和咸潮监测工作，10月初开展了珠江三角洲咸潮预测及供水形势预警分析工作，编制珠江压咸补淡应急调水预案，2005年1月7日得到国家防总的批准，实施珠江压咸补淡应急调水。此次工作珠江委成立了预警预报组、督查组、测验组、分析评价组和宣传组五个工作组。珠江委水文局主要负责预警预报组和测验组的工作。为配合珠江委开展珠江压咸补淡应急调水，为调水的成功提供有力的技术支撑和优质信息服务，珠江委水文局成立专门领导小组和工作小组，局长亲自挂帅，指定专人负责，责任落实到人。全局动员，周密部署，组织精锐技术力量开展工作。在上级领导部门的正确领导下和调水沿线各省（自治区）水文部门的大力支持下，全体参战人员以实际行动履行了“三个代表”的重要思想，实践新时期治水思

---

* 本例由珠江水利委员会水文局提供，略有改动。

路，发扬水文人“献身、求实、负责”的行业精神，以饱满的工作热情，团结拼搏，克服基础资料缺乏、技术人员不足等困难，攻克一个又一个技术难关，圆满地完成压咸补淡的水文测报任务，取得一批有重大价值的技术成果，为压咸补淡顺利实施和取得成功提供有力的技术支撑和优质的信息服务，作出了重大的贡献，也为下一步流域水资源统一管理奠定了基础。

10.6.2 工作内容

10.6.2.1 前期准备工作

(1) 2004 年 2 月，针对当时珠江三角洲咸潮严重的形势，珠江委水文局即开展了对珠江三角洲的珠海、中山、顺德、江门和广州番禺等城市咸潮影响和损失情况进行实地调查的工作，并在 2004 年 2 月 21～23 日对珠江三角洲的 33 个断面开展同步水文和咸潮监测，取得大量的第一手调查资料和实测水文资料，为日后进一步开展咸潮分析和预测预警工作奠定了基础。

(2) 2004 年 12 月 13 日，为掌握天文大潮下的咸潮活动情况，在磨刀门水道、小榄水道、沙湾水道 3 条取水口较多的河段进行咸潮监测。除在磨刀门水道的竹排沙断面定点监测外，还应用多参数水质测量仪和 GPS 跟踪观测咸潮界的变化，为研究咸潮的活动规律和预测咸潮积累基本资料。此次咸潮监测，采用了先进的 ADCP、GPS 和多参数水质测量仪联合作业的方式，为开展大规模同步水文和咸潮监测积累了宝贵的经验。

10.6.2.2 技术方案编制

在工作中，编制了《今冬明春（2004—2005）珠江三角洲咸潮及供水形势预警报告》、《今冬明春珠江流域调水压咸试验同步水文测验与咸潮监测总体方案》、《珠江调水压咸枯季径流和咸潮预测方案》、《珠江流域调水压咸（试验）预案水文测报工作要求》、《2005 年西、北江三角洲网河区枯水期同步水文测验及调水压咸水文监测工作大纲》、《2005 年西、北江三角洲网河区枯水期同步水文测验及调水压咸水文监测合作协议书》、《2005 年西、北江三角洲网河区枯水期同步水文测验及调水压咸水文监测经费预算》、《关于提请航道、海事部门协助同步水文测验工作的报告》和《2005 年西、北江三角洲网河区枯水期同步水文测验及调水压咸水文监测实施计划书》等技术方案和报告，为开展珠江压咸补淡应急调水水文测报工作做好充分的技术准备。

2005年1月7日，珠江委水文局在广州组织召开了“珠江应急调水压咸水文技术方案评审会”，邀请国内知名专家对《今冬明春(2004—2005)珠江三角洲咸潮和供水形势分析及预警报告》和《珠江调水压咸枯季径流和咸潮预测方案》等技术方案进行评审。专家认为，预警报告提出的应急调水压咸试验建议是新治水思路的实践，在全国尚属首例，成果有较高的应用价值，可作为编制调水压咸试验预案的重要技术依据，达到国内先进水平。径流和咸潮预测方案可作为应急调水压咸试验枯季径流和咸潮的主要预测方法。

10.6.2.3　组织协调工作

从贵州天生桥一级水电站调水至珠江三角洲距离长达1336km，沿途经过多座水电站和水文站，水情变化大；受水区珠江三角洲地区河网纵横交错，水文情势异常复杂。水文测报是压咸补淡应急调水工作的一项关键和基础工作，测报要求高，是调水工作顺利实施和成功的基础保障。为指挥调度及时提供水情咸情信息和可靠预报，并为研究珠江三洲网河区枯水期复杂的水文和咸潮上溯规律以及治理水污染提供必要的水文数据，珠江委水文局组织开展西江、北江及其三角洲枯水期同步水文测验及压咸补淡水文监测工作。此次水文测验工作涉及贵州、广西和广东3省（自治区）水文部门，协调工作量大，珠江委水文局根据不同的要求编制了多套测报方案，通过召开协调会等方式，和有关省（自治区）水文部门一起研究测报工作大纲，明确分工，落实测报工作任务。

2004年12月，调研了广西、广东的水文测报设施情况，根据实际情况提出了压咸补淡应急调水期间各水电站和水文站的水文测报要求，提出珠江三角洲主要水厂向珠江委报送取水量和含氯度等资料的要求，由珠江委发函至贵州、广西、广东等省（自治区）防汛部门，落实了水情咸情等信息来源与传输方式。在调水期间，珠江委水文局和贵州、广西、广东水文部门保持密切联系，及时协商处理各类问题，确保测报工作的顺利进行。

为及时掌握珠江三角洲主要河道重要取水点的含氯度变化情况，进行咸潮的分析预测工作，珠江委水文局多次和广东珠海、中山和番禺等市的水利部门和供水公司联系协商，根据实际情况制定了相应的信息收集、传输方式，充分利用其咸情监测信息，建立了咸情信息网络，争取了时间，节省了咸情自动测报系统建设的投资。

10.6.2.4　投入的人员力量和资金

此次压咸补淡水文监测和预警预报工作由珠江委水文局和贵州、广西和广东 3 省（自治区）水文部门协同作战，投入人力 700 多人，动用测船、快艇、交通船等船只上百艘，应用 ADCP、GPS、YSI600 型多参数水质测量仪等先进水文测量仪器，以及全站仪、水准仪、超声波测深仪、流速（流向）仪、横式采样器、水质样品采样器、水文绞车等一大批常规水文测量仪器，具有范围广、规模大、历时长、投入人员多等特点，耗资超过 1000 万元。珠江委水文局承担了全部的预警预报工作及珠江三角洲的大部分同步水文测验工作，参加工作的人员达 200 多人。外业的测验人员和内业的预警预报人员实行 24h 值班，珠江委水文局局领导和水情人员还参加压咸补淡应急调水指挥部的值班。

10.6.2.5　水文测验和预报工作执行和完成情况

1. 水文测验

根据珠江压咸补淡应急调水的需要，此次水文测验工作分为两片区域：一片是思贤滘以上的西江、北江水系及东江水系；另一片是思贤滘以下的珠江三角洲地区。此次水文测报工作思贤滘以上各水文控制站测报工作从 2004 年 1 月 5 日开始，珠江三角洲网河区同步水文与咸潮监测从 1 月 18 日～2 月 11 日，历时近 1 个月，测验水文站点（断面）共 83 个。为确保“测得准、报得及时”，顺利、安全地完成任务，珠江委水文局协商贵州、广西、广东省（自治区）水文部门，做了精心部署和安排，保障测报工作顺利实施。

西江、北江及东江水系共布设了 27 个水文（位）监测站点。在应急调水期间，各主要控制站加强水文监测和水情报送工作。水文测验要求实测到调水期间水位、流量变化（包括起涨、洪峰和退水）过程；并根据水情变化情况，按六段制、八段制或二十四段制报送水位、流量和日平均水位、流量信息。

这次珠江压咸补淡应急调水的最终目的地珠江三角洲河网纵横交错。水文测报站点布设以能控制三角洲网河主要河汊水量分配和磨刀门水道、小榄水道、沙湾水道 3 条主要水道咸潮分布为原则，共布设了 56 个同步水文和咸潮监测断面，由珠江委水文局和广东省水文局共同承担，珠江委水文局负责其中 28 个断面、136 条验证垂线、33 条代表垂线的水文测验工作。测验项目包括水位、大断面、流速、流向、流量、含氯度以及水温、pH 值、溶解氧、电导率、高锰酸盐指数、氨氮、总磷、五日生化需氧量、石油类、汞等10项水质常规项目。

水质监测在三角洲主要河流共设置了51个水质监测断面，与水文测验同步进行水质监测，各断面均采1个表层水样品。珠江委水文局水环境监测中心负责26个断面的水质监测。为了评价调水对水环境及供水水源地水质的影响，珠江委水文局水环境监测中心独立在若干调水影响区域增设了26个监测断面补充开展了水质监测。

为了了解咸潮的活动情况，监测期间对磨刀门水道、小榄水道、沙湾水道3条重点水道进行250mg/L含氯度前锋沿程跟踪监测。对珠江口门纳潮通道伶仃洋出海航道、磨刀门出口和黄茅海赤鼻岛附近共4处位置进行含氯度监测。

据初步统计，此次水文测验测得水位、水深、流速、含氯度、水质等项目的原始数据近30万组。测验期间通过计算机广域网和电话语音等方式及时报送了大量现场实时监测水情、咸情信息。

2. 预警预报

预警预报组2005年1月1日正式启动预警预报机制，与广东、广西水文部门沟通信息，会商预报，并迅速建立起珠江压咸补淡应急调水信息平台，确保各类信息及时、准确、畅通。1月7日国家防总批准珠江压咸补淡应急调水方案后，根据已经编制的预测预报方案，按照预准备阶段、准备阶段和调水阶段对预测预报的要求，认真分析、科学预测，按时高效地发布不同预见期的干支流来水和珠江三角洲主要水道的咸潮预测。预测成果通过简报报送指挥中心和相关领导，为压咸补淡的科学调度和抢淡蓄淡提供决策依据。

预准备阶段，预测西江梧州站、北江石角站未来20d内的日平均流量，预测天生桥、岩滩、飞来峡水库未来15d内的日平均入库流量及主要水道的咸潮。同时，根据每天实况，对所作预测结果进行修正，每间隔3d发布1次预测结果。

准备阶段，除了对预准备阶段的预报站点预报外，还对主要支流控制站点（柳江柳州站、洛清江对亭站、郁江贵港站、蒙江太平站、北流江金鸡站、桂江京南站、贺江古榄站、绥江石狗站）未来15d内的日平均流量和主要水道的咸潮进行预测。同时，根据每天实况，对所作预测结果进行修正，每间隔1d滚动修正预测。

调水阶段，自1月17日天生桥一级水库调水开始，每天预测干流重要控制站和主要支流控制站未来15d内的日平均流量和主要水道的咸潮，并根据实时水雨情每天滚动修正预测，直至调水结束。

10.6.3　取得的主要成果

（1）《今冬明春（2004—2005）珠江三角洲咸潮及供水形势预警报告》。影响咸潮的因素复杂，准确预测咸潮难度很大。在基本资料缺乏和没有较成熟预测方法等困难情况下，参加工作的技术人员从多方面收集有关资料，优选精度较高的预测方法，在短时间内提出预警报告。报告分析了珠江三角洲咸潮的入侵情况，对今冬明春珠江三角洲来水、咸潮活动强度及其对供水的影响进行预测预警，得出了咸潮影响将大于往年的预测结果，并提出相应的对策措施。报告成果由珠江委上报国家防总和水利部，为珠江压咸补淡应急调水预案的编制提供技术依据。

（2）《珠江调水压咸枯季径流和咸潮预测方案》。组织技术人员对枯水和咸潮的短期预报进行研究，编制梧州、石角等主要控制站的枯水预报方案。流量预测主要采用退水曲线、前后期枯季径流相关、典型年退水趋势分析和扩散波流量演算等方法。咸潮预测主要根据大量历史监测资料，采用经验统计方法预测磨刀门水道、小榄水道和沙湾水道等主要取水点的咸潮。预测成果达到了较高的精度，满足压咸补淡应急调水工作的需要。

（3）《水情咸情预测简报》。简报及时提供珠江流域的天气形势和水雨情、各调水水库的出入库流量和蓄水量、各主要水道的咸情变化情况，发布未来 15d 主要测站的枯水流量和 3d 主要水道的咸潮预测成果，共发布简报 30 期，为压咸补淡指挥调度和抢淡蓄淡提供决策依据。

（4）珠江压咸补淡应急调水信息平台。为了在调水压咸试验期间能及时收集到各站点的水情和咸情信息，并在指挥调度中心能实时显示和查询调水沿线的水情和咸情变化情况，指挥调度调水压咸补淡，珠江委水文局充分利用现代计算机和信息技术，在短时间内建立了咸潮信息数据库，开发了珠江压咸补淡应急调水信息平台。调水期间共收到各类信息记录 66153 条，其中含氯度信息 25091 条，共收到传真件 180 多份。该信息平台是珠江压咸补淡应急调水指挥系统重要的信息发布来源。

（5）《2005 年西、北江三角洲网河区枯水期同步水文测验及调水压咸水文监测成果报告》。该报告包括各测站（断面）逐时水（潮）位、大断面成果、实测潮流量成果、逐时潮流量过程及逐时含氯度过程、重点水道 250mg/L 含氯度前锋跟踪成果、口门纳潮通道的含氯度监测成果及水质监测成果及评价等成果，并汇总西江、北江和东江水系在调水期间的水文监测资料成果。这些水文水质资料成果反映了特枯年份珠江流域的水文情况和调水情况下的水文和咸潮变化情况，为珠江压咸补淡应急调水效果分析评价提供丰富的原型观测资料，是一份非常珍贵的水文资料成果。

10.6.4 调水效果评价

此次调水后珠江三角洲主要河道的日均流量有了明显增加，虽然河口受潮汐因素的影响，至河口段流量渐小，但总体来看，磨刀门水道平均增幅达46%；东海水道—横门水道平均增79%；北江干流—沙湾水道平均增62%；平洲水道的下游平均增幅为129%。

调水前后，受调水影响较大的八大口门、西北江三角洲河道及沙湾、坦洲的供水河道（涌）水质都有较大的改善，特别是西江干流及磨刀门水道的水质得到了全面改善，从Ⅳ类、Ⅲ类水提高到Ⅲ类、Ⅱ类水。坦洲供水河涌的珠海供水泵站取水口水质有质的飞跃，从原来的劣Ⅴ类、Ⅴ类水质提高到Ⅲ类水。调水在抵御咸潮保证供水量的同时，也改善了供水水质和水环境。

主要取水河道咸潮界下移明显。对比调水到达前的1月29日和到达后的1月30日咸界的变化，磨刀门水道最大咸界下移了约13km；小榄水道最大咸界下移了约12km；虎跳门水道最大咸界下移了约7km；鸡啼门水道最大咸界下移了约6km；沙湾水道最大咸界下移了约15km。

由于上游来水量的大幅增加和水质的明显改善，珠江三角洲的澳门、珠海、中山、广州、江门等市的抢淡蓄水量大增。截至2月3日，珠江三角洲已抢蓄淡水2100多万m^3，利用河涌蓄淡3000多万m^3；预计到2月8日左右，水库蓄淡可达4000万m^3，河涌水闸蓄淡也可达4000万m^3。

附录 1

水利部突发公共水事件水文应急测报预案（试行）

1　总　　则

1.1　编制目的

加强水文应急测报工作的组织和指导，提高水文应急测报能力，为突发公共水事件的应急处置提供科学依据，最大限度地减少人员伤亡和财产损失，保障经济社会全面、协调、可持续发展。

1.2　编制依据

依据《中华人民共和国水法》、《中华人民共和国防洪法》、《中华人民共和国防汛条例》、《中华人民共和国水污染防治法》、《中华人民共和国水文条例》、《国家突发环境事件应急预案》、水利部《重大水污染事件报告暂行办法》等，制定本预案。

1.3　适用范围

全国范围内发生下述突发公共水事件之一时，适用本预案。

（1）江河洪水、台风暴潮以及由降雨引发的山洪、泥石流、滑坡。

（2）水库垮坝、堤防决口、水闸倒塌、行洪分洪等。

（3）渍涝、干旱及城镇供水危机等。

（4）危机供水安全、破坏生态环境的水污染事件。

（5）涉水安全事故。

（6）其他突发公共水事件。

1.4　工作原则

1.4.1　树立以人为本、减少危害的应急指导思想。以保障生命财产安全为首要任务，不断提高水文应急测报水平。

1.4.2　实行分级负责、属地为主的应急管理体制。各级水文机构为本级应急测报工作的责任机构，实行主要领导负责制。

1.4.3　建立协同应对、快速反应的应急处置机制。加强地区、部门之间水文应急测报工作的协作，形成统一指挥、协调有序、反应灵敏、运转高效的工作格局。

1.4.4 坚持协同应对、平战结合的应急工作方针。整合常规与应急测报资源，完善水文应急测报体系，充分发挥水文应急测报的整体作用。

2 组织体系及职责

2.1 组织体系

水利部水文局（以下简称部水文局）为全国水文应急测报管理工作的领导机构，组织指导全国水文应急测报工作，部水文局水文应急管理办公室为其办事机构，具体负责值守应急、信息汇总、综合协调等日常管理工作，部水文局有关部门负责职责范围内的应急工作。

各流域水文机构负责管辖区域的水文应急测报工作，组织协调流域片的水文应急测报工作。

各省、自治区、直辖市（以下简称省级）水文机构负责管辖区的水文应急测报工作。

2.2 职责

部水文局负责全国水文应急测报的行业管理工作；组织制定突发公共水事件水文应急测报预案并监督实施；组织指导全国突发公共水事件的水文应急测报工作；承担水利部水文应急业务工作等。

流域及省级水文机构负责管辖区域水文应急测报的管理、组织、指挥和协调工作。

3 运行机制

3.1 总体要求

3.1.1 预测预警

（1）各级水文机构应针对各种可能发生的突发公共水事件，健全完善水文监测站网及各项监测制度，加强监视及预测，做到早发现、早报告、早处置。

（2）各级水文机构应制定并完善各种突发公共水事件的应急测报实施方案，定期对应急测报设施设备及药品试剂进行检查测试，做到常备不懈。

（3）各级水文机构应实行水文应急日常值班制度，确保值班电话24h有人接听。汛期及突发公共水事件处置期间，必须安排人员24h值班，值班人员必须严于职守，坚决杜绝脱岗、离岗及无关人员替岗的情况发生。

3.1.2　信息报告

（1）报告分为初报、续报和总结报告3类。初报为事件的初步情况，应在获知信息后1h内报出；续报为水文动态监测数据、预测预报分析等中间成果，应根据需要随时滚动报出；总结报告为水文最终调查分析结果，应在事件处置结束后10日内报出。

（2）水文应急测报信息实行分级报告制度，由事发地水文机构向所在地政府，水行政主管部门及上级水文机构报告，情况紧急时，可以越级上报。

（3）突发公共水事件涉及其他水文机构的管辖区域时，事发地水文机构应向受影响区域的水文机构通报。

（4）当发生或可能发生突发水污染事件时，按照有关程序，事发地水文机构应向所在地有关主管部门通报。

（5）涉密信息的报送应按照国家保密的有关规定执行。

3.1.3　分级响应

（1）部水文局、流域及省级水文机构应区分突发公共水事件的严重程度、紧急程度和影响范围，分别制定本级机构的应急响应。

（2）当本级水文机构不能独立完成应急测报任务时，必须立即向所在地政府、水行政主管部门及上级水文机构报告并请求支援。

3.1.4　信息发布

水文应急测报信息由各级政府、水行政主管部门或者水文机构按照规定权限向社会统一发布，禁止任何其他单位和个人向社会发布。其中，水污染信息的发布按照国家有关规定执行。

3.2　响应内容

包括应急启动、监测报送、预测预报、分析评估、应急结束5个方面。

3.2.1　应急启动

事发地水文机构获知突发公共水事件信息后，应立即依据预案启动相应的水文应急测报工作，指挥及测报人员应迅速上岗到位，开展工作。

3.2.2　监测报送

（1）根据应急处置工作的需要，事发地水文机构应及时加密测点测次。在突发水污染事件处置期间，应根据需要，及时做好污染物的跟踪监测工作。

（2）监测数据的报送应充分利用现代通信及计算机网络技术，确保快速、可靠。防汛抗旱重要水文数据应在30min内报达部水文局。当发生重大突发水污染事件时，流域及省级水文机构应在获取相关水文监测数据后1h内报达部水文局。

（3）在应对突发水污染事件时，按照有关要求，事发地水文机构应加强与所在地有关部门的技术协作与信息共享，形成合力。

3.2.3 预测预报

（1）各级水文机构应滚动做好洪水预报工作，同时要积极利用定量降雨预测结果，开展洪水预测分析，为防汛指挥提供决策支持。

（2）各级水文机构应积极开展旱情、水量水质的趋势预测分析，为应对干旱及水污染事件提供信息服务。

（3）在应对突发水污染事件时，按照有关程序，各级水文机构应加强与所在地有关部门的交流会商，提高预测预报质量。

3.2.4 分析评估

根据应急处置工作的需要，事发地水文机构应及时对突发公共水事件进行水文调查，作出分析评估，为应急处置提供科学依据。

3.2.5 应急结束

当突发公共水事件应急处置工作完成或事件已经得到有效控制，经有关水行政主管部门同意后，由有关水文机构宣布结束水文应急测报行动，恢复正常工作。

3.3 水利部水文应急测报响应

3.3.1 Ⅰ级响应

（1）出现下列情形之一者，启动Ⅰ级响应。

1）某个重要流域发生特大洪水或两个以上重要流域同时发生大洪水。

2）大江大河干流重要堤防发生决口。

3）大型及重点中型水库发生垮坝。

4）重要跨界河流发生堤防决口，垮坝洪水及特大洪水。

5）多个省（自治区、直辖市）发生特大干旱或多座大型以上城市发生极度干旱。

6）重要城市主要水源地突发严重水污染，影响或可能影响安全供水。

7）大江大河以及重要湖泊，水库突发大范围水污染，使当地经济，社会活动及水环境生态受到严重影响。

8）重要省际及跨界水域突发大范围水污染，造成严重影响。

（2）Ⅰ级响应行动。

部水文局局长主持水文应急测报的组织指挥工作；视情况需要，派出工作组或专家组赴一线，指导水文应急测报工作；根据请求，协调组织装备、物资及人员等应急支援；强化值班，根据需要，增加值班人员；组织开展水文预测预报及分析工作，为水利部应急处置提供决策支持；组织水文调查分析工作。

3.3.2　Ⅱ级响应

（1）出现下列情形之一者，启动Ⅱ级响应。

1）某个重要流域发生大洪水或数省（自治区、直辖市）多个市（地）发生严重洪涝灾害。

2）大江大河干流一般河段及主要支流堤防发生决口。

3）一般中型水库发生垮坝。

4）重要跨界河流发生较大以上洪水。

5）数省（自治区、直辖市）多个市（地）发生严重干旱，一省（自治区、直辖市）发生特大干旱，多个大城市发生严重干旱或大中城市发生极度干旱。

6）县级以上城镇水源地突发严重水污染，影响或可能影响安全供水。

7）大江大河以及重要湖泊、水库突发水污染，使当地经济、社会活动及水环境生态受到较大影响。

8）重要省际及跨界水域突发水污染，造成较大影响。

（2）Ⅱ级响应行动。

部水文局局领导主持水文应急测报的组织指挥工作；视情况需要，派出专家组赴一线，进行技术指导；根据请求，协调组织装备、物资及人员等应急支援；加强值班；组织开展水文预测预报及分析工作，为水利部应急处置提供决策支持；组织水文调查分析工作。

3.3.3　Ⅲ级响应

（1）出现下列情形之一者，启动Ⅲ级响应。

1）数省（自治区、直辖市）同时发生洪涝灾害或一省（自治区、直辖市）发生较大洪水。

2）小型水库发生垮坝。

3）数省（自治区、直辖市）同时发生中度以上的干旱灾害，多座大型以上城市同时发生中度干旱或一座大型城市发生严重干旱。

4）江河湖泊等水域突发水污染，使当地经济、社会活动及水环境生态受到影响。

（2）Ⅲ级响应行动

部水文局局领导主持水文应急测报的组织指挥工作；做好值班工作；指导水文预测预报及分析工作；指导水文调查分析工作；做好有关报告协调工作。

3.3.4 Ⅳ级响应

（1）出现下列情形之一者，启动Ⅳ级响应。

1）数省（自治区、直辖市）同时发生一般洪水。

2）数省（自治区、直辖市）同时发生轻度干旱。

3）多座大型以上城市同时因旱影响正常供水。

4）江河湖泊等水域突发水污染，引起一般群体性影响。

（2）Ⅳ级响应行动。

部水文局局领导主持水文应急测报的组织指挥工作，安排人员值班；跟踪掌握水文应急测报信息，及时向水利部报告。

4 总结恢复

4.1 应急响应结束后，有关水文机构应认真进行应急测报工作后评估，总结经验和教训，提出改进措施，不断提高水文应急测报水平。

4.2 有关水行政主管部门应根据水文应急测报设施设备及药品试剂的毁损消耗情况，及时安排经费，进行修复和补充。

5 应急保障

5.1 装备保障

各级水行政主管部门应在充分发挥现有水文测报装备作用的基础上，根据应急工作的特点和需要，加强测流设备、水质监测分析设备、墒情监测设备、应急交通工具等装备建设，满足水文应急测报工作的需要。

5.2 资金保障

各级水行政主管部门应积极主动向有关部门争取，同时结合财务管理的相关规定和应急工作的实际，充分合理地保障水文应急测报工作的业务经费，确保水文应急测报工作的有效开展。

5.3 通信与网络保障

5.3.1 各级水行政主管部门应按照以公用通信网为主、公专结合的原则，协调通信管理部门，将水文应急测报通信有关要求纳入应急通信保障体系，并合理配置水文应急测报专用通信设备，确保在应急情况下通信畅通。

5.3.2 各级水行政主管部门应充分依托国家防汛抗旱计算机网络，加强水文应急测报专用计算机及网络设备的配置，提高水文应急测报信息的传输效率。

5.4 应急支援保障

5.4.1 各级水文机构应根据需要组建水文应急测报机动队，必要时，为事发地水文机构提供人力支援。

5.4.2 各级水文机构应根据需要做好水文应急测报相关物资的储备；必要时，为事发地水文机构提供物资支援。

5.5 技术保障

5.5.1 各级水文机构应加强水文应急监测、预测预报等技术的应用研究，不断提高水文应急测报水平。

5.5.2 各级水行政主管部门应进一步完善和拓展国家防汛抗旱通信和计算机网络系统，提高水文应急测报信息传输的可靠性和时效性。

5.5.3 各级水文机构应建立和完善水文应急测报基础数据库，并及时维护更新，为水文应急测报工作的有效开展奠定坚实的基础。

5.5.4 各级水文机构应建立和完善包括水文信息采集、传输、处理、预测预报、分析评价等在内的应急测报业务系统，不断提高水文应急测报的工作效率。

5.5.5 各级水行政主管部门应充分利用国家防汛抗旱通信信道，建设水文应急测报视频会商系统，提高水文应急测报会商的技术水平。

5.5.6 各级水文机构应根据需要建立水文应急测报专家库，积极储备技术力量，为水文应急测报提供技术支持。

5.6 培训演习

5.6.1 各级水文机构应做好水文应急测报的培训工作，做到分类指导、突出重点、严格考核、注重实效。

5.6.2 各级水文机构应有计划、有重点地组织水文应急测报演习，不断地检验和提高应急测报能力。

6 责任与奖惩

6.1 表彰奖励

水文应急测报工作应纳入年度目标管理进行考核，对作出突出贡献的集体和个人应给予表彰奖励。

6.2 责任追究

对水文应急测报工作中出现的失职、渎职行为，应依据相关规定追究责任。

7 附则

7.1 根据实际情况的变化，及时修订本预案。

7.2 本预案由部水文局负责解释。

7.3 本预案自印发之日起实施。

附录2

长江水利委员会水文局突发性水污染事件应急调查监测预案

1 总　　则

1.1 目的

为进一步加强我局突发性水污染事件应急调查监测工作的组织和管理，提高应对和处置突发性水污染事件的调查监测应急能力，切实履行职责和规范突发性水污染事件应急调查监测程序，保证我局应急调查监测及处置快捷有序、及时准确地为上级提供决策支持信息，制定本预案。

1.2 工作原则

按照以人为本、减轻危害；统一领导、分级负责、职责明确、规范有序；平战结合、常备不懈；属地为主、协调配合；反应灵敏、运转高效、快速准确、及时有效的原则做好我局突发性水污染事件的应急调查监测及处置工作。

1.3 编制依据

（1）《中华人民共和国水法》。

（2）《中华人民共和国水污染防治法》。

（3）《中华人民共和国水文条例》。

（4）《国务院有关部门和单位制定和修订突发公共事件应急预案框架指南》（国办函〔2004〕33号）。

（5）国务院《国家突发公共事件总体应急预案》。

（6）《国家突发环境事件应急预案》。

（7）水利部《重大水污染事件报告暂行办法》。

（8）水利部《突发公共水事件水文应急测报预案（试行）》。

（9）水利部《关于进一步加强水文工作的通知》（水文〔2009〕379号）。

（10）长江水利委员会《三峡水库135m蓄水及运行期间重大水污

染事件报告办法》和《三峡水库135m蓄水及运行期间重大水污染事件应急调查处理规定》。

（11）其他有关法律、法规。

1.4 适用范围

水文局7个水文水资源勘测局（水环境监测中心）直接管辖的长江干流或支流河段（湖泊、水库）发生下列情形之一时，适用本预案。

（1）发生或可能发生大范围水污染的。

（2）县级以上城镇集中供水水源地发生水污染，影响或可能影响安全供水的。

（3）发生水污染事件造成直接经济损失人民币10万元以上或影响社会安定的。

（4）引用江河湖库水源，因水污染导致人群中毒的。

（5）发生的其他影响重大的水污染事件。

2 组织体系及职责

2.1 领导小组

水文局应对突发性水污染事件工作领导小组（以下简称领导小组）是水文局突发性水污染事件调查监测工作的领导决策机构，领导小组下设办公室。领导小组组长由局长担任，副组长由分管局领导、局总工程师担任，成员包括局分管副总工程师及办公室、规划计划处、财务经济处、水文气象预报处、水质处、局属各水文水资源勘测局（水环境监测中心）等部门主要负责人。

领导小组办公室设在水质监测管理处，主任由处长担任，副主任由副处长担任。

2.2 领导小组职责

（1）在长江水利委员会应对突发性水污染事件工作领导小组领导下，组织与指导全局突发性水污染事件应急调查监测工作。

（2）研究决定突发性水污染事件应急调查监测工作的重要事项和重大决策。

（3）负责建立全局突发性水污染事件应急调查监测网络，审定、批准水文局《突发性水污染事件应急调查监测预案》。

（4）及时向长江水利委员会应对突发性水污染事件工作领导小组办公室报告重大水污染事件信息、应急调查监测结果、事态进展、发展趋势分析、事件处理建议及事件影响分析。

(5) 负责突发性水污染事件相关新闻报道的审核批准。

2.3　领导小组办公室（水质监测管理处）职责

(1) 负责组织编制水文局《突发性水污染事件应急调查监测预案》。

(2) 负责突发性水污染事件信息的接收及分析，组织实施日常值班，及时向领导小组报告突发性水污染事件信息和提出建议。

(3) 在领导小组的统一领导下，组织、协调、指导全局突发性水污染事件的应急调查监测工作。

(4) 负责全局突发性水污染事件应急调查监测材料的汇总分析、编制和发送监测报告。

(5) 承担有关突发性水污染事件应急调查监测工作会商的安排、联络、文件的编制。

(6) 负责汇总、编制水文局应急监测能力需求，参加编制有关应急能力建设项目建议书，推广应用应急监测新技术，组织开展应急调查监测技术培训。

(7) 负责本预案执行情况的检查和监督。

2.4　局办公室职责

负责局内各部门之间的协调。

2.5　局规划计划处职责

负责突发性水污染事件应急调查监测能力建设。

2.6　局财务经济处职责

负责提供突发性水污染事件应急调查监测经费保障。

2.7　局水文气象预报处职责

(1) 负责提供发生突发性水污染事件河段及可能影响水域的实时水位、流量、流速及传播速度的推算。

(2) 必要时，负责提出上游水库应急引水冲污技术方案。

2.8　各水文水资源勘测局（水环境监测中心）职责

(1) 负责应急监测仪器设备、设施的日常维护、保养和应急调查监测准备工作，保证随时处于应急调查监测待命状态。

(2) 负责所辖区域突发性水污染事件有关信息的收集、上报。

(3) 负责所辖区域应急调查监测工作，应急调查监测程序启动后，及时制定初步应急调查监测方案，以最快的方式赶赴现场开展调查、取样、监测。

(4) 负责调查、核实污染物的种类、性质、数量、危害程度及受影响的范围（必要时咨询）。

(5) 尽快完成监测样品分析，及时编制上报调查监测初步报告。

(6) 对短期内不能消除、降解的污染物进行跟踪监测。

(7) 根据水文局领导小组安排，跨辖区参与、配合开展应急调查监测工作。

(8) 负责编制、报送本中心应急调查监测能力需求，收集最新监测技术方法，做好应急调查监测技术储备。

3 应急调查监测工作程序

3.1 水文局突发性水污染事件应急调查监测流程图

水文局突发性水污染事件应急调查监测流程图见附图 2.1。

3.2 突发性水污染事件信息收集

(1) 充分发挥水文局下属水文站分布线长面广的优势，收集突发性水污染事件信息。局属各水文水资源勘测局（水环境监测中心）应加强所辖区域内突发性水污染事件信息的收集，要将收集和报告突发性水污染事件信息作为一项基本工作布置到各基层单位。各水文基层单位应加强观察本单位管辖河段、工作现场或驻守地附近的河段水质变化情况，发现突发性水污染事件及水体出现异常现象（包括水质变色发臭、死鱼、大量泡沫、大面积油污等），以及发现水质监测结果显示水质异常恶化，可能造成严重后果的，应及时报告。水文局任何单位和个人都有责任报告所辖河道和地域内突发性水污染事件信息。

(2) 利用其他各种有效途径，如关注新闻媒体有关报道、加强与流域内有关部门的联系和有关信息的沟通等方式，广泛收集突发性水污染事件信息。

(3) 局属各单位发现重大突发性水污染事件或从其他途径获知此类信息后，应立即进行核实，经核实确认后，及时用电话报告水文局领导小组办公室，并严格按照长江水利委员会《三峡水库 135m 蓄水及运行期间重大水污染事件报告办法》第七条要求，立即按统一表格进行登记，采用传真、电子邮件等快速方式将结果上报水文局领导小组办公室。重大突发性水污染事件报告应按照国家有关保密规定执行。

(4) 水文局领导小组办公室及局属各水文水资源勘测局（水环境监测中心）实行应急调查监测日常值班制，正常上班时间值班，节假日及

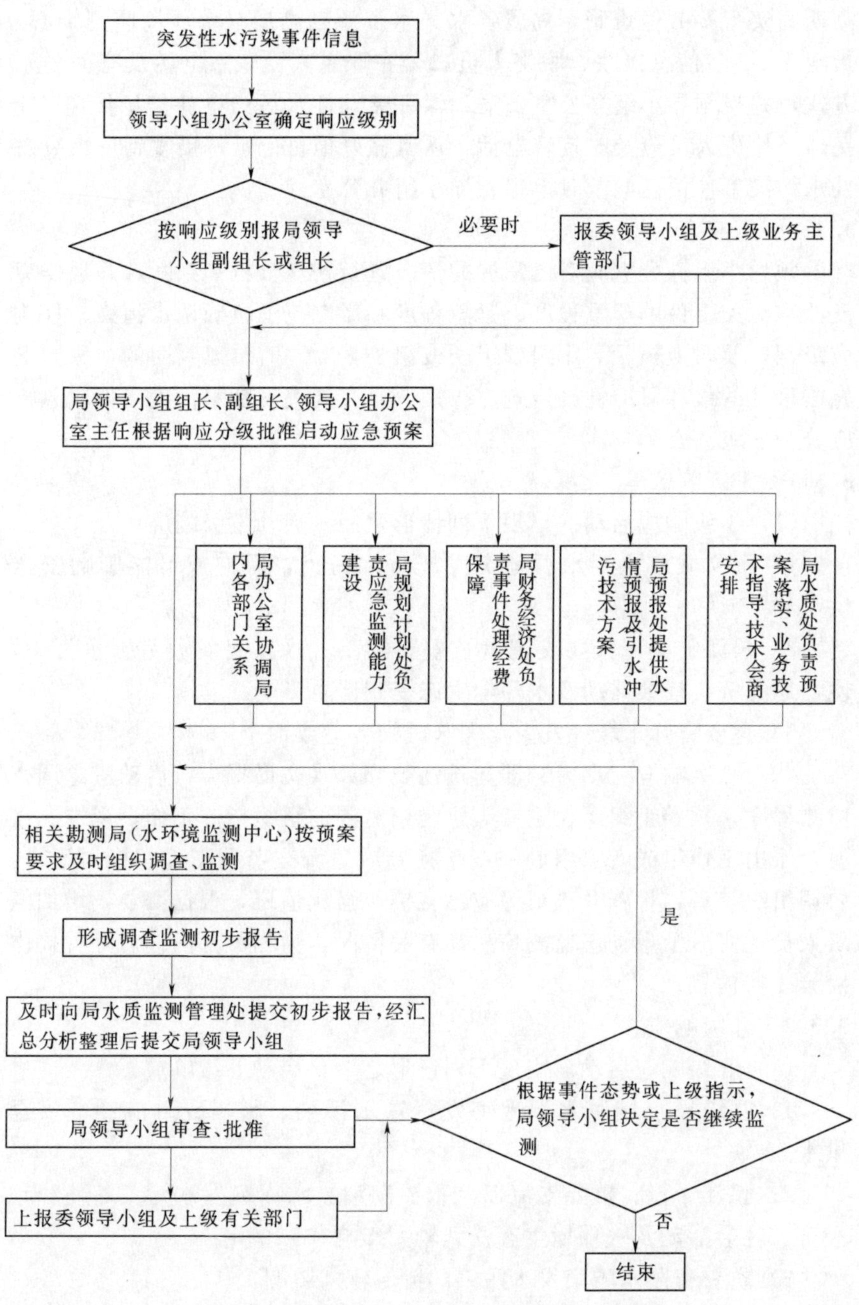

附图 2.1　长江委水文局应急调查监测流程图

其他休息时间实行手机联系值班制，重大突发性水污染事件应急调查监测期间实行 24h 值班制。局属各水文水资源勘测局（水环境监测中心）指定 1～2 名信息接收、联络人员，公布联系人、联系电话及有关联系方式，并报领导小组办公室备案，保证突发性水污染事件信息传递 24h 畅通。值班人员应及时接转电话，认真做好值班记录，接收到重大突发性水污染事件信息应及时上报领导小组办公室。

3.3 应急响应

领导小组办公室应对已掌握的情况进行初步分析和判断，并根据突发性水污染事件的严重程度、紧急程度和影响范围，确认水污染事件响应级别，及时上报领导小组副组长或组长，对一时难以判明的，原则上先按事件的最坏可能性确定响应级别。水文局突发性水污染事件应急响应分为四级。

3.3.1 Ⅰ级响应

（1）Ⅰ级响应启动。出现下列情形之一，启动Ⅰ级响应。

1）重要城市主要水源地突发严重水污染，影响或可能影响安全供水。

2）长江干流、重要支流以及重要湖泊、水库突发大范围水污染，使当地经济、社会活动及水环境生态受到严重影响。

3）重要省际水域突发大范围水污染，造成严重影响。

（2）Ⅰ级响应行动。立即向长江委和部水文局报告；启动应急调查监测程序，领导小组组长主持应急调查监测的组织指挥工作；视情况需要，派出工作组或专家组赴一线，指导应急调查监测工作；根据请求，协调组织装备、物资及人员等应急支援；强化值班，根据需要，增加值班人员；实时上报动态监测信息和有关情况，为相关部门应急处置提供决策支持信息。

3.3.2 Ⅱ级响应

（1）Ⅱ级响应启动。出现下列情形之一，启动Ⅱ级响应。

1）县级以上城镇水源地突发严重水污染，影响或可能影响安全供水。

2）长江干流、重要支流以及重要湖泊、水库突发水污染，使当地经济、社会活动及水环境生态受到较大影响。

3）重要省际水域突发水污染，造成较大影响。

（2）Ⅱ级响应行动。立即向长江委和部水文局报告；启动应急调查监测程序，领导小组副组长主持应急调查监测的组织指挥工作；视情况需要，派出专家组赴一线，进行技术指导；加强值班；实时上报动态监测信息和有关情况。

3.3.3 Ⅲ级响应

（1）Ⅲ级响应启动。出现下列情形时，启动Ⅲ级响应：辖区水域突发水污染，使当地经济、社会活动及水环境生态受到影响。

（2）Ⅲ级响应行动。启动应急调查监测程序，领导小组副组长主持应急调查监测的组织指挥工作；做好值班工作；指导调查监测工作；跟踪掌握应急调查监测信息，及时向长江委和部水文局报告。

3.3.4 Ⅳ级响应

（1）Ⅳ级响应启动。出现下列情形时，启动Ⅳ级响应：辖区水域发生一般性突发水污染，或在较小区域内发生突发水污染，且危害影响较小。

（2）Ⅳ级响应行动。领导小组办公室主任主持应急调查监测的组织指挥工作；安排人员值班，跟踪掌握污染动态信息；必要时开展应急调查监测，并及时向长江委和部水文局报告。

3.4 应急预案启动

Ⅰ级、Ⅱ级、Ⅲ级响应由领导小组组长或副组长指示启动应急调查监测程序；Ⅳ级响应，由领导小组办公室主任批准启动应急调查监测程序。下达应急调查监测命令后，应在1h内通知事件发生地及事件可能影响区域的有关水文水资源勘测局（水环境监测中心）开展应急调查监测。

领导小组可根据事态的发展，调整应急响应级别。

3.5 应急调查监测准备

各水文水资源勘测局（水环境监测中心）应指定一名主要负责人负责辖区内重大水污染事件处理的组织领导，并成立重大水污染事件应急调查监测小组，确定具体人员和职责。

有关水文水资源勘测局（水环境监测中心）在接到应急调查监测通知后，须在1h内做好出发前的一切准备，并迅速赶赴污染事件现场开展调查监测；同时，还应安排实验室分析人员做好应急调查监测分析准备工作，对现场采集送来的样品，做到随到随时开展分析，尽快提交分析结果。对于特别严重的污染事件，领导小组应派人到现场组织指导调查监测工作。

出发前准备包括：人员的确定及分工，交通方式及交通工具的确定，初步应急调查监测方案的制定，现场应急调查监测仪器设备、试剂、采样设备和样品容器、监测质量保证方案以及防护器材、通信照明器材、照（摄）相机等准备工作。

3.6 现场调查、监测及采样

（1）应急调查监测人员到达事件发生现场后，应立即开展调查，尽可能全面准确地收集事件发生原因、时间、地点、污染物种类、数量、影响范围及可能影响区域等有关信息，并做好记录。

（2）根据所收集的信息和应急调查监测相关技术要求，对初步应急调查监测方案进行确认和必要调整，确定监测方式、点位、项目、频次等，必要时报领导小组办公室批准实施。

（3）当污染物种类不明或现场难以调查清楚时，应通过技术分析尽快确定，必要时进行专家咨询。

（4）现场调查监测人员根据应急调查监测方案和有关技术规范要求进行现场准备，并尽快开展现场取样监测和污染动态的监控监测，并做好记录。

（5）需要监测的主要污染物项目，如果无法在现场进行监测，现场人员应采集样品，按照有关技术要求和质量保证要求进行标识、妥善保存、做好记录，并快速送实验室分析。实验室分析人员接到样品后，应按质量保证要求制备附样，妥善保存至污染事件处理结束，同时，迅速开展分析，尽快提交测试分析结果。

（6）对于本单位不具备分析能力的主要污染项目，应积极寻找具有该项目分析能力的合格单位送检。如一时难以找到合适送检单位，应尽快报告领导小组办公室联系协商解决。

（7）有关水文水资源勘测局（水环境监测中心）应将现场调查监测结果和实验室分析结果汇总形成应急调查监测初步报告，并及时报送领导小组办公室。

（8）现场调查监测人员应根据现场情况做好自身防护，同时严格执行安全生产有关规定，确保安全。

3.7 跟踪监测

（1）应急调查监测期间，监测频次视污染程度、影响范围而定，通常不应低于每日1次，必要时应实行连续监测，并根据污染传播情况实行跟踪监测。

（2）对滞留在水体中短期内不能消除、降解的污染物，要继续进行跟踪监测（监测频次视实际情况确定），直至污染影响基本消除、水体基本恢复环境原状。

3.8　应急监测报告

（1）对重大水污染事件应编制应急调查监测报告，应急调查监测报告采用文字报告，必要时可附图表说明，一般为一事一报。

（2）应急调查监测报告内容主要包括：事件基本情况（时间、地点、过程等）、事件发生原因、主要污染物、进入水体数量、事件发生水域水文特性及可能传播情况、污染动态、应急监测情况（监测布点及位置、监测项目、监测频次、监测结果）、污染影响范围、造成损失、已采取的措施和效果、处置建议等。为保证报告的及时性，不要求每份报告中都包括全部内容。

（3）开展应急调查监测的水文水资源勘测局（水环境监测中心）负责编制应急调查初步报告，迅速报送水文局领导小组办公室。

（4）领导小组办公室根据有关勘测局（中心）的应急调查监测初步报告，汇总、编制应急调查监测报告。

（5）应急调查监测报告经局领导小组组长或副组长审核批准后，上报长江水利委员会和部水文局以及上级有关部门。

3.9　新闻报道

突发性水污染事件新闻报道应严格执行《中共中央办公厅、国务院办公厅关于进一步改进和加强国内突发事件新闻报道工作的通知》（中办发〔2003〕22 号）和《关于改进和加强国内突发事件新闻发布工作的实施意见》（国务院办公厅 2004 年 2 月 27 日印发），水文局突发性水污染事件新闻报道由领导小组负责审核批准，未经领导小组批准，任何单位和个人不得向外部媒体提供重大突发性水污染事件的有关材料。

3.10　应急调查监测结束

Ⅰ级、Ⅱ级、Ⅲ级响应由局领导小组组长或副组长指示结束，必要时由领导小组研究决定；Ⅳ级响应，由领导小组办公室主任批准结束。结束指令由领导小组办公室通知有关水文水资源勘测局（水环境监测中心）。

3.11　总结及建议

应急调查监测结束后，有关水文水资源勘测局（水环境监测中心）应检查所有应急调查监测记录和相关信息，评价应急调查监测期间的调查监测行为，总结经验教训，提出完善建议。

4 保障措施

4.1 技术保障

（1）根据应急调查监测工作实际需要，水文局将不定期组织开展应急调查监测及水质监测技术培训，组织参加国家或相关部门组织的培训。培训内容包括应急调查监测工作程序、监测技术方法、自身防护和安全生产等。

（2）水文局将结合水资源监测能力的建设，进一步提升各水文水资源勘测局（水环境监测中心）应急调查监测能力。各有关单位应广泛收集、推广应用应急调查监测和水质监测新技术、新方法，加强技术储备。

4.2 经费保障

水文局财务经济处负责提供突发性水污染事件应急调查监测经费保障，应积极争取将突发水污染事件调查监测经费纳入年度预算，加强对突发水污染事件应急专项经费和预算经费的管理，实行专款专用。

4.3 监督检查

领导小组办公室将不定期组织开展预案执行情况和实施的全过程监督检查，保障应急措施到位。

5 附则

5.1 预案修订

当实际情况发生较大变化时，领导小组办公室及时组织对预案进行修订，并报局领导小组批准。

5.2 奖励与责任

对在突发性水污染事件的报告和应急调查监测过程中作出突出贡献的单位或个人，将依据水文局有关规定予以表彰和奖励。

对违反应急调查监测预案和有关规定，影响水污染事件应急调查监测和造成不良社会影响的，将对直接责任人和负有领导责任的人员给予相应处罚。

5.3 解释部门

本预案由领导小组办公室（水质监测管理处）负责解释。

5.4 实施时间

本预案自颁布之日起执行，原《长江水利委员会水文局重大水污染事件应急调查处理预案》同时废止。

6 附 录

（1）领导小组组长、副组长联系方式：

姓名：　　　　　电话：　　　　　手机：

（2）领导小组办公室（水质监测管理处）联系人及联系方式：

联系人姓名：　　　　电话：　　　　手机：　　　　　E－mail：

（3）重大水污染事件报告登记表。

在整个应急过程中及时填写长江委水文局重大水污染事件报告登记表，见附表 2.1。

附表 2.1　　　长江委水文局重大水污染事件报告登记表

单位：　　　　　　　　　　　　登记人：　　　　　　　登记日期：

时间		事件发生地		所在河段
事件来源（包括报告单位，报告人或监测发现人等）				
水污染事件基本情况（事件直观描述、事件经过、影响范围及其他有关情况）				
原因初步分析				
采取措施（现场监测及报告单位采取的其他措施）				

主管领导：

附录 3

广西壮族自治区突发公共水事件水文应急测报预案

1 总 则

1.1 编制目的

为加强我区突发公共水事件水文应急测报工作的组织和指导，提高水文应急测报能力，为突发公共水事件的应急处置提供科学依据，最大限度地减少人员伤亡和财产损失，保障经济社会全面、协调、可持续发展，特制定本预案。

1.2 编制依据

依据《中华人民共和国水法》、《中华人民共和国防洪法》、《中华人民共和国防汛条例》、《中华人民共和国水污染防治法》、《中华人民共和国水文条例》、《广西壮族自治区水文条例》、《国家突发环境事件应急预案》、《国家防汛抗旱应急预案》、《国家突发环境事件应急预案》、《广西壮族自治区突发公共事件总体应急预案》、水利部水文局《突发公共水事件水文应急测报预案》等，结合我区实际制定本预案。

1.3 适用范围

本预案适用于全区范围内突发公共水事件水文应急测报的组织和管理工作。突发公共水事件包括：

（1）江河洪水、台风暴潮以及由地震、降雨引发的山洪、泥石流、滑坡。

（2）水库垮坝、堤防决口、水闸倒塌、行洪分洪等。

（3）渍涝、干旱及城镇供水危机。

（4）危及供水安全、破坏生态环境的水污染事件。

（5）涉水安全事件。

（6）其他突发公共水事件。

1.4 工作原则

1.4.1 树立以人为本、减少灾害损失的应急指导思想以保障生命财产安全为首要任务，切实履行水文应急测报工作，为科学防范和处置突发公共水事件提供及时准确的决策依据，最大限度地减少人员伤亡和财产损失。

1.4.2 实行统一领导、分级负责的应急管理体制

自治区水文水资源局在自治区党委、政府和上级主管部门的统一领导下，具体负责全区水文应急测报工作的组织指挥；各水文水资源分局为本级水文应急测报工作的责任机构，同时接受上级水文机构和本级人民政府的组织指挥。

1.4.3 建立协同应对、快速反应的应急处置机构

加强以属地管理为主的水文应急测报队伍建设，建立联动协调制度，加强地区、部门之间水文应急测报的协作，形成统一指挥、协调有序、反应灵敏、运转高效的工作机制。

1.4.4 坚持常备不懈、平战结合的应急工作方针

高度重视公共水事件应急测报工作，常抓不懈。整合常规与应急测报资源，完善水文应急测报体系，充分发挥水文应急测报的整体作用。

2 组织体系及职责

2.1 组织体系

自治区水文水资源局为全区水文应急测报管理工作的领导机构，组织指导全区水文应急测报工作，并设立水文应急测报工作领导小组和相关工作组，全面负责突发公共水事件期间的水文应急测报指导、协调工作；各水文水资源分局为本管辖区水文应急测报管理工作的领导机构，组织指导辖区水文应急测报工作；水文测站具体负责承担本站及附近或所在县的水文应急测报工作，有多个水文测站的县要明确一个水文测站负责组织协调工作，并建立测站联动协调机制。

2.2 自治区本级水文应急测报组织机构

为了科学、合理、高效地做好应对各类突发公共水事件的水文应急测报工作，规范工作秩序，明确工作职责，自治区水文水资源局专门成立广西突发公共水事件水文应急测报工作领导小组和相关工作组，全面负责突发公共水事件期间的水文应急测报指导、协调工作。

2.2.1 应急测报工作领导小组

组　长：局长

副组长：副局长

成　员：副总工、各处主要领导。

2.2.2 应急测报工作机构

广西突发公共水事件水文应急测报工作领导小组下设：综合管理办公室、专家技术组、应急抢测组、情报预报组、通信保障组、宣传报道组、纪律检查组。

(1) 综合管理办公室。

主任：分管综合处办公室工作的副局长。

副主任：综合处、计财处、水情处主要领导。

成员：综合处办公室、服务科、计划财务处及站网监测处、水情处、水质监测处负责文秘的人员。

(2) 专家技术组。

组长：分管水情工作的副局长

副组长：副总工和站网监测处、水情处、水质监测处主要领导

成员：站网监测处、水情处、水质监测处主任工程师及技术骨干。

(3) 应急抢测组。

组长：分管站网监测工作的副局长

副组长：副总工和站网监测处、水质监测处主要领导

成员：站网监测处、水质监测处相关人员。

(4) 情报预报组。

组长：分管水情工作的副局长

副组长：副总工和水情处、水质监测处主要领导

成员：水情处和水质监测处相关技术骨干。

(5) 通信保障组。

组长：水情处主要领导

副组长：水情处网络通信科科长

成员：水情处网络通信科相关人员。

(6) 宣传报道组。

组长：综合处主要领导

成员：负责宣传工作的相关人员。

(7) 纪律检查组。

组长：监察室主任

成员：负责纪检和安全生产工作的相关人员。

组织机构结构图见附图 3.1。

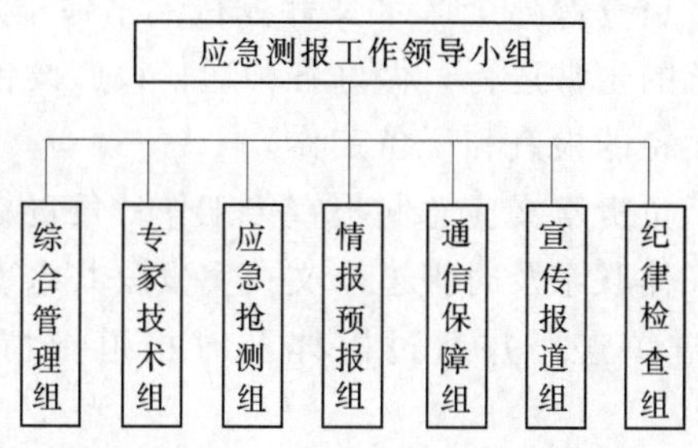

附图 3.1　组织机构结构图

2.3　职责

2.3.1　自治区水文水资源局

负责全区水文应急测报的行业管理工作；拟定全区水文应急测报规章和制度；负责向上级及区级有关部门提供突发公共水事件水文应急测报信息；承担自治区水利厅临时指定的水文应急测报工作等。必要时，派出工作组到分局和测站指导有关工作。自治区水文水资源局应急测报工作领导小组各工作机构职责如下。

综合管理办公室：承担全区水文应急测报日常协调工作。传达上级和自治区水文水资源局的有关指令和决策；负责应急测报文件和简报的上传下达，总结材料、灾情统计的汇总和上报；负责水文应急测报期间的资金、物资、车辆调配和生活及其他后勤保障工作，负责应急测报文件和简报分发工作。

专家技术组：负责全区水文应急测报技术指导和有关技术方案审查，研判突发公共水事件水文应急测报响应级别，向应急测报工作领导小组提出启动或结束应急响应建议。

应急抢测组：负责应急响应期间水文测验工作的指导与督促检查，制定应急抢测工作方案和计划，经领导小组审定后，负责组织有关技术人员开展应急抢测工作。

情报预报组：承担全区水文应急测报的情报预报工作。负责应急测报值班；负责收集和监视各类突发公共水事件与水文应急测报相关的信息，发现重大情况及时向领导小组和专家技术组报告；负责向上级及区级有关部门提供突发公共水事件水文应急测报信息；负责大江大河和主要防洪城市超警戒水位的洪水预报，并负责会商协调；负责旱情分析评估和预测预报。

通信保障组：负责保障全区水文计算机网络通信、数据库及区局、分局水情应用系统的正常运行；做好各种通信设施设备，如电台、卫星电话等应急通信设备的检查和配备工作。

宣传报道组：负责水文应急测报宣传工作；负责新闻稿件的审核工作，负责与新闻媒体联系及时报道水文在突发公共水事件中所做的工作和表现出来的先进事迹，并通过媒体及时报道雨情、水情、水质等信息。

纪律检查组：负责督查水文测报工作有关指令、规章制度贯彻落实情况，并不定期检查全区水文系统防汛及应急值班情况。

2.3.2 水文水资源分局

水文水资源分局在自治区水文水资源局和本管辖区内设区市人民政府的领导下，具体组织和指挥本管辖区的突发公共水事件水文应急测报工作。

2.3.3 水文站

水文站在本水文水资源分局和所在地县级人民政府的领导下，承担站周边区域或所在县的突发公区水事件水文应急监测、报告工作，并指导所管辖的雨量站做好监测和报汛工作。

3 运行机制

3.1 总体要求

3.1.1 预测报警

(1) 完善水文监测站网、监测体系及各项监测制度，加强监视及预测，特别是对重要雨水情和重点污染源可能引发公共水事件的监视，做到早发现，早报告、早处置。

(2) 制定并完善各种突发性公共水事件的应急测报实施方案，定期对应急测报设施设备及药品试剂进行检查，对各类应用软件系统进行检测，做到常备不懈。

(3) 加强暴雨、洪水、干旱、风暴潮灾害监测、预警系统建设；加强市、县级重要饮用水源地、国界和市界跨界河流水域、重点引水调水区域、工业集中区水域的水质监测和预警系统建设，提高水文应急测报预警和预报能力。

(4) 加强与防汛抗旱指挥、气象、国土、环保和工程管理等部门及上级和周边省水文部门的沟通协调和信息交流，对重大天气、雨情、水情和水污染事件做到提前预警和协调一致。

（5）建立健全值班制度，汛期及突发公共水事件处置期间，必须安排人员24h值班，值班人员必须严于职守，坚决杜绝脱岗、离岗及无关人员替岗的情况发生。

3.1.2　信息报告

（1）报告分初报、续报和总结报告三类。初报为事件的初步情况，应在获知信息后1h内报出；续报为水文动态监测数据、预测预报分析等中间成果，应根据需要随时滚动报出；总结报告为事件最终调查分析结果，应在事件处置结束后8日内报出。

（2）应急水文测报信息实行分级报告制度，由事发地水文机构向所在地政府、水行政主管部门、环保部门、防汛抗旱指挥部办公室及上级水文机构报告，情况紧急时，可以越级上报。

（3）突发性公区水事件涉及其他水文机构的管辖区域时，事发地水文机构应向受影响区域的水文机构通报，并协调开展水文应急测报工作。

（4）水情值班及测站人员要动态跟踪雨水情情况，当实测降雨量1h超过50mm，2h超过80mm，3h超过100mm，6h超过150mm，12h超过200mm，24h超过250mm和预报可能出现超警的水情时，应在30min内报告所在地政府、水行政主管部门及上级水文机构，并将情况报告相关业务主管领导。

（5）当发生干旱及旱情可能发展时，事发地水文机构应对旱情进行分析评估，编写旱情趋势分析报告，并报所在地政府、水行政主管部门、防汛抗旱部门及上级水文机构。当无效降雨天数达到20d时，测站要开展人工土壤墒情监测。

（6）当发生或可能发生重大水污染事件时，事发地水文机构应按水利部《重大水污染事件报告办法》或广西水利厅《广西突发性水污染事件水利厅应急预案》向上级水文机构及所在地有关主管部门报告。

（7）涉密信息的报送应按照国家保密的有关规定执行。

3.1.3　分级响应

（1）各级水文部门应区分突发公共水事件的严重程度、紧急程度和影响范围，分别制定本级机构的应急响应。

（2）当本级水文机构不能独立完成应急测报任务时，必须首先向上级水文机构报告，并视情况需要，立即向所在地政府、水行政主管部门、防汛抗旱指挥部门报告及并请求支援。

3.1.4 信息发布

水文应急测报信息发布前必须经过审核，并按照规定权限由各级政府防汛抗旱指挥机构、水行政主管部门或者水文机构及时向社会统一发布，禁止任何其他单位和个人向社会发布。其中，水污染信息的发布按照国家有关规定执行。

3.2 响应内容

响应内容包括应急启动、监测报送、预测预报、分析评估、应急结束5个方面。广西突发公共水事件水文应急测报响应流程图见附图3.2。

3.2.1 应急启动

事发地水文机构获知突发公共水事件信息或相关部门启动预案后，应立即依据预案启动相应的应急响应，开展应急测报工作。

3.2.2 监测报送

（1）根据应急处置工作的需要，事发地水文机构应及时加密测点测次、加强土壤墒情及地下水的动态监测。在突发水污染事件处置期间，应根据需要，及时做好污染物的跟踪监测工作。

（2）监测数据的报送应充分利用现代通信及计算机网络技术，确保快速、可靠。防汛抗旱重要水文数据应在20min内报达自治区水文水资源局。当发生重大突发水污染事件时，各水文分局应在获取相关监测数据后1h内报达自治区水文水资源局。

（3）各级水文机构要充分利用水文移动通信短信服务平台，及时将有关监测的综合信息发送给有关领导和工作人员。

（4）在应对突发水污染事件时，按照有关要求，事发地水文机构应加强与所在地有关部门的技术协作与信息共享，形成合力。

3.2.3 预测预报

（1）各级水文机构应做好滚动预报工作，同时要积极利用定量降雨预测结果，开展洪水预测分析，为防汛指挥提供决策支持。

（2）各级水文机构应积极开展旱情及水情的趋势预测分析，为应对干旱及水污染事件处理提供信息服务。

（3）在应对突发水污染事件时，按照有关程序，各级水文机构应加强与所在地有关部门的交流会商。

（4）要充分利用公共网络传媒收集周边及其他部门的相关雨水情信

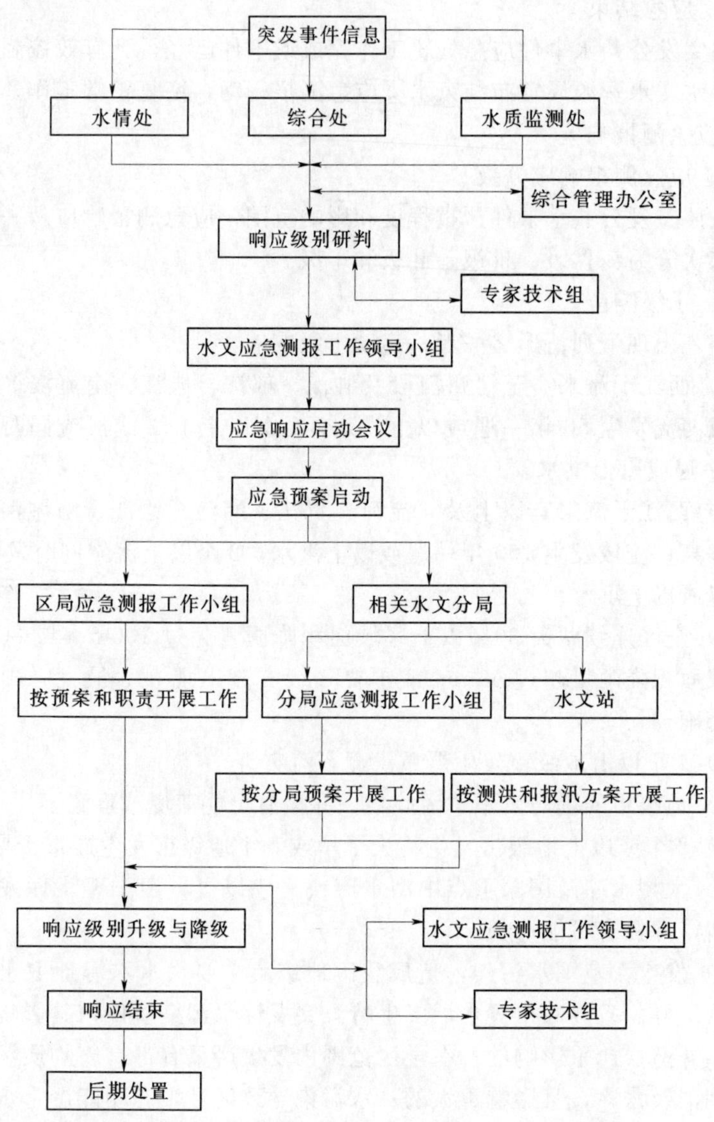

附图 3.2　广西突发公共水事件水文应急测报响应流程图

息，提高预测预报精度和延长预见期。

3.2.4　分析评估

根据应急处置工作的需要，事发地水文机构应及时对突发公共水事件进行水文调查，作出分析评估，为应急处置提供科学依据。

3.2.5 应急结束

当突发公共水事件应急处置工作完成或事件已经得到有效控制，由自治区水文水资源局宣布结束水文应急测报行动，恢复正常工作。

3.3 应急测报响应

3.3.1 应急测报响应分级

按照突发公共水事件严重程度和影响范围，应急测报响应从一般到特急依次分为：Ⅳ级、Ⅲ级、Ⅱ级和Ⅰ级。

3.3.2 Ⅰ级响应

（1）出现下列情形之一者，启动Ⅰ级响应。

1）西江干流来宾至梧州河段及柳江、郁江、桂江、南流江等某一流域或河流发生50年一遇或以上洪水，2个以上流域或河流同时发生20年一遇或以上洪水。

2）西江干流来宾以上及北流河、贺江、湘江、钦江、防城河、北仑河等某一流域发生100年一遇或以上洪水，2个以上流域同时发生50年一遇或以上洪水。

3）全区连续两天30％以上区域面积降雨量超过100mm或80％以上区域面积降雨量超过50mm或主要一级支流出现24h最大降雨超历史大暴雨。

4）4个以上地级市发生严重洪泥石流灾害。

5）地级市的堤防发生重大险情，并极有可能溃堤或漫顶。

6）2个或以上地级市发生特大干旱或5个地级市发生严重干旱。

7）大型水库及国家重点中型水库或2座以上一般中型水库发生重大险情，并极有可能垮坝。

8）发生大范围水污染，造成我区地级市主要供水水源地取水中断的；跨国界、省界和市界水域发生特大突发性水污染事件，其影响范围较大，并造成严重影响的；在全区范围内发生严重有毒有害物质污染江河、湖泊及水库，且影响重大的；水污染导致区域生态功能严重丧失或濒危物种生存环境遭到严重污染的水污染事件。

9）台风预警级别达到Ⅰ级，并有可能造成本级所述的事件发生时。

（2）Ⅰ级响应行动。自治区水文水资源局局长主持水文应急测报的组织指挥工作，宣布相关区域进入水文应急测报期；派出工作组或专家组赴一线，指导水文应急测报工作；根据请求，协调组织装备、物资、人员等应急支援；主持区局预报会商、签署预报发布单、参加自治区有关会商会。

区局会员动员，迅速进入应急状态，并实行24h值班制和区局领导带班制。水情事件值班由相关职能处室按相关规定实行值班，综合处负责协调。

有关分局要增派技术力量到受灾地区，指导和参与当地水文应急测报工作，并为当地党委、政府及有关部门解读事件与水文有关的问题。

测站立即启动应急测报方案，根据有关任务书或上级水文机构及当地党委政府的有关指示，部署测报工作。

1）决策支持。综合管理办公室和专家技术组迅速到岗到位，并安排人员跟踪值班。综合管理办公室在接到国家防总、水利部水文局、自治区党委政府、自治区防汛抗旱指挥部、水利厅和区局领导的有关指令和决策后，在30min内向应急测报工作领导小组报告或转发到各工作组和相关分局，做好汇报材料的汇总和上报，阶段总结和水文设施水毁材料要在3h内汇总报出；专家技术组得知事件发生后，须在1h内作出响应级别判定，并报告应急测报工作领导小组，跟踪事件发展，及时提出应急测报建议，做好应急测报技术指导工作。

2）监测及报送。应急抢测组迅速到岗到位，并安排人员跟踪值班，及时跟踪了解测站或现场情况，部署做好测站或现场测验、技术支持和保障工作；根据应急测报领导小组的指示及事件情况部署加密测验及报汛工作，对洪水事件，应及时布置河段控制站启动24段制报汛；根据有关分局请示及事件情况拟定应急抢测支援方案，并组织实施；洪水事件结束后，根据实际情况及时组织有关分局开展洪水调查。对干旱事件，有关分局及测站应每周组织开展一次土壤墒情、地下水、供水水源及农作物枯萎情况等相关信息的动态监测、调查和报送。对水污染事件，水质和水情人员要组织协调突发水污染事件地区的市水文部门和水环境监测中心，开展水量水质应急动态监测，查明污染来源和主要污染物质，确定污染传输和影响范围，并随时向本单位主管领导及上一级水行政主管部门汇报水污染状况及应急监测情况。

3）预测预报及服务。情报预报组迅速到岗到位，密切关注和收集天气、台风、堤坝垮塌及污染源等对事件发展有影响有相关信息，加强与部水文局、流域机构水文局和邻省水文局会商，做好重点区域水文情报及预测预报工作。对洪水事件，每小时报告一次与事件有关的相关水文信息，每3h发布一次预测预报或者根据事件发展情况加密预测预报的频次，每天发布一次分析简报；对干旱事件，每周进行一次趋势预测分析，并发布抗旱水文服务专报，根据抗旱工作需要随时加密分析和提供有关信息；对水污染事件，及时分析污染情况、发布水质预警，并对水污染演化过程以及可能危害的敏感区域和敏感点进行预测。加强与相关分局、测站及有关部门联系，事件或水文状况发生重大变化，要在30min内向应急测报工作领导小组及有关部门简要报告，并及时作出预测预报分析和报告；充分利用移动短信及时将相关信息发送给有关部门和领导，做好预警提醒服务。

4）通信及后勤保障。通信保障组和综合管理办公室迅速到岗到位，并安排人员跟踪值班。通信保障组要密切监视报汛通信、计算机网络及遥测系统运行状况，做好应急抢修准备，故障发生后30min内修复或启动备份方案，保障通信畅通；综合管理办公室积极做好资金、物资、人员调配和为值班人员提供后勤保障工作，做好文件和简报分发工作。

5）宣传及监督。宣传报道组和纪律检查组迅速到岗到位。宣传报道组要及时布置相关分局做好分局及现场水文应急测报工作报道，并派专人跟踪报道区局开展水文应急测报工作情况，妥善接待新闻媒体的采访，协调媒体实时报道相关信息；纪律检查组要及时检查有关指令、规章制度贯彻落实情况，不定期检查水文应急测报值班情况。

3.3.3 Ⅱ级响应

（1）出现下列情形之一者，启动Ⅱ级响应。

1）西江干流来宾至梧州河段及柳江、郁江、桂江、南流江等某一流域或河流发生20～50年一遇洪水，2个以上流域或河流同时发生10～20年一遇洪水。

2）西江干流来宾以上及北流河、贺江、湘江、钦江、防城河、北仑河等某一流域发生50～100年一遇洪水，2个以上流域同时发生20～50年一遇洪水。

3）全区连续两天20%以上区域面积降雨量超过100mm或70%以上区域面积降雨量超过50mm或主要一级支流出现的24h接近历史大暴雨的暴雨。

4）3个以上地级市发生严重洪涝、泥石流灾害。

5）当县级市或保护5万亩以上的堤防发生重大险情，并极有可能溃堤。

6）1个地级市发生特大干旱或3个地级市发生严重干旱。

7）中型水库及重点小（1）型水库或两座以上一般小（1）型水库发生重大险情，并极有可能垮坝。

8）发生较大范围水污染，有可能影响到14个地市及其他重要城市主要水源地取水中断的；跨省界和市界界河水域发生重大突发性水污染事件，使当地经济、社会活动受到较大影响，或使社会安定受到影响的；在全区范围内发生严重有毒有害物质污染江河、水库，并且影响较大的。水污染可能使区域生态功能部分丧失或可能使濒危物种生存环境受到污染的水污染事件。

9）台风预警级别达到Ⅱ级，并有可能造成以上所述的事件发生时。

（2）Ⅱ级响应行动。自治区水文水资源局局领导主持水文应急测报的组织指挥工作，宣布相关区域进入水文应急测报期；视情况需要，派出专家组赴一线，进行技术指导；根据请求，协调组织装备、物资、人员等应急支援；主持区局预报会商，签署预报发布单，参加自治区有关会商会。

自治区水文水资源局全员动员，迅速进入应急状态，并实行24h值班制和分管领导和总工带班制。水情事件值班由相关职能处室按相关规定实行值班，综合处负责协调。

有关分局要增派技术力量到受灾地区，协助指导当地水文应急测报工作，并为当地党委、政府及有关部门解读事件与水文有关的问题。

测站立即启动应急测报方案，根据有关任务书或上级水文机构及当地党委政府的有关指示，部署测报工作。

1）决策支持。综合管理办公室和专家技术组迅速到岗到位，并安排人员跟踪值班。综合管理办公室在接到国家防总、水利部水文局、自治区党委政府、自治区防汛抗旱指挥部、水利厅和区局领导的有关指令和决策后，在30min内向应急测报工作领导小组报告或转发到各工作组和相关分局，做好汇报材料的汇总和上报，阶段总结和水文设施水毁材料要在3h内汇总报出；专家技术组得知事件发生后，须在1h内作出响应级别判定，并报告应急测报工作领导小组，跟踪事件发展，及时提出应急测报建议，做好应急测报技术指导工作。

2）监测及报送。应急抢测组迅速到岗到位，并安排人员跟踪值班，及时跟踪了解测站或现场情况，部署做好测站或现场测验、技术支持和保障工作；对洪水事件，根据应急测报领导小组的指示及事件情况部署加密测验及报汛工作；根据有关分局请示及事件情况拟定应急抢测支援方案，并组织实施。对干旱事件，有关分局及测站应每旬组织开展一次土壤墒情、地下水、供水水源及农作物枯萎情况等相关信息的动态监测、调查和报送。对水污染事件，水质和水情人员要组织协调突发水污染事件地区的市水文部门和水环境监测中心，开展水量水质应急动态监测，查明污染来源和主要污染物质，确定污染传输和影响范围，并随时向本单位主管领导及上一级水行政主管部门汇报水污染状况及应急监测情况。

3）预测预报及服务。情报预报组迅速到岗到位，密切关注和收集天气、台风、堤坝垮塌及污染源等对事件发展有影响的相关信息，加强与部水文局、流域机构水文局和邻省水文部门联系，做好重点区域水文情报及预报工作。对洪水事件，每 2h 报告一次与事件有关的相关水文信息，每 6h 发布一次预测预报或者根据事件发展情况加密预测预报的频次，每天发布一次分析简报；对干旱事件，每旬进行一次趋势预测分析，并发布抗旱水文服务专报，根据抗旱工作需要随时加密分析和提供有关信息。对水污染事件，及时分析污染情况、发布水质预警，并对水污染演化过程以及可能危害的敏感区域和敏感点进行预测。加强与相关分局、测站及有关部门联系，事件或水文状况发生重大变化，要在 30min 内向应急测报工作领导小组及有关部门简要报告，并及时作出预测预报分析和报告；充分利用移动短信及时将相关信息发送给有关部门和领导，做好预警提醒服务。

4）通信及后勤保障。通信保障组和综合管理办公室迅速到岗到位，并安排人员跟踪值班。通信保障组要密切监视报汛通信、计算机网络及遥测系统运行状况，做好应急抢修准备，故障发生后 30min 内修复或启动备份方案，保障通信畅通；综合管理办公室积极做好奖金、物资发放及人员调配，为值班人员提供后勤保障工作；做好文件和简报分发工作。

5）宣传及监督。宣传报道组和纪律检查组迅速到岗到位。宣传报道组要及时布置相关分局做好分局及现场水文应急测报工作报道，并派专人跟踪报道区局开展水文应急测报工作情况，妥善接待新闻媒体的采访，协调媒体实时报道相关信息；纪律检查组要及时检查有关指令、规章制度贯彻落实情况，不定期检查水文应急测报值班情况。

3.3.4 Ⅲ级响应

（1）出现下列情形之一者，启动Ⅲ级响应。

1）西江干流来宾至梧州河段及柳江、郁江、桂江、南流江等某一流域或河流发生10～20年一遇洪水。

2）西江干流来宾以上及北流河、贺江、湘江、钦江、防城河、北仑河等某一流域发生20～50年一遇洪水，2个以上流域同时发生10～20年一遇洪水。

3）全区连续2天10%以上区域面积降雨量超过100mm或60%以上区域面积降雨量超过50mm或主要一级支流较大范围出现特大暴雨。

4）2个以上地级市发生严重洪涝、泥石流灾害。

5）保护中心城镇或万亩以上堤防发生重大险情，并极有可能溃堤或漫顶。

6）2个地级市发生严重干旱或5个地级市发生中度干旱。

7）小（1）型水库发生重大险情，并极有可能垮坝。

8）发生较大水污染事件，有可能影响到县市区级城镇或集中式供水中心城镇水源地取水安全的；跨市界界河水域发生较大突发性水污染事件，并造成较大影响的；在县级范围内发生严重有害物质污染江河、水库，并且影响重大的，使当地经济、社会活动受到影响的。

9）台风预警级别达到Ⅲ级，并有可能造成本级所述的事件发生时。

（2）Ⅲ级响应行动。自治区水文水资源局局领导主持水文应急测报的组织指挥工作，宣布相关区域进入水文应急测报期；根据请求，协调组织装备、物资、人员等应急支援；主持区局预报会商，签署预报发布单，参加自治区有关会商会。

自治区水文水资源局全员动员，迅速进入应急状态，并实行24h值班制和处领导或主任工程师带班制。水情事件值班由相关职能处室按相关规定实行值班，综合处负责协调。

有关分局要增派技术力量到受灾地区，协助指导当地水文应急测报工作，并为当地党委、政府及有关部门解读事件与水文有关的问题。

测站立即启动应急测报方案、水质应急监测预案，根据有关任务书或上级水文机构及当地党委政府的有关指示，部署测报工作。

1）决策支持。综合管理办公室和专家技术组迅速到岗到位，并安排人员跟踪值班。综合管理办公室在接到国家防总、水利部水文局、自治区党委政府、自治区防汛抗旱指挥部、水利厅和区局领导的有关指令和决策后，在30min内向应急测报工作领导小组报告或转发到各工作组和相关分局，做好汇报材料的汇总和上报，阶段总结和水文设施水毁材料要在3h内汇总报出；专家技术组在得知事件发生后，在1h内作出响应级别判定，并报告应急测报工作领导小组，跟踪事件发展，及时提出应急测报建议，做好应急测报技术指导工作。

2）监测及报送。应急抢测组迅速到岗到位，并安排人员跟踪值班，及时跟踪了解测站或现场情况，部署做好测站或现场测验、技术支持和保障工作；对洪水事件，根据应急测报领导小组的指示及事件情况部署加密测验及报汛工作。对旱事件，有关分局及测站应每半月组织开展一次土壤墒情、地下水、供水水源及农作物枯萎情况等相关信息的动态监测和报送。对水污染事件，水质和水情人员要组织协调突发水污染事件地区的市水文部门和水环境监测中心，开展水量水质应急动态监测，查明污染来源和主要污染物质，确定污染传输和影响范围，并随时向本单位主管领导及上一级水行政主管部门汇报水污染状况及应急监测情况。

3）预测预报及服务。情报预报组迅速到岗到位，密切关注和收集天气、台风、堤坝垮塌及污染源等对事件发展有影响的相关信息，做好重点区域水文情报及预测预报工作。对洪水事件，每4h报告一次与事件有关的丰关水文信息，每12h发布一次预测预报或者根据事件发展情况加密预测预报的频次，每天发布一次分析简报；对干旱事件，每半月进行一次趋势预测分析，并发布抗旱水文服务专报，根据抗旱工作需要随时加密分析和提供有关信息。对水污染事件，及时分析污染情况、发布水质预警，并对水污染演讲过程以及可能危害的敏感区域和敏感点进行预测。加强与相关分局、测站及有关部门联系，事件或水文状况发生重大变化，要在30min内向应急测报工作领导小组及有关部门简要报告，并及时作出预测预报分析和报告；充分利用移动短信及时将相关信息发送给有关部门和领导，做好预警提醒服务。

4）通信及后勤保障。通信保障组和综合管理办公室迅速到岗到位，并安排人员跟踪值班。通信保障组要密切监视报汛通信、计算机网络及遥测系统运行状况，做好应急抢修准备，故障发生后30min内修复或启动备份方案，保障通信畅通；综合管理办公室积极做好资金、物资、人员调配和为值班人员提供后勤保障工作，做好文件和简报分发工作。

5）宣传及监督。宣传报道组和纪律检查组迅速到岗到位。宣传报道组要及时布置相关分局做好分局及现场水文应急测报工作报道，并派专人跟踪报道区局开展水文应急测报工作情况，妥善接待新闻媒体的采访，协调媒体实时报道雨水情信息；纪律检查组要及时检查有关指令、规章制度贯彻落实情况，不定期检查水文应急测报值班情况。

3.3.5 Ⅳ级响应

（1）出现下列情形之一者，启动Ⅳ级响应。

1）西江干流来宾至梧州河段及柳江、郁江、桂江、南流江等某一流域或河流发生5～10年一遇洪水。

2）西江干流来宾以上及北流河、贺江、湘洒、钦江、防城河、北仑河等某一流域发生10～20年一遇洪水，2个以上流域同时发生5～10年一遇洪水。

3）全区连续2d 50%以上区域面积降雨量超过50mm或主要一级支流较大范围出现大暴雨。

4）1个以上地级市发生严重洪涝、泥石流灾害。

5）保护5000亩以上堤防发生重大险情，并极有可能溃堤或漫顶。

6）1个地级市发生严重干旱或3个地级市发生中度干旱。

7）小（2）型水库发生重大险情，并极有可能垮坝。

8）集中供水中心城镇水源地突发水污染，影响或可能影响安全供水的；跨县界界河水域发生突发性水污染事件，并造成一定影响的；在县级范围内发生严重有害物质污染江河、水库，并且影响较大的。

9）台风预警级别达到Ⅳ级，并可能造成以上所述的事件发生时。

（2）Ⅳ级响应行动。自治区水文水资源局局领导主持水文应急测报的组织指挥工作，宣布相关区域进入水文应急测报期；主持区局预报会商，签署预报发布单，参加自治区有关会商会。

实行24h值班制和科室主要领导带班制。水情事件值班由相关职能处室按相关规定实行值班，综合处负责协调。

测站立即启动应急测报方案，根据有关任务书或上级水文机构及当地党委政府的有关指示，部署测报工作。

1）决策支持。综合管理办公室和专家技术组迅速到岗到位。综合管理办公室在接到国家防总、水利部水文局、自治区党委政府、自治区防汛抗旱指挥部、水利厅和区局领导的有关指令和决策后，在30min内向应急测报工作领导小组报告或转发到各工作组和相关分局，做好汇报材料的汇总和上报；专家技术组在得知事件发生后，在1h内作出响应级别判定，并报告应急测报工作领导小组，跟踪事件发展，及时提出应急测报建议，做好应急测报技术指导工作。

2）监测及报送。应急抢测组迅速到岗到位，及时跟踪了解测站或现场情况，部署做好测站或现场测验、技术支持和保障工作；对洪水事件，根据应急测报领导小组的指示及事件情况部署加密测验及报汛工作。对于旱事件，有关分局及测站应不定期组织开展土壤墒情、地下水、供水水源及农作物枯萎情况等相关信息的动态监测和报送。对水污染事件，水质和水情人员要组织协调突发水污染事件地区的市水文部门和水环境监测中心，开展水量水质应急动态监测，查明污染来源和主要污染物质，确定污染传输和影响范围，并随时向本单位主管领导及上一级水行政主管部门汇报水污染状况及应急监测情况。

3）预测预报及服务。水文信息及预测预报组迅速到岗到位，密切关注和收信天气、台风、堤坝垮塌及污染源等对事件发展有影响有相关信息，做好重点区域水文情报及预测预报工作。对洪水事件，每6h报告一次与事件有关的相关水文信息，每12h发布一次预测预报或者根据事件发展情况加密预测预报的频次。对干旱事件，应急根据抗旱工作需要不定期进行趋势预测分析，并发布抗旱水文服务专报。对水污染事件，及时分析污染情况、发布水质预警，并对水污染演进过程以及可能危害的敏感区域和敏感点进行预测。加强与相关分局、测站及有关部门联系，事件或水文状况发生重大变化，要在30min内向应急测报工作领导小组及有关部门简要报告；充分利用移动短信及时将相关信息发送给有关部门和领导，做好预警提醒服务。

4）通信及后勤保障。通信保障组和综合管理办公室迅速到岗到位。通信保障组要密切监视报汛通信、计算机网络及遥测系统运行状况，做好应急抢修准备，故障发生后30min内修复或启动备份方案，保障通信畅通；综合管理办公室积极做好资金、物资、人员调配和为值班人员提供后勤保障工作，做好文件和简报分发工作。

5）宣传及监督。宣传报道组和纪律检查组迅速到岗到位。宣传报道组要及时布置相关分局做好分局及现场水文应急测报工作报道，及时报道区局开展水文应急测报工作情况，妥善接待新闻媒体的采访，协调媒体实时报道雨水情信息；纪律检查组要及时检查有关指令、规章制度贯彻落实情况，不定期检查水文应急测报值班情况。

3.4 响应的启动与结束

3.4.1 响应的启动

（1）洪水、干旱、水污染等事件发生后及自治区启动台风Ⅰ级预警后，经区水文水资源局组织技术专家组会商研判，并报请区水文水资源局局长决定启动Ⅰ级应急响应，由区水文水资源局发布紧急动员令，宣布进入应急状态。

（2）洪水、干旱、水污染等事件发生后及自治区启动台风Ⅱ级预警后，经区水文水资源局组织技术专家会商研判，并报请区水文水资源局局长视情启动Ⅱ级应急响应。

（3）洪水、干旱、水污染等事件发生后及自治区启动台风Ⅲ级预警后，经区水文水资源组织技术专家组会商研判，并报请区水文水资源局分管副局长视情启动Ⅲ级应急响应。

（4）洪水、干旱、水污染等事件发生后及自治区启动台风Ⅳ级预警后，经区水文水资源局组织技术专家组会商研判，并报请区水文水资源局分管副局长视情启动Ⅳ级应急响应。

3.4.2 响应结束

当突发公共水事件得到有效控制后，经区水文水资源局组织技术专家组会商研判，综合分析突发公共水事件情形势，形成相应预警应急方案的解除结论，由启动应急响应的区水文水资源局领导宣布应急响应结束，并通知各有关分局。

4 总结恢复

4.1 经验总结

应急响应结束后，有关水文机构应认真进行水文应急测报工作后评估，总结经验和教训，提出改进措施，不断提高水文应急测报水平。

4.2 事件调查

对特别重大突发公共水事件，要认真对事件的起因、性质、影响等问题进行调查。

4.3 统计上报和恢复重建

有关水文机构应及时统计水文应急测报设施设备及药品试剂毁损消耗情况，并上报有关防汛抗旱指挥机构、水行政主管部门，申请安排经费，及时进行修复和补充。各相关部门应尽快组织灾后重建工作。受损水文测报设施的灾后重建原则上按原标准恢复，在条件允许情况下，可提高标准重建。

5 应急保障

5.1 装备保障

区局、各分局应在充分发挥现有水文测报装备作用的基础上，根据应急工作的特点和需要，加强测流设备、水质监测分析设备、墒情监测设备、应急交通工具等装备建设，满足水文应急测报工作的需要。

（1）区局站网监测处、水质监测处和分局站网监测科、水质监测科应将用于应急监测的设备，包括水质监测车、水文巡测车、水质现场监测仪器、全球卫星定位系统（GPS）、全站仪（红外测距仪）、水准仪、高速流速仪、泥沙采样设备、浮标投放器等实行专人专管。

各分局应配备多普勒流速剖面仪、电波流速仪和专用漫滩、溃口流量测验设施设备。

（2）各水环境监测中心应加强应急现场监测设备和实验室分析仪器的配备，并保证处于良好工作状态。

5.2 资金保障

（1）区局各处、各分局在事件发生后，应积极主动向政府、财政、民政、水利和环保等部门汇报水文应急监测进展情况，争取相关部门在应急物资和经费方面的支持。

（2）区局各处、各分局应根据财务管理的相关规定，通过年度部门预算，建立应急监测备用金制度，区局各处、各分局应急监测备用金不少于15万元。备用金实行专款专用，只能用于应急期间受损设施设备的修复和购置。

（3）区局、分局财务部门根据应急工作的实际情况，充分合理地保障水文应急测报工作的业务经费，确保水文应急测报工作的有效开展。

5.3 通信与网络保障

（1）按照以公用通信网为主、公专结合的原则，协调通信管理部门，将水文应急测报通信有关要求纳入应急通信保障体系，并合理配置水文应急测报专用通信设备，确保在应急情况下通信畅通。

（2）充分依托国家防汛抗旱计算机网络，加强水文测报应急专用计算机及网络设备的配置，提高水文测报应急信息的传输效率。

（3）加强应急移动通信（移动上网卡、卫星通信终端）保障系统建设，保证现场应急监测信息的及时上报及远程通信指挥和获取相关应急信息。区水文水资源局要配备10台安装有移动上网卡的笔记本电脑和4套卫星通信终端作为应急；各水文水资源分局要配备4台安装有移动上网卡的笔记本电脑和2套卫星通信终端作为应急。

（4）电源是保障通信的关键，水文站、分局和区局应根据报承担的职责和任务配备相应的备用电源。发电机配备：水文站不低于10kW，分局不低于15kW，区局不低于40kW。分局和区局中心机房的不间断电源的后备供电时间不短于8h。

（5）加强遥测系统和计算机网络系统运行维护管理，制定相应的运行维护制度。路由器、通信服务器、遥测接收终端等关键设备要逐步建立1∶1备份制度。

5.4　应急支援保障

（1）区局、各分局要组建水文应急测报突击队，必要时，为事发地水文机构提供人力支援。

（2）水文应急测报突击队按照有关规定配备人员、装备，开展培训、演习。区局安全、纪律管理部门进行监督检查，促使其保持战斗力，常备不懈。

5.5　应急物资支援保障

（1）根据“分级管理”原则和应急预案明确的职责，各级水文机构要及时组织应急物资的储备，并强化应急物资储备和调拨管理。探照灯、便携式计算机、汽（柴）油发电机组、化学药品和劳保物资等应急物资要及时进行补充和更新，并加强维修保养，确保完好。

（2）应急物资的使用和调拨实行谁使用谁申请，并应填报应急物资使用申请表（见附表3.1和附表3.2）。申请内容包括物资类型、数量、申请目的、使用地点、使用性质（永久或临时）等。

附表3.1　　　　广西水文应急测报物资调用申请表

序号	名称	型号	调用性质	调用目的	拟归还日期	物资管理单位领导签字	备注

注　调用性质分永久调用和临时调用。

申请单位：　　　　申请时间：　年　月　日　　联系人：　　　电话：

附表 3.2　　广西水文应急测报物资调用登记表

序号	名称	型号	调用性质	调用目的	调出		归还		备注
					时间	接收人签字	时间	接收人签字	

注　调用性质分永久调用和临时调用。

登记时间：　　年　　月　　日　　　制表人：　　　核实人：　　　负责人：

（3）区水文水资源局应急物资储备实行务类专人专管，并进行登记造册（见附表3.3）。站网、水情、水质负责管理的应急物资，每年1月31日前将上一年度应急物资储备、消耗及现存和需补充的应急物资造册（见附表3.4和附表3.5）报局综合处和水文应急测报领导小组综合管理办公室，需补充的物资要在每年3月31日前补充到位。

附表 3.3　　广西水文站应急测报物资储备造册登记表

序号	名称及编号	型号	购置时间	存放地点	完好情况	保管人	调用情况	备注

登记时间：　　年　　月　　日　　　制表人：　　　核实人：　　　负责人：

附表 3.4　　广西水文应急测报物资储备年度统计表

序号	名称及编号	型号	购置时间	存放地点	调用时间	调用性质	归还时间	完好情况	备注

注　调用性质分永久调用和临时调用。

统计时间：　　年　　月　　日　　　制表人：　　　核实人：　　　负责人：

附表 3.5　　广西水文应急测报物资储备补充申请登记表

序号	名称	型号	数量	用途	存放地点	保管人	备注

登记时间：　　年　　月　　日　　制表人：　　核实人：　　负责人：

5.6　技术储备与保障

（1）要充分利用现有的水文技术专家资源和技术设备设施资源，建立水文应急测报专家库和装备库，积极储备技术力量，提供在应急状态下的技术支持。

（2）水情部门根据已有的气象资料、洪水频率分析资料、河流（水库）水量资料、水文特征统计值等资料，适时修订河流洪水预报方案、地质灾害预测预报方案。站网部门要制定完善水文设施抢险方案，高洪测流测沙方案、漫滩、溃口测流方案。水质部门根据重大危险源的普查情况，为危险化学品事故应急监测提供基本信息。

（3）应急响应状态下，要充分利用当地气象、国土、环保、水利系统的资源，为应急监测决策和响应行动提供所需要的资料和技术支持。充分利用国家防汛抗旱通信信道和各市防汛抗旱视频会商系统，提高水文应急测报会商的技术水平。

（4）依托有关科研单位开展水文应急监测方案和装备等专项研究，加强应急监测的技术储备，为应急监测提供技术支持。

5.7　培训和演习

（1）各级水文机构要强化水文应急测报培训工作，将应急测报知识纳入水文职工的岗位培训。区局每年至少组织本局机关水文应急测报突击队员和分局主要技术人员开展一次水文应急测报培训；分局对测站站长和本局机关水文应急测报突击队员的水文应急测报培训，每年不少于2次；测站组织职工开展水文应急测报培训和操作演练每年不少于4次。通过培训监测、预防、避险、自救互救等应急知识，提高水文行业职工应急测报能力。培训中做到分类指导、突出重点、严格考核、注重实效。

（2）各分局要会同当地防汛抗旱部门适时开展应急演练，做好实施应急处置的各项准备，确保一旦发生突发事件，能迅速投入应急处置。

（3）为保证水库（电站）报汛适应水文应急测报工作需要，分局每年对水库（电站）报汛人员进行一次业务培训。

5.8 新闻报道

（1）由区局综合处统一负责，分局由综合科协助。

（2）宣传的主要任务是负责对事故应急测报的新闻报道工作，加强舆论引导，宣传应急测报工作中涌现出来的好人好事。

（3）适时向社会发布有关测报信息。发布信息要指定新闻发言人，由新闻发言人向媒体和社会公众通报测报进展情况和测报需求等。

6 责任与奖惩

6.1 表彰奖励

水文应急测报工作应纳入年度目标管理进行考核，对作出突出贡献的集体和个人给予表彰奖励。

6.2 责任追究

对水文应急测报工作中出现的失职、渎职行为，依据相关规定追究责任。

7 附　则

7.1 名词术语定义

（1）一般洪水：洪峰流量或洪量的重现期5～10年一遇的洪水。

（2）较大洪水：洪峰流量或洪量的重现期10～20年一遇的洪水。

（3）大洪水：洪峰流量或洪量的重现期20～50年一遇的洪水。

（4）特大洪水：洪峰流量或洪量的重现期大于50年一遇的洪水。

（5）轻度干旱：受旱区域作物受旱面积占播种面积的比例在30%以下，以及因旱造成农村临时性饮水困难人口占所在地区人口比例在20%以下。

（6）中度干旱：受旱区域作物受旱面积占播种面积的比例达31%～50%，以及因旱造成村临时性饮水困难人口占所在地区人口比例达21%～40%。

（7）严重干旱：受旱区域作物受旱面积占播种面积的比例达51%～80%，以及因旱造成农村临时性饮水困难人口占所在地区人口比例达41%～60%。

（8）特大干旱：受旱区域作物受旱面积占播种面积的比例在80%

以上，以及因旱造成农村临时性饮水困难人口占所在地区人口比例高于60%。

（9）城市干旱：因遇枯水年造成城市供水水源不足，或者由于突发性事件使城市供水水源遭到破坏，导致城市实际供水能力低于正常需求，致使城市实际供水能力低于正常需求，使城市的生产、生活和生态环境受到影响。

（10）城市轻度干旱：因旱城市供水量低于正常需求量的5%～10%，出现缺水现象，居民生活、生产用水受到一定程度影响。

（11）城市中度干旱：因旱城市供水量低于正常日用水量的10%～20%，出现明显的缺水现象，居民生活、生产用水受到较大影响。

（12）城市重度干旱：因旱城市供水量低于正常日用水量的20%～30%，出现明显缺水现象，城市生活、生产用水受到严重影响。

（13）城市极度干旱：因旱城市供水量低于正常日用水量的30%，出现极为严重的缺水局面或发电供水危机，城市生活、生产用水受到极大影响。

（14）紧急防汛期：根据《中华人民共和国防洪法》规定，当江河、湖泊的水情接近保证水位或者安全流量，水库水位接近设计洪水位，或防洪工程设施发生重大险情时，有关县级以上人民政府防汛指挥机构可以宣布进入紧急防汛期。

（15）特别重大、重大、较大和一般水污染事件定义见《广西壮族自治区突发公共水事件水文应急测报水质监测辅助预案》。

本预案有关数量的表述中，“以上”含本数，“以下”不含本数。

7.2　管理

本预案由自治区水文水资源局负责管理，并视情况变化适时作出相应修改。各水文水资源分局、水文测站根据本预案制定本辖区或者本测站的水文应急测报预案。

7.3　解释

本预案由自治区水文水资源局负责解释。

7.4　实施

本预案自印发之日起实施。

参考文献

[1] 鄂竟平. 拓宽服务领域提高支撑能力 全面做好“十一五”水文工作 [R]. 水利部，2006.

[2] 林祚顶. 水文现代化及新技术应用手册 [M]. 北京：中国水利水电出版社，2009.

[3] 中华人民共和国水利行业标准. SL 451—2009 堰塞湖应急处置技术导则 [S].

[4] 中华人民共和国水利行业标准. SL 450—2009 堰塞湖风险等级划分标准 [S].

[5] 胡甲均，孙录勤. 长江流域水利突发公共事件应急管理研究 [M]. 武汉：长江出版社，2010.

[6] 王远辉. 防汛抢险技术 [M]. 武汉：武汉大学出版社，1999.

[7] 王俊. 水文应急管理体系的建立 [J]. 水文，2010 (1).

[8] 宋志宏. 水文应急队伍建设与管理 [J]. 人民长江，2011 (增刊).

[9] 李键庸. 甘肃舟曲特大泥石流灾害水文应急管理工作研究 [J]. 人民长江，2011 (增刊).

[10] 陈松生，肖中. 水文应急管理“一案三制”探析 [J]. 人民长江，2011 (增刊).

[11] 陈松生，林伟. 唐家山堰塞湖水文应急监测 [J]. 人民长江，2008 (22).

[12] 王辉. 对水文应急管理的认识和探讨 [J]. 人民长江，2011 (增刊).

[13] 官学文. 新仪器新技术在唐家山堰塞湖水文应急测报中的应用 [J]. 水利水文自动化，2008 (3).

[14] 郑静，杨文发. 唐家山堰塞湖水文气象预报应急保障实践 [J]. 人民长江，2008 (22).

[15] 郭海晋，张洪刚，李中平，等. 唐家山堰塞湖应急除险水文分析计算 [J]. 人民长江，2008 (22).

[16] 张孝军. 堰塞湖水文应急监测方案的设计 [J]. 水利水文自动化，2010 (1).

[17] 姚永熙. 水文仪器与水利水文自动化 [M]. 南京：河海大学出版社，2009.

[18] 高小平. 中国特色应急管理体系建设的成就和发展 [J]. 中国行政管理，2008.

[19] 魏文秋. 水文信息技术 [M]. 武汉：武汉大学出版社，2004.

[20] 张新梅，等. 我国应急管理体制的问题及其发展对策的研究 [J]. 中国安全科学学报，2006.

[21] 胡象明，张智新. “应急管理与政策创新”学术研讨会综述 [J]. 理论研究，2007 (1).

[22] 陈永安. 当前政府建立应对突发事件应急管理系统的思考 [J]. 云南行政学院学报，2003 .

[23] 钟开斌，张佳. 论应急预案的编制与管理 [J]. 甘肃社会科学，2006 .

[24] 李键庸，官学文. 舟曲堰塞河段水文应急监测 [J]. 人民长江，2011 (增刊).

[25] 彭万兵，官学文. 舟曲泥石流灾害水文应急监测技术 [J]. 人民长江，2011 (增刊).

[26] 肖中，李键庸. 水文应急监测特点与成果质量要求探讨 [J]. 人民长江，2011 (增刊).

[27] 肖中，王辉. 对堰塞湖流量监测方法的探讨 [J]. 人民长江，2011 (增刊).

[28] 官学文，肖中. 舟曲泥石流灾害抢险水文应急监测方案 [J]. 人民长江，2011 (增刊).

[29] 彭万兵，官学文. 舟曲堰塞湖库容应急监测与计算 [J]. 人民长江，2011 (增刊).

[30] 陈瑜彬，冯宝飞，欧阳俊，等. 舟曲堰塞湖除险应急水文预报方案编制 [J]. 人民长江，2011 (增刊).